站在巨人的肩上
Standing on Shoulders of Giants

TURING
图灵教育
iTuring.cn

U0343456

站在巨人的肩上
Standing on Shoulders of Giants

TURING
图灵教育

iTuring.cn

App Inventor
开发训练营

金从军◎著

人民邮电出版社

北　京

图书在版编目（CIP）数据

App Inventor开发训练营 / 金从军著. -- 北京：
人民邮电出版社，2018.9
（图灵原创）
ISBN 978-7-115-48955-5

Ⅰ. ①A… Ⅱ. ①金… Ⅲ. ①移动终端－应用程序－
程序设计 Ⅳ. ①TN929.53

中国版本图书馆CIP数据核字(2018)第165852号

内 容 提 要

　　App Inventor 的出现大大降低了编程门槛，没有程序设计经验的编程爱好者可以在短时间内就创建出炫目的安卓手机应用。本书带领读者通过动手实践十几个编程实例来了解程序开发的逻辑。书中内容共分为21章，包含 15 个完整的应用，覆盖了游戏、教学、工具、信息管理以及网络应用等。本书不仅详细介绍了应用开发的步骤和要点，还针对每种应用的特征给出了进一步优化的建议，忠实还原了应用开发过程中遇到的问题和解决方法，是一本不可多得的编程技术与理念并重的实践指南。

　　本书适合对编程感兴趣的非专业程序员读者，尤其适合青少年作为程序设计入门读物。

◆ 著　　　　　金从军
　策划编辑　　朱　巍
　责任编辑　　温　雪
　责任印制　　周昇亮

◆ 人民邮电出版社出版发行　　北京市丰台区成寿寺路11号
　邮编　100164　电子邮件　315@ptpress.com.cn
　网址　http://www.ptpress.com.cn
　涿州市京南印刷厂印刷

◆ 开本：787×1092　1/16
　印张：30.5
　字数：902千字　　　　　　　　2018年 9 月第 1 版
　印数：1－3 000册　　　　　　 2018 年 9 月河北第 1 次印刷

定价：99.00元
读者服务热线：(010)51095186转600　印装质量热线：(010)81055316
反盗版热线：(010)81055315
广告经营许可证：京东工商广登字 20170147 号

推荐序一

　　在 IT 公司里编程的员工，也被称为"程序猿"，几乎"非人类"，那是因为他们能够用 C++、Java、Python 等各种奇怪的"外语"与计算机进行对话。如何让这些奇怪的语言使用起来像英语、汉语一样自然？老同学金从军早在 10 多年前就有了这样的想法，而且实践至今，没想到真的以游戏 App 开发作为入口，实现了她的大部分理想，并以"老巫婆"一名而声名远播，可喜可贺。软件编程，尤其是游戏软件，不单单是编程技巧的训练，还需要建立一种世界观、价值观，而在大型游戏中还需要建立经济体系。这些对中小学生（网络世界的原住民）来说，是极其重要的课程；但是现在的 K12 教学体系中，这些训练恰恰是缺少的。希望老同学的这本书能成为在全国范围推广的编程教科书。

——孔华威

中科院计算所上海分所所长

上海张江科技创业投资有限公司首席科学家

起点创投合伙人

推荐序二

　　金从军老师对推动国内的 App Inventor 编程起了重要的作用。早在 2014 年我教儿子越越学习 AI 编程的时候，就得益于她的开源课程。本书汇集了她近些年来研究 AI 编程的心得，是中小学教师研究计算思维的重要参考资料，也是青少年学习编程不可多得的入门教材。

　　金从军老师以女性特有的细腻文笔，一步步带领读者跨进编程的大门。本书最值得称道的是，书中内容不仅仅会向你演示怎么编程、怎么开发一个完整的小程序，还会告诉你为什么要这么编程。本书用最容易理解的语言来介绍 API、JSON 等专用的名词，深入浅出，引人入胜。

———谢作如

温州中学教师

中国电子学会创客教育专家委员会主任

前言

这是笔者关于 App Inventor 的第三本书。三本书分别代表三个难度等级，本书难度为二级，要求读者对于 App Inventor 编程有一定的基础[①]。本书是 App Inventor 应用开发的实例讲解，共 21 章，包含 15 个完整的应用，覆盖了游戏、教学、工具、信息管理以及网络应用等应用类型。针对每个具体的应用，从功能描述开始，有针对性地剖析技术要点及难点，然后进行用户界面的设计以及代码的编写，最后对代码进行整理回顾，对相关的技术及方法进行归纳，以期使开发者从具体的编程实例中抽象出一般性的规律。

App Inventor 软件简介、工具下载、汉化版本情况等信息，参见本书附录。[②]

为什么要写一本实例的书

这与我个人学习编程的经历有关。2002 年秋天，由于个人原因，38 岁的我从一家国企的销售管理岗位上退了下来。回到家中，我有了一个迫切的愿望，就是开发一款销售管理软件，将自己多年销售管理的实战经验，与从业期间所接受的职业培训的相关内容整合起来，以工具软件的形式提供给销售人员。销售人员在使用软件管理业务的同时，也潜移默化地学会用户管理、时间管理、项目管理等。我深信工具（软件）可以起到教育的作用。对于刚刚开始学习编程的我来说，这是一个不小的挑战，不知道从哪里下手，也不知道该去读什么书。在书店里寻来寻去，希望能够找到一本类型相近的完整案例讲解的书，却没能找到。对这类书的渴求在我的心里留下了一个巨大的"空洞"，于是多年之后，当我自己开始写编程的书时，就很自然地选择了以案例为主的方式。2016 年出版的《App Inventor 开发探底——俄罗斯方块开发笔记》是我的第一本原创书，介绍了俄罗斯方块游戏开发的完整过程。

---

① 作者的第一本书为《写给大家看的安卓应用开发书：App Inventor 2 快速入门与实战》（图灵程序设计丛书），2016 年由人民邮电出版社图灵公司出版，难度等级为一级，适合初学者；第二本书为《App Inventor 开发探底——俄罗斯方块开发笔记》（青少年科技创新丛书），2016 年由清华大学出版社出版，难度等级为三级，适合对 App Inventor 较为熟悉的读者。

② 本书其他资料，如源文件、辅助文档、图片素材等，可在图灵社区页面 http://www.ituring.com.cn/book/2561 的"随书下载"处获取。

编程这件事儿

在以往的教育体制中，要等到大学阶段才开始接受编程教育，不过近年来编程教育已经开始下移，向中小学渗透。随着图形化开发工具的普及，越来越多的人开始尝试编写自己的应用程序，不过有更多人至今仍徘徊在编程技术的门外，心中充满疑惑。经常有读者问，要具备怎样的基础才能学习编程。我给出的回答是，只需具备两个条件：(1) 会使用"如果……则……否则……"造句；(2) 会运用四则运算解简单的应用题。也就是说，小学高年级学生就可以开始学习编程了。

如果你能安心地阅读本书中的前几章，就会发现我的话并不夸张。程序是一种非常确定的语言，比起我们日常交流使用的自然语言，它的词汇量很少，语法简单但很严格。学会这种语言的前提是会用自然语言来表达，所要学习的是怎样将自然语言翻译为程序语言。

我们都熟知一个事实，大多数人从小学就开始学习英语，掌握了大量的词汇及语法知识；可是，当你有机会去面对一个外国人时，却很难顺畅地交流。相反，对于生长在英语环境中的人来说，不必接受特别的教育就会使用这门语言。这是为什么？我想说的是，语言必须经常使用（而非学习）才能真正熟练掌握。英语如此，程序语言也是如此。

语言的学习从模仿开始，当掌握了必要的词汇及语法知识后，就可以随心所欲地表达自己的思想了。本书所提供的例子，就是一些可供模仿的样板，它教会你如何描述一个应用，如何解决实际问题，以及如何从具体案例中总结出共通的经验。

最好的老师在哪里

当你的心中涌起了某种冲动，想动手做点什么的时候，这种无比珍贵的冲动就是你最好的老师，它给了你一个明确的方向，以及内在的动力。冲动之后，你开始思考，甚至跃跃欲试，不过也许会有一丝畏难情绪，因为在那些未曾经历的过程中，会有很多难题需要解决，你甚至会怀疑自己是否有勇气克服它们。于是拖延开始了。别担心，这是我们的通病，我的奶奶曾经教诲我的父亲："眼是懒蛋，手是好汉！"一旦开始动手，那些看似玄妙的难题，便随着我们孜孜不倦的潜心钻研而一一化解了。

此时此刻，你心中的那些埋藏许久的梦想是否已经苏醒了呢？就让我们从一个简单的梦想开始，踏上充满乐趣与挑战的编程之旅！

目录

第1章

水果配对

这是一款挑战瞬间记忆能力的游戏：先后翻开两张牌，如果图案相同，则牌保持翻开状态；如果图案不同，则两张牌瞬间重新合上。

1.1 游戏描述

游戏的用户界面如图 1-1 所示，功能描述如下。

(1) 时间因素：限制游戏时长（如 60 秒），如果在规定时间内完成游戏，则剩余时间转化为奖励得分。

(2) 空间因素：用户界面上有 16 张卡片，排成 4×4 的方阵；卡片的背面图案为安卓机器人，正面图案为8 种水果，可以两两配对。

(3) 游戏操作（翻牌）：玩家先翻开一张卡片，再翻开另一张卡片，如果两张卡片的正面图案相同，则两张卡片保持翻开状态；如果两张卡片的正面图案不同，两张卡片将闪现片刻，然后迅速反转回去，显示背面图案。

(4) 计分规则：每翻开一对卡片得 10 分；如果在规定时间内翻开所有卡片，满分为 80 分；剩余游戏时间（秒数）×10 作为奖励得分，与翻牌得分一同计入总分；如果在规定时间内没有翻开所有卡片，则不计分。

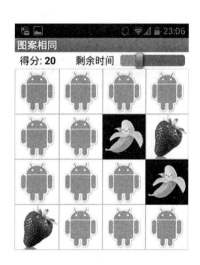

图 1-1 水果配对游戏的用户界面

(5) 历史记录：首次游戏得分被保存在手机中，在每次游戏完成时，将本次得分与历史记录进行比较，并保存高的得分；玩家可以清除游戏成绩的历史记录。

(6) 退出游戏：玩家在完成一轮游戏后，可以选择退出游戏。

上面一段文字，既是游戏开发任务的起点，也是终点。在软件工程中，类似这样的"游戏描述"被称为"需求文档"，它从用户角度描述了软件的功能。开发人员依据这个文档，将整个开发任务分解为一个个子任务，并逐个加以实现。在开发任务完成之后，客户会依据这个文档对项目进行验收，这就是开发任务的终点。

游戏描述与记叙文的写作有相似之处：记叙文中包含了时间、地点、人物、事件四大关键要素，而游戏描述中通常也会包含时间、空间、角色、事件等基本要素，也要描述角色（组件）在特定的时间、空间内的行为（所发生的事件）。

此外，游戏描述又与说明文相似，要求文字简练准确，内容具有条理性、客观性和完整性，不强调修辞方法的使用，等等。一篇好的游戏描述为我们后续的应用程序开发提供了一份完整的框架及任务清单，我们的每一个开发步骤都会依据这份文档，因此千万不可掉以轻心。

有这样一种说法：需求文档中隐含了程序中的变量和过程，其中的名词有可能成为程序中的全局变量，而动词或动宾词组有可能成为程序中的过程。具体来说，在游戏描述的第一条中，游戏时长、剩余时间及奖励得分都有可能成为程序中的全局变量；在第三条中，翻牌、闪现、反转等操作，有可能成为程序中的过程。如果名词、动词能够与变量、过程一一对应，那么编程的难度会大大降低；但实际上，游戏描述使用的是人类的自然语言，而自然语言存在很大的不确定性，同样的一个游戏，不同的人可能使用不同的方法来描述它。因此，这种说法可以借鉴，但不能作为绝对的依据，将复杂的问题简单化。

1.2　界面设计

打开 App Inventor 设计视图，完成用户界面的设计。

1.2.1　界面布局

屏幕被划分为两个部分：屏幕顶部使用了水平布局组件，内部放置了显示分数的标签和显示游戏剩余时间的数字滑动条；屏幕中央使用了 4×4 表格布局组件，共 16 个单元格，用于放置 16 个按钮，如图 1-2 所示。组件的命名及属性设置见表 1-1。

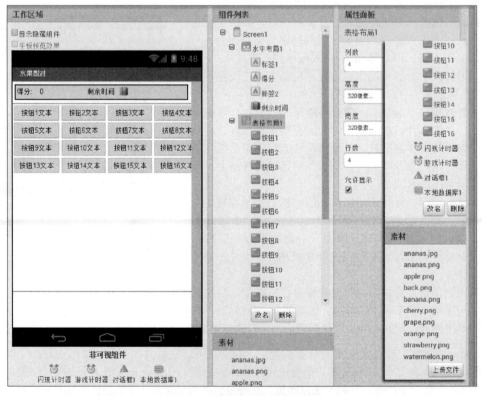

图 1-2　设计游戏的用户界面

1.2.2 组件属性设置

详见表1-1。

表1-1 组件的命名及属性设置

组件名称	组件命名	属 性	属 性 值
屏幕	Screen1	标题	水果配对
		图标	菠萝图案：ananas.jpg
		水平对齐	居中
水平布局	水平布局1	宽度	96%
		垂直对齐	居中
标签	标签1	显示文本	得分
标签	得分	显示文本	0
标签	标签2	显示文本	剩余时间（加两个空格）
		宽度	充满
		文本对齐	居右
数字滑动条	剩余时间	宽度	120 像素
		左侧颜色	绿色
		右侧颜色	红色
		最大值	60
		最小值	0
		滑块位置	60
表格布局	表格布局1	宽度	320 像素
		高度	320 像素
		行数	4
		列数	4
按钮	按钮 1 ~ 按钮 16	全部	默认
计时器	闪现计时器	一直计时	取消勾选
		启用计时	取消勾选
		计时间隔	500 毫秒
计时器	游戏计时器	一直计时	选中
		启用计时	取消勾选
		计时间隔	1000 毫秒
对话框	对话框1	全部	默认
本地数据库	本地数据库1	无	—

1.2.3 上传资源文件

游戏中用到了 10 张图片，其中用于显示卡片正面图案的水果图片 8 张、卡片的背面图片 1 张，用于产品发布的图标图案 1 张（菠萝的卡通画，ananas.jpg）。上传结果如图 1-2 的右下角所示，图片的外观及规格见表 1-2。

表1-2 资源规格（大小：80像素×80像素）

图片										
文件名	ananas	ananas	apple	banana	cherry	grape	orange	strawberry	watermelon	back
	.jpg					.png				

1.3 编写程序——屏幕初始化

如果把编写软件比喻为烹制一道菜肴，那么用户界面上的元素就相当于制作这道菜肴的全部食材。当食材备齐之后，就可以考虑进入烹制阶段了。就软件而言，当用户界面设计完成之后，就可以开始编写代码了。

我们很自然地会问，从哪里开始呢？无论是初学者，还是有经验的程序员，都无法回避这个问题。通常的做法是，按照游戏的时间顺序来编写程序。但是对于初学者来说，也可以从最简单的功能做起，例如，先设置按钮的背面图案，然后处理这个按钮，当点击它时，让按钮显示正面图案；然后考虑第二个按钮，当点击第二个按钮时，可能会有两种情况（两个按钮的正面图案相同或者不同），再分别处理这两种可能的情况。这里我们采用通常的做法，首先来编写屏幕初始化程序，在这段程序中，我们要完成 3 项任务：

(1) 设所有按钮的显示文本为空；
(2) 设所有按钮的图片属性为安卓机器人（back.png）；
(3) 将 8 对（16 张）不同的图案分配给 16 个按钮，作为它们的正面图案。

提示 上述功能的实现依赖于两项关键技术——列表及随机数。这里假设读者已经了解 App Inventor 中关于列表及随机数的知识。如果读者还没有学习过相关的技术，推荐访问 https://book1.17coding.net/，阅读《App Inventor 编程实例及指南》中的"总统测验"及"瓢虫快跑"两章，或访问 https://web.17coding.net/reference，阅读参考手册中的相关条目。

1.3.1 创建按钮列表

首先我们引入一个新的概念——组件对象。我们可以在编程视图中，随意点击一个项目中的组件，打开该组件的代码块抽屉。你会发现，在代码块的最后一行，总有一个与该组件同名的代码块，这个代码块代表了这个组件本身，我们称之为"组件对象"；对于按钮来说，就是按钮对象。如图 1-3 所示，椭圆形线条圈出的就是表格布局对象。你可以把组件对象看作一类特殊的数据（比如由键值对组成的列表），里面包含了该组件的所有属性值。

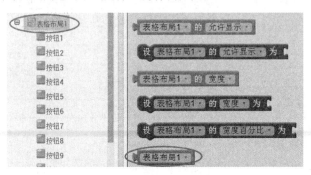

图 1-3 组件对象

为了能够在程序运行过程中，读取或改写任意一个按钮的属性，我们需要利用"按钮对象"。将所有按钮对象放置到一个列表变量中，这样就可以依据列表项的索引值，随时找到任何一个按钮，并读取或改写它的属性值。

首先声明一个全局变量"按钮列表"，并编写一个"创建按钮列表"过程，在该过程中完成列表项的设置，然后在屏幕初始化程序中调用该过程，如图 1-4 所示。这个列表的神奇之处，稍后你就能有所体会。

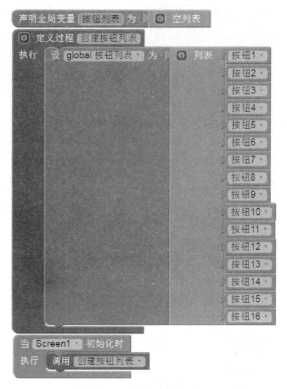

图 1-4 创建按钮列表

这里要问一个问题：为什么我们要在屏幕初始化程序中来设置按钮列表，而不是在声明按钮列表时，直接利用按钮对象设置变量的初始值呢？这种情况如图 1-5 所示。

图 1-5 不能将组件对象直接设置为变量的值

原因是这样的：在屏幕初始化时，程序首先要创建项目中的所有组件和全局变量；但是由于组件和变量的生成顺序无法确定，在声明全局变量（按钮列表）时，无法确认组件（按钮）是否已经创建完成，因此 App Inventor 不允许使用组件对象对全局变量进行初始化。图 1-5 中带叹号的三角形代表"警告"，"警告"意味着程序中存在严重错误。

1.3.2 让按钮显示背面图案

我们可以在设计视图中将每个按钮的图片属性设置为 back.png，这样当游戏被打开时，16 个按钮会默认显示背面图案（安卓机器人）。但试想一下，当第一轮游戏结束，准备开始下一轮游戏时，如何将 16 个按钮上的正面图案全部恢复为背面图案呢？也就是说，如何在程序运行过程中设置每个按钮的图片属性呢？当然，你可以逐个设置，不过这需要 16 行代码，那么有没有更为简便的方法呢？ App Inventor 提供了一组"任意组件"代码，可以用来动态地读取或改写任何一个组件的属性值，如图 1-6 所示。

在编程视图的代码块面板中，将内置块和 Screen1 折叠起来，就可以看到最后一组"任意组件"类代码块，项目中添加的所有组件类型都会在这里出现。点击其中的"任意按钮"项，将打开与按钮类组件相关的代码块抽屉，其中有两种颜色的块，浅灰色块用于读取某个按钮组件的某种属性值

（如图片属性所对应的文件名），深灰色块用于设置某个按钮组件的某种属性值。

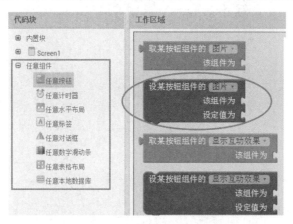

图 1-6 App Inventor 提供的"任意组件"代码

"组件对象列表 + 循环 + 任意组件"是解决上述问题的钥匙！创建两个过程"清空按钮文字"及"初始化背面图案"，利用循环语句逐个设置按钮的显示文本及图片属性，并在屏幕初始化程序中调用这些过程，代码如图 1-7 所示，测试结果如图 1-8 所示。

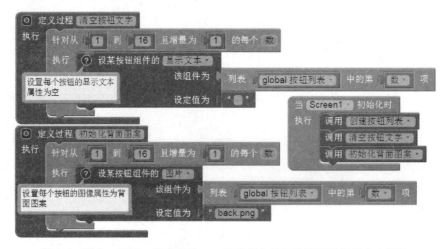

图 1-7 列表 + 循环 + 任意组件——设置每个按钮的图片及显示文本属性

图 1-8 按钮显示背面图案

这里需要提醒一下，屏幕初始化后，按钮的排列顺序如图 1-9 所示。

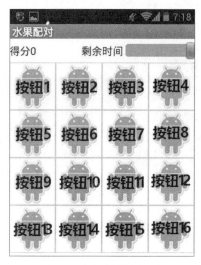

图 1-9　按钮的排列顺序

1.3.3　创建图片列表

声明一个全局变量"图片列表"，用来保存所有正面图案的图片文件名，如图 1-10 所示。

图 1-10　初始化图片列表

此处，我们在声明全局变量"图片列表"的同时，创建了该列表，与之前"按钮列表"的创建相比较，我们可以更加深入地理解普通数据与"组件对象"类数据之间的区别。

1.3.4　为按钮指定正面图案

首先需要说明一下，这个步骤并不是游戏开发过程中必需的，这里只是为了让读者了解如何设置按钮的正面图案；因此，这里显示的图片是按照固定顺序排列的。我们设置按钮 1 和按钮 9 具有相同的正面图案；同样，按钮 2 和按钮 10 具有相同的正面图案，以此类推。与设置背面图案相同的是，这里也要使用"组件对象列表 + 循环 + 任意组件"这把钥匙；不同的是，图片属性的值来自于另一个列表变量"图片列表"。设置正面图案的代码如图 1-11 所示，其测试结果如图 1-12 所示。

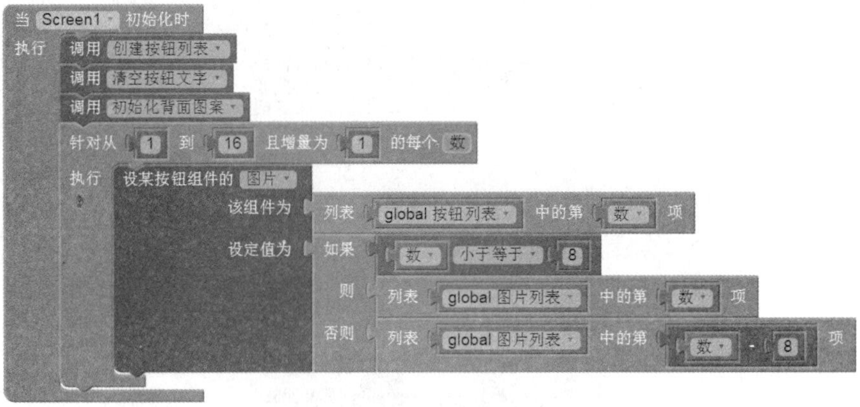

图 1-11 设置卡片的正面图案

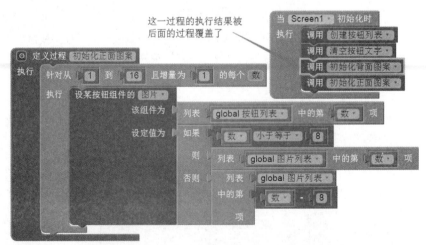

图 1-12 设置卡片的正面图案

为了让屏幕初始化程序看起来简洁，提高代码的可读性，我们创建一个"初始化正面图案"过程，并在屏幕初始化程序中调用该过程，如图 1-13 所示。尽管这个过程不是游戏程序中必需的，但我们还是自始至终地保持一种良好的开发习惯——将一段具有特定功能的代码封装为过程，以使程序从整体上变得简洁，且易于阅读。

图 1-13 创建初始化正面图案过程，并在屏幕初始化程序中调用该过程

1.3.5 随机显示正面图案

在图1-12中,卡片的图案排列是有规律的,如果卡片一直是这样排列,那么游戏将毫无乐趣可言。游戏的乐趣在于其多变性,就像我们玩扑克牌游戏,每次手中拿到的牌都是不一样的,这种不可预知的变化才使得游戏充满乐趣和挑战。几乎所有的编程语言都有生成随机数的功能,App Inventor也不例外。我们来看看如何利用App Inventor的列表及随机数功能来实现类似洗牌的操作。

洗牌原理叙述如下。

(1)需要两个列表,A和B;开始时,列表A按顺序放置了8对(16个)图案,列表B为空。

(2)从A中随机选出一个列表项X,添加到列表B中,并从A中删除列表项X。

(3)从A中剩余的所有列表项中随机选出一个列表项Y添加到B中,再从A中删除Y。

(4)重复第三步直到列表A为空,此时列表B中随机排列了8对(16个)图案。

(5)分别将这16个图案设置为按钮1~按钮16的图片属性。

根据上述原理,我们首先来设计列表A。列表A所有的列表项最终要被删除掉,成为空列表,因此不必使用全局变量来保存它。我们创建一个"随机显示图案"过程,在该过程中用局部变量"图案列表"来充当列表A,并用双倍的图片列表来填充图案列表(列表A)。接下来考虑列表B。声明一个全局变量"随机图案列表"来充当列表B,并设置其初始值为空列表,如图1-14所示,代码的测试结果如图1-15所示。

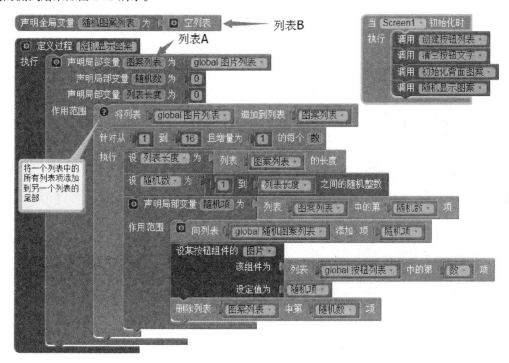

图1-14 定义随机显示图案过程

对照上述的洗牌原理,我们可以理解图1-14中每一行代码的作用。也许你会问,为什么要设置一个随机列表,它似乎与图案的显示无关。如果只是让16个按钮随机显示16个图案,那么列表B(随机图案列表)的确是多余的,你可以试试看,即使删除过程中与随机图案列表相关的代码,也不会影响图案的随机显示。但是不要忘记,这个过程只是为了向读者展示如何为按钮随机分配正面图案,真正的游戏中并不会在游戏一开始就向玩家展示所有正面图案。随机图案列表的作用要到后面的程序中才能体现出来。

图 1-15　让卡片随机显示图案

好了，到此为止，我们已经实现了用 16 个按钮随机显示 16 个图案的功能，不过在游戏开始时，我们只需要所有按钮显示背面图案。将图 1-14 中的代码稍做修改，得到的新代码如图 1-16 所示。注意，在游戏中不需要一次性地随机显示正面图案，因此"随机显示图案"的过程名称显得有些不够贴切，我们将过程名改为"随机分配图案"。

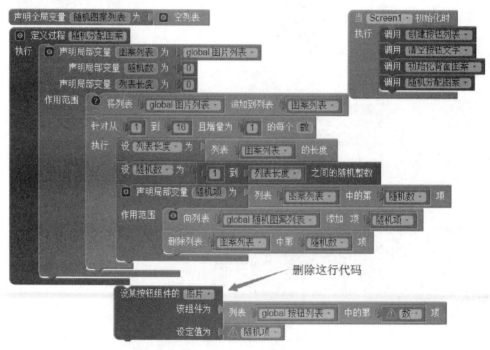

图 1-16　修改后的随机分配图案过程及屏幕初始化程序

上述代码有两点需要强调。第一，为了保持屏幕初始化程序的简洁，我们定义了"清空按钮文字"及"初始化背面图案"过程，并在屏幕初始化程序中调用这两个过程。第二，虽然删除了"随机分配图案"过程中设置按钮图片属性的代码，但要记住，"按钮列表"中的列表项与"随机图案列表"中的列表项存着一一对应的关系，在后来翻开卡片显示图案以及判断两个卡片图案是否相同时，这是唯一的线索：根据按钮在按钮列表中的索引值来求得按钮的正面图案。表 1-3 描述了图 1-15 中按钮列表与随机图案列表之间列表项的对应关系。

表1-3　图1-15中按钮列表与随机图案列表的对应关系

按钮索引值	1	2	3	4
图案				
按钮索引值	5	6	7	8
图案				
按钮索引值	9	10	11	12
图案				
按钮索引值	13	14	15	16
图案				

我们现在已经实现了 16 个按钮的随机图案设置，并在程序开始运行时，只显示背面图案，下面将针对每个按钮设计它们被点击后的行为。

1.4　编写程序——处理按钮点击事件

为了便于描述卡片被翻开的过程，这里引入了流程图（见图 1-17），它可以清晰完整地描述一张卡片被点击时所处的状态，以及针对不同状态所采用的处理方法。

1.4.1　流程图

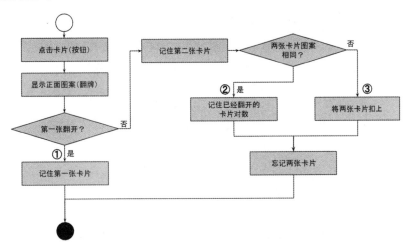

图 1-17　按钮点击事件引发的处理流程

图 1-17 中的流程有 3 种可能的路径：如果点击按钮翻开的的是第一张卡片，则执行路径①，记

住第一张卡片；如果点击按钮翻开的是第二张卡片，则记住第二张卡片，并判断两张卡片图案的异同，如果相同，则执行路径②，否则，执行路径③；无论是执行路径②还是路径③，最后都要忘记两张卡片。

注意流程图中的 3 个矩形框：记住第一张卡片、记住第二张卡片、忘记两张卡片，这是编写程序的关键。所谓记住或忘记，就是要用全局变量来记录已经翻开的卡片。这里我们声明两个全局变量"翻牌 1"及"翻牌 2"，来保存正在翻开等待判断的两个按钮对象。在应用初始化时，设置它们的值为 0[①]，当第一张牌被翻开时，设

翻牌 1 = 第一个被点击的按钮对象

当第二张牌被翻开时，设

翻牌 2 = 第二个被点击的按钮对象

并以这两个变量为依据，判断按钮图案的异同。

1.4.2 判断两个按钮图案的异同

我们先以按钮 1 及按钮 2 为例来编写代码，如图 1-18 所示。

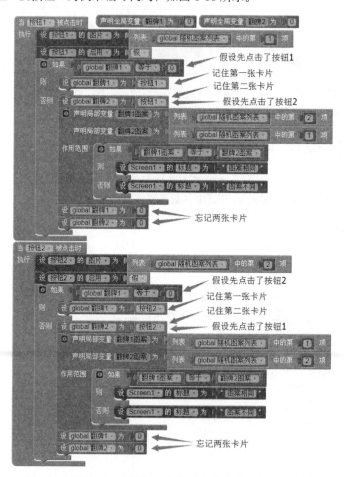

图 1-18　以按钮 1 及按钮 2 为例编写的点击事件处理程序

---

① 在一般的编程语言中，会保留一个空值（null），用来表示那些已经声明但尚未赋值的变量的状态，但 App Inventor 中没有这样的空值，因此这里用 0 来代替。

当按钮 1 或按钮 2 被点击时，事件处理程序的执行过程如下。

(1) 根据按钮对象在按钮列表中的位置（索引值），从随机图案列表中获取按钮的正面图案，并显示该图案。

(2) 设置被点击按钮的启用属性值为假。（考虑一下为什么，如果不这样，当再次点击该按钮时，会发生什么事情？）

(3) 判断它是不是第一张被翻开的卡片：如果是，将翻牌 1 设置为该按钮对象；否则，将翻牌 2 设置为该按钮对象，并判断已经翻开的两个按钮的正面图案是否相同。这里我们暂时不做进一步的处理，而是利用屏幕的标题属性来显示测试结果：如果按钮 1 与按钮 2 的图案相同，则屏幕的标题显示"图案相同"，否则显示"图案不同"。

(4) 如果已经翻开两张卡片，无论它们的正面图案是否相同，都必须重新将翻牌 1 及翻牌 2 的值设置为 0。

测试结果如图 1-19 所示。

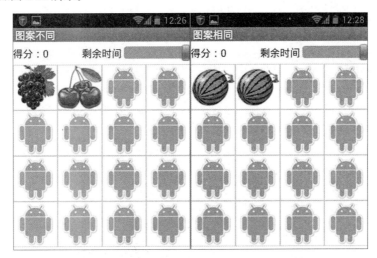

图 1-19　对上述代码的测试结果

1.4.3　处理两个按钮图案相同的情况

按照图 1-17 的设计，当图案相同时，记住已经翻开的卡片对数。凡是需要记住的内容，都需要一个全局变量来保存它，已翻开卡片的对数一方面用于计算游戏得分，另一方面用于判断是否所有卡片都已经被翻开（即对数等于 8 时）。我们将这个变量命名为"翻牌对数"。

当两张卡片的正面图案相同时，有 3 件事情需要完成。

(1) 为全局变量"翻牌对数"的值加 1。

(2) 计算并显示游戏得分。

(3) 判断"翻牌对数"是否 = 8，并依据判断结果选择执行两条路径之中的一条：

　　a. 当翻牌对数 = 8 时，显示"游戏结束"；

　　b. 当翻牌对数 < 8 时，显示"图案相同"。

假设每翻开一对卡片得 10 分，因此游戏得分 = 翻牌对数 × 10，我们用标签"得分"来显示游戏得分，具体代码如图 1-20 所示。

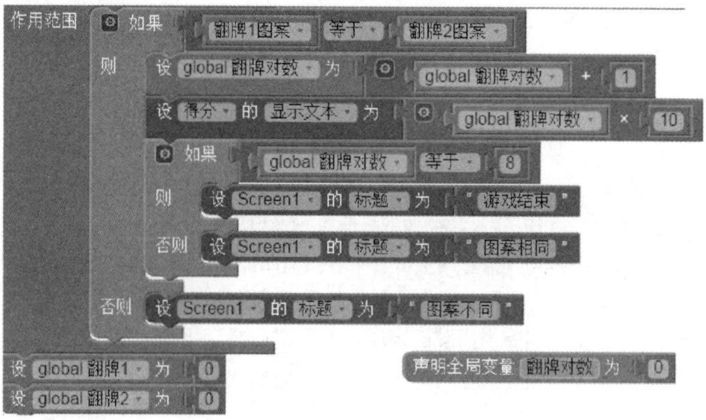

图 1-20　当两张卡片图案相同时，显示分数，如果翻牌对数 = 8，则游戏结束

1.4.4　处理两个按钮图案不同的情况

当两张被翻开的卡片图案不同时，将它们重新扣上，即显示背面图案。为了让已经翻开的图片能够显示一定的时间，这里需要用到计时器组件，一旦判断出两个卡片图案不同，就启动计时器。经过一个计时间隔的时长后，计时器发生计时事件，在计时事件的处理程序中，将两张卡片同时扣上。我们用闪现计时器来实现这一功能。这里闪现计时器的计时间隔为 500 毫秒，如果需要加大游戏的难度，可以将计时间隔设置得更短。

我们在"图案不同"的分支里添加一个语句"启动闪现计时器"，并编写闪现计时器的计时事件处理程序，如图 1-21 所示。

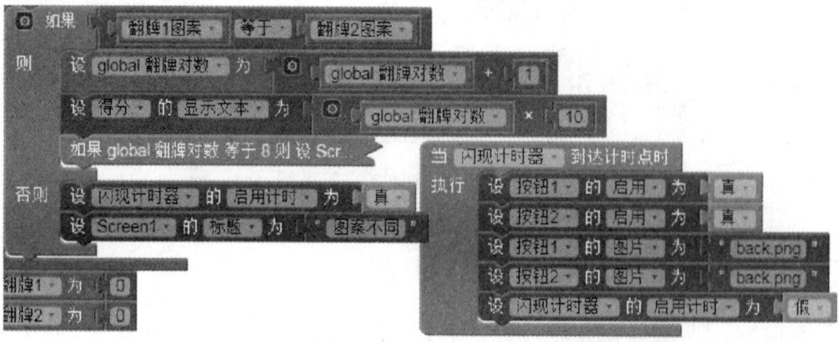

图 1-21　当两张卡片图案不同时，启动闪现计时器

在闪现计时器的计时事件中，我们设置两个按钮的启用属性为真，图片属性为背面图案，并将计时器 1 的启用属性设置为假，即让计时器 1 停止计时。经过测试，程序运行正常。

1.4.5　代码的复用——改进按钮点击事件处理程序

到目前为止，我们已经能够处理两个按钮的点击事件。我们需要将按钮 1 点击事件处理程序中的代码复制到其他 14 个按钮的点击事件处理程序中。这听起来很可怕，试想，如果开发过程中需要修改其中的部分代码（这种事情经常会发生），那么我们要完成 15 倍的工作量，同时也增加了程序出错的风险。即便我们能够一丝不苟地完成这些代码，但又如何编写闪现计时器的计时事件处理程序呢？因此，需要寻找一个更为简洁的代码编写方法。让我们先来观察一下已有的两个按钮的点击事件处理程序，找出其中不同的部分，如图 1-22 所示。

经过观察，我们发现这两段程序中共有 7 处不同，其中 4 处与按钮本身有关，另外 3 处与按钮在按钮列表中的索引值有关，这个索引值也是按钮正面图案在随机图案列表中的索引值，用来求得按钮的正面图案。能否创建一个通用的过程,来处理不同按钮的点击事件,就取决于能否合理地设置过程的参数,并在调用该过程时为参数指定确切的值。能够想到的参数就是按钮本身,即按钮对象,而索引值可以通过按钮在按钮列表中的位置获得。很不错的分析,让我们来试试看。

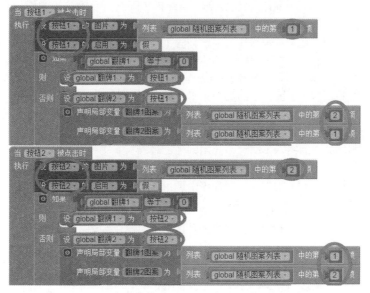

图 1-22　比较两个按钮的点击事件处理程序

创建一个带参数的过程,过程名为"处理点击事件",参数名为"按钮",将按钮 1 的代码拖拽到新建的过程中,然后对代码进行改造,如图 1-23 所示。

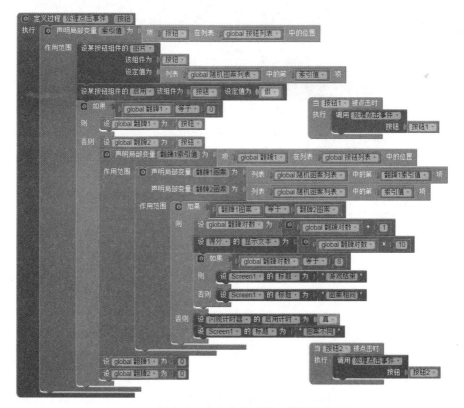

图 1-23　创建处理点击事件过程,并调用该过程

(1) 添加一个局部变量"索引值"，它的值为被点击的按钮在按钮列表中的位置。前面我们讲过，按钮列表与随机图案列表中的列表项是一一对应的，因此按钮在按钮列表中的位置也是它的正面图案在随机图案列表中的位置，以此来设置被点击按钮的正面图案。

(2) 使用"任意组件"类代码，取代原来的前两行代码——设置按钮的图片属性为正面图案，设置按钮的启用属性为假。

(3) 如果被点击的按钮是第一张卡片，则设翻牌 1 为该按钮。

(4) 如果被点击的按钮是第二张卡片，根据索引值求得第二张卡片的正面图案；此时需要获取第一张卡片的正面图案，为此添加局部变量"翻牌 1 索引值"，其值为翻牌 1 在按钮列表中的位置，并根据该索引值，求出第一张卡片的正面图案。

(5) 当翻牌 1 与翻牌 2 的图案相同时，翻牌对数加 1，得分更新，并设翻牌 1、翻牌 2 的值为 0，稍后你会看到为什么要调整这两行代码的位置。

(6) 当翻牌 1 与翻牌 2 的图案不同时，启用闪现计时器。

(7) 无论图案是否相同，设翻牌 1 及翻牌 2 为 0。

(8) 在按钮 1 及按钮 2 的点击事件处理程序中调用该过程，并为参数指定具体按钮。

经过测试，程序运行正常。接下来为其余 14 个按钮编写点击事件处理程序，很简单——调用"处理点击事件"过程，并将参数设置为触发事件的按钮，结果如图 1-24 所示。

图 1-24　16 个按钮的点击事件处理程序

在编写图 1-24 的其他 14 个事件处理程序时，我们是将按钮 1 的程序复制粘贴 14 次，并逐一修改事件主体（按钮）及所调用过程的参数（按钮对象）。这样可以免去逐个点击按钮创建程序的重复操作。操作方法如图 1-25 所示。

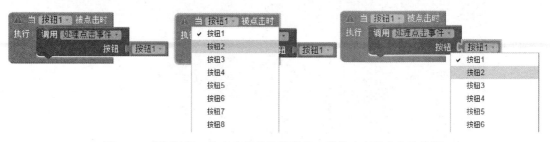

图 1-25　复制按钮 1 的点击事件处理程序，并修改事件主体及参数

1.4.6　代码的规整

与一般的编程语言相比，使用 App Inventor 开发应用会遇到一种特殊的困难：当程序中的代码过多时，屏幕就显得拥挤和混乱。因此，代码的折叠与摆放也是一件需要考虑的事情。我的习惯

是，将代码折叠之后，按类别及顺序排列整齐，这样做一方面可以节省屏幕空间，另一方面也便于代码的查看和修改。如图1-26所示，将全局变量、自定义过程及事件处理程序分类码放整齐；左上角的两个过程是项目中无用的过程，暂时也放在这里。

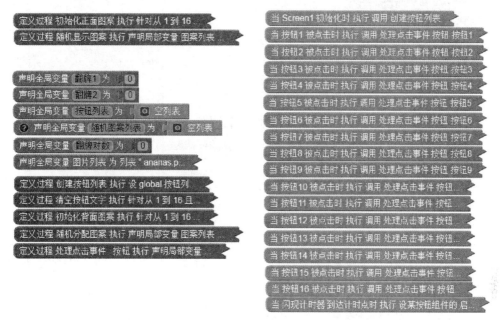

图1-26　将代码折叠起来并码放整齐

1.4.7　改造闪现计时器的计时事件处理程序

与按钮点击事件相关联的还有闪现计时器的计时事件。在图1-21中，我们直接改写了按钮1及按钮2的图像及启用属性，现在需要将这段程序加以修改，以适用于所有的按钮。

还记得全局变量翻牌1和翻牌2中保存的是什么吗？是的，保存的正是已经被翻开的两个按钮。我们正好可以利用这两个变量，对计时程序中的前四行代码进行改写，如图1-27所示。

图1-27　改进后的计时事件处理程序

1.4.8　测试

上述代码需要经过测试才能进入下一步开发，测试结果如图1-28所示，测试过程记录如下。

(1) 程序启动之后，16个按钮显示背面图案。✓

(2) 点击按钮1，按钮1显示正面图案。✓

(3) 点击按钮2，按钮2显示正面图案，屏幕标题显示"图案不同"。✓

(4) 之后两个正面图案并没有闪现之后变为背面图案。✗

(5) 在开发环境的编程视图中，弹出错误提示，如图 1-28 所示。✗

图 1-28　测试过程中出现的错误

问题出在哪里呢？图 1-28 中右下角的一行字是错误信息的含义，其中提到了"按钮"和"数字"，在程序试图设置按钮的属性时，本应提供按钮类型的参数，却提供了数字类型的参数。这让我们很容易想到对翻牌 1 及翻牌 2 的设置，它们的值要么是 0，要么是某个按钮对象。

问题有可能出在全局变量翻牌 1 和翻牌 2 的设置上。我们来分析一下程序的执行顺序，如图 1-29 所示。

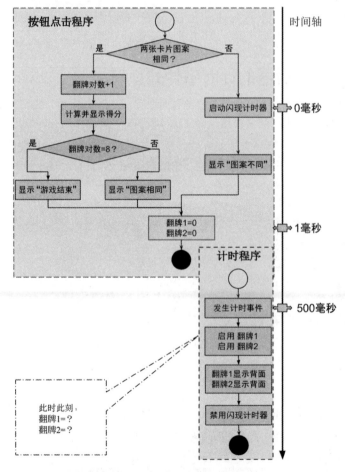

图 1-29　分析程序的执行顺序

当翻开两张卡片时：

$$翻牌 1 = 按钮 1$$
$$翻牌 2 = 按钮 2$$

由于图案不相同，闪现计时器被启动，从这一时刻（0 毫秒）起开始计时，500 毫秒之后开始执行计时程序。而此时的按钮点击程序并没有停止，在屏幕标题显示"图案不同"之后，立即执行最后两条命令——设翻牌 1 及翻牌 2 的值为 0。

由于 CPU 时钟的数量级是 GHz（每秒钟 10 亿次运算），整个按钮点击程序的执行时间也不会超过 1 毫秒。因此，当计时程序开始运行时，翻牌 1 和翻牌 2 的值已经被设为 0，这就是错误的原因，如图 1-28 所示。

为了解决这个问题，我们调整程序的流程，如图 1-30 所示。与新流程对应的代码如图 1-31 所示。经过测试，程序运行正常，运行结果如图 1-32 所示。

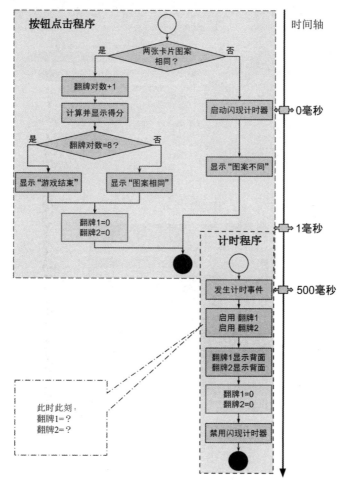

图 1-30　修改程序的流程

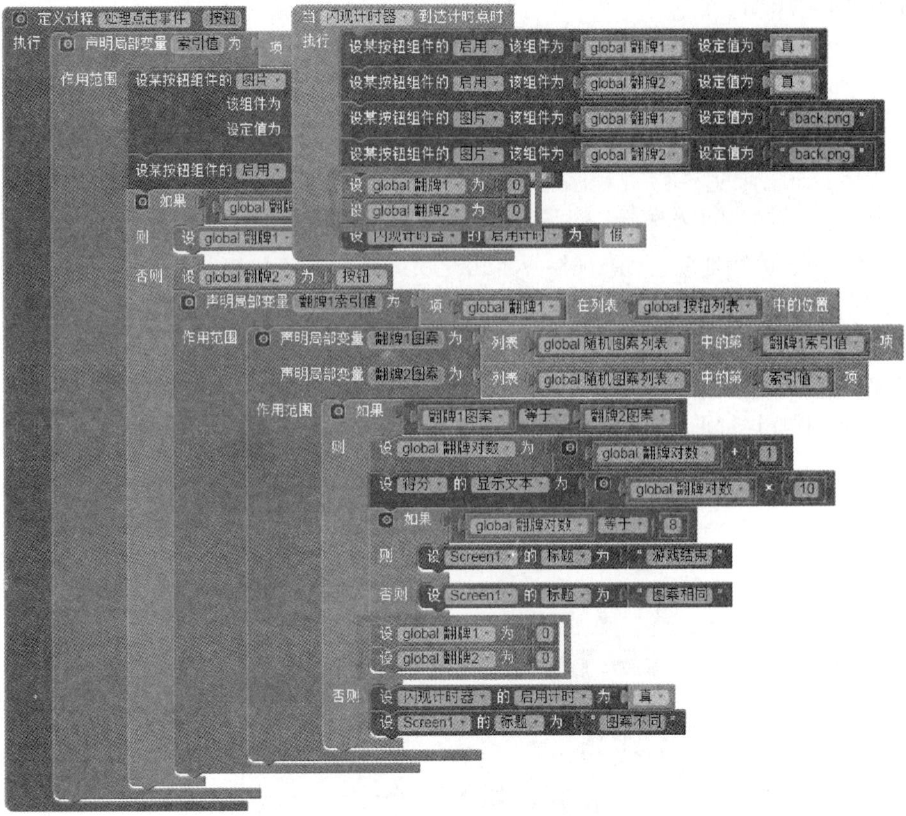

图 1-31　流程调整后的代码

图 1-32　测试结果

　　程序中的错误，程序员称之为 bug。要问程序员是怎样炼成的，就是在找 bug 的过程中炼成的。因此，不要害怕程序出错，这是人与机器交流的好机会，由此你才能更多地了解计算机，了解程序的运行机制。

　　程序开发到这里，游戏已经具备了基本的功能，但是这样的游戏显然是毫无乐趣的，任何人最终都能将所有卡片翻开，而且无论如何也只能得到 80 分，因此我们要增加游戏的难度，并让那些记忆力超强的玩家能得到更高的分数。我们的方法是限制游戏时间，并用剩余时间来奖励那些高手。

1.5 编写程序——控制游戏时长

我们用计时器组件来控制游戏时长，用数字滑动条组件来显示游戏的剩余时间，组件属性的具体设置参见之前的表 1-1。

1.5.1 控制游戏时长

我们用游戏计时器来实现控制游戏时长的功能。游戏计时器的计时间隔为 1 秒（即 1000 毫秒），即每隔 1 秒会触发一次计时事件。如果希望游戏时长为 60 秒，那么当计时次数达到 60 次时，游戏结束。为了便于计算成绩，我们利用剩余时间来判断游戏是否结束。声明一个全局变量"剩余时间"，设其初始值为 60，在每次计时事件中让它的值减 1。当"剩余时间"等于 0 时，游戏结束，游戏计时器停止计时。具体代码如图 1-33 所示。

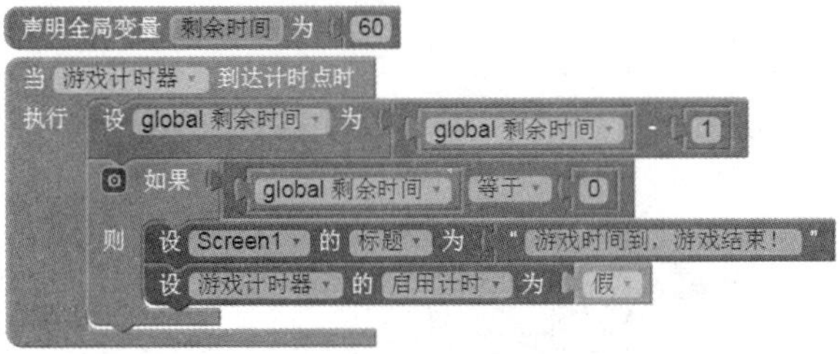

图 1-33　控制游戏时长

1.5.2 显示剩余时间

通过设置数字滑动条组件的滑块位置，可以表示游戏的剩余时间。需要说明一点，滑动条的宽度属性只代表它的几何尺寸，而滑块的位置属性仅仅与最大值、最小值以及当前值有关，与滑动条的宽度无关。例如，如果滑动条宽度为 120 像素，则每过 1 秒，滑块向左移动 2 像素，是滑动条宽度的 1/60；如果滑动条为 180 像素，则每过 1 秒，滑块向左移动 3 像素，也是宽度的 1/60。因此只要在游戏计时器的计时事件中，让滑块位置等于剩余时间即可，代码如图 1-34 所示。

图 1-34　滑块的左侧表示游戏剩余时间

如果此时我们测试程序，滑块不会有任何变化，因为游戏计时器还没有启动。我们需要在屏幕初始化程序中，设置游戏计时器的启用属性为真，如图 1-35 所示。

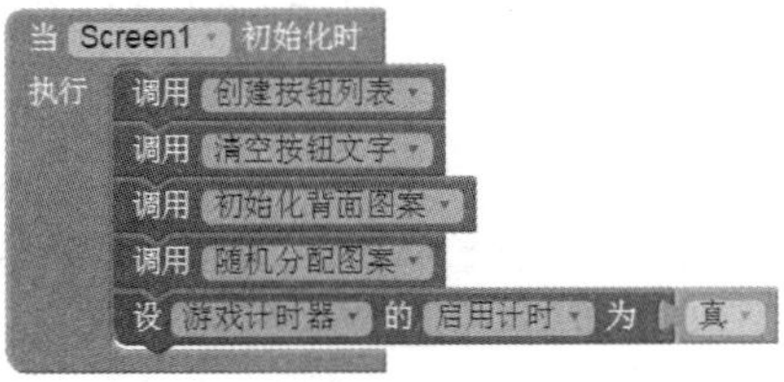

图 1-35　启动游戏计时器

测试发现，当所有卡片都被翻开，屏幕标题显示"游戏结束"时，滑块仍然在滑动，我们需要在合适的位置添加代码，让游戏计时器停止计时。我们在屏幕初始化程序中启动计时器，还需要在适当的时间让它停止计时。有两种情况需要停止计时：(1) 当剩余时间 = 0 时；(2) 当翻牌对数 = 8 时。前者我们已经做到了（如图 1-33 所示），现在需要对后者进行处理。在"处理点击事件"过程中，当翻牌对数 = 8 时，让游戏计时器停止计时，具体代码如图 1-36 所示。

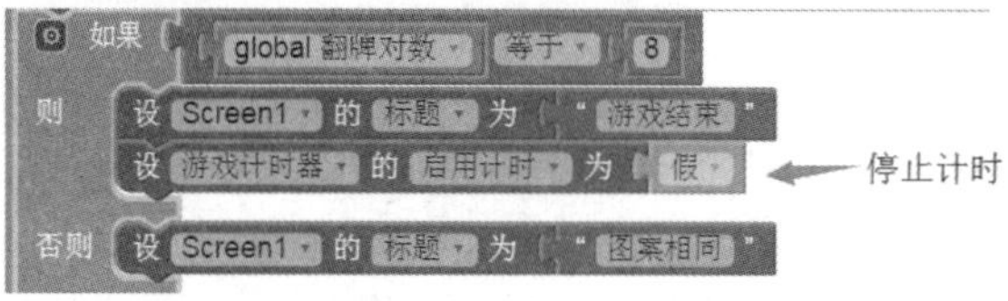

图 1-36　当所有卡片都被翻开时，让游戏计时器停止计时

1.5.3　将剩余时间计入总成绩

为了鼓励玩家在更短的时间内翻开所有卡片，我们将剩余时间的 10 倍作为奖励，添加到游戏的最后得分中。这样，每次的游戏得分将有所不同，增加了游戏的趣味性。代码如图 1-37 所示。

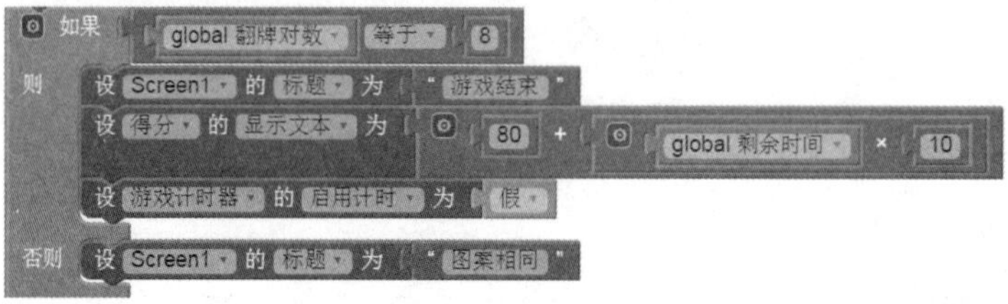

图 1-37　将剩余时间作为奖励计入总分

1.6　编写程序——设计游戏结尾

到目前为止，我们只是用屏幕的标题来显示游戏结束的状态。需要为游戏设计一个正式的结尾，并实现一些重要的功能。这些功能包括：

(1) 显示游戏得分；
(2) 显示历史最高得分；
(3) 清除历史记录；
(4) 返回游戏；
(5) 退出游戏。

上述功能的实现主要依赖于对话框组件及本地数据库组件。我们需要创建一个名为"游戏结束"的过程，并在适当的位置调用该过程。

1.6.1　显示游戏得分

有两种情况会导致游戏结束：(1) 剩余时间 = 0；(2) 翻牌对数 = 8。这两种情况需要分别加以考虑，其中关键条件是剩余时间是否 > 0。如果剩余时间 > 0，则计算总分，否则将没有成绩。

对话框组件提供了很多内置过程，在调用这些过程时，屏幕上会弹出一个对话框：有些对话框只显示简单的信息，信息停留片刻后，就会慢慢隐去；有些则可以显示多项信息，并提供若干个按钮供用户选择。在用户选择了某个按钮之后，将触发"选择完成"事件，开发者可以从该事件携带的消息中获得用户的选择，并针对不同选择执行不同的程序分支。在"游戏结束"过程中，我们先使用一个简单的只带一个按钮的内置过程，如图 1-38 所示。

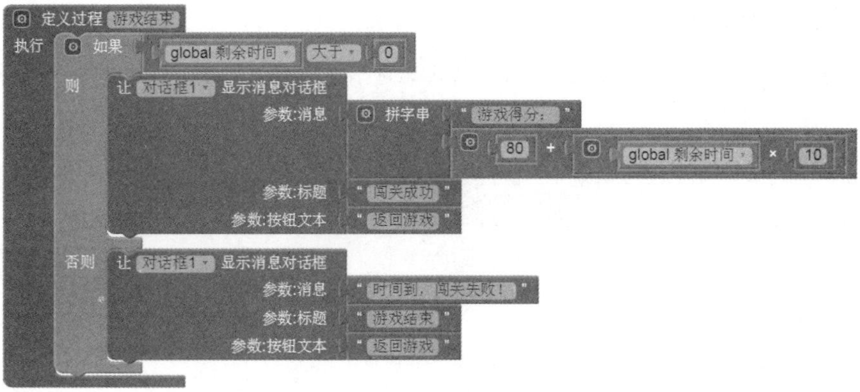

图 1-38　创建游戏结束过程

然后在两处分别调用"游戏结束"过程，如图 1-39 及图 1-40 所示。

图 1-39　当剩余时间为 0 时，调用游戏结束过程

图 1-40　当翻牌对数为 8 时，调用游戏结束过程

测试结果如图 1-41 所示。

图 1-41　对游戏结果的不同处理

1.6.2　保存游戏得分

针对剩余时间＞0 的情况，我们用一张流程图来理清解决问题的思路，如图 1-42 所示。

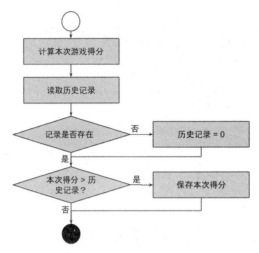

图 1-42　本次得分与历史记录比较，并保存其中的高分

App Inventor 支持将应用中的数据保存到手机里。通过调用本地数据库组件的内置过程，可以保存、提取或清除数据，具体方法可参见 https://web.17coding.net/reference 与本地数据库（TinyDB）相关的条目。由于要显示历史记录，并允许玩家清除记录和退出游戏，我们选用对话框组件最复杂的内置过程，该内置过程可显示标题及消息，并提供 3 个按钮供用户选择。我们用标题来显示历史记录，用消息来显示本次得分，3 个按钮分别实现"清除记录""退出游戏"及"返回游戏"的功能。按照流程图的思路，我们将对游戏结束过程进行改造，修改后的代码如图 1-43 所示。

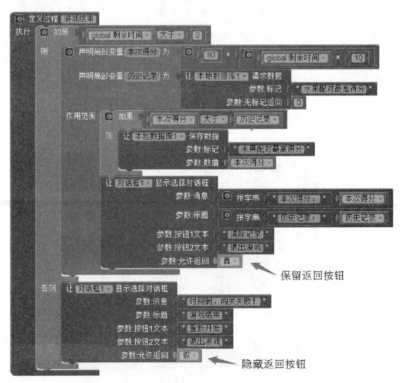

图 1-43　改写后的游戏结束过程

经测试，游戏运行正常，测试结果见图1-44。

图1-44　游戏测试结果

1.6.3　处理对话框的按钮选择

在对话框组件的"完成选择"事件里，携带了用户的"选择结果"，它等于对话框中按钮上的文本，我们将根据这一信息来决定程序的走向。事件处理程序如图1-45所示。这里我们暂时用屏幕的标题栏来显示程序的执行结果，稍后我们将编写一个"游戏初始化"过程，来处理"返回"操作。

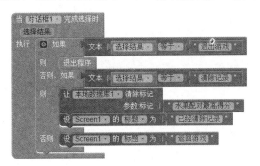

图1-45　当对话框完成选择时，执行该程序

提示　退出程序功能在测试阶段无法实现。当游戏开发完成，编译成APK文件并安装到手机上时，该功能才能生效。

1.6.4　创建游戏初始化过程

如图1-46所示，"游戏初始化"过程将实现以下功能。

(1)生成新的随机图案列表。
(2)让所有卡片显示背面图案。
(3)让全局变量翻牌对数＝0。
(4)让全局变量剩余时间＝60。
(5)让滑块回到起始点。
(6)得分显示为0。
(7)启动游戏计时器，开始新一轮游戏。

图1-46　游戏初始化过程

最后一项任务是将对话框"完成选择"事件中的临时测试语句替换为"游戏初始化"过程，如图 1-47 所示。

图 1-47 最终的完成选择事件处理程序

在 3 项选择中，第一项选择"退出游戏"将退出程序，而其他选择将开始新一轮的游戏。

1.7 程序的测试与修正

程序的编写与测试是相生相伴的，但开发过程中的测试是为了验证局部程序的正确性，这并不能排除程序中的全部错误；因此，当开发工作接近尾声时，还要对程序进行综合测试，并对错误加以修正。

1.7.1 选取列表项错误

1. 测试过程描述

在开发工具中连接手机 AI 伴侣，对程序进行测试。当翻开全部卡片后，游戏弹出对话框，再选择返回按钮时，开发工具的编程视图中会出现错误提示，如图 1-48 所示。同时，测试手机上显示上一轮游戏结束时的画面，如图 1-49 所示。

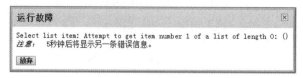

图 1-48 错误提示：试图从长度为 0 的列表中选取索引值为 1 的列表项

图 1-49 测试中的第一个错误

2. 问题分析

从错误提示上看，错误与列表操作有关。我们来查看一下，在对话框组件中，当选择了"重新开始"按钮之后，都发生了哪些事情——在对话框1的"完成选择"事件中，调用了游戏初始化过程，我们来查看该过程。如图1-46所示，该过程调用了两个过程（随机分配图案和初始化背面图案），并执行了5条指令（设置全局变量值2条，以及设置组件属性3条），其中两个过程都涉及列表操作，那么问题在哪个过程里呢？我们发现，当开发环境提示错误信息时，测试手机上仍然显示上一轮游戏结束时的画面（显示已经翻开的水果图案）；也就是说，初始化背面图案的过程没有起作用。我们尝试调换两个过程的顺序，让初始化背面图案过程优先执行，而随机分配图案过程随后执行。如图1-50所示，测试结果发现所有卡片都显示了背面图案。这说明初始化背面图案过程中没有错误；由此看来，问题就出在随机分配图案过程中。

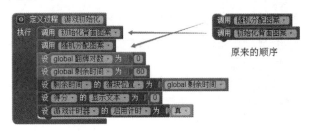

图 1-50　调换两个过程的执行顺序

在"随机分配图案"过程中，被操作的列表有3个：(1) 全局变量"图片列表"；(2) 全局变量"随机图案列表"；(3) 局部变量"图案列表"。我们来分析每一步操作之后列表的变化。如图1-51所示。

图 1-51　随机分配图案过程中列表项的变化

与简单变量不同的是，列表变量在内存中保存了两类信息：(1) 每个列表项的存放地址；(2) 每个列表项的值。当访问列表项时，首先获得的是列表项的地址，然后再根据地址获取列表项的值。

当执行"设列表 A 为列表 B"这样的指令时，我们并没有开辟另一块内存空间来单独存放列表 A，而是把列表 B 存放数据的地址"引见"给列表 A，两个列表拥有同一套列表项的地址及列表项的值（或者说是一个列表拥有两个名字）。因此，当我们删除其中任何一个列表中的元素时，另一个列表中对应的元素也就不存在了。

在图 1-51 中，当我们从局部变量图案列表中逐项删除其中的元素时，全局变量图片列表中的列表项也会被同时删除，可以通过实验来证明这一点。我们在用户界面中添加一个标签组件，命名为"图片列表"，并在随机分配图案过程中监控图片列表的内容。

先把显示图片列表的代码放在随机分配图案过程的第一行，如图 1-52 所示。重新启动程序，测试结果如图 1-54 中的左图所示。

图 1-52　将显示图片列表的代码放在过程的第一行

再将显示图片列表的代码放在过程的末尾，如图 1-53 所示，其测试结果如图 1-54 中的右图所示。

图 1-53　将显示图片列表的代码放在过程的最后一行

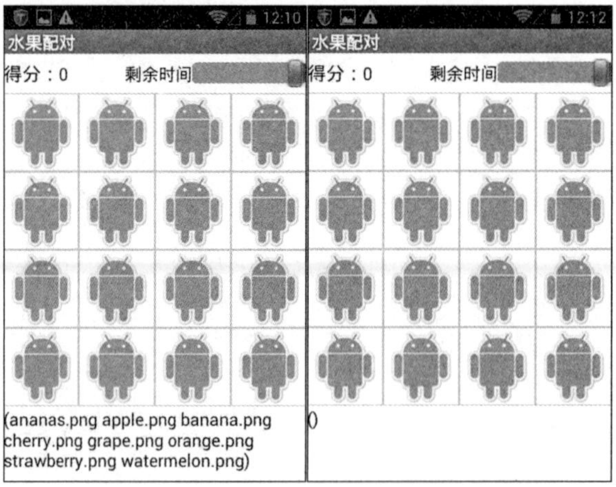

图 1-54　代码放置的位置不同，测试结果不同

图 1-54 的结果证明了我们的结论：临时变量"图案列表"和全局变量"图片列表"指向的是同一组数据。如果你有兴趣，可以将显示列表内容的代码放在不同的位置，并观察列表项的变化，相信你会有收获的。

3. 程序的修正

找到问题的原因就等于解决了问题的一大半，下面我们来修补程序，完成这个重新开始游戏的功能。

解决方法一：创建一个"图片初始化"过程，在每次重新开始游戏时，调用该过程，如图 1-55 所示。

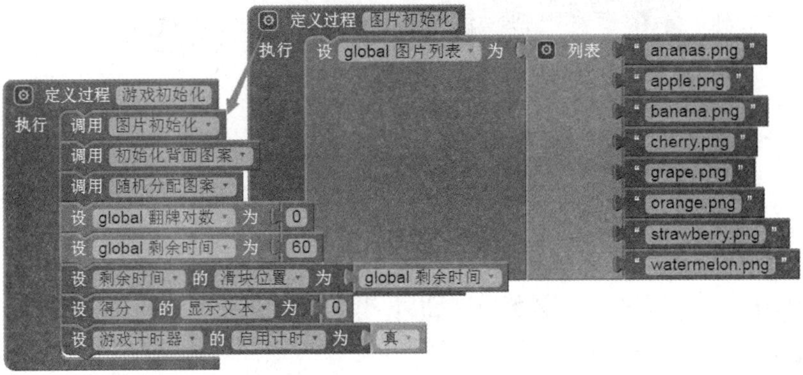

图 1-55　每次重新开始游戏时，创建图片列表

解决方法二：使用列表复制功能，如图 1-56 所示，与图 1-53 对比，多了一个"复制列表"的代码块。复制的意思就是另外生成一个一模一样的列表，新列表与原来的列表不再使用同一个存储空间。这样，对新列表的任何操作不会再影响到原有列表。

图 1-56　使用复制列表功能

如果采用第二种方法，则在游戏初始化过程中，将不必调用图片初始化过程。我们采用第二种方法。

继续进行测试。第一轮游戏运行正常，当开始第二轮游戏时，开发环境中不再出现错误提示，却发现点击按钮时没有任何反应。

1.7.2　重新开始游戏时点击按钮无响应

1. 问题分析

这也许是最容易解决的一个问题：按钮对于点击行为没有响应。这说明按钮处于禁用状态（启用属性值为假）。回想一下我们的程序，每翻开一对卡片，都会设置按钮的启用属性值为假。在一轮游戏结束，并开始下一轮游戏时，执行了游戏初始化过程，该过程并没有更改按钮的启用属性值，按钮实际上仍然处于禁用状态，因此点击按钮才会没有反应。

2. 修改程序

在游戏初始化过程里，添加针对按钮列表的循环语句，将每个按钮的启用属性值设置为真。修改后的代码如图 1-57 所示。

图 1-57　开始新一轮游戏前，启用所有按钮

经过测试，程序运行正常。继续测试发现，在第二轮乃至此后的每一轮游戏中，图案的排列顺序都与第一轮完全相同。

1.7.3　重新开始游戏时图案排列不变

1. 问题分析

图案随机排列的功能由"随机分配图案"过程负责，因此我们来检查这个过程。为了查看程序的执行效果，我们添加了一个标签，用于显示"随机图案列表"的内容，并在随机分配图案过程里设置它的显示文本属性，如图 1-58 所示。测试结果如图 1-59 所示，随机图案列表的列表项多出一倍。问题的原因在于，每次调用"随机分配图案"过程时，都会在原有列表的末尾添加 16 个列表项，因此每一轮游戏都会显示前面的 16 个图案，而新生成的 16 个图案永远都不可能被显示。

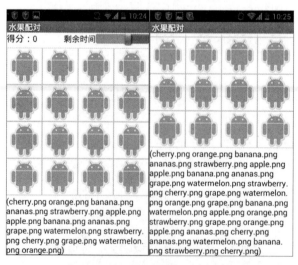

图 1-58　用标签的显示文本跟踪程序的执行结果

图 1-59　跟踪结果是列表长度加倍

2. 程序修正

在随机分配图案过程里添加一行代码，在每次调用该过程时，先清空原有列表，如图 1-60 所示。

图 1-60　在创建新的随机图案列表之前，清空该列表

经过测试，问题得到解决，继续测试。当我们快速点击按钮时，开发工具中会出现这样的错误提示，如图 1-61 所示（这个错误在 1.4.8 节出现过，见图 1-28）；同时，快速点击按钮有时会让一张卡片单独翻开，接下来的操作好像与它不再有任何关系，最终也无法让它再配成对，然后是闯关失败。

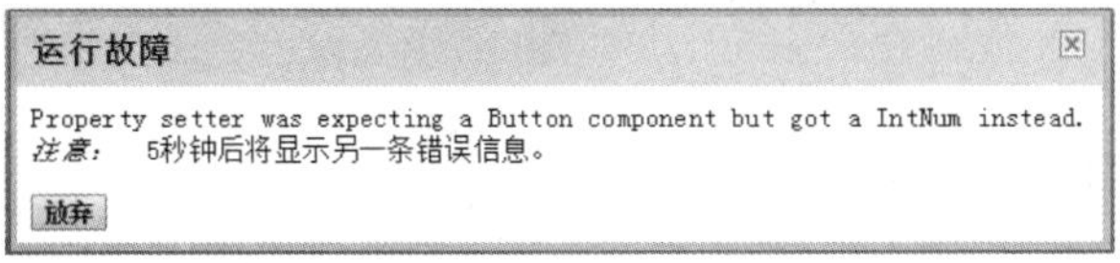

图 1-61　在快速点击按钮时发生新的问题

1.7.4　快速点击按钮时系统提示错误

1. 问题分析

问题的出现一定与闪现计时器的延迟有关。从闪现计时器开始计时，到第一次计时事件发生，之间有 500 毫秒的时间，此时全局变量翻牌 1 与翻牌 2 都不等于 0。如果这期间玩家点击了第三个按钮，那么翻牌 2 将等于第三个按钮，而第二个按钮将失去翻牌 2 的"身份"，像一个孤儿一样，不能被再次点击（启用属性值为假），也没有机会被重新设置其背面图案及启用属性。这就是问题出现的原因。

2. 程序修正

为了防止发生这样的问题，我们采用一个极端的方法：在两张不同的卡片被翻开后，让所有的按钮都处于未启用状态，直到两张不同的卡片扣过去之后，再启用那些没有被翻开的按钮。这项功能需要对按钮的翻开状态进行判断。对"处理点击事件"过程进行修改，改过的代码如图 1-62 及图 1-63 所示。

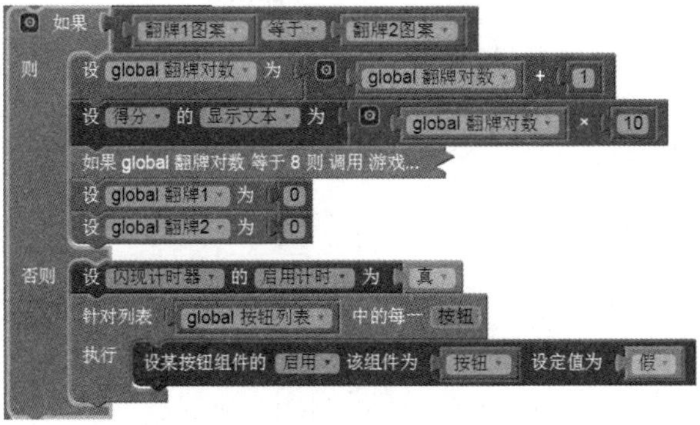

图 1-62　当两张卡片图案不同时，让所有按钮的启用属性为假（处理点击事件过程）

图 1-63 当计时器 1 停止计时，让所有背面图案的按钮恢复到启用状态

现在，无论你以多快的速度点击按钮，程序都不会再出错了。

测试环节告一段落，不过随着更多的人开始使用这个软件，还有可能发现新的 bug。

1.8 代码整理

在一个游戏开发完成之后，整理代码是一个非常好的自我提升机会，它可以让开发者站在全局的高度审视开发过程，将宝贵的开发经验真正收入囊中。图 1-64 中列出了应用中的全部代码（略去了用于测试的部分），其中包括 7 个全局变量、7 个自定义过程以及 20 个事件处理程序，在 App Inventor 的编程视图中折叠了所有代码之后，可见的就只有这 3 类代码，其他代码都被封装在这 3 类代码中。需要提醒读者的是，不要忽视代码的排列，建议按照从左向右的顺序，依次摆放变量、过程及事件处理程序，养成习惯之后，会让自己的开发工作变得井井有条。

图 1-64 游戏中的全部代码

这里再推荐一种要素关系图，图中包含了项目中的各类要素：组件（属性）、变量、过程及事件处理程序，同时给出了各个要素之间的调用或设置关系，其中的黑色箭头表示对过程的调用，深灰色箭头表示对变量的改写，而浅灰色箭头表示对组件属性的设置。它不仅可以帮助我们从整体的角度去认识程序，还能够对程序的优化提供思路，如图 1-65 所示。

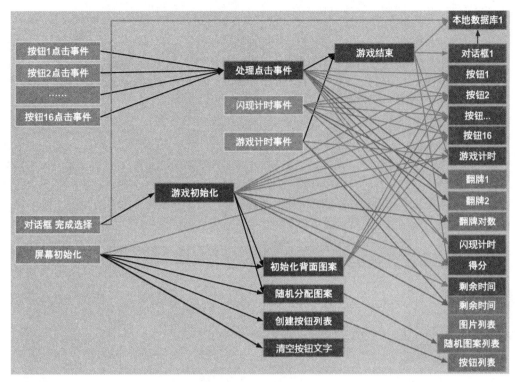

图 1-65　要素关系图

　　首先，要素关系图可以帮助我们查找程序中的错误。图中箭头指向的要素是被调用（过程）或被改写（变量或组件属性）的要素，这样做的好处之一是，我们可以从中看到某个变量的变化原因。例如全局变量"剩余时间"，有两个深灰色箭头指向该变量，它们分别来自"游戏初始化"过程及游戏计时程序，其中前者将其设置为最大值（60 毫秒），而后者对其执行减 1 的运算。这样，当程序的某个环节出现错误时，很容易逆着箭头的方向找到问题的所在。

　　此外，这个图也可以帮助开发者做代码的优化。例如，在"屏幕初始化"程序中有四行代码，其中除了调用"创建按钮列表"与"清空按钮文字"过程之外，其余代码都包含在"游戏初始化"过程之中，可以在屏幕初始化程序中直接调用"游戏初始化"过程，这样既优化了程序的结构，也提高了代码的复用性。

　　注意图 1-65 右下角有一个空闲的全局变量"图片列表"，没有任何箭头指向它。这很容易理解，在程序运行过程中，它的值只是被读取，而不曾被改写。在一般的编程语言中，有一种语言要素被称为常量，与变量不同的是，它的值在程序运行过程中保持不变，像图片列表这样的数据就可以保存在常量中。

　　我们可以用"优雅"这个词来形容一组好的程序，好程序其实没有特定的标准，以下几点是笔者个人的经验，与大家共享。

(1) 关注代码的可读性：可读性的关键在于组件、变量及过程的命名。好的命名让代码读起来像一篇文章，易于理解。像本游戏中对计时器的命名，在笔者自己开发这个程序时，用的名称是计时器 1 和计时器 2，这就不是一种好的命名，在开发到收尾阶段时，连我自己都会发懵。因此在撰写本书时，将计时器 1 命名为"闪现计时器"，将计时器 2 命名为"游戏计时器"。

(2) 关注程序的结构：从图 1-65 中我们可以直观地体会到什么是结构。像这样在事件处理程序中直接改写变量值或组件属性的做法，当程序足够庞大时，会给代码的维护带来很大的麻烦。就 App Inventor 开发的程序而言，比较好的做法是，让事件处理程序调用某个**过程**，让**过程**来改写变量或属性的值。

(3) 谨慎对待写操作：对组件属性和变量的值有两种操作——读和写。这两种操作中，写操作是不安全的。如果一组程序中有多处代码对同一个变量进行写操作，那么这个变量就像一颗潜伏的炸弹，随时有引爆的危险。好的办法是，减少写操作入口，必要时可以绘制变量的状态图，标出所有的写操作，以便调试或优化程序。

我们对现有程序做如下两项改进。

(1) 改造屏幕初始化事件处理程序：只调用创建按钮列表、清空按钮文字及游戏初始化 3 个过程。

(2) 去除重复调用：在要素关系图中，游戏计时器组件汇聚了 3 个箭头，应该减为两个箭头，因为对计时器的设置只有两种可能，即启用计时或终止计时。启用计时在游戏初始化过程中执行，终止计时在游戏计时（事件处理）程序以及游戏结束过程中执行，而游戏计时程序又调用了游戏结束过程，这相当于终止计时被执行了两次。因此可以删除前者对终止计时的设置，这样指向游戏计时的箭头就剩下两个了。

我们重新绘制改进之后的要素关系图，如图 1-66 所示。

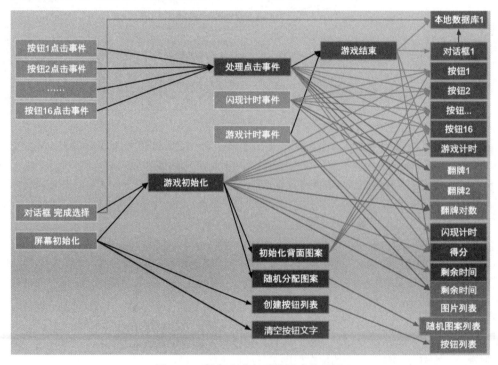

图 1-66　程序改进之后的要素关系图

第 2 章

计算器

计算器这个应用看似简单，然而你一旦着手去制作时，就会发现写出来的程序漏洞百出。那些在人类看来理所当然的逻辑，计算机却浑然不知，一定要将每个细节都照顾到，程序才能如你所愿地运行，否则就会出现一些莫名其妙的状况。

这里要讲解的是一个只有 20 个按键的简易计算器，实现了加、减、乘、除的简单运算，以及清除、回退、求相反数等功能，如图 2-1 所示。更为复杂的运算，如求乘方、方根及三角函数的运算，可以利用开发工具中的数学函数，从现有的功能中衍生出来。

图 2-1　计算器的外观

2.1　功能描述

我们都会使用计算器，但你是否尝试过完整地描述它的功能呢？描述软件的功能是软件开发人员的一项基本能力，你要留心本节的内容，理解下面的符号与术语，才能顺利完成本章的学习。

2.1.1　符号及术语

(1) 前数：在计算过程中，居于运算符之前的数字。有 3 种情况可以生成前数：

  a. 程序运行伊始，用户先输入数字，然后输入算符，此时该数字转变为前数；

  b. 用户先后输入数字、算符、数字、等号后，计算结果被设定为前数；

  c. 用户先后输入数字、算符、数字、算符后，其中的第二个算符具有等号的功能，将输入的两个数字和第一个算符进行运算，所得结果被设定为前数。

(2) 后数：在计算过程中，居于运算符之后的那个数字；在键入等号或第二个算符后，将运算结果设定为前数，并将后数设置为 0。

(3) 算符：在本程序中特指 +、−、×、÷ 这 4 个运算符。

(4) 等号算符：用户先后输入数字、算符、数字、算符、数字、算符等，其中除了第一个输入的算符外，其他算符兼具等号的功能，我们称后面的算符为等号算符。

(5) C：英文 clear 的缩写，用于清除计算过程中的全部信息。

(6) CE：英文 clear entry 的缩写，用于清除在算符之后输入的所有数字，即后数。

(7) ←（回退）：用于从尾部清除后数中的一个字符。

(8) ±（相反数）：用于求相反数，如果后数不为 0，则运算对后数生效；如果后数为 0 且前数不为 0，则对前数生效；也可以理解为对屏幕上显示的数生效。

2.1.2　具体功能

(1) 常规操作：用户按顺序输入前数（屏幕显示后数）、算符（屏幕不显示）、后数（屏幕显示后数）以及等号后，显示运算结果。

(2) 连续运算：用户先后输入数字、算符、数字、算符（或等号＋算符）、数字、算符（或等号＋算符）等；每次输入等号或算符，显示运算结果，并将运算结果设置为前数，将后数设置为 0。

(3) 重新开始：当完成一次运算时（前数被设置为运算结果），如果用户不输入算符，而是直接输入数字，则清除此前的运算结果（相当于按键 C 的作用）。

(4) 连续两次输入算符：如果用户输入算符之后没有输入数字，而是再次输入算符，则后面输入的算符有效（前面的算符被后面的覆盖了）。

(5) 输入纯小数：用户有两种方法输入 0.5，即输入 0.5 或输入 .5。

(6) 其他功能键的功能描述见 2.1.1 节。

2.2　用户界面设计

用户界面中用到了 1 个标签、20 个按钮以及 5 个水平布局组件，其中 20 个按钮分别放置在 5 个水平布局组件中。水平布局组件及按钮的宽度和高度属性皆设置为"充满"，如图 2-2 所示。各组件的命名及属性设置见表 2-1。

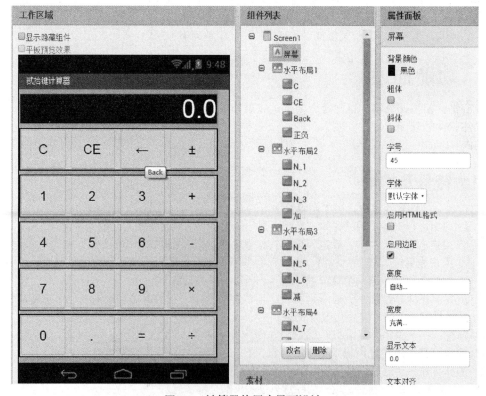

图 2-2　计算器的用户界面设计

表2-1 组件的命名及属性设置

组件种类	组件命名	属 性	属 性 值
Screen	Screen1	水平对齐	居中
		背景	浅灰色
		标题	贰拾键计算器
标签	屏幕	背景颜色	黑色
		字号	45
		显示文本	0.0
		文本对齐	居右
		文字颜色	白色
		宽度	充满
水平布局（5个）	水平布局 1/2/3/4/5	宽度及高度	充满
按钮（20个）	—	宽度及高度	充满
		字号	24
按钮（数字）	N_0 ～ N_9	显示文本	0 ～ 9
按钮（算符）	加、减、乘、除	显示文本	+、-、×、÷
按钮（小数点）	点	显示文本	.
按钮（等号）	等号	显示文本	=
按钮（功能）	C、CE、Back、正负	显示文本	C、CE、←、±

2.3 编写程序——实现常规操作

这个应用最麻烦的地方就是用户操作的不确定性，他可能随意地、想当然地按下某个键，就像使用一个实物计算器一样，因此在功能上应让其尽可能接近实物计算器，给用户一种良好的使用体验。但对于编程过程来说，还是应该从实现最简单的功能入手，即常规操作，否则将会迷失在各种不确定之中。

2.3.1 输入数字

1. 设置3个全局变量：前数、后数、算符

如 2.1.1 节所述，"前数"与"后数"是运算过程中的被操作数，"算符"是具体的运算类型。在程序运行伊始，前数与后数的初始值均为 0，算符的初始值为空（" "）；当用户输入第一串数字时，我们将这个数字保存在后数中；当用户点击算符键时，我们将算符之前输入的数字，即后数，保存在前数中，并设后数的值为 0。

2. 创建点击数字过程

按照计算器的使用习惯，如果要输入数字 123，会依次点击 3 个数字键，但 3 个数字的排列要用程序来处理，这里存在两种情况：

(1) 当后数 = 0 时，即用户输入第一个数字时，让后数直接等于输入的数字；
(2) 当用户接着输入其他数字时，需要将后输入的数字与之前的数字进行拼接。

每输入一个数字，**屏幕**都会显示最新的输入结果，具体代码如图 2-3 所示。

图 2-3　定义点击数字过程

过程中的参数"数字"代表用户按下的具体数字。

3. 在按钮点击事件中调用点击数字过程

当用户点击数字键 1 时，在"点击事件处理程序"中调用"点击数字"过程，并将按钮上的数字作为参数，传递给该过程，如图 2-4 所示。

图 2-4　在按钮点击事件中调用点击数字过程

以此类推，其他 9 个按钮的点击事件处理程序也将如法炮制，如图 2-5 所示。

图 2-5　所有数字按钮的点击事件处理程序

2.3.2　点击算符

1. 定义点击算符过程

如图 2-6 所示，"点击算符"过程只有 3 行代码，即设前数等于后数，设后数为 0，设全局变量"算符"等于新近输入的运算符。

图 2-6　定义点击算符过程

2. 在算符按钮点击事件中调用点击算符过程

如图 2-7 所示，在算符按钮的点击事件中调用点击算符过程，并为过程提供正确的参数。

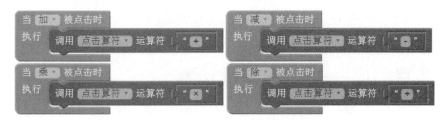

图 2-7　在算符按钮点击事件中调用点击算符过程

2.3.3　点击等号

1. 创建点击等号过程

当用户输入了前数、算符及后数之后，点击等号，此时需要对算符进行判断，依据不同的算符，执行不同的运算；在运算完成后，将所得结果保存在前数中，并显示在屏幕上，同时设置全局变量算符为空，后数为 0。具体代码如图 2-8 所示。

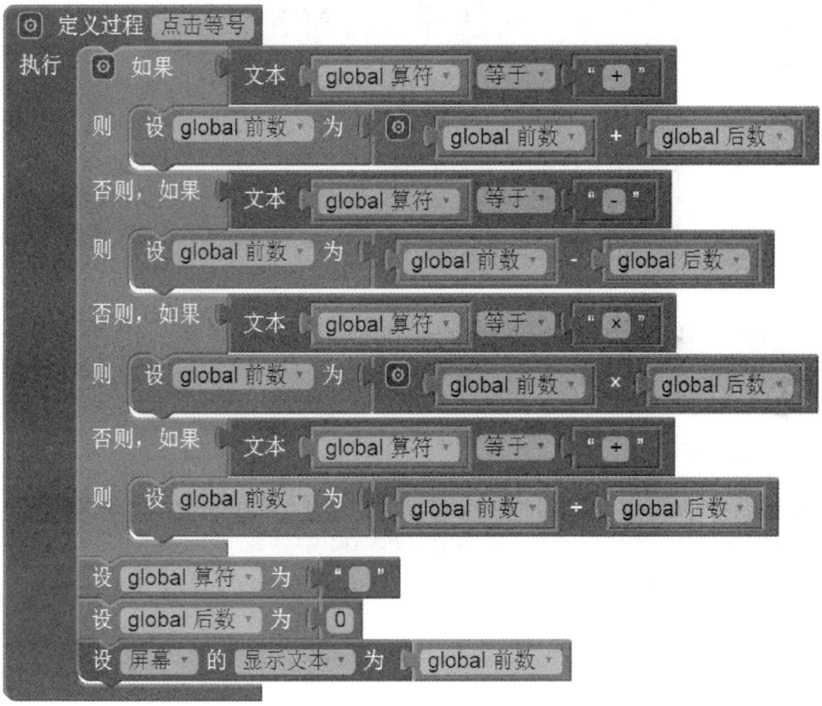

图 2-8　定义点击等号过程

2. 在等号点击事件中调用点击等号过程

如图 2-9 所示，在等号点击事件中调用点击等号过程。

图 2-9　调用点击等号过程

2.3.4 代码测试及说明

连接手机进行测试，按照设定的规范操作计算器，计算结果正确。

这里我们创建了 3 个过程——点击数字、点击算符及点击等号。这 3 个过程是本应用中仅有的 3 个过程，在接下来对程序的改进中，仅仅是对这 3 个过程进行完善，并不会再添加新的过程。

2.4 编写程序——实现连续运算

用户连续输入数字、算符、数字、算符（或等号加算符）、数字等，就构成了连续运算操作。

2.4.1 代码修改

按照 2.1.2 节中对连续运算功能的描述，我们需要对点击算符过程进行修改，即点击算符不仅要执行前数 = 后数、后数 = 0、算符 = 具体算符 3 项操作，还要兼具等号的功能，计算出此前输入项的运算结果。这里我们需要依据某个条件来判断此次输入的是算符还是等号算符，这个条件就是全局变量算符的当前值：如果算符 =" "，则此次输入的算符就仅仅是算符；如果算符 ≠ " "，则此次输入的算符是等号算符。修改过的代码如图 2-10 所示。

图 2-10　修改点击算符过程以适应连续运算

这里要注意最后一行代码，原来该行代码在"如果……则……"分支中，但在点击等号过程中执行了算符 =" "的操作，因此需要重新将全局变量算符设置为本次输入的运算符。

2.4.2 测试及代码修正

对代码进行测试，连续输入数字、算符、数字、算符等，程序能够正确运行。但是，当中间输入等号之后，再输入算符、数字、等号后，计算结果则是错误的。

我们需要找到错误的原因。通过模拟程序执行过程、跟踪变量值的方法，可以帮我们找到原因。问题出在输入等号之后，此时：

- 前数 = 计算结果
- 后数 = 0
- 算符 =" "

接下来输入算符，算符 =" "，执行点击算符过程的"如果……则……"分支，第一行代码为前数 = 后数，注意这时后数为 0，因此前数并没有保留住原来的计算结果，而是被改写为 0，后面的计算结果必然是错误的。我们为点击算符过程添加一个条件语句，来修正上述错误，代码如图 2-11 所示。

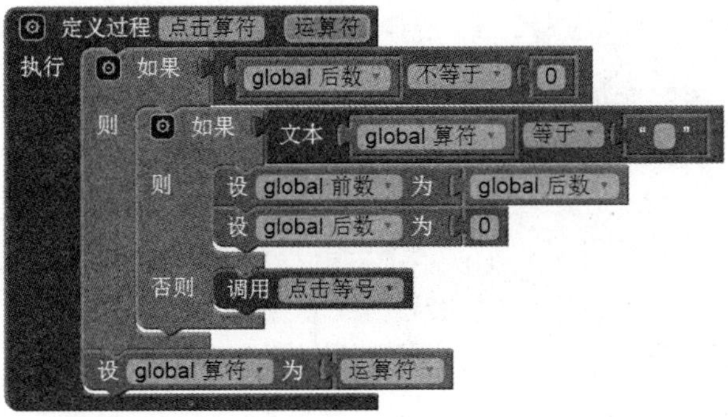

图 2-11 当后数 = 0 时，只改写算符的值

为了确保限定条件不会给程序埋下隐患，我们分析了所有后数为 0 的情况，如表 2-2 所示。我们逐一对照，来判断限定条件是否会限制合理的操作。

表2-2 后数为0的所有可能情况

序号	事件	前数	后数	算符	屏幕显示
1	屏幕初始化	0	0	" "	" "
2	点击 C 后	0	0	" "	" "
3	点击 CE 后	PRE	0	OP	" "
4	点击算符后	PRE	0	OP	PRE
5	点击等号后	PRE	0	" "	PRE

表 2-2 中，PRE 为前数（零或者非零），OP 为运算符（空或者非空）。

- 表中第 1 和第 2 条，当屏幕初始化或用户点击 C 之后，前数、后数均为 0，此时点击算符键，再输入后数、等号（包括等号算符，下同），相当于做一次前数为零的运算，这在逻辑上是合理的，可以完成一次合理的运算。
- 表中第 3 条，当用户点击 CE 后，前数不变，后数为 0，此时点击算符键，不改变前数，只改写算符值，此后再输入后数及等号，可以完成一次合理的运算。
- 第 4 条，用户点击算符键后，后数为零，此时如果用户再次点击算符键，不改变前数的值，只改变算符的值，相当于后输入的算符覆盖了前面输入的算符；这样，此后再输入后数及等号，可以完成一次合理的运算。
- 第 5 条，用户输入等号后，前数为运算结果，后数为零，算符为空，此时用户点击算符键，不改变前数的值，只改写算符的值；这样，此后再输入后数及等号，可以完成一次合理的运算。

以上分析虽然显得有些啰唆，但不失为一种保障程序完备性的方法。在人类思维与机器逻辑之间存在着一个鸿沟，缜密的思考与分析是跨越这道鸿沟的唯一方法。这是计算器应用给我们留下的启示。

2.5 编写程序——实现小数输入

到现在为止，我们的程序还只能进行整数运算，下面我们编写小数点按钮的点击事件处理程序，来实现小数的输入。

2.5.1 编写按钮点击程序

按钮点击事件处理程序代码如图 2-12 所示。

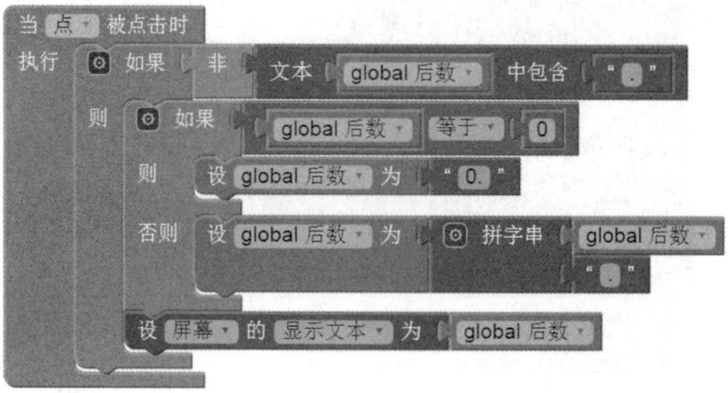

图 2-12　小数点按钮点击事件处理程序

在上述程序中，首先要对后数进行判断，查看其中是否已经有了小数点：如果后数中不包含小数点，则判断后数是否为 0，如果为 0，设后数为 "0."，否则直接在后数末尾添加小数点；如果后数中已经有了小数点，则程序不予响应。

2.5.2　代码测试及程序修正

现在可以开始进行测试。屏幕初始化后，输入小数 123.5，再输入加号，再输入小数 0.5。此时，程序反应异常，预想中应该出现的 0.5 没有出现，屏幕上显示的是整数 5。显然什么地方出现了错误。错误出现在输入算符之后，再输入小数，与此项操作相关的有两个过程：点击算符和点击数字。我们先来检查点击数字过程。

在点击算符之后，全局变量的值发生变化：

- 前数 = 后数（或计算结果）
- 后数 = 0
- 算符 = 具体算符

此时点击 0.5，看看点击数字过程如何处理。用户点击 "0.5" 中的 5 时，后数为 "0."，点击数字过程的参数值为 5，此时过程执行 "如果……则……" 分支，即将 5 设置为后数，这样前面的 "0." 就被覆盖了，于是就出现了测试过程中的问题。解决的方法是对后数的长度进行判断，如果是 "0." 则长度为 2，执行 "如果……否则……" 分支，将 5 添加在 "0." 之后，代码如图 2-13 所示。

图 2-13　修改后的点击数字过程，当后数为 "0." 时执行 "否则" 分支

再次进行测试，程序运行正确。

2.6 编写程序——实现辅助功能

前面已经实现的计算器的核心功能，即计算功能，下面将实现余下的辅助功能。

2.6.1 求相反数

按照 2.1.1 节中的定义，按键 ± 用于求相反数，但究竟是求前数的相反数，还是后数的呢？原则上讲，是求屏幕上正在显示的数的相反数，那么屏幕上有时会显示前数（如按等号或等号算符之后），更多时间是显示后数，这就需要为求相反数设定一个判定条件，来决定针对哪个数求相反数。我们以后数的值为判断依据，如果后数 ≠ 0，则运算对后数生效；如果后数 = 0 且前数 ≠ 0，则对前数生效。代码如图 2-14 所示。

图 2-14　将屏幕上显示的数字转变为其相反数

经过测试，程序运行正确。

2.6.2 删除末尾数字

按键←仅对后数有效，用于从后数的尾部删除一个数字。这个操作要用到"从字符串中截取特定长度子串"的功能，如图 2-15 所示。

图 2-15　截取子串的代码块

当点击←键时，判断后数的长度：如果后数长度 ≥ 1，则从原字符串的首位开始截取长度为（后数长度减 1）的子串。代码如图 2-16 所示。

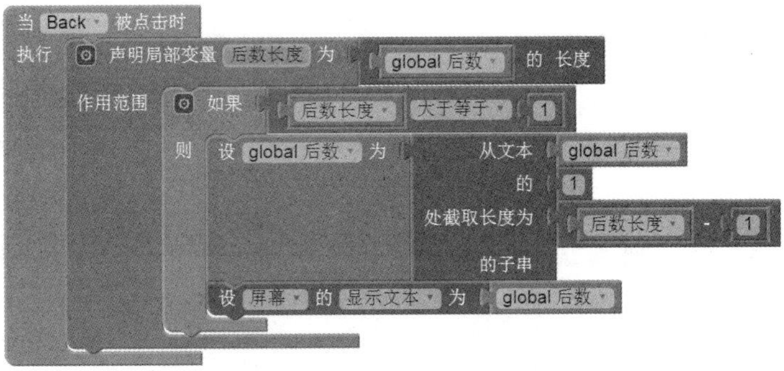

图 2-16　删除后数的末尾数字

经测试，正序运行正确。

2.6.3 清除后数

当用户点击 CE 按键时，会将已经输入的后数清除，或者说设置为 0，并清空显示屏。代码如图 2-17 所示。

图 2-17 点击 CE 时，清除后数

2.6.4 清除全部信息

当用户点击 C 按键时，清空所有已输入的信息及运算结果，代码如图 2-18 所示。

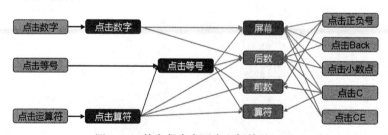

图 2-18 点击 C 时，清空全部信息

2.7 代码回顾

这里我们省略了整理代码清单的过程，希望读者自己来完成这一任务，将代码折叠起来，并按类型（变量、过程、事件处理程序）及顺序将折叠后的代码摆放整齐。

2.7.1 要素关系图

在图 2-19 中，最左和最右列的块代表按钮的点击事件处理程序，深灰色块代表过程，右二列浅色块代表全局变量，右二列深色块代表组件或组件的属性。这个程序中用到的组件个数虽然多，但种类很少。从图中可以看出，关联度最高的是全局变量后数，所有的按钮点击事件都与之相关联，因此要格外小心对它的操作。

图 2-19 整个程序中要素之间的关系图

2.7.2 关键环节的状态分析

这个程序在开发过程中，有两个操作是比较容易混乱的，其一是开始输入数字，其二是输入小数点。为了清楚操作前后变量及组件属性的状态变化，特制作了状态表格，表 2-3 描述了所有可能的输入数字前后变量及标签属性的变化，这样做的目的是便于我们把握程序的走向。

表2-3　点击数字之前的所有可能状态

序号	事　件	前数		后数		算符		屏幕显示	
		前	后	前	后	前	后	前	后
1	初始化或点 C 后点击 N	0	0	0	N	" "	" "	" "	N
2	点击 N 之后点击 M	PRE	PRE	N	NM	OP	OP	N	NM
3	点击算符后点击 N	PRE	PRE	0	N	OP	OP	PRE	N
4	点击等号之后点击 N	PRE	PRE	0	N	" "	" "	PRE	N
5	点击 CE 后点击 N	PRE	PRE	0	N	OP	OP	" "	N
6	前数改正负后点击 N	PRE	PRE	0	N	OP	OP	PRE	N
7	后数改正负后点击 N	PRE	PRE	POS	POSN	OP	OP	POS	POSN
8	点小数点后点击 N	PRE	PRE	POS.	POS.N	OP	OP	POS.	POS.N
9	点击 Back 后点击 N	PRE	PRE	POS	POSN	OP	OP	POS	POSN

表 2-3 中文字含义如下：

- 前——输入数字之前
- 后——输入数字之后
- N、M——数字
- PRE——前数（零或者非零）
- OP——运算符（空或者非空）
- POS——后数
- POSN——后数与新输入的数字拼接的结果

需要说明的是，这个程序并未经过严格的测试，其中难免存在一些错误，如果读者发现了错误，请自行修改自己的程序，也希望能够将错误反馈给笔者[1]，以便于改进，多谢！

---

[1] 读者可访问本书图灵社区页面（http://www.ituring.com.cn/book/2561）提交勘误并获得关于本书的更多信息。

——编者注

第3章

九格拼图

这是一个拼图游戏，用户界面如图 3-1 所示，在 3×3 的 9 个方格中，只有 1 个空格，空格可以与图片交换位置。玩家通过移动图形碎片，将 8 个凌乱的图片拼成一个完整的图形。

图 3-1　九格拼图游戏的用户界面

3.1　游戏描述

游戏的具体功能描述如下。

(1) 时间因素：对游戏耗时进行记录，以秒为单位，游戏时长将成为最终得分的负面因素。

(2) 空间因素：用户界面分为上中下三部分，上部显示完整的图片、游戏耗时、移动次数及"重新开始"按钮；中部为一个 3×3 的格子，完整的图片被平均分割成 9 个小图（在程序中被称为碎片），其中的 8 个小图随机排列在 9 个格子中（去掉了右下角的小图），留有一个空格，供玩家移动小图，并最终拼出原始图片；下部为消息提示区，用来显示程序运行过程中的提示信息。

(3) 游戏操作：用户触摸空格周围的小图（程序中被称为"空格的邻居"），小图将自动移动到空格中，原来的位置变为空格；每移动一次小图，累计一次移动次数，移动次数将成为最终得分的负面因素。

(4) 记分规则：有两个因素会影响到玩家的最终得分，即游戏耗时及移动次数。计算方法为：
得分 =（10 000 − 移动次数）÷ 游戏耗时（取计算结果的整数部分）

(5) 历史记录：在互联网上保存游戏的最高纪录（包括游戏耗时、移动次数及最终得分），每次游戏结束时，显示历史记录，如果本次得分高于历史记录，则保存本次得分。

(6) 重新开始游戏：玩家在成功完成一次拼图后，将弹出对话框，选择对话框中的"返回"按钮将开始新一轮的游戏；在游戏过程中，玩家可以点击"重新开始"按钮，放弃当前游戏，开始新一轮游戏。

(7) 退出游戏：拼图成功后，玩家可以选择对话框中的退出按钮，退出游戏。

3.2 界面设计

实现图片移动最关键的组件是画布与精灵；此外，利用图片组件显示一张完整的原图，以供玩家参考，另有若干个标签组件用于显示游戏中的提示信息，还有一个按钮组件用于重新开始游戏。

3.2.1 界面布局

屏幕的顶部为水平布局组件，分左右两部分，左侧为小尺寸的完整图片，右侧为垂直布局组件，其中包含了两个水平布局组件和一个重新开始按钮，水平布局组件中分别放置标签来显示游戏耗时及移动次数；屏幕中部为一个正方形画布，其中放置了 8 个图片精灵，通过坐标来决定精灵的位置；屏幕底部有两个标签，用来显示程序运行过程中的相关信息，如列表变量的值等。用户界面如图 3-2 所示，组件的命名及属性设置见表 3-1。（由于素材图片的尺寸为 111 像素 ×111 像素，而图片精灵的宽、高属性尚未设置，导致图片之间有重叠。）

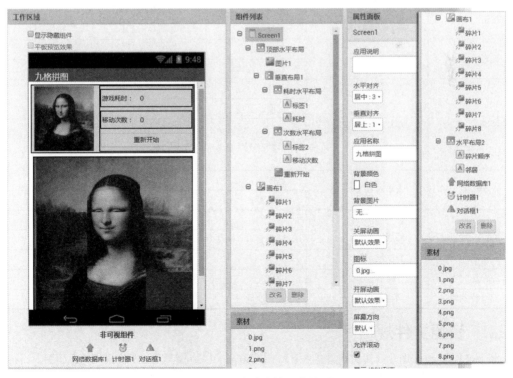

图 3-2　设计游戏的用户界面

由于项目中的组件数量较多，无法在组件列表中显示全部组件，为了显示容器组件与可视组件之间的包含关系，特截取下半部分组件清单以及素材列表，放在图 3-2 的右侧。

表3-1　组件属性设置（按屏幕自上而下顺序）

组件名称	组件命名	属　　性	属　性　值
屏幕	Screen1	标题	九格拼图
		图标	0.png（完整图片）
		水平对齐	居中
		允许滚动	选中
水平布局	顶部水平布局	垂直对齐	居中
		宽度	308 像素
		高度	124 像素
图片	图片 1	图片	0.png
		宽度、高度	120 像素
垂直布局	垂直布局 1	宽度、高度	充满
水平布局	耗时水平布局	宽度、高度	充满
		垂直对齐	居中
标签	标签 1	显示文本	游戏耗时
标签	耗时	显示文本	0
水平布局	次数水平布局	宽度、高度	充满
		垂直对齐	居中
标签	标签 2	显示文本	移动次数
标签	移动次数	显示文本	0
按钮	重新开始	显示文本	重新开始
		宽度	充满
画布	画布 1	背景颜色	蓝色
		宽度、高度	300 像素
精灵	碎片 1 ~ 碎片 8	图片	1.png ~ 8.png
		宽度、高度	自动
		坐标 (x,y)	(0,0) (100,0) (200,0) (0,100) (100,100) (200,100) (0,200) (100,200)
水平布局	水平布局 2	宽度	充满（包含碎片顺序及邻居标签）
		水平对齐	居中
标签	碎片顺序 邻居	字号	20
		显示文本	《》
对话框	对话框 1	—	默认
计时器	计时器 1	—	默认
网络数据库	网络数据库 1	服务地址	http://tinywebdb.17coding.net

3.2.2　资源文件规格

资源文件共 10 张图片（其实只需要 9 个），其中 0.png（330 像素 ×350 像素）为原始图，1.png ~ 9.png 为局部小图（第 9 张图可以省去），大小为 110 像素 ×110 像素，如图 3-3 所示。

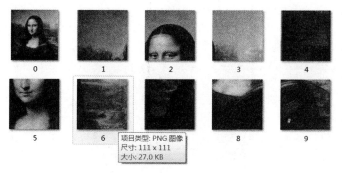

图 3-3　图片素材

由于画布宽度为 300 像素，因此小图的尺寸需要在程序中进行统一设定，宽、高均设置为 99 像素，这样小图之间有 1 像素的空隙。

3.3　难点分析

当我们着手开发一个新类型的应用时，总会预先估计一下开发中可能遇到的难点，并先行为这些难点找到解决办法，然后再进入常规的开发流程。这款拼图游戏恰恰也是笔者不曾涉猎过的游戏类型。

3.3.1　程序的主流程

游戏之初，8 个碎片（小图）被随机放置在 9 个空格中，并保留一个空格；玩家通过不断触碰空格周围的碎片来实现碎片的移动（碎片与空格交换位置），并最终使得所有碎片按照正确的顺序排列。程序的主流程如图 3-4 所示。

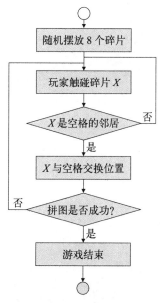

图 3-4　程序的主流程

3.3.2　术语解释

在接下来的问题分析及程序编写过程中，会频繁地提到几个词语，这里先行做一下解释。

(1) 位置编号：画布被等分为3行、3列，形成了9个格子，这9个格子按照从左到右、自上而下的顺序，被赋予1～9的编号，如图3-5所示，其中的阿拉伯数字为位置编号。在后续的讨论中，这组编号是固定不变的因素，将作为其他可变要素的参照。

图3-5　位置编号是固定不变的

(2) 碎片代号：在3.2节中，我们修改了每个精灵组件的名称，分别为碎片1～碎片8，名字末尾是数字1～8，这组数字既是每个碎片的代号，也是精灵组件所显示的文件名（不包含.png的部分）。在图3-5中，中文数字（壹、贰、叁，等等）表示的就是碎片代号。

(3) 空格的邻居：指的与空格相邻的4个位置，即正上方、正下方、左侧及右侧，如图3-5所示，碎片叁（位置1）、碎片贰（位置5）及碎片壹（位置7）是空格的邻居。一个碎片，仅当它是空格的邻居时，才能被移动。

(4) 碎片排列顺序：如果将8个碎片随机摆放在9个格子中，它们的排列顺序将以位置编号为基准，其中包含了空格的代号9。例如，图3-5中的排列顺序可表示为（385927164），如表3-2及图3-6所示。

表3-2　碎片的排列顺序（随机）

位置编号	1	2	3	4	5	6	7	8	9
碎片代号	3	8	5	（空格）9	2	7	1	6	4

图3-6　碎片的排列顺序（随机）

针对图3-5中的排列顺序，当玩家对碎片进行了一番挪动后，碎片的代号与位置编号相匹配时，说明拼图成功，如图3-7及图3-8所示，此时碎片的排列顺序可以表示为（123456789），如表3-3所示。

图3-7　拼图成功时碎片的排列顺序

图 3-8 拼图成功时碎片的排列顺序

表3-3 碎片的排列顺序（拼图成功）

位置编号	1	2	3	4	5	6	7	8	9
碎片代号	1	2	3	4	5	6	7	8	（空格）9

3.3.3 难点分析

在实现这个游戏的过程中，有 3 个关键点：

(1) 碎片的随机摆放；

(2) 碎片的移动；

(3) 对拼图成功与否的判断。

与这 3 个关键点密切相关的是碎片的排列顺序。(1) 是对碎片排列顺序的初始化，(2) 是对排列顺序的改变，(3) 是判断碎片排列顺序是否与位置编号相匹配。下面分别讨论解决这 3 个问题的思路。

1. 碎片的随机排列

随机排列是游戏开发中普遍存在的问题，比如扑克牌游戏中的洗牌，又如本书第 1 章中的水果图案的随机分配等。解决这类问题需要两个列表：顺序列表和随机列表。初始状态下，顺序列表中放置了即将被打乱顺序的所有元素，它们按照某种固定的顺序排列，而随机列表为空。利用循环语句，对顺序列表进行遍历，每循环一次，从顺序列表中随机选择一项，追加到随机列表中，并从顺序列表中删除该选中项，然后进入下一次循环。这个技术的关键在于每次循环生成的随机数，随机数的范围从 1 到顺序列表的长度 N，注意这个 N 是变化的，因为每次循环都要从顺序列表中删除一项。程序的流程如图 3-9 所示。

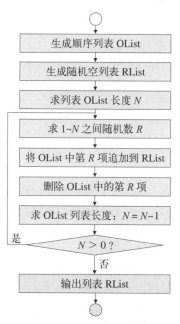

图 3-9 让碎片随机排列的操作流程

2. 碎片的移动

所谓移动有两重含义：(1) 数据的更新——碎片的排列顺序产生变化（空格与碎片的位置对调）；(2) 用户界面的更新——将碎片移动到空格的位置，碎片原来的位置成为空格。这项操作并不困难。这一步的关键在于判断玩家触碰的碎片是不是空格的邻居。在程序的运行过程中，随时跟踪空格的邻居，它会随着每一次碎片的移动而变化。我们用列表来保存那些成为空格邻居的碎片，以便随时判断某个被触碰的碎片是否在邻居列表中。程序的流程如图 3-10 所示。

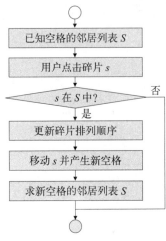

图 3-10　移动碎片的流程

3. 判断拼图是否成功

每次移动碎片之后，都要判断碎片的排列顺序是否与位置编号相匹配。通过循环语句对碎片顺序列表进行遍历，逐个对比碎片代号与循环变量是否相等，如果全部相等，则拼图成功。

以上分析我们没有动用一行代码，但是已经将程序的脉络理清了。作为一个初学者，很不容易做到这一点，因为在开始编写一个软件之前，你通常不知道会遭遇哪些困难。不过，我们学习编程的过程也是不断遭遇难题，然后解决难题的过程。随着经历的难题越来越多，你可以学会在动手之前，预计可能存在的技术上的障碍，并优先着手铲除这些障碍，之后再进入到常规的开发过程。

3.4　编写程序——初始化

按照游戏运行的时间顺序，来编写相关的程序。以用户开始操作游戏为分界线，此前的准备工作称作初始化。

3.4.1　初始化全局变量

在整个程序中，我们声明了 4 个全局变量，如图 3-11 所示：碎片列表、坐标列表、空格的邻居（列表）及碎片排列顺序（列表）。其中前两个列表在整个程序的运行过程中，列表的长度、列表项的值及列表项的排列顺序均保持不变，我们可以把它们理解为常量；后两个列表会随着程序的运行发生改变，其中空格的邻居列表的长度及列表项的值都会发生改变，而碎片排列顺序列表的长度及列表项的值不变，但列表项的排列顺序会发生改变。

图 3-11　初始化全局变量

1. 碎片列表

在第 2 章中我们引入了组件对象的概念，本章这个概念将派上大用场。首先我们声明一个全局变量碎片列表，并将其初始化为空列表（如图 3-11 所示），然后创建一个过程"初始化碎片列表"，在这个过程里，我们生成了一个包含 8 个碎片的列表，稍后将在屏幕初始化事件中调用该过程，如图 3-12 所示。

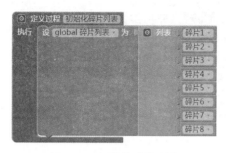

图 3-12　初始化碎片列表

2. 坐标列表

精灵组件放置在画布上，可以通过设定它们的 x、y 坐标属性，来精确地设置它们的位置。这里使用循环语句对坐标值进行设置，如图 3-13 所示。由于这些坐标值本身在整个程序运行过程中保持不变，也可以用直接创建列表的方式来初始化坐标值，如图 3-14 所示。这两种方式是等价的，不过程序员可能更喜欢采用第一种方式。试想，此刻我们设置坐标的前提是画布的宽高为 300 像素，小图的宽高为 99 像素，如果我们想改变画布或小图的尺寸，那么第二种方式写成的代码修改起来将更为麻烦，而第一种方式仅需修改乘数 100 即可。

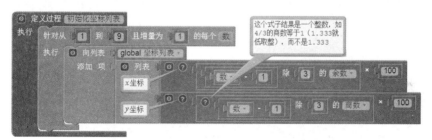

图 3-13　用程序的方法初始化坐标列表

图 3-14　用具体的数值初始化坐标列表

3. 碎片排列顺序

如果你理解了图 3-9 中的流程，就很容易理解下面的过程——随机排列碎片。图 3-9 中的顺序列表 OList 与过程中的固定位置列表相对应，图 3-9 中的随机列表 RList 与碎片排列顺序列表相对应。虽然固定位置列表中有 9 个列表项，但循环语句只执行了 8 次循环，这是因为 8 次循环之后，固定位置列表中只剩下 1 个列表项，没有必要再求随机数，将这个唯一的列表项直接追加到碎片排列顺序列表中即可，如图 3-15 所示。

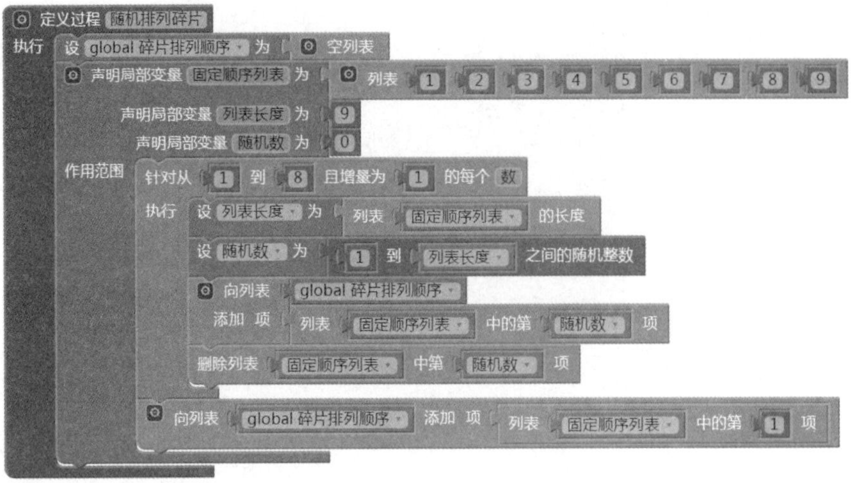

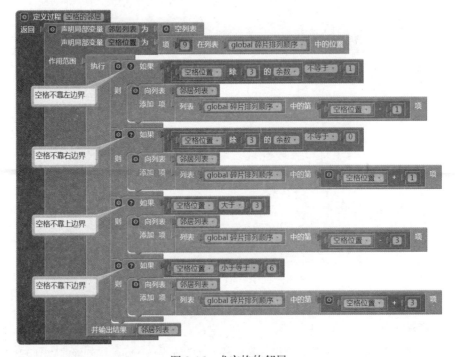

图 3-15　初始化碎片排列顺序列表

4. 求空格的邻居

这是一个有返回值的过程，根据空格的位置求出它的邻居的列表。这个过程看起来代码很多，但其中的逻辑并不复杂，如图 3-16 所示。首先求出空格在碎片排列顺序列表中的位置，如果空格不靠画布的左边界，则将空格左侧的碎片列为它的邻居；如果空格不靠画布的右边界，则将空格右侧的碎片列为它的邻居，以此类推。一个空格最多只能有 4 个邻居（当空格的位置 = 5 时），最少可以有 2 个邻居（当空格在 4 个角上时）。

图 3-16　求空格的邻居

3.4.2 初始化组件属性

1.初始化碎片属性：图片、宽度及高度

这些属性在程序运行过程中保持不变，因此将其整合到一个过程中设置，如图 3-17 所示。

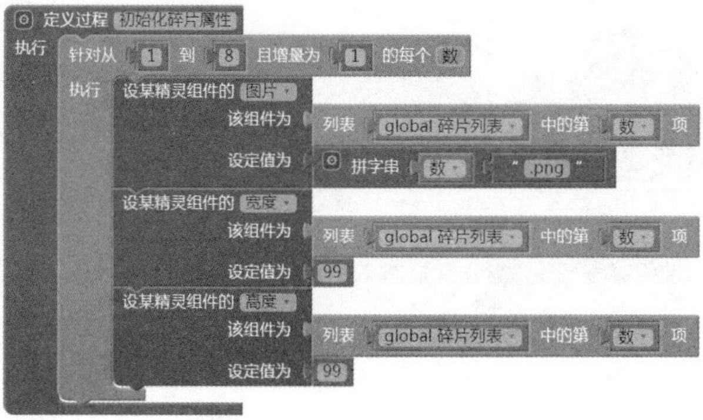

图 3-17 设置图像精灵的属性：图片、宽度及高度

2.设置碎片的x、y坐标

在程序运行过程中，碎片的坐标会因碎片的移动而改变，这里定义了一个过程"放置碎片"，依据前面已经初始化的碎片排列顺序列表，对碎片的位置进行初始设置，如图 3-18 所示。

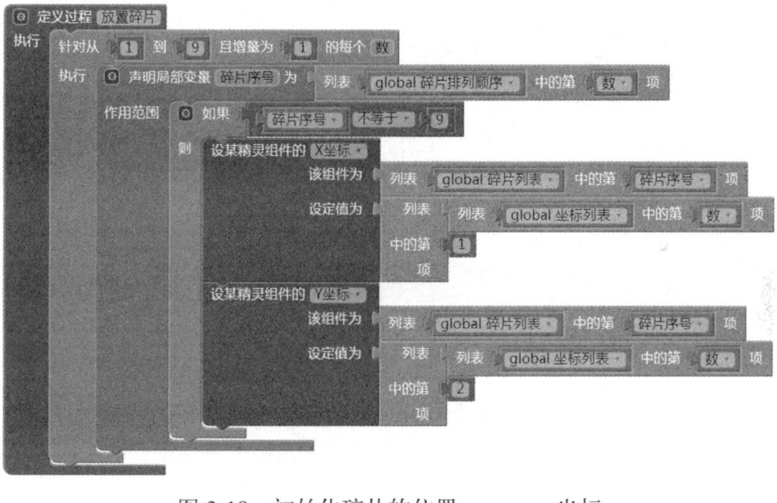

图 3-18 初始化碎片的位置——x、y 坐标

3.4.3 屏幕初始化事件处理程序

在屏幕初始化事件中，调用上述过程，完成游戏中数据及用户界面的初始化，如图 3-19 所示。

图 3-19 屏幕初始化时间处理程序

注意图中几个过程的调用顺序，想想看，为什么要依照这样的顺序执行？

3.4.4 跟踪程序的执行过程

我们在画布的下方添加了一个水平布局组件，其中放置了两个标签组件，分别命名为"碎片顺序"及"邻居"，用来跟踪程序运行过程中两个变动列表的值，以便于更好地理解程序的运行过程，并为纠错提供方便。界面设计如图 3-20 所示。

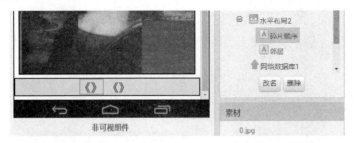

图 3-20　添加两个标签，用来显示列表变量的值

然后编写一个过程"查看关键数据"，只有两行代码。可以在程序中需要的位置调用这个过程，跟踪列表值的变化。首先在屏幕初始化事件中调用该过程，如图 3-21 所示。

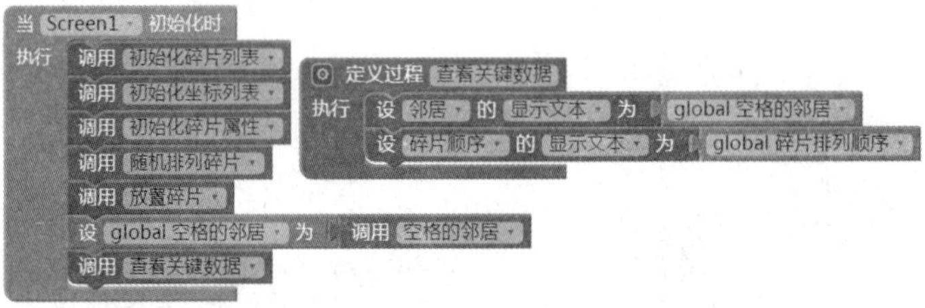

图 3-21　跟踪列表变量的变化

测试结果如图 3-22 所示。注意画布下方两个标签的显示值，左侧标签显示了碎片排列顺序，右侧列表显示了空格的邻居。

图 3-22　屏幕初始化之后的用户界面

3.5　编写程序——移动碎片

画布上有 8 个精灵组件，我们利用精灵组件的触摸事件来触发碎片的移动。首先以图 3-22 中的碎片 1 为例，按照流程图 3-10 中的设计，来实现碎片 1 的移动，然后再将与碎片 1 相关的代码移植

到其他碎片上。

　　首先判断碎片 1 是否在空格的邻居列表中，如果判断结果为真，则执行空格与碎片 1 的换位操作：(1) 更新碎片顺序列表；(2) 设置碎片 1 的新位置，换位完成后，再更新空格的邻居列表，并查看两个列表的变动情况。代码如图 3-23 所示。

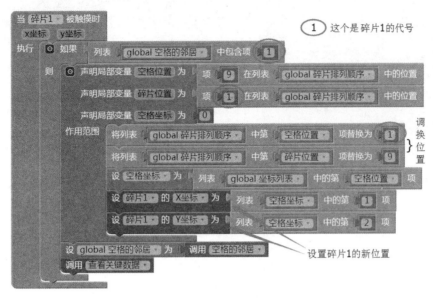

图 3-23　实现碎片 1 与空格的位置交换

　　下面我们将碎片 1 的代码推而广之。首先创建一个通用的过程"移动碎片"，将上述代码移动到新建的过程里。为了使过程对所有碎片通用，为过程添加一个参数"碎片代号"，将原有碎片 1 的代号替换为这个参数。此外，将设置碎片 1 的 x、y 坐标的代码替换为任意组件类代码——设为某图像精灵组件的 x、y 坐标。修改后的代码如图 3-24 所示。

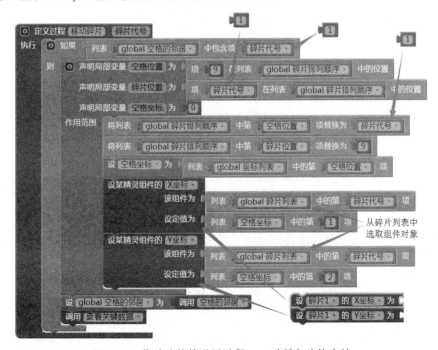

图 3-24　移动碎片的通用过程——对所有碎片有效

为了提高代码的可读性，我们新建一个过程"碎片与空格换位"，将移动碎片过程里碎片与空格交换位置的代码封装在这个新建的过程里，如图3-25所示。

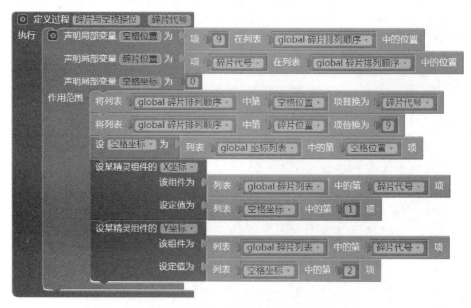

图 3-25　创建碎片与空格换位过程

然后在移动碎片过程里调用该新建过程，如图3-26所示。

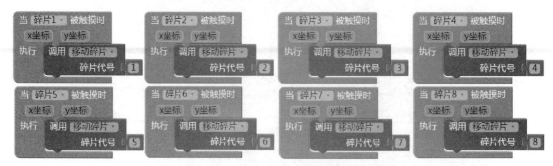

图 3-26　在移动碎片过程里调用碎片与空格换位过程

下面编写所有碎片的触摸事件处理程序。在事件处理程序中调用"移动碎片"过程，并为过程提供参数"碎片代号"，代码如图3-27所示。

图 3-27　编写所有碎片的触摸事件处理程序

至此，我们的游戏已经具备了最基本的功能：当玩家触摸某个空格相邻的碎片时，碎片会与空格调换位置。从程序跟踪的结果上看，程序的运行结果是正确的。测试结果如图3-28所示。

(1 2 3 4 5 6 7 8 9)(8 6)

图 3-28　跟踪测试移动碎片程序

3.6　编写程序——判断拼图是否成功

每次移动碎片完成之后，要做一个判断——碎片的排列顺序是否与位置编码相匹配。如果匹配，则拼图成功，游戏结束；否则，继续等待下一次移动。通过观察游戏运行过程中碎片顺序列表的变化，你会发现，当拼图成功时，碎片顺序列表是"1 2 3 4 5 6 7 8 9"，如图 3-28 所示。对这个排列的验证只需要一个循环语句就可以完成，代码如图 3-29 所示。我们创建了一个有返回值的过程："拼图成功"。先假设局部变量"成功"为真，遍历"碎片排列顺序"列表，一旦有某个碎片的代号与循环变量的值不相等，也就是与位置编码不相等，则"成功"为假，过程的返回值为假；如果所有碎片的代号均与循环变量的值相等，则返回值为真。

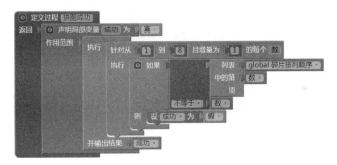

图 3-29　有返回值的过程——判断拼图是否成功

在"移动碎片"过程里调用"拼图成功"过程，如图 3-30 所示。

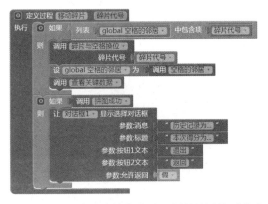

图 3-30　每次移动碎片完成后，判断拼图是否成功

3.7 编写程序——计算游戏得分

游戏得分取决于两个因素：完成拼图时碎片的移动次数，以及完成游戏所消耗的时间。两者的值越高，所得分数越低。

3.7.1 统计游戏耗时

利用计时器的计时事件来累计游戏时长。计时器每隔 1 秒触发一次计时事件，因此用户界面上的"耗时"标签每隔 1 秒刷新一次数据，代码如图 3-31 所示。这里我们没有单独设置一个全局变量来累计游戏耗时，而是利用"耗时"标签的显示文本来保存这个累计值。值得一提的是，组件的属性同样具有保存值的功能，充分利用这一点，可以减少全局变量的使用，减少对设备内存的占用。

图 3-31　累计并显示游戏耗时

3.7.2 统计碎片移动次数

同累计游戏耗时一样，我们利用"移动次数"标签的显示文本来保存移动次数的累计结果，代码如图 3-32 所示。

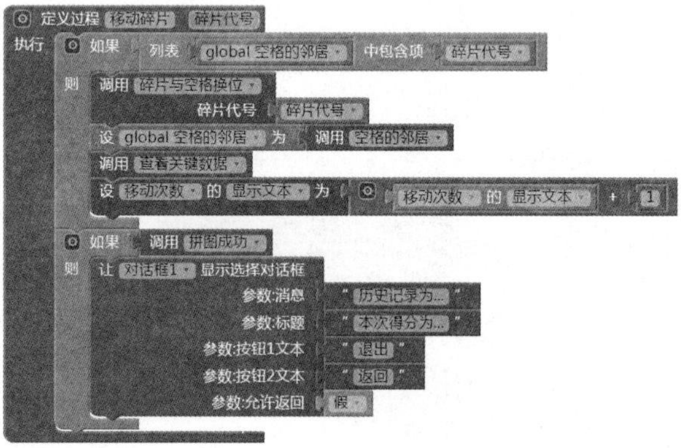

图 3-32　累计并显示碎片的移动次数

3.7.3 计算游戏得分

当游戏结束时，根据游戏耗时及移动次数来计算游戏得分，并在对话框中显示出来。注意，这时设计时器的启用属性为假，令计时器停止计时。代码如图 3-33 所示。

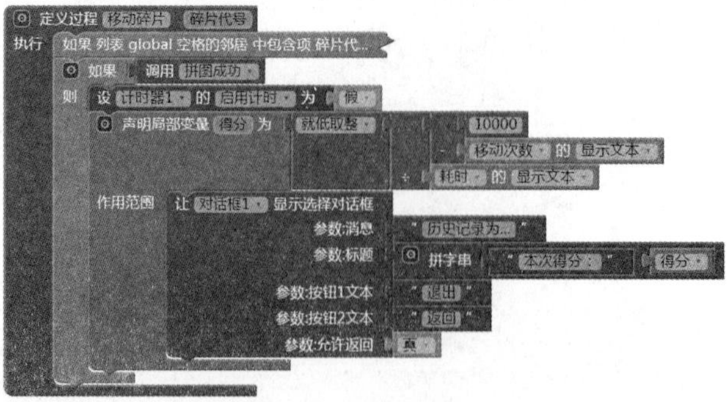

图 3-33　计算并显示游戏得分

3.8 编写程序——游戏结束

这是整个开发过程的最后一个任务，一轮游戏的结束，也意味着新一轮游戏的开始，或者彻底退出游戏。此外，比较与保存游戏的最高得分，也是一项重要的任务。

3.8.1 提取历史记录

网络数据库组件（TinyWebDB）用于在互联网上保存信息，可以实现数据在网络上的共享。这里将游戏的成绩以列表的方式保存到网络数据库中，每次拼图成功时，提取并显示历史记录。如果历史记录不存在，则显示历史记录为空，并将本次成绩保存到数据库中。

网络数据库的访问是一种异步通信，当一个请求发出去后，并不能立即收到请求结果（本地数据库组件 TinyDB 就可以立即收到结果），而且何时能够收到结果也不确定，要看整个访问链路（手机 – WiFi – 网络服务器）的通信状况。不过为了让我们的应用能够具有分享功能，我们还是可以忽略这个不足 1 秒或 1 秒左右的延迟。当应用收到网络返回的数据时，会触发网络数据库组件的"收到数据"事件，事件中携带了两条消息：(1) 请求数据时使用的**标记**；(2) 请求的数据本身。当拼图成功时，我们让网络数据库发出请求数据指令，并利用"收到数据"事件来处理游戏结束后的相关操作，代码如图 3-34 所示。首先我们在移动碎片过程里添加代码，当拼图成功时，用标签 PINTU_SCORE 向数据库发出数据请求，并将原来与得分相关的代码放在网络数据库组件的"收到数据"事件中。

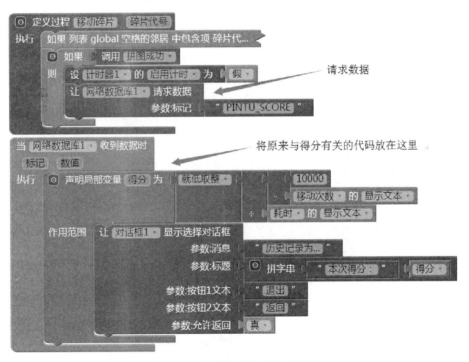

图 3-34　向网络数据库请求数据

设保存及提取数据的标签为 PINTU_SCORE。第一次从数据库提取数据时，数据库为空，这时将返回空值；当保存过一次成绩之后，数据库的返回值是一个包含 3 个列表项的列表，其列表项分别为得分、游戏耗时及移动次数。针对不同的返回值，我们需要进行判断，并进行不同的处理，代码如图 3-35 所示。

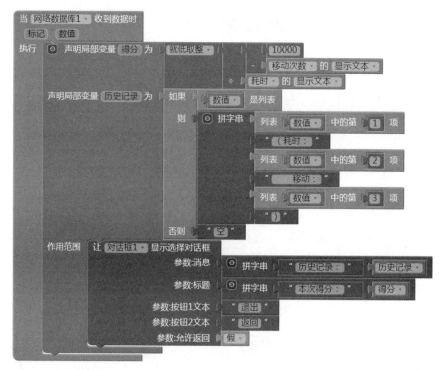

图 3-35　游戏结束时，向网络数据库请求历史记录，并根据返回结果显示相应内容

3.8.2　更新历史记录

在两种情况下需要保存得分：(1) 历史记录为空；(2) 历史记录不为空，但本次得分大于历史得分。仍然以 PINTU_SCORE 为标签，保存成绩列表。更新历史记录的代码应写在"收到数据"事件处理程序中，为了使程序具有可读性，我们创建一个过程来实现保存成绩的功能，如图 3-36所示。

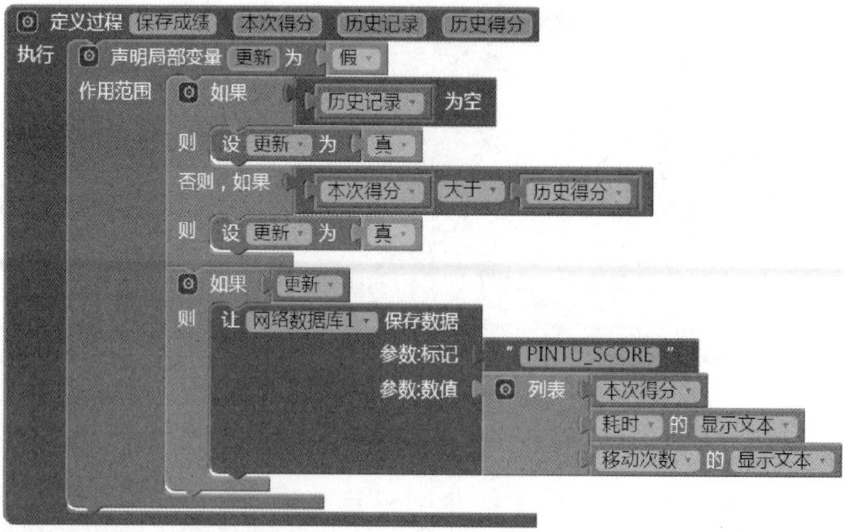

图 3-36　保存成绩过程

然后在"收到数据"事件处理程序中调用该过程，如图 3-37 所示。

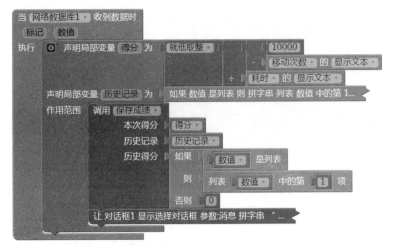

图 3-37　调用保存成绩过程

当成绩保存成功时，将触发网络数据库组件的"完成存储"事件，我们在这个事件处理程序中，让对话框组件显示"成绩保存成功"，来确认程序的执行结果。在商用程序中，通常会利用标签组件或对话框组件来提示操作结果，这里只是为了让读者了解网络数据库组件的功能。代码如图 3-38 所示。

图 3-38　用屏幕标题显示程序的执行结果

网络数据库组件的两项操作（获取或保存数据）都与互联网有关，当网络中的某个环节发生问题时，会导致操作失败，这时将触发网络数据库组件的另一个事件——"通信失败"。该事件携带了一条消息，来说明故障的具体原因，我们同样用对话框组件来显示它，如图 3-39 所示。

图 3-39　当网络发生故障时，触发通信失败事件

3.8.3　处理对话框的完成选择事件

如图 3-33 所示，当游戏结束时，我们为玩家提供了两个选择：退出或返回游戏。当玩家选择退出时，游戏将关闭；当玩家选择返回时，将开始新一轮游戏。我们先来实现重新开始游戏的功能。

首先创建一个"游戏初始化"过程。我们可以查看一下屏幕初始化程序，其中包含两部分代码：(1) 对不变要素的初始化，包括"初始化碎片列表""初始化坐标列表"及"初始化碎片属性"；(2) 对变动要素的初始化，包括初始化"随机排列碎片""放置碎片"及"求空格的邻居"。游戏初始化过程将包含 (2) 中的代码；除此之外，还要启动计时器，并将"耗时"及"移动次数"标签的显示文本设为 0，代码如图 3-40 所示。这里仍然调用了"查看关键数据"过程，以便于我们的跟踪调试。在正式发布应用时，需要将这个调用去除掉。

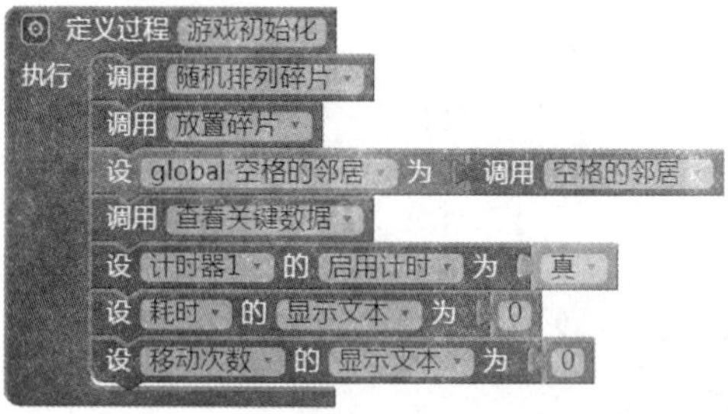

图 3-40 定义游戏初始化过程

下面来编写对话框完成选择时间处理程序，代码如图 3-41 所示。

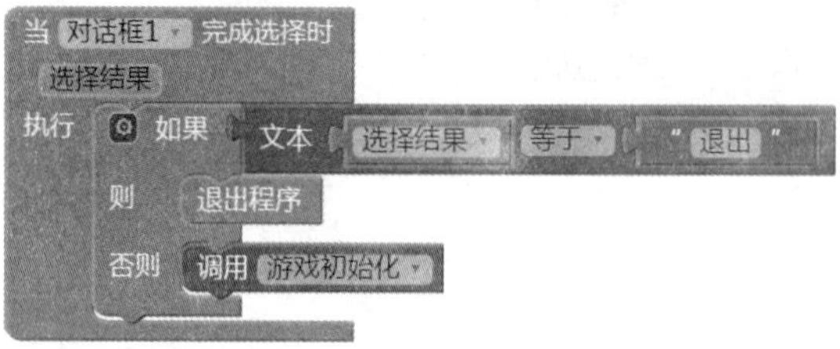

图 3-41 对话框完成选择事件处理程序

退出选项无法用 AI 伴侣进行测试，只有将程序编译并安装到 Android 设备上，退出功能才能生效。

3.8.4 添加重新开始按钮

测试过程中发现，有一种情况似乎该拼图程序是永远不可能成功的，就是只剩下最后两个顺序错误的碎片时（也可能是我还没有找到成功的方法）。这时，需要放弃这一轮游戏，开始新一轮游戏。添加一个重新开始按钮，当按钮被点击时，调用游戏初始化过程，重新开始游戏。代码如图 3-42 所示。

图 3-42 游戏无法进行下去时重新开始

3.9 代码整理

这个环节包括两项任务，一是将代码折叠起来，按类型顺序排列整齐；二是描绘代码之间的调用关系。

3.9.1 代码清单

图 3-43 中列出了程序中的全部代码，包括 4 个全局变量、12 个自定义过程以及 15 个事件处理程序。全局变量均为列表型变量，其中前两个为固定列表（常量），后两个为变动列表，程序中几乎所有的过程及事件处理程序都围绕着这两个变动列表而展开。除此之外，还有两个标签，即"耗时"及"移动次数"，除了用于显示数据，也同时充当了全局变量的角色。

在这 12 个过程里，过程 1、2 用于初始化固定列表；过程 3 用于初始化精灵组件的不变属性；过程 4 用于初始化变动列表；过程 5 用于初始化精灵组件位置；过程 6 通过调用过程 7 ～ 9 来实现精灵组件的移动；过程 10 实现数据的存储；过程 11 用于跟踪程序的运行过程，是调试程序的工具，不是必需的；过程 12 用于初始化变动因素（列表及组件属性），以便开始新一轮的游戏。

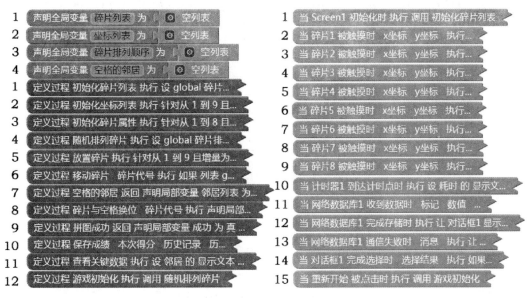

图 3-43　程序中的全部代码

　　整个应用中有 15 个事件处理程序，虽然程序的数量较多，但每个程序并不复杂，稍后可以从要素关系图中窥见它们的全貌。

3.9.2　要素关系图

　　要素关系图见图 3-44。

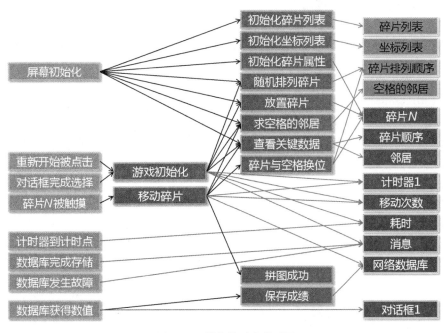

图 3-44　程序的要素关系图

从图 3-44 中可以看出，最核心的过程是"游戏初始化"及"移动碎片"，在所有组件中，碎片 N 的状态被改写得最为频繁。从图中我们还发现，屏幕初始化程序与游戏初始化过程调用了某些共同的过程，我们可以改造一下程序，让屏幕初始化程序调用游戏初始化过程，这样可以简化要素之间的关系，提高代码的可读性与复用性，如图 3-45 所示。

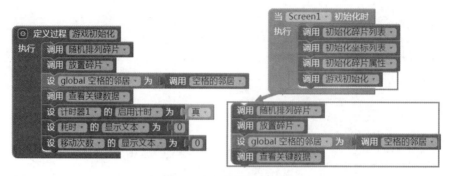

图 3-45　改进屏幕初始化程序

改进后的要素关系图如图 3-46 所示。

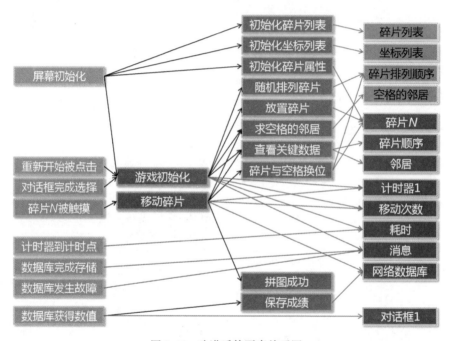

图 3-46　改进后的要素关系图

本章内容到此结束，不过我本人对这个游戏还存有一丝疑惑。在测试过程中，发现有些时候拼图无法成功，而有些时候成功又非常容易。也就是说，随机生成的游戏初始状态，对拼图能否成功或成功的难易程度是有影响的。这影响了游戏的公平性，也使得游戏的得分缺乏说服力。

说明　测试过程中发现，有时游戏无法成功完成：在这种情况下，游戏到最后时，总有两个图片无法调换位置。无意中与一位博士生聊天，提起这个问题，她给出的解释是，如果最终只能通过奇数次置换才能成功时，这是一种无解的问题；也就是说，最后两个图片只通过一次换位就能成功时，就永远都无法成功。这个结论来自于数学的一个分支——群论。

第 4 章

天气预报——基础版

本章及下一章介绍一种获取并利用网络资源的基本方法。

天气预报是一款基于网络的应用，利用 App Inventor 中的 Web 客户端组件，从互联网上抓取公开发布的天气信息，并将这些信息以适当的方式呈现出来。这款天气预报应用的数据来源是和风天气网，与开发相关的详细技术文档请访问以下网址：

https://www.heweather.com/documents/api/s6

这是当前和风天气网天气预报 API 的最新版本（s6）。本章经历了两次全面改写，此前有 x3 及 v5 两个版本，其中 x3 版本已经停止服务，v5 版本预计将在 2019 年前停止服务。2018 年 2 月 15 日之后注册的开发者仅可使用 s6 版本。这里需要提醒读者，随着技术的发展和服务理念的更新，信息供应商会根据需求来更新 API 版本，这是不可避免的。如果在阅读本书时发现 s6 版本已经被新的版本取代，不必惊慌；循着本书的思路，仔细阅读服务商提供的开发文档，相信你会找到解决问题的方法。

4.1 功能描述

应用的具体功能描述如下。

(1) 根据城市名称查询天气信息：用户在文本输入框中输入城市名称，点击查询按钮，将获得该城市的相关天气信息。

(2) 可以查询的免费信息包括以下 6 大类，用户可以选择查看其中任何一类信息。

 a. 城市基本信息：城市的代码、经纬度及数据更新时间（当地时间及 UTC[①] 时间）。

 b. 七日天气预报：包含当天在内的未来 7 日的天气预报。

 c. 小时天气预报：当前时刻之后 24 小时内的小时天气预报，每隔 3 小时有一组数据。

 d. 天气实况：当前时间的天气状况。

 e. 生活指数：包括空气质量、舒适、洗车、穿衣、感冒、运动、旅游及紫外线 8 项指数。

(3) 用户从下拉列表中选择所要查看的信息种类。

完成之后的应用如图 4-1 所示。

[①] UTC（coordinated universal time），国际标准时间。以 0° 经线为基准点，由于北京在东八区，当 UTC 为 0 点时，北京时间为 8 点。

图 4-1　天气预报应用的用户界面

4.2　预备知识

本章假设读者为开发 Web 应用的初学者，如果你已经对开发网络应用有所了解，可以跳过本节。

4.2.1　Web API简介

"网络"一词早在互联网出现之前就已经存在很久了，我们经常听说的有公路网、铁路网、电力网、燃气及自来水管网等。从用途上来说，这些网络大致可分为两类：通路网及资源网。举例说明，北京地铁就是一个发达的通路网，网络上流动的是人，流动的方向可以是任意两个站点之间（点对点流动）；而电力网就是一个资源网，网络上流动的是电能。无论哪一种网络，都与我们的日常生活息息相关。比如，在物质文明如此发达的今天，人们的生活片刻都离不开电。电是一种能源，能源从它的生产地流向使用者，最终提供给使用者的是建筑物墙壁上的 220 V 交流电插座，这个插座称为电力能源（俗称电源）的"接口"。使用者用一种规格型号相匹配的插头，从插座上取出能源。所谓规格型号相匹配，就拿我国来说，国产电器插头的形状及电压都是和插座匹配的，但是从美国购买的电器就不可以直接使用墙上的 220 V 电源！（插头形状不同，而且要求 110 V 电压。）

互联网同时具有通路网及资源网的特点。不同的是，互联网中流动的是信息。信息在互联网中的流动既可以是点对点的（例如我们使用的聊天工具），也可以是从信息的生产者流向使用者的（例如新闻类的网站）。我们这里介绍的 Web API 背后是一个信息源，信息从提供者流向使用者，从这一点上讲，它与资源网相似。例如我们即将开发的应用，天气信息由和风天气网提供，我们想要获得这些信息，就必须有一个规格型号相匹配的"插头"，从和风天气网所提供的"插座"上获取信息，这个"插座"就是我们所说的 Web API，而"插头"就是我们要编写的程序（一系列的指令）。

API 是英文 application programming interface 的缩写，译为"应用编程接口"。这里的"接口"是软件技术中的术语，你可以将它理解为一个信息"插座"，即用于获取信息的"连接装置"，本质上讲是一段可以被公开访问的程序。

在软件开发技术中，API 还有另外一层含义。程序的使用者通常划分为两类：人类用户及非人类用户。为人类用户设计的程序要给使用者提供一个可见的操作界面，也就是平时我们在电脑或手机屏幕上看到的画面，其中可能有按钮、图片、文字等，术语叫作"用户界面"，也就是英文的 user interface，这里的 interface 与 API 中的 interface 具有同样的含义。为非人类用户提供的程序被称为 API，这里的"非人类用户"是网络中某台设备上的另一段程序。即将介绍的天气预报应用就是这样的一段程序。在天气预报应用中，人类用户通过我们编写的程序，连接到（或调用）和风天气网提供的 API，并从中获取所需的数据。由于提供数据的服务来自于互联网，这个 API 被称作 Web API。

对于网络应用的开发者来说，既要熟悉自己即将开发的应用，也要了解 Web API 的调用方法。

4.2.2　HTTP协议

互联网的精髓在于信息的传递。在没有互联网的年代里，信息的传递方式有电话、电报及书信等，其中书信是最常见的方式。你写好一封信，把它装在信封里，信封上要写明收信人地址、姓名（很久以前还没有邮编），还有发信人地址，然后贴上邮票，将信投到离你最近的邮筒中。现在的年轻人，你们可能没有过这样的经历吧？

信封上收发信人的地址位置是有规定的。如果你给国内的人寄信，那么收信人地址写在信封左上方，发信人地址写在右下方，收信人姓名写在中间，而且通常字号要大一些。地址的书写顺序也是有规定的，区域由大到小，通常为某省、某市、某区、某街道、楼号、房间号。但是如果你的信要寄往美国，那么信封必须使用英语书写，而且地址的写法正好相反：左上方为发信人，右下方为收信人，要先写收发信人的姓名（其实是先名后姓），地址的书写顺序从小到大，即房间号、楼号、街道名称、市名、州名，最后是国名。

笔者没有特地去考证邮政系统这种惯例的由来，这些对于每个人来说，似乎是习以为常的事。中国邮局和美国邮局各自依照自己的一套约定，扮演着信使的角色，准确无误地将信件从发信人传递给收信人。这里所说的"一套约定"，就是"协议"——为了保证信息以正确的方式传递，参与信息传递的各方必须遵守的共同约定。假如你不遵守该约定，在寄往美国的信封上用中文书写地址和姓名，那么你的信件将被中国邮局退回。

以上例子说明：通信必须遵循相关的约定，才能成功实现信息的传递。这个结论同样适用于互联网，而且互联网通信的协议更为复杂；尽管如此，你还是可以从互联网通信的协议中看到传统通信协议的影子。

HTTP 协议是网络（信息）传输协议中的一种，也称为"超文本传输协议"（hypertext transfer protocol）。为了理解这 7 个汉字之间的关系，我们引入另一种网络传输协议，即 FTP 协议，也称为"文件传输协议"（file transfer protocol）。比较这两个协议的名称，你会发现它们传递的信息形式不同：一个是超文本，另一个是文件。文件是我们所熟悉的，包括文本、图片、声音、视频等。FTP 协议不关心所传递文件的具体内容，只关心数据的完整性；而 HTTP 协议关注的恰恰是所传递的内容。所谓"超文本"也是一种文本（文字及符号），与普通的文本相比较，差别在于，超文本中的部分文本带有链接，这些链接指向另外一些超文本。因此，HTTP 本质上关注的是文本的传输，即内容的传输。

在信息的传输过程中，有两个角色是最重要的：信息的提供者，以及信息的请求者。可以将传输协议理解为两个角色之间进行对话时使用的一种语言，它设定了对话过程中两者之间的关系，并规定了对话的语言要素（名词、动词、数量词等）以及语法规则（主、谓、宾、定、状、补等）。以下是协议中与本应用相关的内容。

(1) 角色
- 服务器：网络通信中提供信息的一方。
- 客户端：网络通信中向服务器发出信息请求的一方。

(2) 词汇
- 资源：服务器上供客户端访问的信息统称为资源，包括数据及文件。
- URL（uniform resource locator）：统一资源定位符，俗称网址，是服务器上某项资源的具体位置，网址中只允许使用 ASCII[①] 字符，非 ASCII 字符必须经过编码才能在网址中使用（现在的浏览器可以将非 ASCII 码自动转换为 ASCII 码）。

[①] 英文 American standard code for information interchange 的缩写，中文译为"美国信息交换标准代码"，包含 128 个字符，其中包括 33 个不可见的控制字符以及 95 个可见字符，是满足英语书写需求的字符集合。

- 请求：每次通信均由客户端发起，请求的目标可能是数据或文件；请求时用 URL 来说明请求的目标，并按照信息提供方（服务器）的要求设置请求方法及请求的首部信息。
- 请求方法：常用的方法有 GET、POST、PUT。
  - ◆ GET：用于向服务器端请求数据，并读取返回结果；GET 方法可以使用参数来说明请求的具体内容。
  - ◆ POST：用于向服务器提交数据，并获得数据处理的返回结果。
  - ◆ PUT：用于向指定位置上传资源。
- 请求首部：采用键值对列表的方式，提供请求中 URL 以外的相关约定信息。
- 响应：服务器端在收到来自客户端的请求之后，根据请求的内容予以回应。

(3) 规则（由信息提供方制定）

- 请求的格式：规定了请求指令的内容及格式。
- 响应的格式：规定了返回信息的内容及格式。

就以我们即将访问的和风天气 API 为例，首先来看一个最简单的请求，请求目标是一个表示天气状况的图片，文件名为 100.png，访问地址如下：

https://www.heweather.com/files/images/cond_icon/100.png

我们将上述地址直接输入到浏览器的地址栏中并回车，这等于向服务器发出了一个请求，我们会得到服务器的响应，并获得请求的目标（如图 4-2 所示），是一个长和宽均为 100 像素的图片。

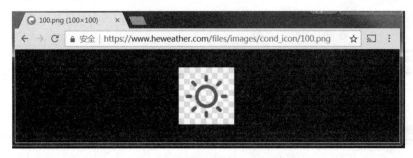

图 4-2　向服务器请求一张图片

以上操作完成了一次请求与响应，在浏览器地址栏中输入的网址就是客户端发出的请求指令，其中"https://"表示此次请求遵从 http 加密传输协议，"www.heweather.com"表示服务器的地址，"/files/images/cond_icon/"表示被访问的资源在服务器中的位置（文件夹），"100.png"代表被访问资源的名称（文件名）。这次请求返回的信息正是我们所请求的图片，它显示在浏览器中。

上面是一次简单的请求响应，它访问的是一个公开的资源，任何人只要在浏览器中输入网址，都可以得到这个回应。我们再来试试下面的网址：

https://free-api.heweather.com/s6/weather?location= 北京

同样在浏览器地址栏中输入上述网址，看看会得到怎样的响应，返回结果如图 4-3 所示。

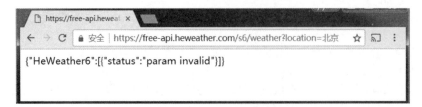

图 4-3　从浏览器发出的一次请求及返回结果

先来比较一下两次请求中网址的变化，如表 4-1 所示。

表4-1　比较两次请求的网址

网址内容	协议	服务器地址	请求目标	参数	参数值
第一次	https	www.heweather.com	100.png	—	—
第二次	https	free-api.heweather.com	weather	location	北京

注意，第二次的网址中多出一个"?"，以及问号后面的"location=北京"。以下内容解释了这些差异。

- 此次请求的目标不是文件，而是数据。
- 此次请求采用了 GET 方法；在 GET 方法中，"?"是一个分隔符，"?"之前是资源的位置，"?"之后是数据的查询条件。例如第二个网址中的"location=北京"，指定了具体的查询条件。
- 此次请求中只有一个查询条件，即"location=北京"：其中"location"为参数名，是数据提供方规定的；"北京"是参数值，由数据请求方来设置。
- forecast 是数据提供方提供的服务，其背后是一段程序，可以将其理解为 App Inventor 中的过程，它可以被网络用户访问，而 location 就是这个过程的参数。要调用这个过程，就必须提供必要的参数，但第二个网址中缺少了必要的参数 key。

第二个网址请求的是北京的天气预报信息，现在来看看图 4-3 中服务器返回的结果。这是一段 JSON 数据（稍后将解释 JSON 数据），内容是错误提示，其中的 {"status":"param invalid"}，意思是 {"状态":"参数非法"}。稍后我们再解释这条信息的含义。下面再来输入下面的网址：

https://free-api.heweather.com/s6/weather?location=北京&key=e259398b16c14abc8b518f7789fbd755

将得到下面的响应，如图 4-4 所示。

图 4-4　Web API 收到请求后返回的天气预报信息

这一次的请求是成功的，因为我们按照信息提供方的要求提供了必要的数据。下面我们来解释一下网址中的内容，如图 4-5 所示。

图 4-5 了解请求网址的内容

图 4-5 中已经给出了标注，与图 4-3 中输入的网址相比，这里包含了两个参数：location 及 key。其中的第一个参数 location 用于指定请求天气预报的地理位置，可以是城市名称、城市代号或经纬度等。第二个参数 key 是应用开发者的钥匙，术语称为"密钥"，是笔者为了开发这个应用，向信息提供方申请的 API 使用权。凡是用这个密钥发出的数据请求，都被视为笔者的行为，因此为了安全起见，笔者会定期修改这个密钥。

任何人都可以申请自己的密钥，过程非常简单，只要访问 https://www.heweather.com/，注册一个账号，就可以获得一个密钥（如图 4-6 所示），在控制台中可以查看自己申请的密钥。建议读者现在就去申请一个密钥，以便在后续的开发中编写正确的请求指令，获得所需的信息。

图 4-6 向 API 提供方申请密钥

现在你该明白，为什么表 4-1 中的第二个网址没有获得响应，因为 API 规定了数据请求的格式，在 URL 中必须包含两项信息，即请求的地理位置以及请求者的密钥，缺一不可。当然，API 中还规定了其他的可选参数，如默认语言（lang）、长度单位（unit）等，有兴趣的读者可以访问 https://www.heweather.com/documents/api/s6/weather 查看具体的参数设置要求。

通过上述例子，我们了解了向 Web API 请求数据的方法。HTTP 协议仅仅为通信规定了一个框架，即对话的参与者、对话中使用的语言要素及语法规则，但是不涉及对话的具体内容，比如资源的名称，以及参数的个数和名称等，这些具体的内容由 API 提供方设定。因此，如果我们想从某个 API 提供方处获得资源，就要仔细阅读 API 提供方的开发文档，并依照文档中的说明设置自己的数据请求指令。

4.2.3　Web客户端组件

在 App Inventor 中有一个 Web 客户端组件，在设计视图→组件面板的通信连接分组中，将该组件拖放到工作区的屏幕中，它将落在屏幕下方的非可视组件区，自动命名为 Web 客户端 1。切换到编程视图，点击 Web 客户端 1，打开它的代码块抽屉，将出现一个长长的代码块列表。在天气预报应用中，我们将用到以下 5 个代码块，如图 4-7 所示。

图 4-7 天气预报应用中用到的 Web 客户端组件的 5 个代码块

从功能上讲，Web 客户端组件与浏览器相类似，与 Web 服务器进行通信遵从 HTTP 协议，只是不提供用户界面（如浏览器）。在 App Inventor 中，需要设置 Web 客户端组件的网址等属性，然后向服务器发出请求（如 GET），并处理服务器返回的数据。下面简述图 4-7 中 5 个代码块的功能。

- 设 Web 客户端的网址为：用于设置将要访问的 API 的网址（包括资源名称及参数），在本应用中，将使用图 4-5 中的网址请求数据。
- 让 Web 客户端编码指定文本：将非 ASCII 码转换为 ASCII 码。前面在介绍 http 协议时提到过，浏览器可以将网址中的非 ASCII 码（如汉字）自动转换为 ASCII 码。新版本的 App Inventor 对 Web 客户端组件做了改进，已经实现了对汉字的自动编码功能，但在旧的版本中，Web 客户端组件不具备汉字的自动编码功能，因此需要用这个代码块对汉字进行编码。
- 让 Web 客户端执行 GET 请求：以 GET 方式向服务器发出请求。
- 当 Web 客户端收到文本时：当服务器对请求做出响应，并将数据返回给请求者时，触发该事件。
- 让 Web 客户端解析 JSON 文本：将服务器端返回的 JSON 格式数据转化为 App Inventor 中的列表。

对于初学者来说，使用 Web 客户端组件访问 Web API 有两个难点。首先是对请求指令的设置，有些 API 只要求正确地设置网址，有些 API 还需要设置请求消息首部（也称请求头），要仔细阅读 API 提供方的开发文档，才能正确设置请求信息，保证请求的成功。其次是对返回数据的处理。Web API 通常以 JSON 或 XML 格式返回数据，因此 Web 客户端组件提供了解析这两类数据的功能，但依然要小心地分析返回数据的结构，才能将信息合理地呈现出来。此外，利用 Web API 开发应用时，开发者通常还需要向 API 提供方申请开发权限，也就是申请密钥，具体申请方法可以在 API 提供方的文档中找到。

4.2.4　JSON数据简介

JSON 是英文 JavaScript object notation 的缩写，译为"JavaScript 对象表示法"，用于描述一种结构化的数据，被描述的事物被称为"对象"，被描述事物的特征被称为对象的"属性"。举例说明，一个人就是一个对象，描述一个人社会属性的数据可以这样写：

{"姓名":"张三","工作单位":"百度","职务":"客户经理"}

如果同时还要描述这个人的自然属性，数据可能会写成这样：

{"社会属性":{"姓名":"张三","工作单位":"百度","职务":"客户经理"},"自然属性":{"性别":"男",
"身高":175,"年龄":30}}

如果要描述一个部门的员工信息，数据可能是这样的：

{"销售部":[{"姓名":"张三","性别":"男","职务":"客户经理"},{"姓名":"刘美","性别":"女","职务":
"秘书"},{"姓名":"李四","性别":"男","职务":"部门经理"}]}

注意观察这些数据的特征，可以归纳为下面几点。

- 这些数据的最外层被一对大括号包围，而且大括号中还可以再嵌套大括号。

- 最基本的数据单元由两部分组成，即数据标记及数据本身，也称为属性名及属性值，以下简称为键与值。例如"姓名"是键，"张三"是值，键与值之间用英文的冒号（:）分隔。
- 各项数据之间以英文的逗号（,）分隔。
- 值可以是一对大括号包围的多项数据，即值也可以是对象。
- 值也可以是一对方括号包围的多个对象，用方括号表示的数据被称为数组，对应于 App Inventor 中的列表，这种表示方法强调数据项之间的共性：结构相同或者等级相同。
- 键和值都用引号包围。

下面来看一段天气预报的真实数据——2018 年 3 月 11 日下午 7 点之后的三小时天气预报。

```
"hourly":[
    {"cloud":"44","cond_code":"103","cond_txt":"晴间多云","dew":"-3",
     "hum":"48","pop":"0","pres":"1015","time":"2018-03-11 19:00","tmp":"4",
     "wind_deg":"180","wind_dir":"南风", "wind_sc":"1-2","wind_spd":"8"
    },
    {"cloud":"20","cond_code":"103","cond_txt":"晴间多云","dew":"0",
     "hum":"70","pop":"0","pres":"1016","time":"2018-03-11 22:00","tmp":"3",
     "wind_deg":"65","wind_dir":"东北风","wind_sc":"1-2","wind_spd":"7"
    },
    {"cloud":"0","cond_code":"103","cond_txt":"晴间多云","dew":"0",
     "hum":"82","pop":"0","pres":"1017","time":"2018-03-12 01:00","tmp":"1",
     "wind_deg":"26","wind_dir":"东北风","wind_sc":"1-2","wind_spd":"7"
    }
]
```

这是整个天气预报数据中的一项，键为 hourly（数据中的粗体字），即小时预报，值为列表（用方括号包围），其中包含了 3 个列表项，即 3 个对象，分别是 2018 年 3 月 11 日 19 点、22 点及 3 月 12 日凌晨 1 点的天气预报，由 3 对大括号包围，中间以逗号分隔；3 项数据中的每一项都包含了 13 项数据，即每个对象包含 13 个属性，分别是云量百分比（cloud）、天气状况代码（cond_code）、天气状况描述（cond_txt）、露点温度（dew）等，每个键的具体含义将在后续内容中说明。

了解 JSON 数据中各种符号的意义，能帮助我们理解数据之间的关系，并理清数据的结构，最终正确地呈现这些数据。

4.2.5 将JSON数据转为列表数据

App Inventor 并不能直接处理 JSON 格式的数据，不过好在 Web 客户端组件提供了一个内置的过程，可以将 JSON 数据转换为列表，这样我们就可以利用列表的数据处理能力，通过程序来实现数据的呈现。4.2.4 节中介绍的"让 Web 客户端解析 JSON 文本"代码块就是用于这个目的，解析之后的数据如下：

```
(¹hourly (²(³(⁴cloud 44⁴) (⁴cond_code 103⁴) (⁴cond_txt 晴间多云⁴) (⁴dew -3⁴) (⁴hum 48⁴) (⁴pop 0⁴)
(⁴pres 1015⁴) (⁴time 2018-03-11 19:00⁴) (⁴tmp 4⁴) (⁴wind_deg 180⁴) (⁴wind_dir 南风⁴) (⁴wind_sc
1-2⁴) (⁴wind_spd 8⁴)³) (³(⁴cloud 20⁴) (⁴cond_code 103⁴) (⁴cond_txt 晴间多云⁴) (⁴dew 0⁴) (⁴hum 70⁴)
(⁴pop 0⁴) (⁴pres 1016⁴) (⁴time 2018-03-11 22:00⁴) (⁴tmp 3⁴) (⁴wind_deg 65⁴) (⁴wind_dir 东北风⁴)
(⁴wind_sc 1-2⁴) (⁴wind_spd 7⁴)³) (³(⁴cloud 0⁴) (⁴cond_code 103⁴) (⁴cond_txt 晴间多云⁴) (⁴dew 0⁴)
(⁴hum 82⁴) (⁴pop 0⁴) (⁴pres 1017⁴) (⁴time 2018-03-12 01:00⁴) (⁴tmp 1⁴) (⁴wind_deg 26⁴) (⁴wind_dir
东北风⁴) (⁴wind_sc 1-2⁴) (⁴wind_spd 7⁴)³)²)¹)
```

数据中紧邻括号的上标数字是笔者标注的，以显示列表的层级。在列表 (²…²) 中包含了 3 个列表项 (³…³)，用灰色来标记第 1、3 项数据，以便于阅读。

为了形象地说明以上数据之间的关系，我们利用 App Inventor 的列表将这些数据表示出来，如图 4-8 所示，其中为了节省篇幅，第四级列表采用了内嵌的显示方式。

图 4-8 中共有四级列表。最外层列表（一级列表）有两个列表项，第一项为键 hourly，第二项为值，是一个二级列表 (²…²)；二级列表中包含三个列表项，每一项为一个三级列表 (³…³)；每个三级

列表包含 13 个列表项，每一项为一个四级列表 (⁴...⁴)；每个四级列表中各包含两项，分别为键与值。

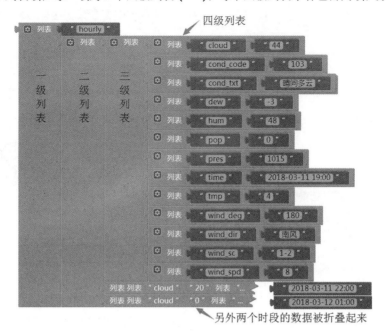

图 4-8　天气预报局部信息的数据结构

可以将以上列表分为 3 类：**键值对**、**项列表**以及**键值对列表**。**键值对**指列表中只有两个列表项，其中第一项为键，第二项为值（这个值可以是单个值，也可以是列表），图 4-8 中的一、四级列表均为键值对。**项列表**指列表中的各个列表项地位相同，均为数据（单个值或列表），图 4-8 中的二级列表即为项列表。**键值对列表**指列表中包含的列表项为键值对，图 4-8 中的三级列表即为键值对列表。

对列表进行分类，目的在于针对不同类型的列表采取不同的处理方式，同时也便于我们对程序的讲解。

这个列表只是为了说明天气预报数据中的数据结构，完整的天气预报数据共有 8 级列表，结构更为复杂，这非常考验对数据结构的把握能力，本章及下一章的应用开发过程中将会仔细讲解每种类型列表的处理方式。

4.2.6　App Inventor处理键值对列表

如前所述，天气预报数据中包含键值对列表，App Inventor 提供了一个针对键值对列表的查询语句。本应用将使用该语句，从复杂的数据中提取所需信息。为了更好地理解键值对列表及其查询方法，我们先来创建一个简单的键值对列表——查询选项列表（如图 4-9 所示）。

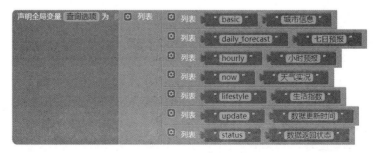

图 4-9　创建一个键值对列表

注意图 4-9 中的内层列表采用了内嵌式的显示方式，以便节省页面空间。内层列表的第一项为键，分别与天气预报数据中的键相对应；第二项为值，是键的中文含义。这样的列表可以通过查询键来获取值，如图 4-10 所示。

图 4-10　通过"键"来查询"值"

我们创建一个名为"天气预报"的项目，来测试一下查询结果，如图 4-11 所示。

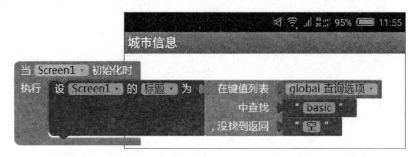

图 4-11　测试键值对列表的查询功能

图中利用屏幕的标题属性来显示查询结果，与键 basic 相对应的值为"城市信息"，测试结果与我们预想的一样。

4.3　请求数据

比起前几章的应用，这个应用的复杂程度稍高一些，这里说的"复杂"指的是编写程序的难度较大，不过应用中使用的组件却很简单。

4.3.1　用户界面设计

本应用中共使用 7 个组件，其中有 5 个可视组件和两个非可视组件，如表 4-2 所示，组件的排列如图 4-12 所示。

表4-2　应用中添加的组件

组件类型	所属类别	名　　称	作　　用
水平布局	组件布局	水平布局 1	容纳文本输入框及列表选择框
文本输入框	用户界面	城市输入框	用户输入要查询的城市名称
按钮	用户界面	请求数据按钮	用于发出查询请求
标签	用户界面	天气预报标签	用于显示各类信息
列表选择框	用户界面	列表选择框 1	用户从中选择要显示的信息种类
Web 客户端	通信连接	Web 客户端 1	用于实现数据请求
文件管理器	数据存储	文件管理器 1	将 Web API 返回的数据保存到手机

暂时不添加列表选择框组件，后面用到时再添加。

组件属性设置如下：

- Screen1 的标题属性设为"天气预报"，水平对齐居中，勾选"允许滚动"属性；
- 水平布局组件宽度为"充满"；
- 城市输入框的宽度为"充满"；

- 请求数据按钮的显示文本为"查询";
- 天气预报标签的宽度为 96%，显示文本为"天气预报..."。

图 4-12　设计视图中的组件设置

由于 Web API 返回的数据格式相当复杂，即便是允许屏幕滚动，在手机屏幕上也很难查看数据的全貌。因此，我们需要借助文件管理器组件，将返回的数据保存成文本文件，并在电脑中打开文件，进行数据结构的分析。

4.3.2　请求数据

对一个投入实战的开发者来说，首次请求数据需要完成以下 4 个步骤的操作。

第一步，访问和风天气网，阅读相关的技术文档，网址为：

https://www.heweather.com/documents/api/s6/weather

当 API 版本更新时，这个网址会失效。如图 4-13 所示，在页面左侧"API 说明文档"下方有"天气 API 接口说明"字样，下方罗列了诸多可供调用的不同种类的 API，本章采用的是"常规天气数据集合"这一项，点击这一项，将看到图 4-13 中页面右侧的内容。

注意图 4-13 中用方框标记的文字，这是本应用中即将使用的网址，稍候将其复制到项目中。点击页面右上角的"控制台"，打开图 4-6 中的页面，复制已经申请到的开发者密钥。如果尚未申请密钥，请立即申请，因为笔者的密钥可能已经失效。

图 4-13　查阅 Web API 的相关开发文档

第二步，切换到 App Inventor 的编程视图，定义两个全局变量，来保存 Web API 的网址片段，如图 4-14 所示。这一网址用于获取全部的天气信息，其中包含了空气质量指数、七日预报、小时预报等 6 大类信息。

图 4-14　用于拼接完整网址的片段

第三步，在按钮点击事件中拼出完整的 API 访问网址，并发出数据请求；在 Web 客户端的收到文本事件中，用天气预报标签来显示收到的数据。代码如图 4-15 所示。

图 4-15　向 Web API 发出请求，并显示接收到的数据

第四步，测试：在城市输入框中输入汉字"北京"，点击查询按钮，很快就有数据返回，如图 4-16 所示。

图 4-16　上述代码的测试结果

前面在介绍 Web 客户端组件相关的代码块时，提到过一个"编码指定文本"块，如果读者使用的是新版本的 App Inventor（AI 伴侣对应的版本为 2.46），则无须使用此块。使用旧版本的读者则需要对城市输入框的显示文本进行编码，具体代码如图 4-17 所示。

图 4-17　旧版本的 App Inventor 中必须对网址中的汉字进行编码

4.3.3　将数据保存为文件

为了使用 App Inventor 的列表来处理收到的数据，我们使用 Web 客户端的解码 JSON 文本功能，将收到的 JSON 格式的数据转为列表格式。为了能够在电脑屏幕上查看数据，我们将列表数据保存到手机上，命名为 weather.txt，代码如图 4-18 所示。

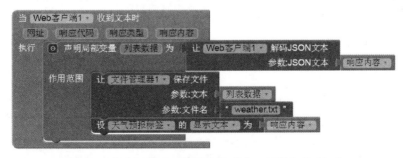

图 4-18　将 API 的返回值转换为列表，再保存到手机上

测试：在城市输入框中输入"天津"，手机屏幕上出现一整屏都容不下的大量数据。打开手机上的文件夹，在 AppInventor\data 文件夹中，找到 weather.txt 文件，复制到电脑中，并用记事本或

其他文本编辑软件打开该文件，如图 4-19 所示。

图 4-19　API返回的天津市天气预报信息

我们对记事本中的数据做了换行处理，以便观察数据的结构。

4.4　数据结构分析

前面提到过，完整数据是一个 8 级列表，必须对列表的结构有清醒的认识，才能正确地从列表中提取数据，并合理地将数据呈现出来。对上面的数据而言，必须自外而内地层层剥开，就像剥洋葱一样，才能看到这些数据的结构。以下是最外面 5 层数据的结构，依然在紧邻括号的位置用上标数字表示列表的层级。

(^{1}(^{2}键(^{3}(^{4}(^{5}城市信息^5)(^{5}七日报^5)(^{5}小时报^5)(^{5}生活指数^5)(^{5}实况^5)(^{5}状态^5)(^{5}更新时间^5)^4)^3)^2)^1)

在以上的 5 层结构中，第 1 层列表中只有 1 项，是第 2 层列表；第 2 层列表中有 2 项，分别为键和值，其中的键为 HeWeather6，值为第 3 层列表；第 3 层列表中也只有 1 项，是第 4 层列表；第 4 层列表中有 7 项，每一项为第 5 层列表。直到第 5 层才开始出现我们需要的数据，下面用表格的形式说明上述结构，如表 4-3 所示。

表4-3　最外面5层的列表结构

层数	包含项数	列表项的数据类型							
1	1	单项列表							
2	2	键值对（键为 HeWeather6，值为列表）							
3	1	单项列表							
4	7	键值对列表							
5	2	键值对	键	basic	daily_forecast	hourly	lifestyle	now	status	update
			值	城市信息	七日预报	小时预报	生活指数	实况	状态	更新时间

从表 4-3 中可以看到，在第 4 层列表中包含了 7 个列表项，每一项都是键值对，其中的值正是我们要分别加以呈现的分类数据。下面将针对第 5 层的 7 个列表分别进行剖析，厘清每个列表的内部结构。

4.4.1　城市信息

数据内容如下：

(^{5}basic (^{6}(^{7}admin_area 天津^7) (^{7}cid CN101030100^7) (^{7}cnty 中国^7) (^{7}lat 39.12559509^7) (^{7}location 天津^7) (^{7}lon 117.19018555^7) (^{7}parent_city 天津^7) (^{7}tz +8.00^7)^6)^5)

下面依然用表格来显示数据的结构，如表4-4所示。

表4-4　城市信息的数据结构

层数	包含项数	列表项的数据类型								
5	2	键值对（键为 basic，值为列表）								
6	8	键值对列表								
7	2	键值对	键	cnty	admin_area	parent_city	location	lat	lon	cid	tz
			值	国家	省/自治区	隶属城市	城市名	纬度	经度	城市 ID	时区

观察表 4-4 中数据的结构，我们将列表划分为以下 5 种类型。

(1) 值为文本的键值对：列表中只包含两项，第一项为键，数据类型为文本；第二项为值，数据类型也为文本，如表 4-4 中的第 7 层列表。

(2) 值为列表的键值对：列表中只包含两项，第一项为键，数据类型为文本；第二项为值，数据类型为列表，如表 4-4 中的第 5 层列表。

(3) 单项列表：列表中仅有一项，且该项也为列表，如表 4-3 中的第 1、3 层。

(4) 同构多项列表：列表中包含多个列表项，每个列表项均为子列表，且子列表的结构相同，如图 4-8 中的二级列表（小时预报中每组数据的结构相同）。

(5) 键值对列表：这也是一种多项列表，只不过每个列表项都是一个键值对，这个键值对的值可能是文本（如表 4-4 中的第 7 层），也可能是列表（如表 4-3 中的第 5 层列表）。

对列表进行分类，是为了在下一步针对不同类型的列表采用不同的处理方式。

4.4.2　七日预报

数据内容如下：

(^{5}daily_forecast (^{6}(^{7}(^{8}cond_code_d 100^8) (^{8}cond_code_n 100^8) (^{8}cond_txt_d 晴^8) (^{8}cond_txt_n 晴^8) (^{8}date 2018-03-12^8) (^{8}hum 53^8) (^{8}mr 03:13^8) (^{8}ms 13:14^8) (^{8}pcpn 0.0^8) (^{8}pop 0^8) (^{8}pres 1013^8) (^{8}sr 06:27^8) (^{8}ss 18:15^8) (^{8}tmp_max 16^8) (^{8}tmp_min 4^8) (^{8}uv_index 4^8) (^{8}vis 17^8) (^{8}wind_deg 250^8) (^{8}wind_dir 西南风^8) (^{8}wind_sc 1-2^8) (^{8}wind_spd 4^8)^7) (^{7}(cond_code_d 101) (cond_code_n 101) (cond_txt_d 多云) (cond_txt_n 多云) (date 2018-03-13) (hum 46) (mr 03:57) (ms 14:07) (pcpn 0.0) (pop 0) (pres 1009) (sr 06:26) (ss 18:16) (tmp_max 19) (tmp_min 6) (uv_index 4) (vis 15) (wind_deg 240) (wind_dir 西南风) (wind_sc 1-2) (wind_spd 6)^7) (^{7}(cond_code_d 101) (cond_code_n 104) (cond_txt_d 多云) (cond_txt_n 阴) (date 2018-03-14) (hum 59) (mr 04:37) (ms 15:03) (pcpn 0.2) (pop 66) (pres 1012) (sr 06:24) (ss 18:17) (tmp_max 19) (tmp_min 8) (uv_index 4) (vis 15) (wind_deg 186) (wind_dir 南风) (wind_sc 3-4) (wind_spd 13)^7) (^{7}(cond_code_d 104) (cond_code_n 100) (cond_txt_d 阴) (cond_txt_n 晴) (date 2018-03-15) (hum 46) (mr 05:14) (ms 16:00) (pcpn 0.9) (pop 73) (pres 1022) (sr 06:22) (ss 18:18) (tmp_max 10) (tmp_min 0) (uv_index 4) (vis 19) (wind_deg 72) (wind_dir 东北风) (wind_sc 3-4) (wind_spd 10)^7) (^{7}(cond_code_d 101) (cond_code_n 104) (cond_txt_d 多云) (cond_txt_n 阴) (date 2018-03-16) (hum 31) (mr 05:48) (ms 17:00) (pcpn 0.0) (pop 0) (pres 1030) (sr 06:21) (ss 18:19) (tmp_max 8) (tmp_min 1) (uv_index 4) (vis 20) (wind_deg 101) (wind_dir 东风) (wind_sc 1-2) (wind_spd 8)^7) (^{7}(cond_code_d 104) (cond_code_n 104) (cond_txt_d 阴) (cond_txt_n 阴) (date 2018-03-17) (hum 33) (mr 06:20) (ms 18:01) (pcpn 0.0) (pop 0) (pres 1030) (sr 06:19) (ss 18:20) (tmp_max 7) (tmp_min 1) (uv_index 3) (vis 19) (wind_deg 162) (wind_dir 东南风) (wind_sc 1-2) (wind_spd 4)^7) (^{7}(cond_code_d 104) (cond_code_n 104) (cond_txt_d 阴) (cond_txt_n 阴) (date 2018-03-18) (hum 42) (mr 06:52) (ms 19:04) (pcpn 0.0) (pop 0) (pres 1033) (sr 06:18) (ss 18:21) (tmp_max 7) (tmp_min 4) (uv_index 3) (vis 20) (wind_deg 190) (wind_dir 南风) (wind_sc 1-2) (wind_spd 8)^7)^6)^5)

上述数据中包含了七项日报数据，特用灰色标记出第1、3、5、7项，以便于阅读。

在表4-5中，第7层共包含21个项，即第8层列表，它们全部都是键值对，其值均为文本。

表4-5 七日预报的数据结构

层数	包含项数	列表项的数据类型						
5	2	键值对（键为 daily_forecast，值为列表）						
6	7	同构多项列表（每日的数据为一个子列表，共7项，子列表的数据结构相同）						
7	21	键值对列表						
8	2	键值对	键	cond_code_d	cond_txt_d	date	sr	ss	mr	ms
			值	日天气代码	日天气描述	日期	日出时间	日落时间	月升时间	月落时间
			键	cond_code_n	cond_txt_n	hum	pcpn	pop	pres	uv_index
			值	夜天气代码	夜天气描述	湿度	降水量	降水概率	气压	紫外线强度
			键	tmp_max	tmp_min	vis	wind_deg	wind_dir	wind_sc	wind_spd
			值	最高温度	最低温度	能见度	角度风向	风向	风力	风速

4.4.3 小时预报

数据内容如下：

$(^5$hourly $(^6(^7(^8$cloud $0^8)$ $(^8$cond_code $103^8)$ $(^8$cond_txt 晴间多云$^8)$ $(^8$dew $8^8)$ $(^8$hum $60^8)$ $(^8$pop $0^8)$ $(^8$pres $1010^8)$ $(^8$time 2018-03-12 16:00$^8)$ $(^8$tmp $12^8)$ $(^8$wind_deg $232^8)$ $(^8$wind_dir 西南风$^8)$ $(^8$wind_sc 1-2$^8)$ $(^8$wind_spd $3^8)^7)$ $(^7(^8$cloud $0^8)$ (cond_code 103) (cond_txt 晴间多云) (dew 8) (hum 78) (pop 0) (pres 1011) (time 2018-03-12 19:00) (tmp 11) (wind_deg 196) (wind_dir 西南风) (wind_sc 1-2) $(^8$wind_spd $4^8)^7)$ $(^7(^8$cloud $0^8)$ (cond_code 103) (cond_txt 晴间多云) (dew 6) (hum 94) (pop 0) (pres 1011) (time 2018-03-12 22:00) (tmp 8) (wind_deg 196) (wind_dir 西南风) (wind_sc 1-2) $(^8$wind_spd $5^8)^7)$ $(^7(^8$cloud $3^8)$ (cond_code 103) (cond_txt 晴间多云) (dew 4) (hum 87) (pop 0) (pres 1009) (time 2018-03-13 01:00) (tmp 5) (wind_deg 207) (wind_dir 西南风) (wind_sc 1-2) $(^8$wind_spd $6^8)^7)$ $(^7(^8$cloud $4^8)$ (cond_code 103) (cond_txt 晴间多云) (dew 5) (hum 95) (pop 0) (pres 1008) (time 2018-03-13 04:00) (tmp 4) (wind_deg 221) (wind_dir 西南风) (wind_sc 1-2) $(^8$wind_spd $5^8)^7)$ $(^7(^8$cloud $10^8)$ (cond_code 101) (cond_txt 多云) (dew 3) (hum 93) (pop 0) (pres 1009) (time 2018-03-13 07:00) (tmp 9) (wind_deg 254) (wind_dir 西南风) (wind_sc 1-2) $(^8$wind_spd $5^8)^7)$ $(^7(^8$cloud $20^8)$ (cond_code 103) (cond_txt 晴间多云) (dew 9) (hum 83) (pop 0) (pres 1010) (time 2018-03-13 10:00) (tmp 10) (wind_deg 253) (wind_dir 西南风) (wind_sc 1-2) $(^8$wind_spd $7^8)^7)$ $(^7(^8$cloud $8^8)$ (cond_code 101) (cond_txt 多云) (dew 8) (hum 53) (pop 0) (pres 1009) (time 2018-03-13 13:00) (tmp 14) (wind_deg 245) (wind_dir 西南风) (wind_sc 1-2) $(^8$wind_spd $4^8)^7)^6)^5)$

上述数据共包含了8项小时预报数据，特用灰色标记出第1、3、5、7项，以便于阅读。

数据结构如表4-6所示。

表4-6 小时天气预报的数据结构

层数	包含项数	列表项的数据类型						
5	2	键值对（键为 hourly，值为列表）						
6	8	同构多项列表（未来24小时的天气数据，每3小时一组数据）						
7	13	键值对列表						
8	2	键值对	键	time	cond_code	cond_txt	tmp	hum	pop	pres
			值	预报时间	天气代码	天气描述	温度	湿度	降水概率	气压
			键	cloud	dew	wind_deg	wind_dir	wind_sc	wind_spd	
			值	云量	露点温度	角度风向	风向	风力	风速	

4.4.4　生活指数

数据内容如下：

(⁵lifestyle (⁶(⁷(⁸brf 舒适⁸) (⁸txt 白天不太热也不太冷,风力不大,相信您在这样的天气条件下,应会感到比较清爽和舒适。⁸) (⁸type comf⁸)⁷) (⁷(⁸brf 较冷⁸) (⁸txt 建议着厚外套加毛衣等服装。年老体弱者宜着大衣、呢外套加羊毛衫。⁸) (⁸type drsg⁸)⁷) (⁷(⁸brf 较易发⁸) (txt 昼夜温差较大,较易发生感冒,请适当增减衣服。体质较弱的朋友请注意防护。) (⁸type flu⁸)⁷) (⁷(⁸brf 适宜⁸) (txt 天气较好,赶快投身大自然参与户外运动,尽情感受运动的快乐吧。) (⁸type sport⁸)⁷) (⁷(⁸brf 适宜⁸) (txt 天气较好,温度适宜,是个好天气哦,这样的天气适宜旅游,您可以尽情地享受大自然的风光。) (⁸type trav⁸)⁷) (⁷(⁸brf 中等⁸) (txt 属中等强度紫外线辐射天气,外出时建议涂擦SPF高于15、PA+的防晒护肤品,戴帽子、太阳镜。) (⁸type uv⁸)⁷) (⁷(⁸brf 较适宜⁸) (txt 较适宜洗车,未来一天无雨,风力较小,擦洗一新的汽车至少能保持一天。) (⁸type cw⁸)⁷) (⁷(⁸brf 中⁸) (txt 气象条件对空气污染物稀释、扩散和清除无明显影响,易感人群应适当减少室外活动时间。) (⁸type air⁸)⁷)⁶)⁵)

上述数据中共包含了8项生活指数数据,并用灰色标记了第1、3、5、7项,以便于阅读。

数据结构如表4-7所示。

表4-7　生活指数信息的数据结构

层数	包含项数	列表项的数据类型						
5	2	键值对（键为 lifestyle，值为列表）						
6	8	同构多项列表（8 种类型的生活指数）						
7	3	键值对列表						
8	2	键值对	键	brf		txt		type
			值	生活指数简介		生活指数详述		生活指数类型
指数类型		comf	cw	drsg	flu	sport	trav	uv	air
		舒适度	洗车	穿衣	感冒	运动	旅游	紫外线	空气污染扩散条件

4.4.5　天气实况

数据内容如下：

(⁵now (⁶(⁷cloud 0⁷) (⁷cond_code 101⁷) (⁷cond_txt 多云⁷) (⁷fl 11⁷) (⁷hum 48⁷) (⁷pcpn 0.0⁷) (⁷pres 1010⁷) (⁷tmp 14⁷) (⁷vis 2⁷) (⁷wind_deg 116⁷) (⁷wind_dir 东南风⁷) (⁷wind_sc 1-2⁷) (⁷wind_spd 4⁷)⁶)⁵)

数据的结构如表 4-8 所示。

表4-8　天气实况的数据结构

层数	包含项数	列表项的数据类型							
5	2	键值对（键为 now，值为列表）							
6	13	键值对列表							
7	2	键值对	键	cond_code	cond_txt	tmp	fl	hum	pres	vis
			值	天气代码	天气描述	温度	体感温度	湿度	气压	能见度
			键	cloud	pcpn	wind_deg	wind_dir	wind_sc	wind_spd
			值	云量	降水量	角度风向	风向	风力	风速

4.4.6　数据状态

数据内容：(⁵status ok⁵)。

数据状态是一个键值对,表示向 API 请求数据的返回结果。如果返回结果为 OK,那么表示 API 工作正常。此前我们还接收过 param invalid（参数错误）,其他错误提示的含义参见以下网址：https://www.heweather.com/documents/status-code。

4.4.7 数据更新时间

数据内容：$(^5$update $(^6(^7$loc 2018-03-12 15:47$^7)$ $(^7$utc 2018-03-12 07:47$^7)^6)^5)$。

这项数据用于说明当前天气信息的更新时间，第一项为本地时间（loc），第二项为世界协调时（utc，即 0°经线所在地的时间）。

4.5　呈现一组简单的数据——城市信息

基于以上关于数据结构的知识，我们可以尝试将部分数据呈现出来，就从最简单的城市信息开始。

4.5.1　提取分类信息

我们要做的第一件事，就是将第 5 层列表中的数据提取出来，放在一个列表中，并按照某种固定的顺序排列。比如，我们希望 5 项数据的顺序为：天气实况、小时预报、七日预报、生活指数及城市信息（数据状态及数据更新时间不作为查询内容）。在正式开始编写代码之前，我们先来做一次"不插电"的编程，即在纸上写出程序的思路。

要处理的数据如下：

$(^1(^2$键$(^3(^4(^5$城市信息$^5)$ $(^5$七日报$^5)$ $(^5$小时报$^5)$ $(^5$生活指数$^5)$ $(^5$实况$^5)$ $(^5$状态$^5)$ $(^5$更新时间$^5)^4)$ $^3)$ $^2)$ $^1)$

假设用列表变量"第一层"来保存经过解析之后的 JSON 数据，第一层列表仅包含一项：

第一层$= (^1(^2$键 $(^3(^4(^{55})$ $(^{55})$ $(^{55})$ $(^{55})$ $(^{55})$ $(^{55})$ $(^{55})^4)$ $^3)$ $^2)$ $^1)$

我们通过以下步骤来提取所需信息，并将最终解析出来的数据放在全局变量"分类信息列表"中。

(1) 设列表变量"第二层"= 第一层列表中的第一项（第一层共 1 项）——第二层列表包含 2 项。

(2) 设列表变量"第三层"= 第二层列表中的第二项（第二层共 2 项）——第三层列表包含 1 项。

(3) 设列表变量"第四层"= 第三层列表中的第一项（第三层共 1 项）——第四层列表包含 7 项，为键值对列表（列表中的项均为键值对）。

(4) 向分类信息列表中添加列表项：
   a. 在第四层列表中查找键为 now 的值，并将其添加到分类信息列表中；
   b. 在第四层列表中查找键为 hourly 的值，并将其添加到分类信息列表中；
   c. 在第四层列表中查找键为 daily_forecast 的值，并将其添加到分类信息列表中；
   d. 在第四层列表中查找键为 lifestyle 的值，并将其添加到分类信息列表中；
   e. 在第四层列表中查找键为 basic 的值，并将其添加到分类信息列表中。

完成以上操作后，分类信息列表中就有了我们将要呈现的数据。现在回到 App Inventor 的编程视图来实现以上的操作。首先声明一个全局变量"分类信息列表"，然后创建一个过程，命名为"提取分类信息"，参数为"第一层"，代码如图 4-20 所示。

图 4-20　用最直接的方式从原始数据中提取分类信息

以上代码采用最直接的方式从原始数据中提取信息，这个方法显得有些笨拙，但是相对可靠且有效。

4.5.2　显示单项信息

我们将在 Web 客户端 1 组件的收到文本事件中，调用"提取分类信息"过程。在该过程执行完成之后，分类信息列表中就有了我们需要的数据，可以利用这个列表来显示城市信息，代码如图 4-21 所示。另外从图 4-20 中得知，城市信息在分类信息列表中位列第 5（即键为 basic 的值）。

图 4-21　显示城市信息

注意，我们已经获得了想要的数据，并完成了对数据结构的分析，因此在后续的开发中不会再用到文件管理器组件，此时可以将该组件从项目中删除，与其相关的代码也将被自动删除。经测试，程序的运行结果如图 4-22 所示。

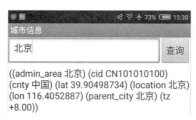

图 4-22　测试结果：用标签显示城市信息

图 4-22 中直接将列表数据显示在标签中，目的是验证我们是否正确地提取了数据。

4.5.3　规范信息的显示格式

即便可以猜出某些键的含义，普通人也很难理解图 4-22 中的数据。因为我们开发的毕竟是一款信息类应用，而不是一款解谜游戏，所以我们要用普通人看得懂的方式来显示这些信息，为此要做到以下几点。

- 将键值对中的键替换为对应的汉字（例如 lat，替换为"纬度"）。
- 为数据提供简要说明，例如标明数据的单位。
- 数据分行显示，每行只显示一项指标，具体格式如下：

城市信息：
国家：中国
省 / 自治区：北京
……
时区：东八区

首先声明一个全局变量"城市信息字段"，这是一个键值对列表，其中键为数据中包含的键，值为对应键的中文含义，代码如图 4-23 所示。

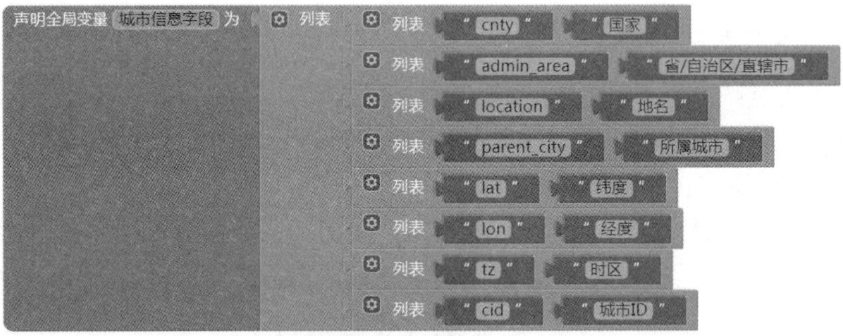

图 4-23　将天气预报数据中的键与中文含义对应起来

然后再声明一个全局变量"显示文本"，来保存我们想要显示的内容。最后来创建过程"显示数据列表"，如图 4-24 所示。

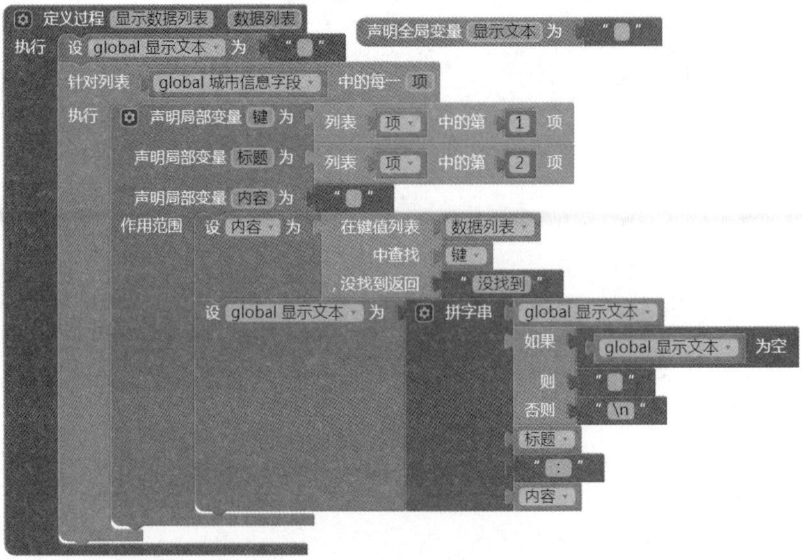

图 4-24　设置列表的显示格式

需要强调的是，上述过程并没有针对参数"数据列表"执行循环，而是针对"城市信息字段"执行循环，这样做的目的是确保按照特定的顺序来呈现数据：例如，首先显示国家，再显示省、市等信息。

最后，在 Web 客户端 1 的收到文本事件中调用该过程，并用标签显示结果，如图 4-25 所示。

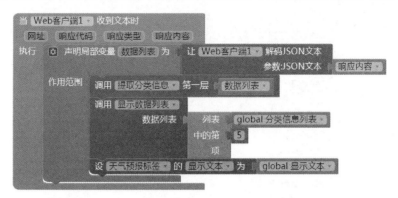

图 4-25　调用"显示数据列表"过程，并显示结果

上述代码的测试结果如图 4-26 所示。

图 4-26　用标签显示永嘉县的相关信息

4.6　选择显示各类信息

我们已经实现了对数据的分类提取，并能够显示其中一组简单的数据。现在我们将数据显示功能扩展到所有类别的数据，使得用户可以根据需要选择自己想查看的数据，包括 5 个大类：天气实况、七日预报、小时预报、生活指数及城市基本信息。为了实现这一功能，我们需要准备一些基础的数据，目的是将数据中的"键"对应为汉字，就像"城市信息字段"列表那样。

4.6.1　基础数据准备

1. 七日预报字段列表

如图 4-27 所示，在七日预报字段列表中，省去了日天气代码（cond_code_d）和夜天气代码（cond_code_n）两项，并按照类别设置了列表项的排列顺序。

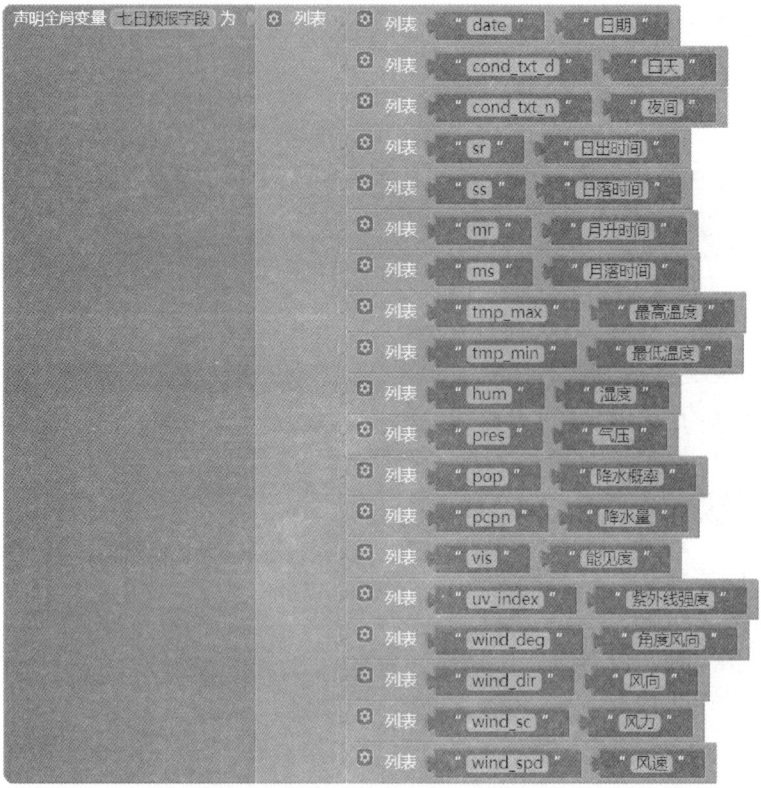

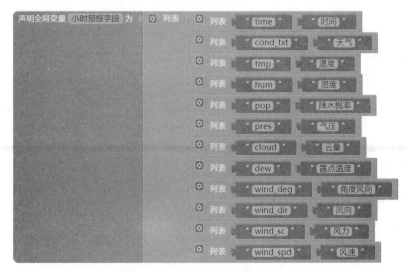

图 4-27　七日预报字段列表

2. 小时预报字段列表

图 4-28 显示了小时天气预报信息中"键"所对应的中文含义，同样省去了天气代码（cond_code）一项，并对数据的显示顺序做了安排。

图 4-28　小时预报字段列表

3. 天气实况字段列表

图 4-29 展示了天气实况信息中"键"所对应的中文含义，省去了天气代码一项。

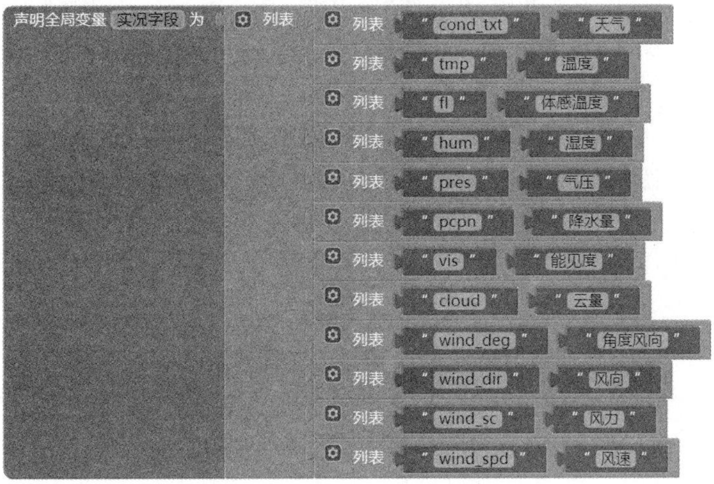

图 4-29　天气实况字段列表

4. 生活指数字段列表

图 4-30 展示了生活指数信息中"键"所对应的中文含义。注意，这里将简介（brf）、详述（txt）及指数类型（type）这 3 个键定义为"生活指数字段"，而将生活指数类型保存在另外一个全局变量中，稍后编写程序时将解释这样做的理由。

图 4-30　生活指数字段列表

5. 城市信息字段列表

如图 4-23 所示，此处不再重复。

6. 字段总表

将上述 5 个字段列表保存在全局变量"字段总表"中，如图 4-31 所示。

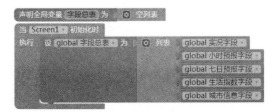

图 4-31　以 5 个字段列表为列表项，组成字段总表

注意，字段总表中各个字段列表的排列顺序不是随意安排的，而是与全局变量"分类信息列表"中项的排列顺序相一致（见图 4-20），并且与下面的信息类别列表中项的顺序相一致（见图 4-32），稍后你将看到这样排列的好处。

图 4-32　具有特定顺序的信息类别列表

以上列表均为静态列表；也就是说，在程序的运行过程中，列表内容自始至终保持不变。像这样的静态信息还有另一种设置方法，即将列表内容编辑为文本文件，用特定的分隔符分隔不同的数据项，然后将文本文件导入项目中，解析为不同的数据列表。本章的学习目标是 Web API 的访问及数据的处理，因此将数据直接填写在列表中，以简化叙述过程。

4.6.2　显示分类信息

为了让用户能够选择所要显示的信息种类，我们要在用户界面上添加一个列表选择框组件。列表选择框的备选项来自列表"信息类别"。当用户从选择框中选中了某一项时，将触发列表选择框的完成选择事件，我们将在这个事件处理程序中完成对显示信息的设置。

首先，添加列表选择框组件，并设置其相关属性。

- 在设计视图中，将列表选择框组件放在水平布局 1 下方，并设置以下属性：
    - ◆ 设显示文本属性为"请选择要查看的信息"；
    - ◆ 设宽度属性为充满。
- 在编程视图中，找到屏幕初始化程序，设置列表选择框的列表属性为"信息类别"列表，如图 4-33 所示。

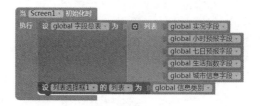

图 4-33　设置列表选择框的列表属性

此时，用户点击列表选择框，将看到一个可供选择的列表。当用户选中其中的某一项时，将触发列表选择框的完成选择事件。这里有一项非常重要的数据，即列表选择框的选中项索引值，该属性值中保存了用户的选择结果，这个值将作为我们后续操作的唯一线索。

仔细分析表 4-4 ~ 表 4-8，你会发现它们的数据结构是不同的，其中天气实况与城市信息的结构相同，小时预报与七日预报的结构相同，而生活指数的结构与前者都不同。3 种结构的描述如下。

(1) 键值对列表：天气实况、城市信息。
(2) 同构多项列表，单字段列表：小时预报、七日预报，每个列表项是键值对列表。
(3) 同构多项列表，双字段列表：生活指数，每个列表项是键值对列表。

因此，我们在编写过程时，需要考虑列表的不同结构。

1. 显示键值对列表

首先来处理第一种类型的数据——键值对列表。

为了正确地显示数据，我们需要做如下两件事情。

(1) 改造"显示列表数据"过程：此前该过程只是用于显示城市信息，因此数据中的"键"从城市信息字段中查找；现在我们还要将该过程同样适用于天气实况信息，因此为过程添加一个"键列表"参数，代码如图 4-34 所示。

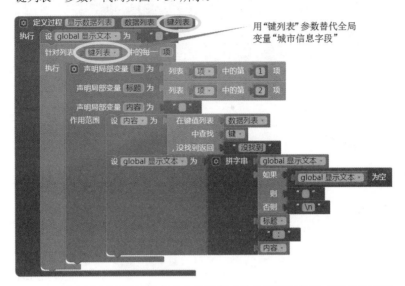

图 4-34　将原来只适用于城市信息的过程改造为适用于键值对列表的过程

(2) 编写列表选择框的完成选择事件处理程序，代码如图 4-35 所示。

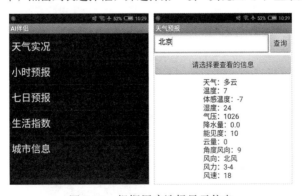

图 4-35　显示用户选中的信息

下面我们来测试一下，点击列表选择框，并选择第一项"实况天气"，显示的结果如图 4-36 所示。

图 4-36　根据用户选择显示信息

此时如果你选择列表中的小时预报、七日预报或生活指数，则会弹出错误信息窗口。

2. 显示同构多项列表——单字段列表

首先创建一个判断列表类型的过程"是键值对列表"，代码如图 4-37 所示。

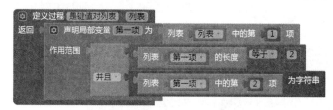

图 4-37　有返回值过程——是键值对列表

该过程只适用于本章所涉及的数据列表。当列表中仅有两项，且第二项为文本时，过程的返回值为真。

接下来继续改造"显示数据列表"过程，代码如图 4-38 所示。

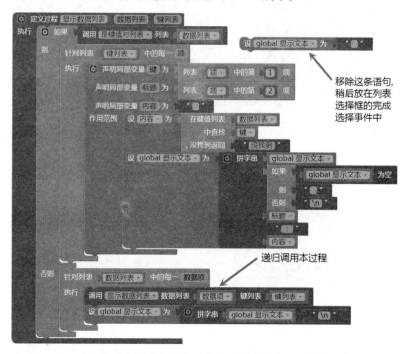

图 4-38　改造显示数据列表过程，令其适用于单字段列表的天气数据

这段程序有些许复杂，这里使用了递归调用，即在一个过程里调用这个过程本身。因此，原本设置全局变量"显示文本"为空的语句就不得不移动到过程之外，放在列表选择框的完成选择事件中，如图 4-39 所示。

图 4-39　在列表选择框的完成选择事件中设置显示文本为空

下面进行测试，从列表选择框中选中小时预报及七日预报，测试结果如图 4-40 所示，左图为小时预报，右图为七日预报。滚动屏幕可以查看更多的内容。

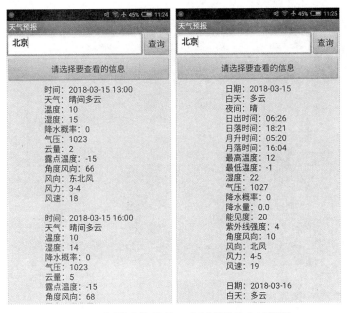

图 4-40　测试查询结果：小时预报及七日预报

3. 显示生活指数

　　此时如果在列表选择框中选中生活指数，也可以得到需要的数据，只不过数据中包含了未经解释的"键"，如图 4-41 所示。下面需要将这些键替换为相应的文字。

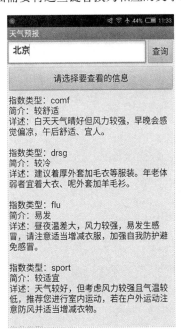

图 4-41　生活指数信息中包含了未经解释的"键"

　　下面继续改造显示数据列表过程，将生活指数中的键替换为对应的文字。根据图 4-41 中的测试结果，需要将 type 的值替换为"生活指数类型"，改造之后的代码如图 4-42 所示。

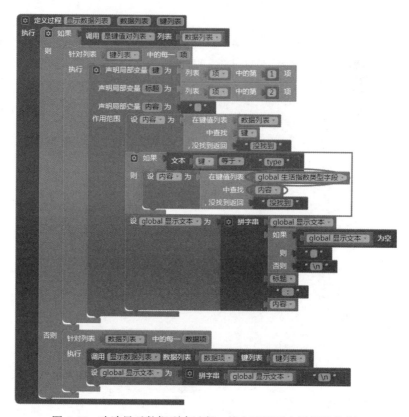

图 4-42　改造显示数据列表过程，使之适用于生活指数数据

对上述程序进行测试，结果如图 4-43 所示。

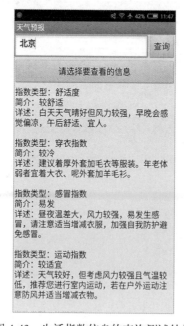

图 4-43　生活指数信息的查询测试结果

以上我们实现了对全部数据的查询及显示，不过从显示结果的完整性来说，还有值得改进的地方。例如，天气数据中有些数据的单位没有显示（温度为℃、湿度为%、风速为公里 / 小时，等等）。

4.7 程序的改进

4.7.1 判断请求数据的结果

在 Web 客户端请求的数据中，有一项以 status 为键的键值对，如果对应的值为 ok，则意味着返回结果正确，否则意味着请求数据失败，此时应该提醒用户。

另外，在没有返回正确数据的情况下，应该隐藏列表选择框，否则用户的选择操作会导致程序出错。修改需要完成以下操作：

(1) 在设计视图中取消勾选列表选择框的"允许显示"属性；

(2) 在提取分类信息过程里，提取原始数据中的状态信息，并添加到分类信息列表中；

(3) 在 Web 客户端组件的收到文本事件中，判断返回数据的状态，如果 status= ok，则显示并打开列表选择框，否则提示用户"请求数据失败"，代码如图 4-44 所示。

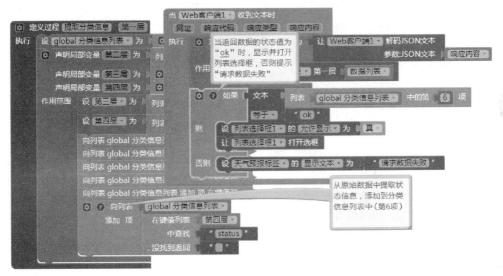

图 4-44 根据返回数据的状态决定下一步操作

4.7.2 为数据添加单位

声明一个全局变量"单位列表"，这是一个键值对列表，键为数据中包含单位的键，值为相应的单位，代码如图 4-45 所示。

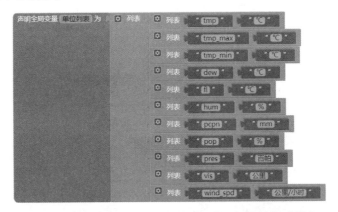

图 4-45 包含单位的"键"与其单位共同组成键值对列表

改造显示数据列表过程，在拼写单项数据字串时，判断"键"是否包含在单位列表中，并返回对应的值，代码如图 4-46 所示。

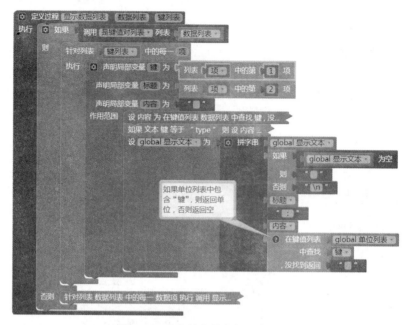

图 4-46　为有单位的数据添加单位

4.7.3　显示当前数据类型

当用户在列表选择框中选中某一项时，将列表选择框的显示文本设为选中项，以便提示用户当前正在查看的信息种类。代码如图 4-47 所示。

图 4-47　显示当前正在查看的信息种类

本章到此结束，重点在于拼写网络请求指令，以及 JSON 格式数据的处理方法。表 4-9 中给出了本章采用的完整的天气预报数据，供读者参考。

表4-9　天气预报的完整数据

((HeWeather6 (((basic ((admin_area 天津) (cid CN101030100) (cnty 中国) (lat 39.12559509) (location 天津) (lon 117.19018555) (parent_city 天津) (tz +8.00)))(daily_forecast (((cond_code_d 100) (cond_code_n 100) (cond_txt_d 晴) (cond_txt_n 晴) (date 2018-03-12) (hum 53) (mr 03:13) (ms 13:14) (pcpn 0.0) (pop 0) (pres 1013) (sr 06:27) (ss 18:15) (tmp_max 16) (tmp_min 4) (uv_index 4) (vis 17) (wind_deg 250) (wind_dir 西南风) (wind_sc 1-2) (wind_spd 4)) ((cond_code_d 101) (cond_code_n 101) (cond_txt_d 多云) (cond_txt_n 多云) (date 2018-03-13) (hum 46) (mr 03:57) (ms 14:07) (pcpn 0.0) (pop 0) (pres 1009) (sr 06:26) (ss 18:16) (tmp_max 19) (tmp_min 6) (uv_index 4) (vis 15) (wind_deg 240) (wind_dir 西南风) (wind_sc 1-2) (wind_spd 6)) ((cond_code_d 101) (cond_code_n 104) (cond_txt_d 多云) (cond_txt_n 阴) (date 2018-03-14) (hum 59) (mr 04:37) (ms 15:03) (pcpn 0.2) (pop 66) (pres 1012) (sr 06:24) (ss 18:17) (tmp_max 19) (tmp_min 8) (uv_index 4) (vis 15) (wind_deg 186) (wind_dir 南风) (wind_sc 3-4) (wind_spd 13)) ((cond_code_d 104) (cond_code_n 100) (cond_txt_d 阴) (cond_txt_n 晴) (date 2018-03-15) (hum 46) (mr 05:14) (ms 16:00) (pcpn 0.9) (pop 73) (pres 1022) (sr 06:22) (ss 18:18) (tmp_max 10) (tmp_min 0) (uv_index 4) (vis 19) (wind_deg 72) (wind_dir 东北风) (wind_sc 3-4) (wind_spd 10)) ((cond_code_d 101) (cond_code_n 104) (cond_txt_d 多云) (cond_txt_n 阴) (date 2018-03-16) (hum 31) (mr 05:48) (ms 17:00) (pcpn 0.0) (pop 0) (pres 1030) (sr 06:21) (ss 18:19) (tmp_max 8) (tmp_min 1) (uv_index 4) (vis 20) (wind_deg 101) (wind_dir 东风) (wind_sc 1-2) (wind_spd 8)) ((cond_code_d 104) (cond_code_n 104) (cond_txt_d 阴) (cond_txt_n 阴) (date 2018-03-17) (hum 33) (mr 06:20) (ms 18:01) (pcpn 0.0) (pop 0) (pres 1030) (sr 06:19) (ss 18:20) (tmp_max 7) (tmp_min 1) (uv_index 3) (vis 19) (wind_deg 162) (wind_dir 东南风) (wind_sc 1-2) (wind_spd 4)) ((cond_code_d 104) (cond_code_n 104) (cond_txt_d 阴) (cond_txt_n 阴) (date 2018-03-18) (hum 42) (mr 06:52) (ms 19:04) (pcpn 0.0) (pop 0) (pres 1033) (sr 06:18) (ss 18:21) (tmp_max 7) (tmp_min 4) (uv_index 3) (vis 20) (wind_deg 190) (wind_dir 南风) (wind_sc 1-2) (wind_spd 8)))) (hourly (((cloud 0) (cond_code 103) (cond_txt 晴间多云) (dew 8) (hum 60) (pop 0) (pres 1010) (time 2018-03-12 16:00) (tmp 12) (wind_deg 232) (wind_dir 西南风) (wind_sc 1-2) (wind_spd 3)) ((cloud 0) (cond_code 103) (cond_txt 晴间多云) (dew 8) (hum 78) (pop 0) (pres 1011) (time 2018-03-12 19:00) (tmp 11) (wind_deg 196) (wind_dir 西南风) (wind_sc 1-2) (wind_spd 4)) ((cloud 0) (cond_code 103) (cond_txt 晴间多云) (dew 6) (hum 94) (pop 0) (pres 1011) (time 2018-03-12 22:00) (tmp 8) (wind_deg 196) (wind_dir 西南风) (wind_sc 1-2) (wind_spd 5)) ((cloud 3) (cond_code 103) (cond_txt 晴间多云) (dew 4) (hum 87) (pop 0) (pres 1009) (time 2018-03-13 01:00) (tmp 5) (wind_deg 207) (wind_dir 西南风) (wind_sc 1-2) (wind_spd 6)) ((cloud 4) (cond_code 103) (cond_txt 晴间多云) (dew 5) (hum 95) (pop 0) (pres 1008) (time 2018-03-13 04:00) (tmp 4) (wind_deg 221) (wind_dir 西南风) (wind_sc 1-2) (wind_spd 5)) ((cloud 10) (cond_code 101) (cond_txt 多云) (dew 3) (hum 93) (pop 0) (pres 1009) (time 2018-03-13 07:00) (tmp 9) (wind_deg 254) (wind_dir 西南风) (wind_sc 1-2) (wind_spd 5)) ((cloud 20) (cond_code 103) (cond_txt 晴间多云) (dew 9) (hum 83) (pop 0) (pres 1010) (time 2018-03-13 10:00) (tmp 10) (wind_deg 253) (wind_dir 西南风) (wind_sc 1-2) (wind_spd 7)) ((cloud 8) (cond_code 101) (cond_txt 多云) (dew 8) (hum 53) (pop 0) (pres 1009) (time 2018-03-13 13:00) (tmp 14) (wind_deg 245) (wind_dir 西南风) (wind_sc 1-2) (wind_spd 4)))) (lifestyle (((brf 舒适) (txt 白天不太热也不太冷，风力不大，相信您在这样的天气条件下，应会感到比较清爽和舒适。) (type comf)) ((brf 较冷) (txt 建议着厚外套加毛衣等服装。年老体弱者宜着大衣、呢外套加羊毛衫。) (type drsg)) ((brf 较易发) (txt 昼夜温差较大，较易发生感冒，请适当增减衣服。体质较弱的朋友请注意防护。) (type flu)) ((brf 适宜) (txt 天气较好，赶快投身大自然参与户外运动，尽情感受运动的快乐吧。) (type sport)) ((brf 适宜) (txt 天气较好，温度适宜，是个好天气哦。这样的天气适宜旅游，您可以尽情地享受大自然的风光。) (type trav)) ((brf 中等) (txt 属中等强度紫外线辐射天气，外出时建议涂擦SPF高于15、PA+的防晒护肤品，戴帽子、太阳镜。) (type uv)) ((brf 较适宜) (txt 较适宜洗车，未来一天无雨，风力较小，擦洗一新的汽车至少能保持一天。) (type cw)) ((brf 中) (txt 气象条件对空气污染物稀释、扩散和清除无明显影响，易感人群应适当减少室外活动时间。) (type air)))) (now ((cloud 0) (cond_code 101) (cond_txt 多云) (fl 11) (hum 48) (pcpn 0.0) (pres 1010) (tmp 14) (vis 2) (wind_deg 116) (wind_dir 东南风) (wind_sc 1-2) (wind_spd 4))) (status ok) (update ((loc 2018-03-12 15:47) (utc 2018-03-12 07:47)))))))

第5章

天气预报——图片版

第 4 章分析了和风天气网提供的天气预报数据，并以文字的方式将各类信息呈现出来。本章将在此基础上增加图片元素，并改进信息的呈现方式。

5.1　功能描述

本章将在第 4 章的基础上，增加如下功能：

(1) 设置默认城市，如果已经设置了该项，应用启动时将在输入框中填写默认地名，并请求天气数据；

(2) 设置默认显示的信息类别，如果已经设置了该项，应用在收到网络返回的数据后，将自动设置信息类别选择框的选中项，并呈现默认信息；

(3) 分页显示小时预报及七日预报；

(4) 在七日预报、小时预报及天气实况信息中，用天气图标提示天气状况。

5.2　用户界面设计

与前几章的应用相比，图片版的天气预报要呈现更为复杂多样的信息，而且图文混杂在一起，为用户界面的设计增加了难度。

5.2.1　页面布局

为了合理使用用户界面组件，在正式创建用户界面之前，我们需要用简单的框图画出每一类信息的呈现方式，并给出所需组件的数量及摆放位置。具体设计如表 5-1 所示。

从表 5-1 中可以看到，需要组件种类及数量最多的是七日预报（5 个标签及 2 个图片）。我们希望设置一组组件，使其能够显示不同类型的信息，为此我们需要取各类信息所需组件的最大集，即需要用七日预报组件来呈现所有类型的信息。在程序运行过程中，通过设置组件的允许显示属性，来显示或隐藏部分组件，进而完成信息的呈现。从表 5-1 中还可以看到，有两项信息包含多条结构相同的数据，其中小时预报重复 8 次，七日预报重复 7 次。对于这类结构相同的多项数据，我们的策略是每次只显示一项，通过用户的操作（点击按钮）来实现对全部数据的浏览。

表5-1　不同类型信息的呈现方式及所需组件

	七日预报		小时预报		天气实况		城市信息/生活指数
信息呈现方式	日期　☀　☀　白天：晴　夜间：晴　气温···　风向···　气压···　风力···　降雨···　风速···		日期时间　☀　晴　气温···　风向···　气压···　风力···　降雨···　风速···		日期时间　☀　晴　气温···　风向···　气压···　风力···　降雨···　风速···		日期时间　······　······　······
重复次数	7		8		1		1
界面组件	标签	图片	标签	图片	标签	图片	标签
组件数量	5	2	4	1	4	1	2

七日预报组件需要结合使用垂直及水平布局组件来实现组件的定位，具体设计如图 5-1 所示。

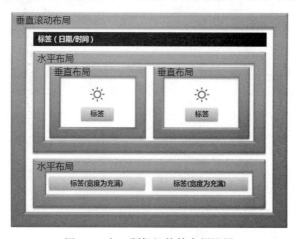

图 5-1　七日预报组件的布局设置

整个屏幕的组件布局如图 5-2 所示。这些布局组件不仅可以实现组件的定位，在需要的时候，还可以一次性地显示或隐藏某些组件。

图 5-2　页面布局

5.2.2 添加并设置组件

项目在设计视图中的样子如图5-3所示。为了提示标签的位置及功能，暂时保留标签显示文本内容，待开发完成后，统一将标签的显示文本属性设为空。组件的命名及属性设置见表5-2。

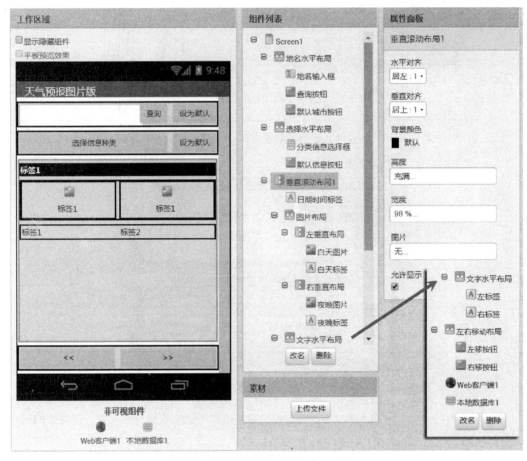

图 5-3 设计视图中的图片版天气预报

表5-2 组件清单及属性设置（按照自上而下、由外而内的顺序排列）

组件类型	命 名	属 性	属 性 值
Screen1	Screen1	水平对齐	居中
		标题	天气预报图片版
水平布局	地名水平布局	宽度	充满
文本输入框	地名输入框	宽度	充满
		提示	请输入地名
按钮	查询按钮	显示文本	查询
按钮	默认城市按钮	显示文本	设为默认
水平布局	选择水平布局	宽度	充满
列表选择框	分类信息选择框	宽度	充满
		标题	选择显示分类信息
		显示文本	选择信息种类
按钮	默认信息按钮	显示文本	设为默认

组件类型	命 名	属 性	属 性 值
垂直布局滚动	垂直滚动布局 1	宽度	98%
		高度	充满
标签	日期时间标签	宽度	充满
		粗体	选中
		背景颜色	黑色
		文本颜色	白色
水平布局	图片布局	宽度	充满
垂直布局	左垂直布局	宽度	充满
		水平对齐	居中
图片	白天图片	全部	默认
标签	白天标签	全部	默认
垂直布局	右垂直布局	宽度	充满
		水平对齐	居中
图片	夜晚图片	全部	默认
标签	夜晚标签	全部	默认
水平布局	文字水平布局	宽度	充满
标签	左标签	宽度	充满
标签	右标签	宽度	充满
水平布局	左右移动布局	宽度	充满
按钮	左移按钮 右移按钮	宽度	充满
		粗体	选中
		显示文本	左：<<
			右：>>
Web 客户端	Web 客户端 1	—	默认
本地数据库	本地数据库 1	—	默认

项目中使用了垂直滚动布局，当标签显示的内容超出屏幕的高度时（如生活指数信息），垂直滚动布局组件允许用户通过上下划屏查看完整信息。

5.3 编写程序——请求并整理数据

同第 4 章一样，我们依然从数据着手，并针对数据编写程序。

5.3.1 请求数据

仍然沿用第 4 章中的请求数据方法，网址为：

https://free-api.heweather.com/s6/weather?location= 北京 &key= 密钥

其中的地名及密钥需要在请求数据时替换成具体的值，例如城市名称为"北京"。密钥需要开发者到和风天气网申请，网址为 https://www.heweather.com。请求数据网址中各段信息的含义参见 4.2 节。

将 App Inventor 的开发环境从设计视图切换到编程视图，首先创建两个用作常量的全局变量，即"网址片段 1"及"网址片段 2"，并在查询按钮的点击事件中，调用 Web 客户端组件的请求数据过程。当应用接收到返回的数据时，用"日期时间标签"来显示收到的信息，如图 5-4 所示。

图 5-4　请求数据相关代码

注意，App Inventor 中的文本块只能显示有限长度的文本。图 5-4 中为了显示网址片段 1 的结尾，隐藏了开头的"h"。

测试结果如图 5-5 所示。

图 5-5　用标签显示请求数据的结果

又见到了熟悉的大括号、中括号以及这些看似无序、实则严整的数据。为了让我们在开发过程中，对数据结构始终有清晰的认识，本节在第 4 章的基础上，对数据给出更为形象的的描述，为代码的编写做好充分的准备。

5.3.2　数据整理

1. 提取有效数据

在 4.4 节中，我们对天气预报数据进行了分析，并用表格的方式呈现了数据的结构（完整的数据参见表 4-9）。这些数据原本是 JSON 格式的，经过 Web 客户端组件的解析，转化为一个 8 级的列表。需要强调的是，第 4 级列表是一个分水岭，其中包含了 7 个 5 级列表，其中除了状态列表（键为 status）以及数据更新时间列表（键为 update）外，剩下的 5 个列表就是我们将要完整呈现的信息。图 5-6 中只显示了 7 级列表，在以 daily_forecast、hourly 以及 lifestyle 为键的值（6 级列表）中，包含了 8 级列表，我们将在后面的讲解中展开这些列表。

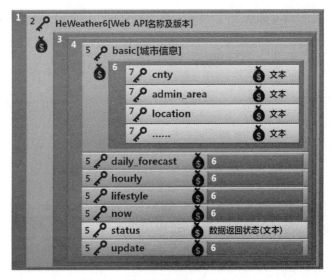

图 5-6　天气预报数据的整体结构

还记得在第 4 章中，我们将列表划分为如下 5 类：

(1) 值为文本的键值对（basic 中的第 7 级以及 status）；

(2) 值为列表的键值对（第 2、5 级）；

(3) 单项列表，列表中只有一个列表项（第 1、3 级）；

(4) 同构多项列表，列表中包含多个列表项，且每个列表项本身也是列表，各个列表项的数据
结构相同，如图中的键 daily_forecast、hourly 以及 lifestyle 对应的值；

(5) 键值对列表，多项列表中的列表项为键值对（第 4、6 级）。

分类是为了获得有效的数据，并将它们以合理的方式呈现出来。图中用钥匙图标（🔑）来表示
键值对中的键（key），用美元符号（💲）来表示键值对中的值（value），以便清楚地分辨出列表的
类型。从图 5-6 中可以看出，真正有效的数据保存在第 6 级列表中。

我们要做的第一件事情就是将第 6 级列表解析出来，单独保存在一个列表变量中，以便根据用
户的选择来读取并显示正确的信息。注意在第 4 章中，我们通过剥洋葱的方式，将数据中的第 5 层
剥离出来，放在一个全局变量中。本章将采用不同的数据提取方式，直接将第 4 级列表保存在全局
变量中，该列表为键值对列表，代码如图 5-7 所示。

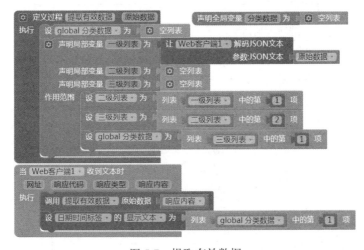

图 5-7　提取有效数据

在上述代码中，我们用日期时间标签显示了分类数据列表中的第一项"城市信息"，测试结果如图 5-8 所示。

图 5-8　测试：提取有效数据

2. 了解键的含义

在我们提取到的数据中，有效的信息是以键值对的方式组织起来的。例如，在城市信息中，cnty 表示国家，location 表示查询位置的地名（统称为城市），admin_area 表示查询地所属的省、自治区或直辖市的名称，等等。键值对中的每个键都是一个英文单词或其简写，这样做是为了编写程序方便，但不适合人类用户阅读；因此，我们必须了解这些键的含义，才能正确地呈现相关信息。和风天气网的 API 文档中（https://www.heweather.com/documents/api/s6/weather）提供了每个键的中文含义，这里我们用表格的方式列出这些键以及对应的中文，以供下一步使用，如表 5-3 及表 5-4 所示。

表5-3　城市信息、生活指数及数据更新时间中的键的含义

城市信息（basic）		生活指数信息（lifestyle）	
键	含　义	键	含　义
cnty	国家	comf	舒适度
cid	城市 ID	cw	洗车指数
admin_area	省 / 自治区 / 直辖市	drsg	穿衣指数
location	城市	flu	感冒指数
parent_city	上级城市	sport	运动指数
lat	纬度	trav	旅游指数
lon	经度	uv	紫外线指数
tz	时区	air	控制污染扩散条件指数
update	数据更新时间	brf	简介
loc	本地时间	txt	详述
utc	国际标准时间	type	指数类型

表5-4　天气预报信息中键的含义

键	含　义	键	含　义
date	日期	pcpn	降雨量（mm）
time	日期时间	pop	降水概率（%）
cond_code_d	白天天气代码	pres	气压（百帕）
cond_txt_d	白天天气描述	cloud	云量
cond_code_n	夜间天气代码	wind_deg	角度风向
cond_txt_n	夜间天气描述	wind_dir	风向
cond_code	天气状况代码	wind_sc	风力
cond_txt	天气状况描述	wind_spd	风速（公里）/ 小时
tmp	温度（℃）	uv_index	紫外线强度

键	含 义	键	含 义
tmp_max	最高温度（℃）	vis	能见度（km）
tmp_min	最低温度（℃）	sr	日出时间
fl	体感温度（℃）	ss	日落时间
dew	露点温度（℃）	mr	月升时间
hum	湿度（%）	ms	月落时间

3. 建立生活指数类型的字段列表

在 App Inventor 中，当我们需要一个静态列表（其中的列表项保持不变）时，可以直接向列表中添加列表项（例如文本）。但是当静态列表的长度变大时，在编程视图中逐一添加列表项就变得十分困难。为此我们介绍另一种创建静态列表的方法：将列表项数据转化为逗号分隔的字串，再用程序将字串转化为列表。下面的两个字串分别是生活指数信息中 type 键的值，以及这些值所对应的含义（注意使用半角逗号分隔数据项）。

- 键字串：comf,cw,drsg,flu,sport,trav,uv,air
- 值字串：舒适度 , 洗车指数 , 穿衣指数 , 感冒指数 , 运动指数 , 旅游指数 , 紫外线指数 , 控制污染扩散条件指数

创建一个有返回值的过程"生活指数字段"，代码如图 5-9 所示，该过程的返回值为键值对列表。考虑到这项数据仅在查询生活指数信息时有用，因此不另设全局变量来保存它。当用户查询到生活指数信息时，调用此过程，动态生成所需要的数据。

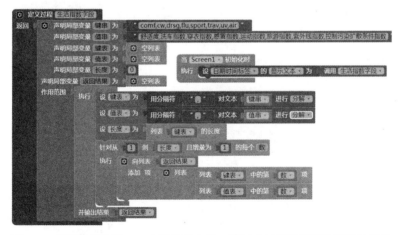

图 5-9　有返回值过程——生活指数字段，返回生活指数类型的键值对列表

在屏幕初始化事件中调用上述过程，用日期时间标签显示过程的返回值，测试结果如图 5-10 所示。

图 5-10　测试结果：用代码生成的字段列表

4. 为列表选择框组件设置数据源

我们需要创建一个与"分类数据"列表相对应的的中文字串列表，作为列表选择框组件的数据来源。当屏幕初始化时，将"分类信息选择框"的列表属性设置为该列表，如图 5-11 所示。

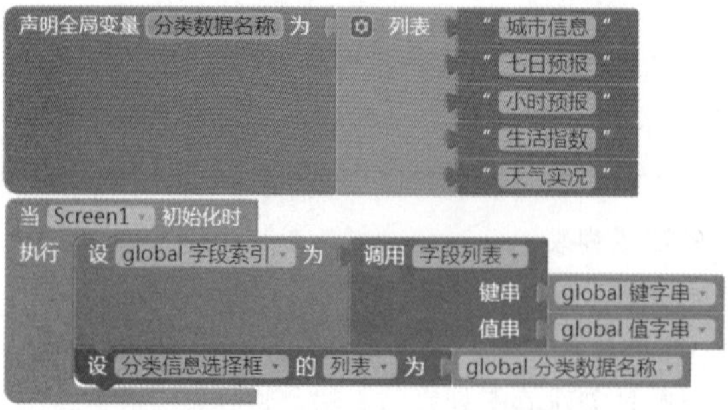

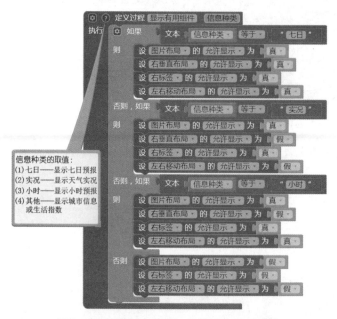

图 5-11　创建分类数据名称列表

提示　分类数据名称列表中各个列表项的顺序必须与分类数据列表的顺序一一对应。

5.4　呈现有图标的数据——七日天气预报

在本应用中，通过设置某些组件的"允许显示"属性来实现组件的复用，即用同一套组件显示所有类别的信息。"允许显示"属性值为假的组件被隐藏起来，在屏幕上不占据位置（宽度及高度均为 0）。例如，当需要用左标签来显示没有插图的文字信息时（城市信息及生活指数），要将图片布局组件以及右标签组件的"允许显示"属性设为假，此时左标签将在水平方向上充满文字水平布局。

5.4.1　设置用户界面组件的可视属性

考虑到共有四种信息呈现方式，我们创建一个"显示有用组件"过程，来具体设置相关组件的允许显示属性，如图 5-12 所示。

图 5-12　设置用户界面组件的允许显示属性

这个过程看起来暂时没有什么用处，因为用户界面组件允许显示属性的默认值原本都为真；但是到了后面，当用户在不同类型的信息之间跳转时，上述过程就能派上用场了。

5.4.2　图标文件的获取

如表 5-4 所示，在天气信息专用键中，包含 3 个特殊的键，即 cond_code_d、cond_code_n 及 cond_code，分别为白天天气代码、夜间天气代码以及任意时段天气代码（实况及小时预报中的天气代码）。这些代码用数字来表示，但却不仅仅是数字，它们是某些图片文件的文件名。还记得在第 4 章中，我们请求过一个图片（见以下网址右侧），使用的网址是：

https://www.heweather.com/files/images/cond_icon/100.png ☼

其中文件名 100.png 中的 100 就是一个天气代码。关于天气代码所对应的具体内容，可以查看和风天气网的 API 文档，地址为：

https://www.heweather.com/documents/condition

在我们的应用中，为了显示带有图标的天气信息，需要使用这些天气代码，从和风天气网获取相应的图片，具体方法是设置图片组件的图片属性为 URL 网址，网址包含以下 3 个部分。

(1) 文件的位置：https://www.heweather.com/files/images/cond_icon/。
(2) 文件名：天气代码中的数字。
(3) 文件扩展名：.png。

声明一个全局变量"图标地址"，用来保存文件的位置。在屏幕初始化事件中请求一个代码为 101 的图片，如图 5-13 所示，测试结果如图 5-14 所示。

图 5-13　从网络获取与天气代码对应的图片

图 5-14　天气代码 101 对应的图标

5.4.3　图标的呈现

七日预报信息在我们已经提取的分类数据列表中位列第二，表 5-4 中给出了其中包含的数据项，我们先来熟悉一下该项信息的数据结构。如图 5-15 所示。

图 5-15   七日天气预报信息的数据结构

每日信息包含在第 7 级列表中，第 7 级列表为键值对列表，App Inventor 提供了一个键值对列表查询块（见图 5-16）。

图 5-16   键值对列表查询块

该块的第一个输入项（块中的插座）为键值对列表，也就是图 5-15 中的第 7 级列表；第二个输入项为将要查询的"键"，就是图 5-15 中钥匙图标后面的文字（date、mr 等）；返回的结果是"值"，键 cond_code_d 及 cond_code_n 对应的值就是天气代码（如 100），也是图标文件的文件名。图 5-17 中给出了从分类数据中提取天气代码的方法。

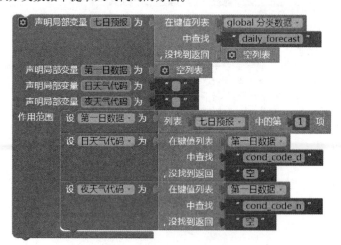

图 5-17   获取白天及夜间天气代码的示意代码

现在我们就用这两个天气代码来设置图片组件的图片属性。创建一个有返回值过程"图标地址"，来拼写访问天气图标的网址。再创建一个无返回值过程"七日_显示天气图标"，来设置图片组件的图片属性。代码如图 5-18 所示。

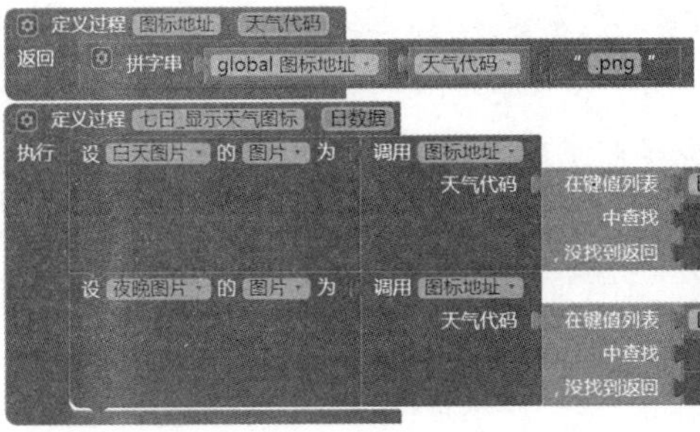

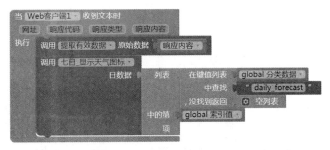

图 5-18　显示七日预报中第一天的天气图标

声明一个全局变量"索引值"，初始值为 1，表示当前正在查看七日中第一日的数据。如果用户需要查看以后几天的数据，可以点击右移按钮，此时索引值递增，日数据也随之更新。索引值仅对七日预报及小时预报有用，这两项信息中都包含了多项结构相同的信息。左移及右移按钮的点击事件处理程序如图 5-19 所示。

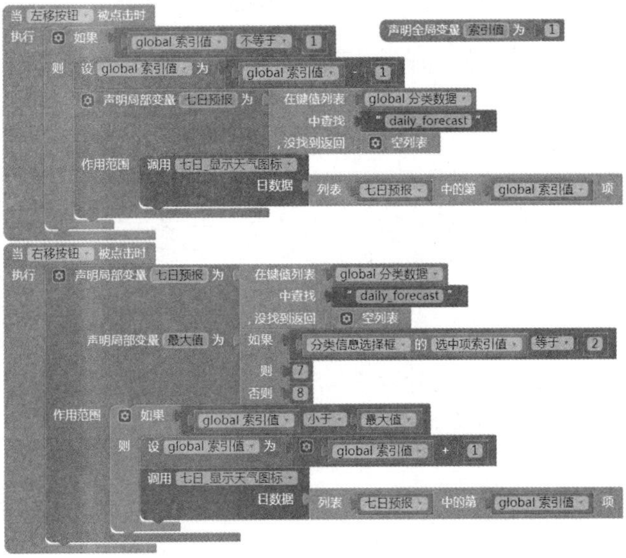

图 5-19　左右移动按钮的点击事件处理程序

在右移按钮的点击事件中，设置了局部变量最大值，通过读取分类信息选择框的选中项索引值，来判断当前查看的是七日预报还是小时预报，前者的最大值为 7，后者的最大值为 8。为了测试上述代码，需要在 Web 客户端组件的收到文本事件中，调用显示天气图标过程，来显示第一天的图标，然后再点击右移按钮，来查看后面几天的图标信息，代码如图 5-20 所示，测试结果如图 5-21 所示。

图 5-20　当 Web 客户端收到文本时，显示天气图标

图 5-21　显示天气图标的测试效果

以上我们实现了显示天气图标的功能，下面将讨论如何显示天气信息中的文字信息。

5.4.4　显示文字信息

在第 4 章中，我们创建了一个可以递归调用的过程，即显示数据列表（见图 4-24），通过判断列表项是否为列表来决定对数据的操作。本章我们想尝试一种不同的方法，这个方法不见得一定比之前的方法好，不过可以提供另一种呈现信息的方式。

图 5-15 展现了数据的结构，有 3 种颜色的数据（屏幕显示颜色为绿、青、灰），分别对应于值为列表的键值对（第 5 级）、键值对列表（第 7 级）以及值为文本的键值对（第 8 级），我们要展示的信息在第 8 级列表中。在第 4 章中，这些信息按照事先设定的键的顺序逐行排列并显示在同一个标签中，但本章我们希望数据显示在不同的标签中，同时又要遵循一定的顺序，因此我们将采用"点名"的方式来访问这些数据，即使用键值对列表查询块，用"键"来查询"值"，通过创建不同的过程来逐一显示特定的数据。表 5-5 中给出了七日预报中每日信息的呈现方式，下面我们逐一设置图标下方 4 个标签的显示内容。

表5-5　用不同的标签显示天气信息

日期/时间：date			
白天图片	（白天图标） cond_code_d	（夜晚图标） cond_code_n	夜晚图片
白天标签	白天天气描述：cond_txt_d 最高气温：tmp_max 日出时间：sr 月升时间：mr	夜间天气描述：cond_txt_n 最低气温：tmp_min 日落时间：ss 月落时间：ms	夜晚标签
左标签	湿度：hum 降水概率：pop 降水量：pcpn 气压：pres 紫外线强度：uv_index	角度风向：wind_deg 风向：wind_dir 风力：wind_sc 风速：wind_spd 能见度：vis	右标签

利用键值对列表查询块，可以很方便地提取到任何需要的信息，如图 5-22 及图 5-23 所示。

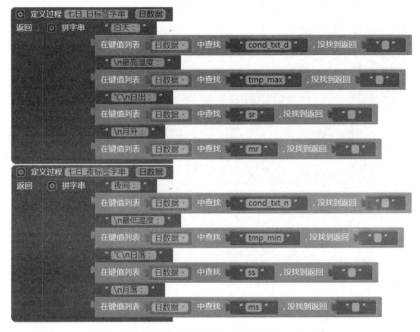

图 5-22　拼写七日预报的日标签及夜标签字串

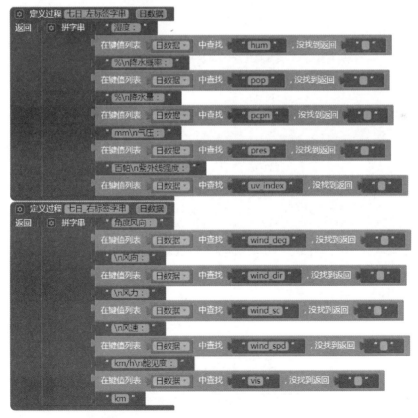

图 5-23　拼写七日预报的左标签及右标签字串

再创建一个无返回值过程"显示七日预报",将日期、图标及文字信息一并显示出来,代码如图 5-24 所示。注意在此过程里,首先调用了显示有用组件过程。

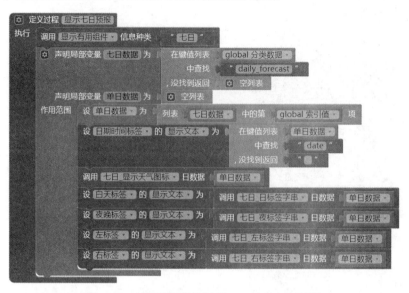

图 5-24 创建无返回值过程——显示七日预报

最后,修改左移、右移按钮的点击事件,以及 Web 客户端的收到文本事件,将原本调用的显示图标过程替换为显示七日预报过程,代码如图 5-25 及图 5-26 所示。

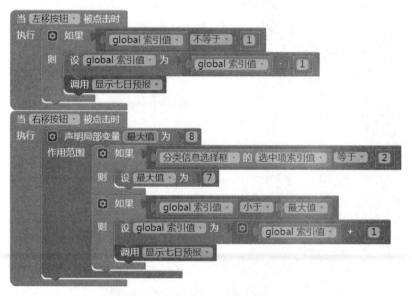

图 5-25 将左移、右移按钮点击事件中的显示图标过程替换为显示七日预报过程

图 5-26 在收到文本事件中显示完整的七日预报信息

对上述代码进行测试,结果如图 5-27 所示。

图 5-27　显示七日预报信息的测试结果

5.5　显示其他种类信息

上一节处理的七日预报信息是本应用中最复杂的信息，我们已经实现了同构多项列表数据的图文混排，余下的各类信息处理起来相对简单。

5.5.1　显示城市基本信息

如图 5-28 所示，这是一组极其简单的数据，其中只有文字信息，我们将用左标签来显示这些信息。

图 5-28　城市信息的数据结构

下面创建有返回值的过程"城市信息字串"，代码如图 5-29 所示。

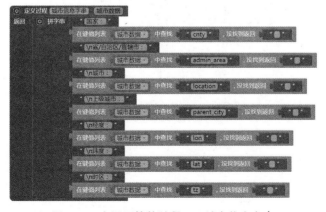

图 5-29　有返回值的过程——城市信息字串

在显示城市信息的同时，我们希望利用日期时间标签显示当前数据的更新时间。考虑到在生活指数及天气实况信息中也会用到数据更新时间，因此创建一个有返回值的过程"数据更新时间"，从分类数据中提取数据更新的本地时间；再创建一个无返回值过程"显示城市信息"，利用日期时间标签显示数据更新时间，用左标签显示城市信息。最后，在 Web 客户端的收到文本事件中调用该过程，以便进行测试，代码如图 5-30 所示，测试结果如图 5-31 所示。

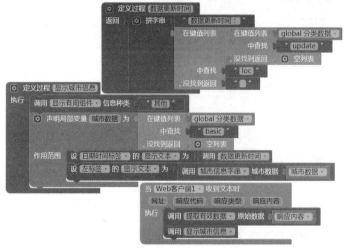

图 5-30　调用显示城市信息过程　　　　　　　图 5-31　显示城市信息的测试结果

注意在显示城市信息过程里，首先调用了显示有用组件过程，在测试结果中已经看不到其他暂时无用的组件了。

5.5.2　显示生活指数信息

生活指数信息的数据结构有些特别，如图 5-32 所示，第 6 级列表为同构多项列表，其中包含 8 个键值对列表，每个键值对列表中包含 3 个键值对，分别是生活指数的简介、详述及指数类型，这 8 项指数的数据结构完全相同，因此它们的显示方式也完全相同。

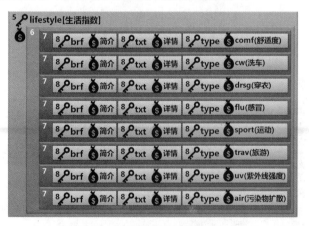

图 5-32　生活指数信息的数据结构

首先创建一个有返回值过程"生活指数字串"，如图 5-33 所示。该过程利用循环语句处理数据结构相同的各项生活指数信息，最终返回全部的生活指数信息。注意，该过程调用了此前定义的有返回值过程"生活指数字段"（见图 5-9）。

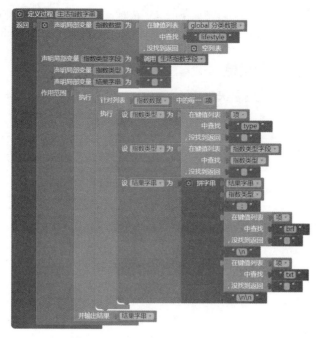

图 5-33　有返回值的过程——生活指数字串

然后创建无返回值过程"显示生活指数"，并在 Web 客户端的收到文本事件中调用该过程，代码如图 5-34 所示。

图 5-34　显示生活指数过程

测试上述代码，结果如图 5-35 所示。由于使用的是垂直滚动布局，向上划屏即可查看全部生活指数信息。

图 5-35　显示生活指数的测试结果

在上述两项数据中，虽然显示的都是简单的文字信息，但由于数据的结构各不相同，因此每项信息的显示都需要单独创建过程，使得代码的复用性极低，这也是内容类应用的特点之一。

5.5.3 显示天气实况信息

天气实况信息的数据结构与七日天气预报信息有相似之处，如图 5-36 所示。

图 5-36 天气实况信息的数据结构

天气实况信息几乎相当于七日预报的首日信息，只不过增加了体感温度信息，并减少了一组图文信息，为此要隐去右垂直布局组件，信息的呈现方式如表 5-6 所示。

表5-6 天气实况信息的呈现方式

数据更新时间：update-loc			
显示白天图片	☀️ 图片代码：cond_code 天气描述：cond_txt（白天标签）		隐藏夜晚图片
左标签	温度：tmp 体感温度：fl 湿度：hum 降水量：pcpn 云量：cloud 气压：pres	角度风向：wind_deg 风向：wind_dir 风力：wind_sc 风速：wind_spd 能见度：vis	右标签

首先创建两个有返回值的过程，即"实况_左字串"和"实况_右字串"，代码如图 5-37 及图 5-38 所示。

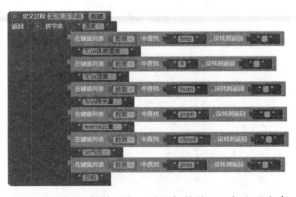

图 5-37 有返回值的过程：为左标签编写天气实况字串

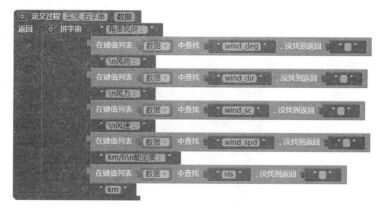

图 5-38　有返回值的过程：为右标签编写天气实况字串

然后创建无返回值过程"显示天气实况"，利用白天图片、白天标签及左右标签来显示天气状况信息，并在 Web 客户端的收到文本事件中调用该过程，代码如图 5-39 所示。

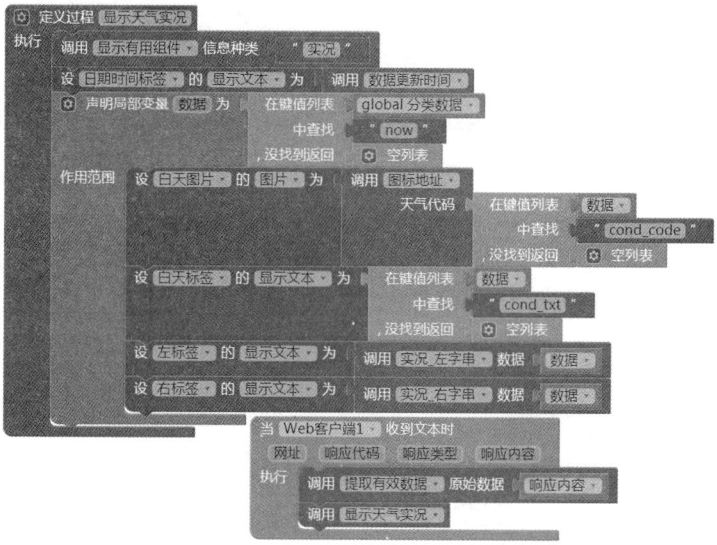

图 5-39　创建并调用显示天气实况过程

测试结果如图 5-40 所示。

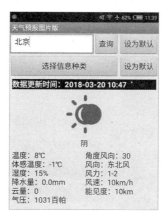

图 5-40　测试结果——显示天气实况信息

5.5.4 显示小时预报

如图 5-41 所示，小时天气预报信息的数据结构与七日预报相似，只是减少了一组夜间的图文信息。另外，七日预报中包含 7 项结构相同的数据，而小时预报中包含了 8 项。

图 5-41 小时天气预报信息的数据结构

由于不必显示夜间图文信息，要隐去右垂直布局，信息的呈现方式如表 5-7 所示。

表5-7 天气实况信息的呈现方式

预报时间：time			
显示白天图片	☀️ 图片代码：cond_code 天气描述：cond_txt（白天标签）		隐藏夜晚图片
左标签	温度：tmp 湿度：hum 露点温度：dew 云量：cloud 气压：pres	角度风向：wind_deg 风向：wind_dir 风力：wind_sc 风速：wind_spd	右标签

创建两个有返回值的过程"小时_左字串"和"小时_右字串"，代码如图 5-42 所示。

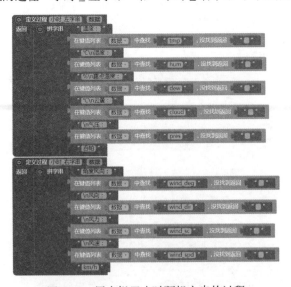

图 5-42 用来拼写小时预报字串的过程

再创建一个无返回值过程"显示小时预报",分别设置图片以及各个标签的文本,代码如图 5-43 所示。

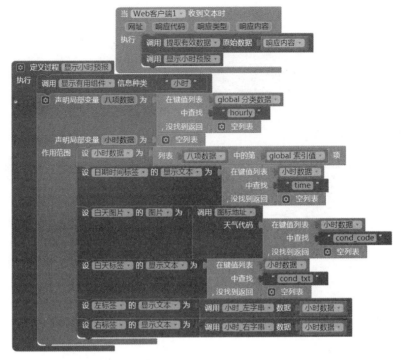

图 5-43　创建并调用显示小时预报过程

测试结果如图 5-44 所示。

图 5-44　测试结果:显示第一条小时预报

观察测试数据,发现一个有趣的结果:在天气实况信息中(见图 5-40),天气状况为阴,但云量却为 0;再看小时预报中的云量,其值为 100。为了排除程序的问题,笔者特地在浏览器地址栏中输入网址察看究竟,发现在 now 数据中,cloud 的值的确是 0,说明天气实况数据中的云量信息不真实。

最后，我们需要修改左右移动按钮的点击事件处理程序，以分类信息选择框的选中项索引值为判断依据，当值为 2 时显示七日预报，否则显示小时预报。修改后的代码如图 5-45 所示，测试结果如图 5-46 所示。

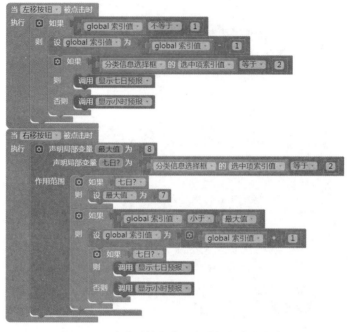

图 5-45　改进后的左移、右移按钮点击程序

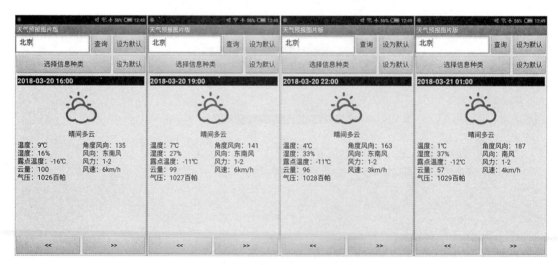

图 5-46　测试结果：显示小时预报

到目前为止，我们已经实现了所有信息的显示功能，下一节将完成本应用的其他功能。

5.6　其他功能

在前两节中，我们通过在 Web 客户端组件的收到文本事件中调用显示各类信息的过程，来完成对程序的测试。本节将实现用户自主选择信息种类，并保存默认地名及默认显示的信息种类。

5.6.1 选择显示分类信息

在分类信息选择框的完成选择事件中，根据选择框的选中项索引值来决定显示信息的种类，代码如图 5-47 所示。

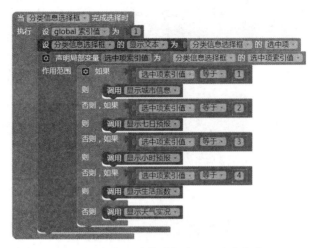

图 5-47　根据用户的选择来显示分类信息

关于上述代码，有几点需要说明。

(1) 全局变量"索引值"的设定：该项设定也可以分别放在第二及第三个分支中，因为只有这两类信息与索引值有关，不过考虑到减少代码量，将其置于首行。

(2) 设置分类信息选择框的"显示文本"属性为该选择框的"选中项"属性：提示用户当前正在浏览的信息种类，充分利用可视组件的功能，节省有限的屏幕空间。

(3) 局部变量选中项索引值：如果不设定该局部变量，则需要多次读取列表选择框的选中项索引值属性；考虑到程序的执行效率，读取变量的效率要高于读取组件属性的效率，因此这个局部变量的设置是必要的。

程序的测试结果如图 5-48 所示。

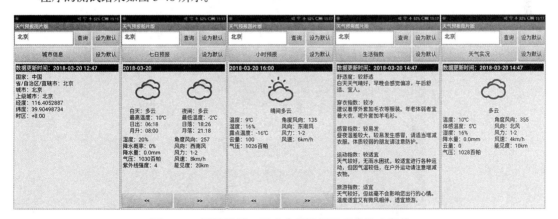

图 5-48　测试结果：用户自行选择显示的信息种类

5.6.2 默认设置与数据保存

依照我们对应用的功能设定，利用本地数据库组件，来保存两项默认信息：默认城市及默认显示的信息种类。代码如图 5-49 所示。

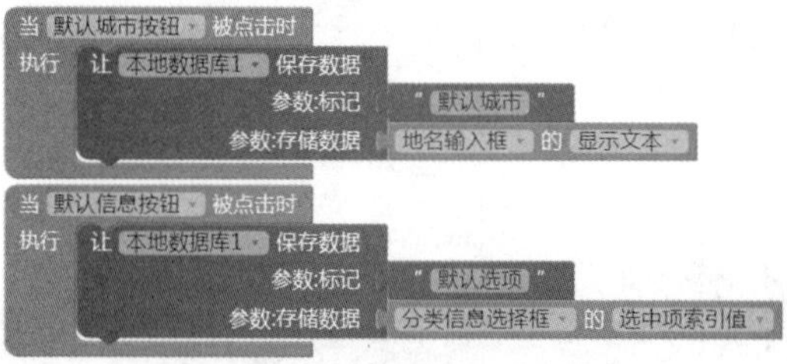

图 5-49　设置默认项及数据的保存

注意，默认选项中保存的是分类信息选择框组件的选中项索引值。

应用启动时从本地数据库中读取默认城市信息。如果默认城市不为空，则将默认城市填写到地名输入框中，并让 Web 客户端向服务器发送数据请求。

为了提高代码的复用性，将查询按钮点击事件中的代码封装为过程"请求数据"，并分别在两处调用该过程，代码如图 5-50 所示。

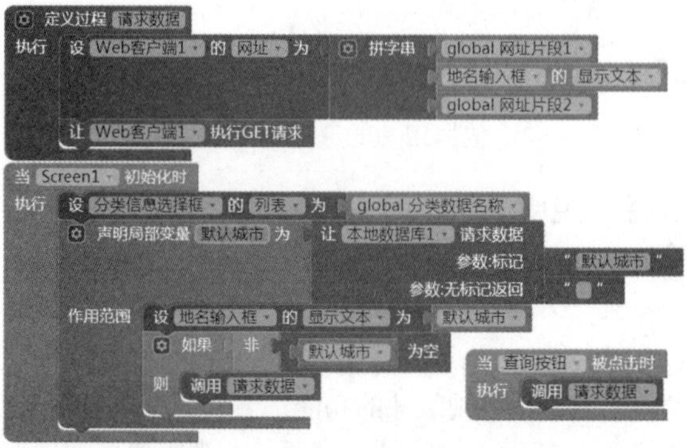

图 5-50　应用启动时从本地数据库中读出已保存信息

在 Web 客户端的收到文本事件中，从本地数据库中提取默认选项信息。如果默认选项不为空，则显示默认信息，否则显示天气实况信息。同样，为了提高代码的复用性，将分类信息选择框的完成选择事件中的代码封装为过程"显示选中信息"，并分别在两处调用该过程，修改后的代码如图 5-51 所示。

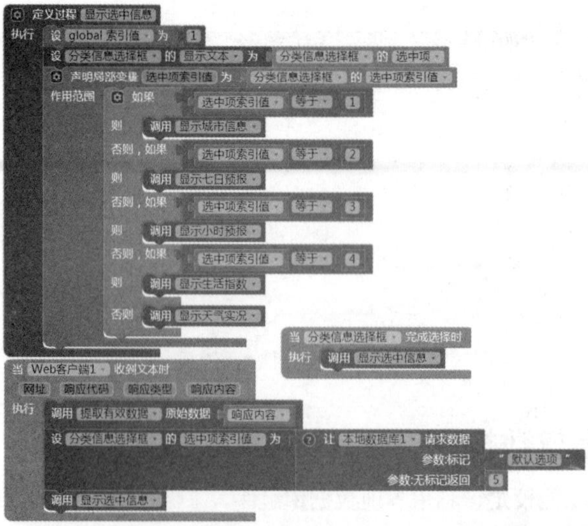

图 5-51　如果默认选项不为空，则显示默认信息，否则显示天气实况信息

注意，向本地数据库请求默认选项时，如果默认选项不存在，则返回 5，它对应于分类数据名称列表中的第 5 项——天气实况（见图 5-11）。经过测试，程序运行正常。

5.7　功能完善与小结

在实现了应用的核心功能之后，我们来做一些完善及小结的工作。

5.7.1　诊断网络连接

在项目中添加两个新的组件"网络数据库组件"及"对话框组件"，在设计视图中设置网络数据库的服务器地址属性：http://tinywebdb.17coding.net。本节将利用网络数据库组件的收到数据事件及通信失败事件来侦测网络的连接状况，并用对话框组件给出必要的提示信息。为此需要改造屏幕初始化程序，在其中添加一行请求数据的代码，如图 5-52 所示。如果网络连接正常，则会触发网络数据库的收到数据事件（返回的数值为空），在收到数据事件中，读取本地数据库的默认城市信息并请求数据；如果网络连接失败，则会触发网络数据库的通信失败事件，在通信失败事件中通知用户网络连接失败。这样可以避免因网络连接失败而弹出的 App Inventor 默认错误信息（一串长长的英文），给用户带来不必要的困惑。

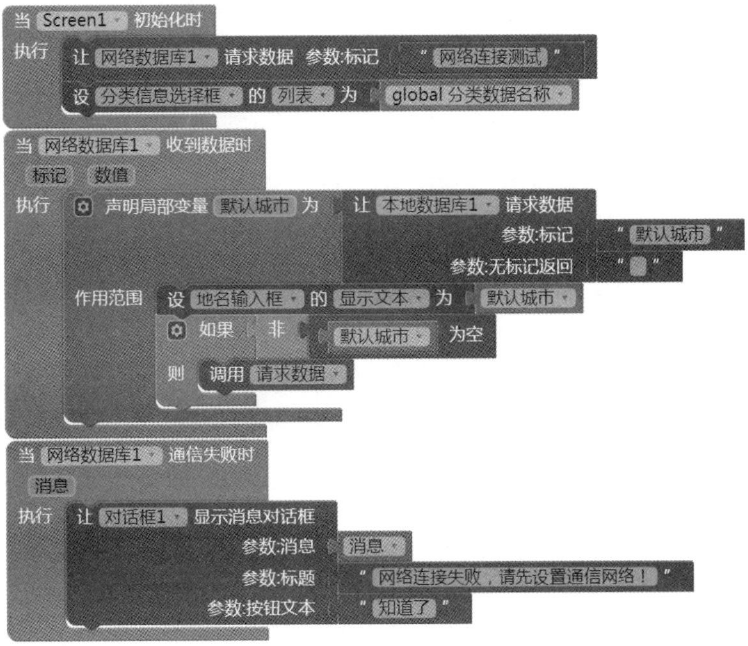

图 5-52　屏幕初始化时，向网络数据库服务器发送数据请求

这项功能需要将项目编译为 APK 文件，安装至手机后方能测试。

5.7.2　项目小结

关于"天气预报"这个应用，我们用两章的篇幅讲解了两种不同的开发思路，它们代表了应用开发（软件编写）的如下两种极端方法：

(1) 极少的界面组件 + 少量巧妙的代码——逻辑复杂但复用性高；
(2) 较多的界面组件 + 众多的硬编码——逻辑简单但复用性低。

开发方法没有绝对的优劣之分，如何选择取决于应用的特点，或者数据的结构。就图片版的天气预报而言，5 组分类信息的数据结构各不相同，信息的种类也不相同（有些信息包含图片），如果一味追求代码的复用性，势必要添加大量的条件判断语句，让代码的逻辑变得复杂，从而增加出错的机会。

值得一提的是，这两章的代码涉及大量列表操作，而且几乎遇到了所有可能类型的列表。虽然列表中数据的量并不大，但是数据的结构足够丰富，有心的读者不妨自己加以总结，以期获得更深刻的体会。

最后，就本章的程序而言，总结出两点，供读者参考。

(1) 在创建过程时合理使用参数，可以将数据与数据处理隔离开来，以降低代码之间的耦合度，从而提高代码的独立性。

(2) 在用标签显示文字信息时，应该分两步走，即先拼串，再显示。概括一点说，就是将数据的处理与数据的显示隔离开来，这样可以保证代码功能的单一性，同时也提高了代码的独立性。

在程序需要修改时，以上两点可以最大限度降低出错风险，一旦出错也易于定位出错位置。

第 6 章

打地鼠

在一片肥沃的土地上，突然出现了很多洞口，地鼠趁人不备偷吃了地里的粮食，农夫则躲在暗处，等待地鼠从洞中探出头来……这个游戏有很多种版本，我自己就做过两个：一个是简单的，只有一只地鼠，地鼠出现的位置是随机的；另一个就是本章要讲解的，有很多只地鼠，它们会不停地从 9 个洞口中冒出来。

6.1　游戏描述

游戏的具体功能描述如下。

(1) 时间因素：以秒为单位，限定游戏时长为 60 秒。

(2) 空间因素：用户界面分为 3 个部分，顶部显示命中率及得分，中部显示剩余时间（彩色滑动条），底部为游戏交互部分。底部的画面上有 9 个洞，地鼠随机地从洞中冒出，再随机地消失。

(3) 角色描述：有 3 种地鼠，分别为普通地鼠（蓝灰色）、幽灵地鼠（灰黑色）及黄金地鼠（金黄色）。

(4) 游戏操作：玩家用手指点击显现的地鼠，击中地鼠得分。

(5) 记分规则：击中普通地鼠得 5 分，击中幽灵地鼠得 −5 分，击中黄金地鼠得 25 分。

(6) 历史记录：手机保存游戏最高得分，每次游戏结束时，显示本次得分及历史记录，如果本地得分大于历史记录，则更新历史记录。

(7) 重新开始：每次游戏结束后，弹出对话框，如果玩家选择"重新开始"，则开始新一轮游戏。

(8) 退出游戏：如果玩家在游戏结束对话框中选择"退出游戏"，则退出该游戏。

游戏的用户界面如图 6-1 所示。

图 6-1　游戏在手机中的外观

6.2 素材准备

项目中包含了6个素材文件，如图6-2所示。

(1)地鼠图片3张，分别为幽灵地鼠、普通地鼠及黄金地鼠。
(2)背景图片1张，为草地图案，上面排列有9个小洞。
(3)声音文件2个：击中幽灵地鼠音效及击中黄金地鼠音效（击中普通地鼠时发出振动）。

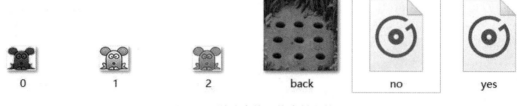

图6-2　游戏中使用的素材文件

6.3 界面设计

创建项目并命名为"打地鼠"，如图6-3所示，组件的命名及属性设置见表6-1。

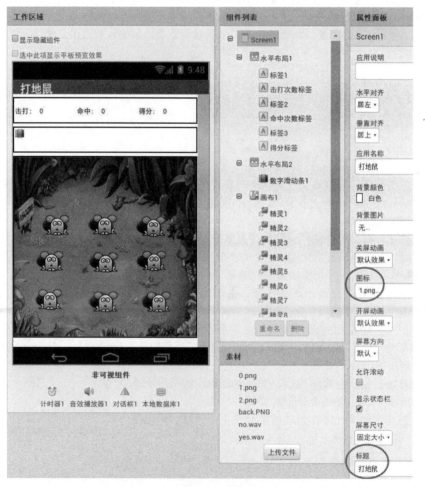

图6-3　设计游戏的用户界面

表6-1　组件的命名及属性设置

组件名称	组件命名	属　　性	属　性　值
屏幕	Screen1	标题	打地鼠
		图标	1.png
水平布局	水平布局1	宽	充满
		高	40像素
		垂直对齐	居中
	水平布局2	宽	充满
		高	40像素
		垂直对齐	居上
标签	标签1	显示文本	击打（次数）：
标签	击打次数标签	显示文本	0
		宽度	充满
标签	标签2	显示文本	命中（次数）：
标签	命中次数标签	显示文本	0
		宽度	充满
标签	标签3	显示文本	得分：
标签	得分标签	显示文本	0
		宽度	充满
数字滑动条	数字滑动条1	宽度	充满
		最大值	60
		最小值	0
		滑块位置	60
画布	画布1	宽度	充满
		高度	300像素
		背景图片	back.png
精灵	精灵1 ~ 精灵9	图片	0.png、1.png、2.png
		x、y坐标	见表6-2
音效播放器	音效播放器1	最小间隔	100
对话框	对话框1	—	默认
本地数据库	本地数据库1	—	默认
计时器	计时器1	—	默认

画布中精灵的坐标见表6-2。

表6-2　精灵的坐标

	精灵1	精灵2	精灵3	精灵4	精灵5	精灵6	精灵7	精灵8	精灵9
x坐标	53	135	219	43	136	220	40	136	228
y坐标	93	93	96	154	156	153	218	222	222

有两点需要强调：

(1) 击打次数标签、命中次数标签及得分标签的宽度均为充满，以使3个标签宽度相等；

(2) 在调整精灵在画布中的位置时，以测试设备或模拟器中的效果为准。

6.4　编写程序——地鼠的闪现

地鼠们此起彼伏、毫无规律地冒出洞口，片刻后又消失在洞里，这是我们希望达成的目标，看看如何用程序来实现这一目标。

6.4.1　难点分析

从程序的角度来看，难点在于让 9 个精灵随机地从洞中冒出，并随机地隐藏。所谓随机，就是每个精灵出现的时间和停留的时长都不相同，这样才能使地鼠的出现具有不可预知性，游戏才能有趣味。

我们的解决方案是，将 9 个精灵的组件对象放在一个列表中（命名为"精灵列表"），利用遍历列表的循环语句来设置每个精灵的隐现，并借助于随机小数来产生隐现时长的差异性。

6.4.2　编写代码

在用户界面设计完成后，切换到编程视图。

(1) 声明全局变量"精灵列表"，如图 6-4 所示。

图 6-4　声明全局变量——精灵列表

(2) 在屏幕初始化程序中创建"精灵列表"，如图 6-5 所示。

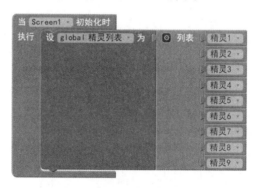

图 6-5　创建精灵列表

我们希望在游戏开始时，所有地鼠处于隐藏状态，利用遍历列表循环来完成这一设置。同时，为了保持代码的简洁性，创建一个"初始化精灵列表"过程，将创建精灵列表及隐藏精灵两个操作整合到该过程里，如图 6-6 所示。

图 6-6　初始化精灵列表

(3) 编写"随机显示地鼠"过程，并在计时事件中调用该过程，如图 6-7 所示。

运行图 6-7 中的随机显示地鼠过程，效果如何？想象一下，应用刚刚启动时，所有地鼠处于隐藏状态，计时器开始计时；当计时器到达计时点时，所有地鼠整齐划一地从洞中冒出来；当下一个计时点到达时（间隔 1 秒），所有地鼠又齐刷刷地隐匿起来；如此循环往复。为了让地鼠随机出现，我们引入随机小数，用随机小数的值来决定哪些地鼠需要隐藏或显示，代码如图 6-8 所示。

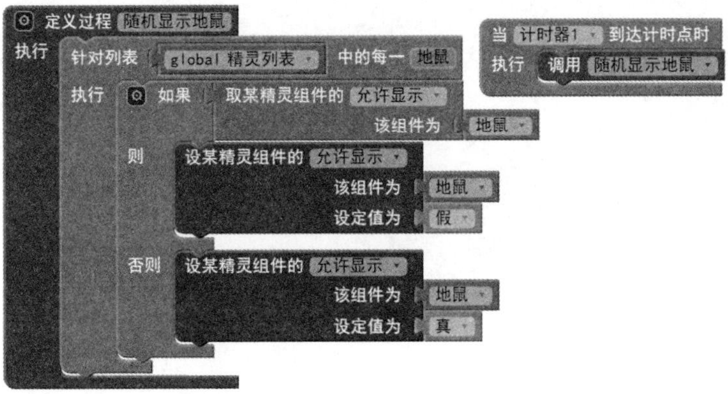

图 6-7　显示及隐藏地鼠

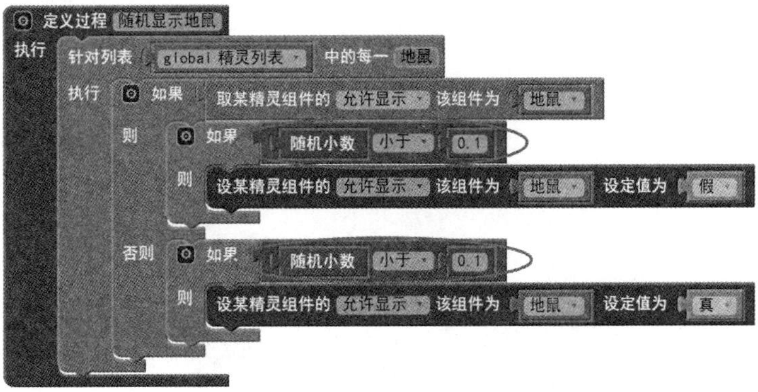

图 6-8　随机显示地鼠

在图 6-8 中，我们设定地鼠改变显示状态的条件为"随机小数小于 0.1"，这意味着每秒钟地鼠改变显示或隐藏状态的概率为 10%；换句话说，地鼠有 90% 的概率会保持它现有的状态。这样的概率设计意味着什么呢？猜猜看！对了，意味着游戏的难度很低，地鼠保持现有状态的最长时间可达 9 秒——地鼠傻傻地呆在那里让你打，或者它藏在洞里迟迟不肯出来！改变这种状态的方法有两种。

a. 缩短计时器的计时间隔，如将计时间隔从 1 秒改为 300 毫秒。

b. 加大改变显示状态的概率，如将 0.1 改为 0.3。

这里采用第二种方法，第一种方法留给读者自己尝试。

第二种方法提供了一种改变游戏难度的思路。当我们要开发一款带有闯关模式的游戏时，可以利用概率（随机小数）值来逐步提高游戏的难度。概率值越大，显示状态的改变就越频繁，游戏的难度也就越大。

为了让我们的游戏更富有挑战性，设置一个全局变量"难度"，并将其初始值设为 0.1。随着游戏的进展，难度将逐渐提升。代码如图 6-9 所示。

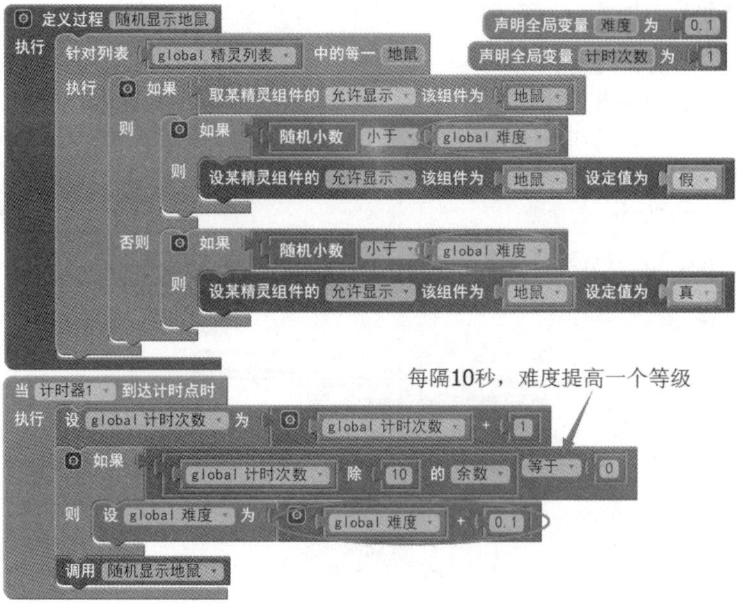

图 6-9 随着时间的增加，游戏难度增加

这样的设置是否合理，或者是否可行，要在测试过程中给予评估。如果难度过大，可以改变提升难度的条件。现在是每隔 10 秒难度增加一级，可以调整为每隔 15 秒或 20 秒提升一级，只要将"计时次数除以 10"改为"计时次数除以 15"或"计时次数除以 20"即可。

(4) 改变地鼠的外观。

当前的程序只能显示普通地鼠，我们希望能够有一定的概率来显示幽灵地鼠及黄金地鼠。假设这两种地鼠出现的概率均为 20%，修改后的代码如图 6-10 所示。

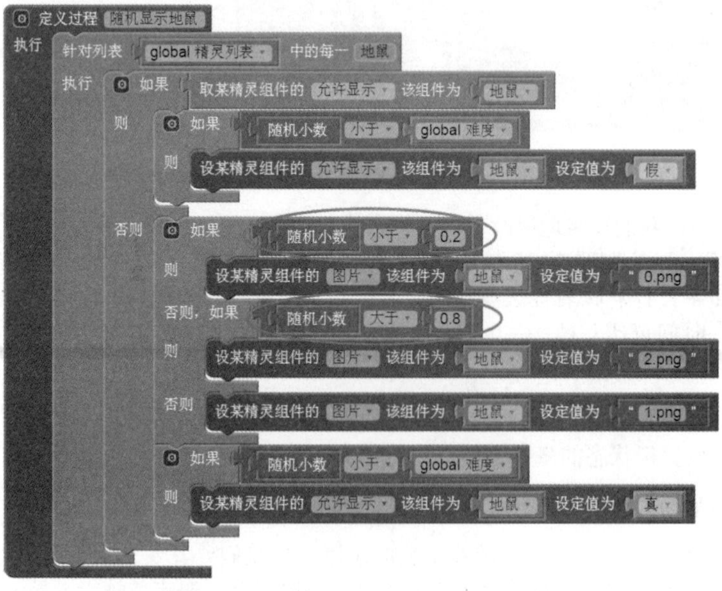

图 6-10 有 20% 的概率出现幽灵地鼠或黄金地鼠

也可以将出现非普通地鼠的概率与难度关联起来，如出现幽灵地鼠的概率 = 难度，而出现黄金地鼠的概率 = 1 − 难度。读者可以自行决定采用哪一种方案。

6.5 编写程序——命中地鼠与得分

这个游戏中需要显示 3 项数据。

(1) 击打次数：只要用户点击了画布，无论是否击中地鼠，都将被计入击打次数。
(2) 命中次数：用户击中普通地鼠及黄金地鼠的次数。
(3) 得分：按照规则，每击中一次地鼠都要统计得分（+5、-5、+25）。

6.5.1 显示击打次数

我们利用画布的被触摸事件来统计击打次数，代码如图 6-11 所示。

图 6-11 显示用户的击打次数

6.5.2 命中地鼠

以精灵 1 为例，用户触摸到精灵 1 时，分别更新命中次数及得分，并隐藏该精灵，代码如图 6-12 所示。

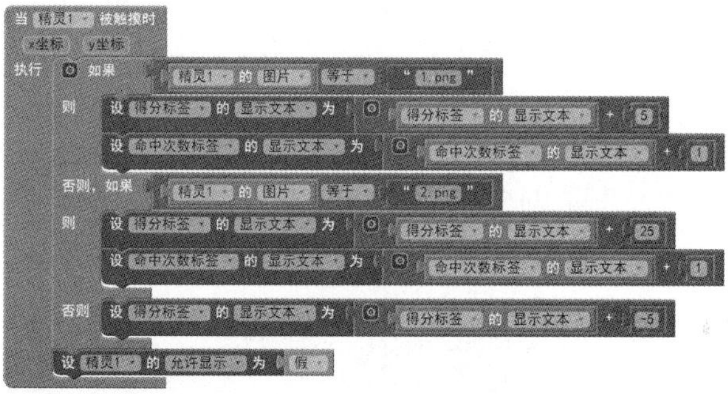

图 6-12 更新命中次数及得分

如果针对 9 个精灵都要分别编写图 6-12 中的程序，则要写 9 段几乎完全相同的程序，这不符合代码复用的编程规则。因此，我们创建一个带参数的过程“命中地鼠”，来实现上述功能，代码如图 6-13 所示。

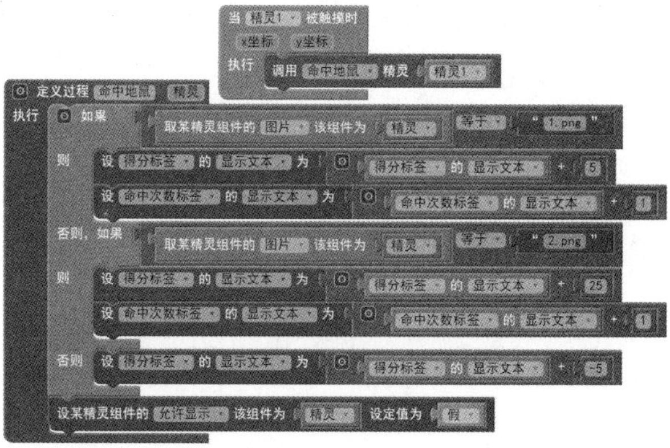

图 6-13 更新得分过程

其他 8 个精灵的触摸事件处理程序也如法炮制，代码如图 6-14 所示。

图 6-14　所有精灵的触摸事件处理程序

在没有控制游戏时长的前提下，测试结果发现，当时间长到一定程度之后，地鼠的出现及隐藏呈现出一种整齐划一的模式。原因在于，随着难度等级逐渐增加，难度增加到 1 时，地鼠出现及隐藏的概率为 100%，此时随机小数就不再起作用。下面我们来限制游戏时长，并编写游戏结束程序。

6.6　编写程序——时间控制与游戏结束

如前所述，如果缺乏对时间的控制，那么游戏将失去挑战性，也无从比较玩家水平的高下。时间控制的结果就是结束游戏，给出最终得分，并准备开始下一轮游戏。

6.6.1　显示游戏剩余时间

数字滑动条用来显示游戏的剩余时间。在计时事件处理程序中，每秒钟让滑块向左移动一个单位。当滑块位置为零时，停止计时并弹出对话框，代码如图 6-15 所示。

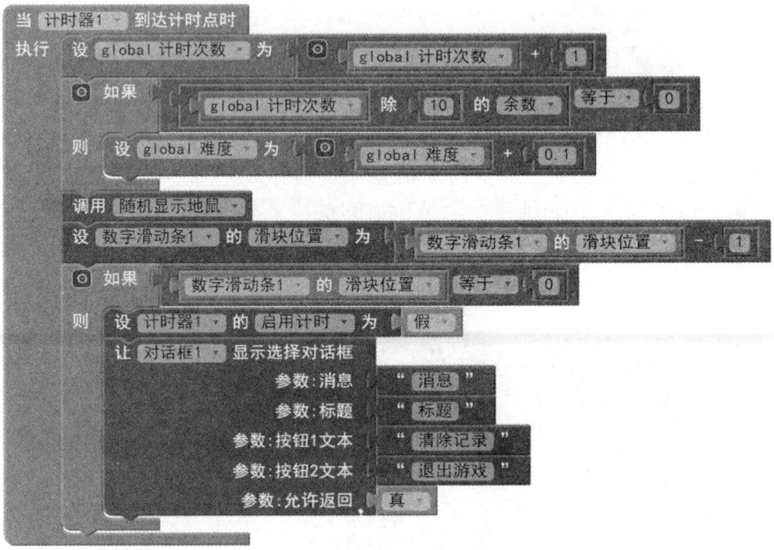

图 6-15　当剩余时间为 0 时，停止计时并弹出对话框

测试结果如图 6-16 所示。

图 6-16　游戏测试结果

在测试过程中，发现如下两个问题。

(1) 游戏最初的几秒钟，地鼠的显现很缓慢；随着时间的增加，地鼠出现的频率加快，加快的速度过于明显。

(2) 用户命中地鼠时，虽然命中次数及分数有变化，但是用户不清楚当前的点击是否命中了地鼠。

第一个问题的原因是开始时难度值太低，后面又增加得过快。可以通过修改计时间隔、难度的初始值及增量来调节地鼠显现的频率，如将计时间隔设为 500 毫秒，难度初始值设为 0.2，增量设为 0.05；也可以将难度提升的时间加长，如将"计时次数除以 10"改为"计时次数除以 20"，以此类推。综合以上方案，进行如下调整。

(1) 在设计视图中，将计时器的计时间隔改为 500 毫秒，因此需要将数字滑动条的最大值及滑块位置改为 120。

(2) 将难度初始值设为 0.2。

(3) 将难度增量改为 0.05。

(4) 将提升难度的时间长度改为 20 秒（计时次数为 40 次）。

修改后的代码如图 6-17 所示。

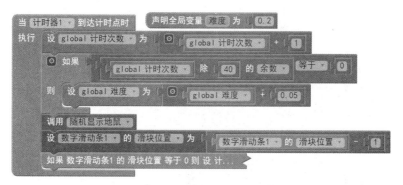

图 6-17　调整地鼠的显现频率

经过测试，情况有所改善，但感觉游戏的运行依然不够流畅，读者可以自行尝试调整上述指标，以求得更好的用户体验。

针对第二个问题，我们利用音效播放器组件，让用户击中不同种类的地鼠时，手机能发出不同的声音，或用振动来反馈用户的操作，代码如图 6-18 所示。

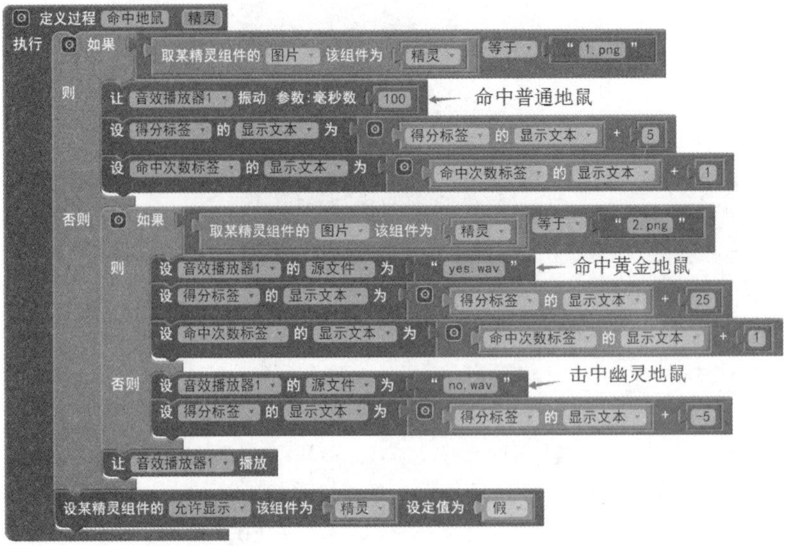

图 6-18　对用户的操作结果进行反馈

6.6.2　编写游戏结束程序

图 6-16 中显示的对话框只是临时用来提示游戏的结束。对话框可以显示更为复杂的内容，其中的两个按钮还能对用户的选择做出回应。

首先创建一个游戏结束过程，将计时事件处理程序中的部分代码整合到该过程里，并设置对话框的各项参数，列举如下。

(1) 消息：显示本次游戏得分。

(2) 标题：显示历史记录，从本地数据库中提取；如果尚未保存过历史记录，则返回 0。

(3) 按钮 1 文本：清除记录，稍后在对话框的选择完成事件中加以处理。

(4) 按钮 2 文本：退出游戏，在对话框选择完成事件中处理。

(5) 允许返回：默认值为真，用户点击返回按钮时，重新开始新一轮游戏。

除此之外，当本次得分高于历史记录时，将本次得分保存到本地数据库中，替代原有记录。注意，使用本地数据库组件保存及提取数据时，必须使用相同的标记，这里为"打地鼠历史记录"，你也可以使用其他字符。代码如图 6-19 所示。

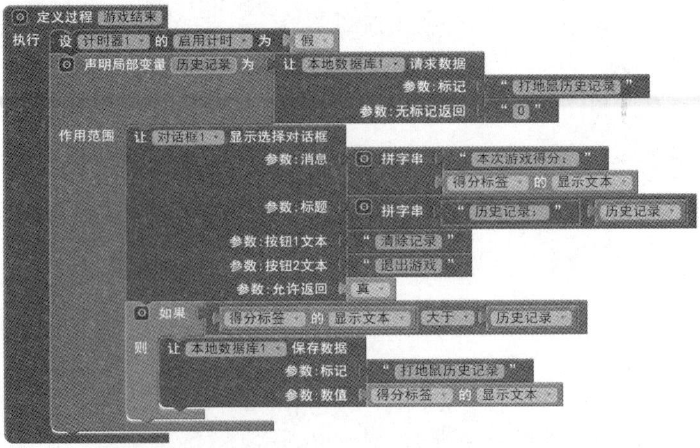

图 6-19　定义游戏结束过程

然后在计时事件处理程序中调用该过程，如图 6-20 所示。

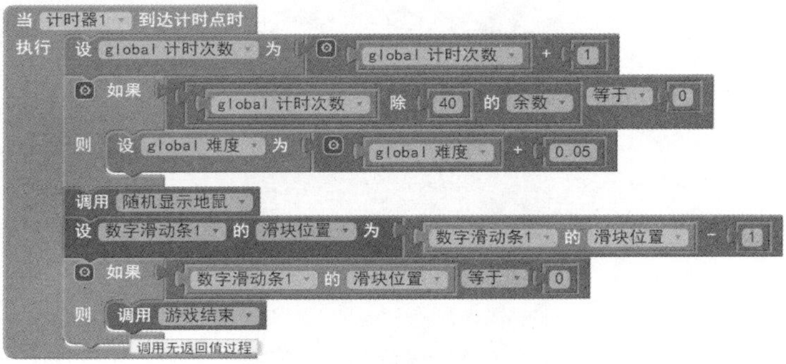

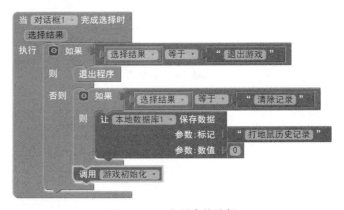

图 6-20　调用游戏结束过程

6.6.3　回应用户的选择

在对话框 1 的完成选择事件中，要依据用户的选择来执行不同的操作。如果用户选择退出游戏，则退出程序，否则开始新游戏。如果用户选择清除记录，则将 0 保存到本地数据库中。

首先创建一个"游戏初始化"过程，如图 6-21 所示。

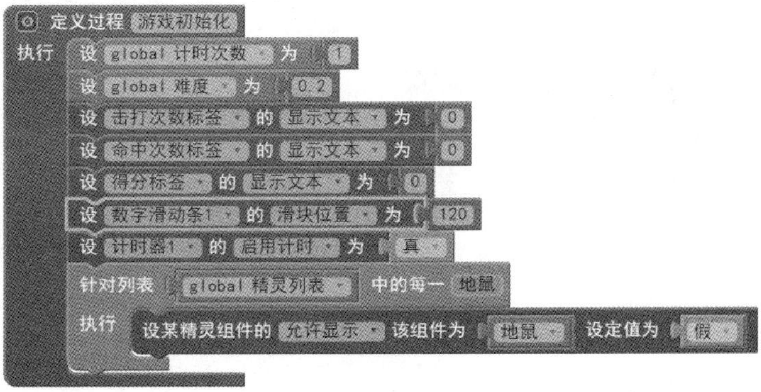

图 6-21　定义游戏初始化过程

然后在对话框 1 的完成选择事件中调用该过程，代码如图 6-22 所示。

图 6-22　回应用户的选择

经过测试，游戏运行正常，运行结果如图 6-23 所示。

图 6-23　游戏测试结果

6.7　代码整理

项目中的代码清单如图 6-24 所示。

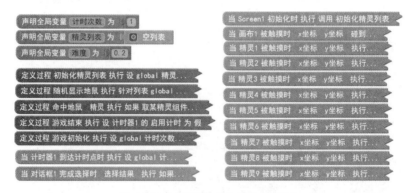

图 6-24　打地鼠游戏中的全部代码

这是一个功能相对简单、技术并不复杂的小游戏，不过我们依然对代码进行了整理，理清各个程序之间的关系，以便对代码进行可能的优化，如图 6-25 所示。

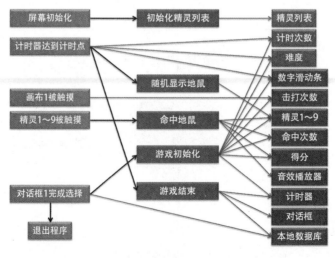

图 6-25　程序之间的关系

图 6-25 较为直观地呈现了程序的结构。例如"计时器达到计时点"程序有 3 个灰色箭头直接指向变量及组件。这种情况下我们可以创建一个过程，将这 3 项操作整合到该过程里，从而优化程序的结构，过程名称可以是"更新游戏进度"，代码如图 6-26 所示。

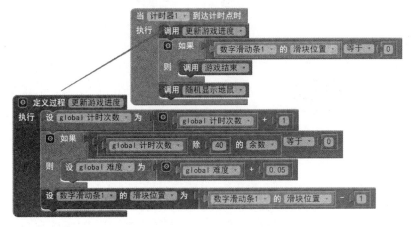

图 6-26　将更新游戏进度的相关代码整合到一个过程里

优化之后再来看程序之间的关系，如图 6-27 所示。

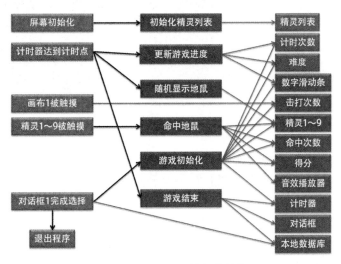

图 6-27　优化之后的程序结构

这一点点改变并不足以提高程序的运行效率，也没有提高代码的复用性，但对于开发者来说，这是一种抽象能力的提升：将若干个功能相关的操作用一个动宾词组加以概括，形成一个统一的概念，有助于我们加深对程序的理解，并逐步养成一种将复杂问题抽象化的思维习惯。

第 7 章

幼儿加法启蒙

这是一个寓教于乐的应用，在规定的时间内，由应用随机出题（个位数加法），配合与数字相匹配的图形，以适应幼儿形象思维的特点。用声音和图像来提示回答结果的正误，以增加对行为的反馈。

7.1　功能描述

下面具体说明应用的功能。

(1) 时间因素。

- 设置 5 档练习时间，长度从 1 分钟到 5 分钟不等。
- 用进度条显示本次练习的剩余时间，每秒钟更新一次进度条。
- 在练习开始前可以重新设置时长，一旦开始答题，将隐藏设置功能。
- 剩余时间为 0 时，练习结束。

(2) 空间因素：用户界面自上而下分为 5 个区域。

- 顶部：显示得分、判断对错、题目图示选择，以及练习时长选择。
- 第二行：剩余时间进度条。
- 第三行：题目的数字显示（如 3+8 =）。
- 第四行：题目的图形显示（两行彩色圆点，数量与两个加数相匹配）。
- 底部：12 个按钮排列成 3 行，分别为 0 ~ 9 的数字键、确定按钮及清除按钮；数字键用于输入答案，确定按钮用于提交答案，清除按钮用于清除输入的答案。

(3) 情节设置。

- 应用启动后，自动随机出题，题目有两种显示方式——数字方式及图形方式。用户可以选择隐藏图形。
  - ◆ 此时可以选择练习时长，选择完成后，重新出题，并重新开始计时。
  - ◆ 此时也可以选择回答问题，用按键的方式输入答案、提交答案或修改答案。
- 一旦提交答案，将隐藏选择时长的下拉框，直到下一次练习开始。

- 对于提交的答案，应用将判断对错：如果正确，则闪现红色对号图片，并播放一段清脆的铃声；如果回答错误，则闪现红色叉号图片，并播放一段短促的噪声。
- 判断对错之后，将自动生成并显示下一道题，如此循环往复，直到剩余时间为零时，弹出对话框。
- 对话框中显示当前时长的最好成绩以及本次得分，并提供 3 个按钮供用户选择。
  a. 清除记录：将所有时长的历史记录设为 0，并重新开始练习。
  b. 结束练习：退出应用。
  c. 返回：重新开始练习。

(4) 记分规则：每道题回答正确加 10 分，答错不得分，也不减分。

(5) 历史记录：5 种时长分别记录最好成绩，历史记录保存在手机中，用户可以将全部成绩清零。

应用运行时的外观如图 7-1 所示。

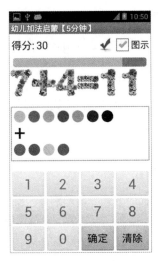

图 7-1 应用的用户界面

7.2 素材准备

为了增加应用的趣味性，题目中的数字、加号、等号及提示信息等全部用图片来呈现，并辅以表示正确及错误的音效，以渲染提示的效果。

7.2.1 素材清单

图 7-2 中显示了应用中的全部素材文件，将该文件上传到项目中，以备使用。

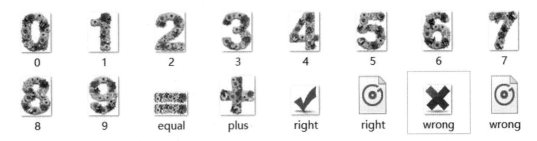

图 7-2 应用中使用的素材文件

7.2.2　素材规格

- 素材中的图片均为 PNG 格式。
  - ♦ 0 ~ 9：宽 48 像素，高 60 像素。
  - ♦ +（plus）：宽 55 像素，高 60 像素。
  - ♦ =（equal）：宽 48 像素，高 32 像素。
  - ♦ 对号（right）、叉号（wrong）：宽和高均为 40 像素。
- 声音均为 WAV 格式，时长不足 1 秒。

7.3　技术要点

在正式开始动手之前，先来考虑下面几个问题，并给出解决问题的思路。

7.3.1　用图片组件显示数字

顾名思义，图片组件可以用于显示图片，通过动态设置组件的"图片"属性，来改变组件的外观。素材中提供的图片用来显示数字及数学符号，以改善应用的视觉效果。不需要显示图片时，可以将组件的"图片"属性设为空字符，如图 7-3 所示。

图 7-3　"图片"属性设为空字符

7.3.2　用画布组件绘制图形

画布组件可以用于绘制图形，包括线条和几何图形等，通过设置线宽、坐标、半径等参数来控制图形的位置及大小。应用会在画布上绘制一定数量的彩色圆形来匹配题目中的数字。

画布上还可以添加字符，字符的位置可以用坐标来控制。应用会在两行圆形图案之间放入一个加号（+）。

7.3.3　用随机数合成颜色

在画布上可以用不同的颜色进行绘图或添加字符，而颜色可以用随机数来合成。三原色（红、绿、蓝）的取值范围为 0 ~ 255，如果 3 个颜色的值均为 0，则合成色为黑色；如果均为 255，则合成色为白色；取中间值时，共可合成出 16 777 216（即 256^3）种颜色。

7.3.4　用计时器组件控制应用的节奏

计时器组件不仅可以控制整个练习的时长，还可以在每道题之间设置一定的时间间隔，用于显示判断对错的图片。本应用中使用了两个计时器，一个命名为"时长计时器"，另一个命名为"快闪计时器"。快闪计时器有两个用途：一个是在屏幕初始化时设置 1 毫秒的时间延迟，以便在用户界面加载完成之后，在画布上绘制图形，此时计时间隔属性为 1 毫秒；另一个是控制对错图片的显示时间，此时计时间隔属性为 100 毫秒。

7.4　界面设计

接下来一次性将全部组件添加到项目中。在 Screen1 中添加一个垂直布局组件，所有可视组件均放置在该垂直布局组件中，现在共有 7 个水平布局组件，分别容纳每一行中的可视组件。页面布局如图 7-4 所示。

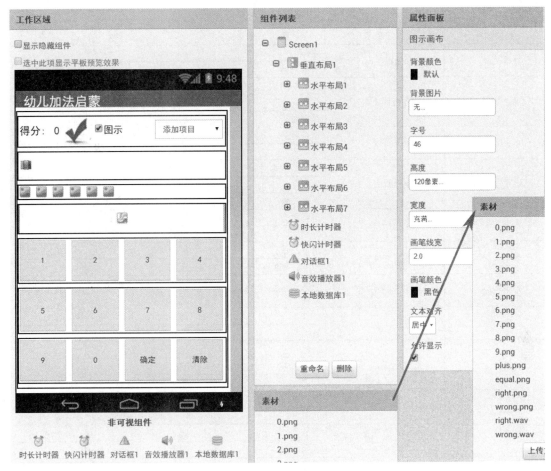

图 7-4　设计视图中的用户界面及组件列表

垂直布局组件的宽度设为 98%，这是为了让界面组件与屏幕边缘之间有一定的空间，而非紧邻边缘。组件清单见表 7-1，组件的命名及属性设置见表 7-2。

表7-1　组件清单

组件类别	组件名称	数量	作　用
布局组件	垂直布局	1	所有组件的最外层容器
布局组件	水平布局	7	所有行都分别置于水平组件中
用户界面	标签	2	显示得分
用户界面	按钮	12	10 个数字键，以及确定按钮和清除按钮
用户界面	图片	7	6 个用于显示题目及答案，1 个用于显示对错
用户界面	复选框	1	用于选择是否显示题目的图示
用户界面	下拉框	1	用于选择练习时长（1 ~ 5 分钟）
用户界面	数字滑动条	1	显示练习剩余时间
用户界面	对话框	1	游戏结束时显示历史记录及本次得分，并提供下一步的操作选择
多媒体	音效播放器	1	播放答案对错的音效
传感器	计时器	2	控制练习时长以及中间环节的节奏
数据存储	本地数据库	1	将 5 种不同时长的最好成绩保存到手机中

表7-2　组件的命名及属性设置

组件名称	组件命名	属　性	属　性　值
屏幕	Screen1	图标	plus.png
		水平对齐	居中
垂直布局	垂直布局 1	宽度	98%
		高度	充满
		水平对齐	居中
水平布局	水平布局 1	垂直对齐	居中（包含得分、对错等组件）
		宽度	充满
水平布局	水平布局 2	水平、垂直对齐	居中（包含进度条）
		高度	40 像素
		宽度	充满
水平布局	水平布局 3	垂直对齐	居中（包含数字图片）
		宽度	充满
水平布局	水平布局 4	水平、垂直对齐	居中（包含题目图示——画布）
		高度、宽度	充满
水平布局	水平布局 5、6、7	高度	65 像素（包含按钮）
		宽度	充满
标签	标签 1	字号	18（显示"得分"提示）
		显示文本	得分：（半角冒号）
标签	得分标签	字号	18（显示得分）
		显示文本	0
		宽度	充满
图片	对错图片	所有属性	默认（显示对号、叉号）
复选框	图示复选框	选中	勾选（控制画布的显示与隐藏）
		字号	16
		显示文本	图示
下拉框	时长下拉框	逗号分隔字串	1,2,3,4,5(注："," 为半角逗号)
		提示	选择练习时长（分钟）
		选中项	1
数字滑动条	进度条	宽度	300 像素
		最大值	60
		最小值	0
		滑块位置	60
		启用滑块	不勾选
图片	加数 1 / 加数 2 和 1 / 2	所有属性	采用默认值
图片	加号	图片	plus.png
图片	等号	图片	equal.png
画布	图示画布	字号	46
		高度	120 像素
		宽度	充满
按钮	数 _0 ~ 数 _9 确定 清除	高度、宽度	充满
		显示文本	数字 0 ~ 9；确定；清除
		字号	默认（用程序将其设置为 18）
计时器	时长计时器	一直计时、启用计时	不勾选
		计时间隔	1000 毫秒
计时器	快闪计时器	一直计时、启用计时	不勾选
		计时间隔	1
音效播放器	音效播放器 1	最小间隔	100 毫秒

对表 7-2 中组件属性设置的解释如下。

(1) 尽可能保持各行组件之间的间距均等。因此，所有可视组件都放置在布局组件中，可以通过设置布局组件的宽和高来控制各行组件之间的间距。

(2) 为了保持 12 个按钮组件具有相同的尺寸，设容纳它们的布局组件的宽、高相同，同时设所有按钮的宽、高为充满，这样所有按钮就能均分父容器的宽度，且高度相等。

(3) App Invenor 中有些组件的属性只能在设计视图中设置，如按钮组件的字体属性；有些属性既可以在设计视图中设置，也可以在编程视图中通过程序进行设置，如按钮组件的显示文本、字号等；还有些属性虽然可以用程序设置，但个别属性值无法设置，例如按钮组件的宽、高属性，可以用程序将宽、高属性设置为具体的像素值，却无法将属性值设为"充满"。因此，我们可以用循环语句批量地设置 12 个按钮的字号，但宽、高的"充满"属性值只能在设计视图中逐一设置。

(4) 7 个水平布局组件中，只有容纳画布的水平布局 4 的高度为充满，其他组件的高度均设置为固定值或自动，这样既可以保证最后一行按钮组件紧贴屏幕底部，又可以让画布与相邻的行之间保持合理的距离。

(5) 快闪计时器的计时间隔暂定为 1 毫秒，屏幕初始化完成后，改为 100 毫秒。

(6) 数字滑动条的启用滑块属性设为假（不勾选），以保证计时的客观性。否则，用户可以手动滑动滑块以增加或减少练习时间。

7.5 编写程序——应用初始化

在屏幕初始化程序中，要完成以下操作。

(1) 初始化按钮列表，并设置按钮的字号属性。
(2) 动态设置屏幕的标题属性。
(3) 设置动态组件属性的初始值。
(4) 出题并显示题目。

7.5.1 按钮初始化

(1) 声明全局变量"数字按钮列表"，并设其初始值为空列表。
(2) 创建过程"初始化按钮列表"：为数字按钮列表添加列表项，即包含 10 个数字按钮的组件对象（在每个组件的代码块抽屉中，最后一个块代表组件本身，称之为组件对象），利用列表循环设置数字按钮的字号，然后再分别设置确定按钮及清除按钮的字号。
(3) 在屏幕初始化程序中调用该过程，代码如图 7-5 所示。

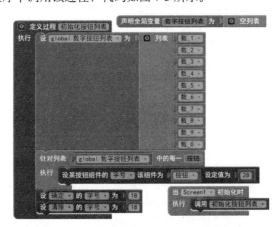

图 7-5　在屏幕初始化时创建按钮列表，并设置所有按钮的字号属性

以上过程中设定的变量及组件的属性值，在整个应用运行过程中都保持不变，因此该过程仅供屏幕初始化程序调用。像这样仅供一个程序调用的过程，其存在的意义不是为了提高代码的复用性，而是为了优化程序的结构，并提高代码的可读性。

7.5.2　动态设置屏幕的标题属性

应用中有 5 档练习时长，我们希望将时长显示在屏幕的标题栏中，以便用户随时查看。应用启动时，时长下拉框的默认选中项为 1（即 1 分钟时长），因此标题栏中将显示"幼儿加法启蒙【1 分钟】"字样，代码如图 7-6 所示。

图 7-6　设置屏幕标题以显示练习时长

7.5.3　动态组件初始化

所谓"动态组件"，就是在应用运行过程中，其属性值会发生变化的组件。它们像舞台上的演员，通过改变属性值来表现不同的情节；相比之下，那些属性值保持不变的组件，则相当于布景和道具。创建一个过程"初始化动态组件"，将应用中可能发生变化的组件属性值一次性地设为初始值，并将图 7-6 中的设屏幕标题的代码也纳入其中，如图 7-7 所示。

图 7-7　设置动态组件的初始状态

如果你已经读过前几章就会知道，每个应用中都会创建这样一个初始化过程：每当游戏结束，用户选择重新开始游戏时，都需要对全局变量及动态组件的属性值进行初始化设置。有了前面的经验，我们可以将这个过程提前写出来，以便后面调用。现在就可以在屏幕初始化程序中调用该过程，不过此处调用的意义并不大，因为大部分的属性值都在设计视图中完成了设置，只有屏幕标题、时长计时器的启用以及确定按钮的启用设置是有必要的。

特别说明一下，确定按钮在应用运行过程中会频繁改变启用状态：在出题之后、用户尚未输入数字之前，应禁用确定按钮，以免用户误操作；当用户输入一个数字之后，再启用确定按钮，让用户可以提交答案。

7.5.4 出题并显示题目

创建一个过程"出题"，随机生成两个 1 ~ 9 的整数，并显示相应的图片，如图 7-8 所示。

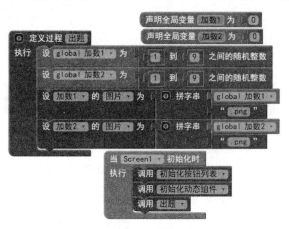

图 7-8 随机出题并显示题目

7.5.5 测试

测试结果如图 7-9 所示。

图 7-9 阶段测试

接下来，我们将实现题目的另一种呈现方式——题目图示。

7.6 编写程序——题目图示

这一步要在画布上绘制两行彩色的圆形，并在两行圆形之间画一个加号（+）。对于初学加法的幼儿，如果不习惯直接用数字进行思考，可以通过数数的方式求出结果。

7.6.1 画圆遇到的问题

画圆需要确定 4 个参数——圆心的 x、y 坐标、圆的半径以及画笔的颜色。我们先来做一个实验，在"屏幕初始化"程序中绘制一个半径为 50 像素的圆，圆心坐标为 (50,50)，颜色为默认的黑色，代码及绘制结果如图 7-10 所示。

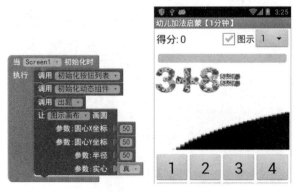

图 7-10　屏幕初始化时在画布上画圆

下面再来做一个实验，在画布的触摸事件里画圆，测试结果如图 7-11 所示。

图 7-11　触摸画布时画圆，但结果不是我们期待的

为什么会是这样？问题在于画圆的时机。屏幕在初始化过程中，将创建应用中的全部组件，并为组件设置属性。由于应用中的垂直布局 1 的宽度设置采用了百分比的形式，在进行屏幕初始化时，需要根据设备屏幕的实际大小来计算组件的具体尺寸，而我们画圆的时间可能恰好在计算完成之前，因此圆的位置和大小都出现了偏离（图 7-10 中仅显示了圆的局部）。我们试着将画布从布局组件中拖放到屏幕上。注意，这时画布宽度设为充满，再画圆时就不会出现偏离；但是，如果此时将画布的宽度设为 98%，则测试结果又会出现偏离。

如何才能保证在屏幕初始化完成之后才来画圆呢？可以使用快闪计时器来延迟画圆的操作，代码如图 7-12 所示（注意，我们重新将画布拖到水平布局 4 中）。

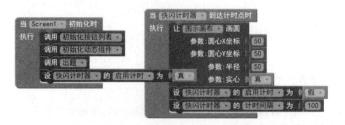

图 7-12　将画圆的操作延迟 1 毫秒

1 毫秒的延迟对于人来说简直无法察觉，但是对于每秒钟运算 10 亿次的 CPU 来说，这个时间足以完成这点简单的运算（即确定画布的尺寸）。（不过，很快你会发现这个说法有问题！）

7.6.2 绘制数量合适的彩色圆形

在应用中绘制彩色圆形，需考虑如下方面。

(1) 圆的数量：根据出题过程中生成的随机数"加数 1"及"加数 2"，利用循环语句来绘制数量合适的彩色圆形。

(2) 圆的颜色：为了避免这些圆形过于呆板，利用随机数来合成颜色，并随机设置每个圆的颜色。

(3) 圆的半径：每行最多有 9 个圆形，假设手机屏幕宽度为 320 像素，它的 98% 为 313 像素，再去掉左右边距各 10 像素，剩余 293 像素，那么平均每个圆的直径大约占 33 像素；圆与圆之间要保留 6 像素的距离，留给每个圆 27 像素，因此半径设为 13 像素。

(4) 圆心的 x 坐标：由于圆心之间的距离为 33 像素，如果第一个圆的 x 坐标为 23（10+13），则第二个圆的 x 坐标是 23+33，以此类推，得出公式 $x = 23 + (n-1) \times 33$，其中 n 为圆的序号。

(5) 圆心的 y 坐标：画布高 120 像素，去除上下各 10 像素的空白，剩余的 100 像素平均分成 3 份，每份 33 像素，因此第一行圆的 y 坐标暂定为 23（10+13），第二行圆的 y 坐标暂定为 97（110-13）。

首先定义一个"随机颜色"过程来产生随机颜色，代码如图 7-13 所示。

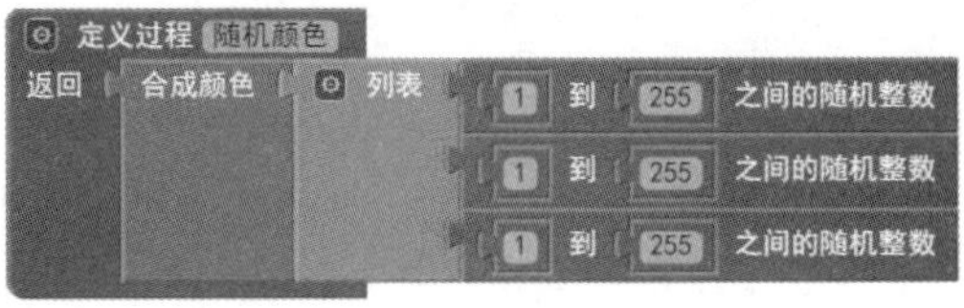

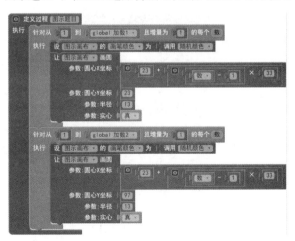

图 7-13　生成随机颜色

然后再定义过程"图示题目"，依照上述分析编写代码，如图 7-14 所示。

图 7-14　绘制两行数量合适的彩色圆形

7.6.3 添加加号

画布具有添加字符的功能，可以设置字符的 x、y 坐标，字符颜色，以及字体大小。在设计视图中我们已经将字号设为 46，颜色依然采用随机色，x 坐标设为 22，y 坐标设为 74，代码如图 7-15 所示。

图 7-15　绘制加号

这里需要解释一下 x、y 坐标的计算依据。在画布上添加字符，字符会沿水平方向排列，x 坐标取这段文字的中心点，y 坐标取这段文字的底边。不过字符本身的大小不是严格相等的，因此中心点的确定也不能完全依赖计算，如图 7-15 代码中的 22 与 74 实际上是多次试验与调整的结果。至于字号与像素之间的对应关系，猜测可能与像素值相当，试验结果见图 7-16。

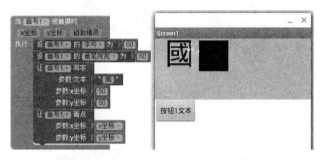

图 7-16　画布上文字字号与像素之间的对比

7.6.4　阶段测试

测试结果如图 7-17 所示。

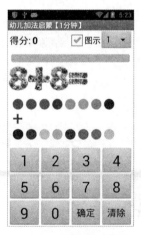

图 7-17　阶段测试结果

7.7　编写程序——答题

对于答题功能，最初的设想是用一个文本输入框来输入答案，这样程序做起来非常简单。不过 Roadlabs（App Inventor 的汉化者）提醒我，幼儿在手机这样的设备中输入数字，其实并不方便。于是按照他的建议，应用中采用数字键的方式输入答案。

7.7.1　显示输入的数值

首先针对数字键 1 来编程，然后将代码改写为带有参数的过程，最后在每个数字键的点击事件处理程序中调用该过程，并提供正确的参数。

程序的设计思路如图 7-18 所示，代码如图 7-19 所示。

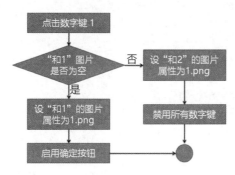

图 7-18　按钮 1 的点击事件处理程序流程图

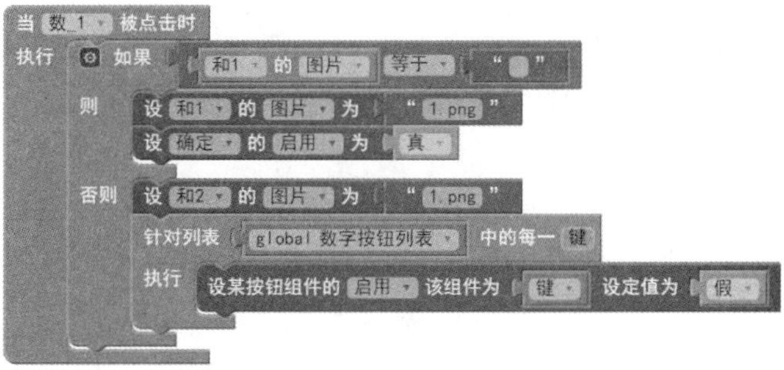

图 7-19　按钮 1 的点击事件处理程序

注意，如前所述，用户输入第一个数字后，要启用确定按钮。此时在手机上测试该程序，点击两次"数_1"按钮，等号右边将显示两个数字 1 的图片。

下一步创建一个带有参数的过程"输入数字"，参数名为"键"，代表用户点击的数字键。将"数_1"的点击事件处理程序加以改造，代码如图 7-20 所示。

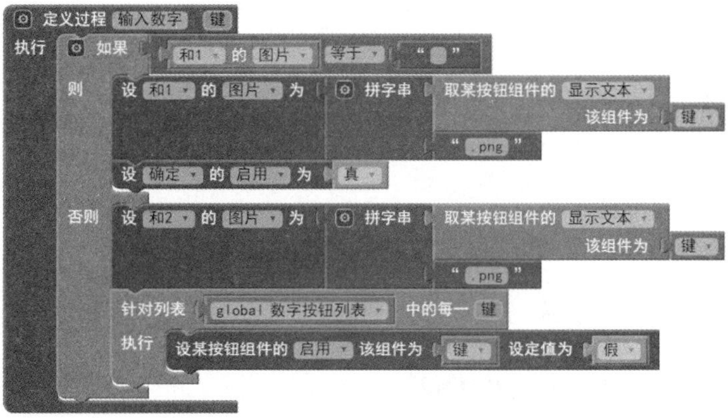

图 7-20　创建输入数字过程（第一次批量设置数字按钮的启用属性）

最后，在所有数字键的点击事件处理程序中调用该过程，代码如图 7-21 所示。

图 7-21　所有数字键的点击事件处理程序

经测试，程序运行正常。用户连续输入两个数字后，所有数字按钮将被禁用，这时用户可以点击确定按钮提交答案，也可以点击清除按钮修改答案。下面我们先来实现对答案的修改。

7.7.2　清除错误答案

如果用户想修改已经输入的答案，可以点击清除按钮来清除已经输入的内容。代码如图 7-22 所示。

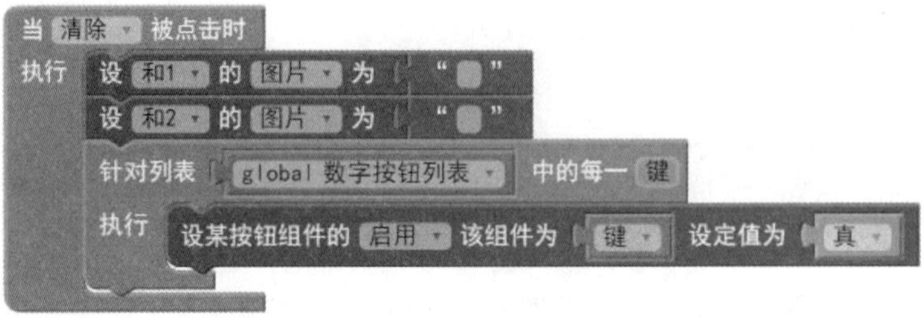

图 7-22　清除错误答案（第二次批量设置数字按钮的启用属性）

7.7.3　判断对错

用户输入数字后，点击确定按钮提交答案。此时，应用首先要判断用户的回答是否正确（发出声音并显示图片），然后再进入下一道题。

首先考虑对答案的判断，这里有两个方法。比较简单的方法是设置一个全局变量"和"，当用户点击数字键时，将用户的输入结果保存到"和"中，并与"加数1"及"加数2"之和进行比较。另一个稍微复杂一点的方法无须设置全局变量，仅从"和1"及"和2"的图片属性中截取第一个字符，并拼接两个字符，求得用户的输入结果。这种方法只用局部变量来保存中间结果，程序运行结束后，局部变量占用的内容空间将被释放掉。

从程序的可读性方面考虑，这两种方法中，前者更好些；但是从节省内存的角度考虑，后者更好些。无论选择哪种方法，对于这个小型的应用来说，影响都是微不足道的；不过我们需要这样的分析及判断，以便在未来应对更大规模的应用时有所准备。这里我们采用第一个方法。

首先声明全局变量"和"，并设其初始值为空字符，并在输入数字过程里添加两条语句来记录用户输入的数字，代码如图 7-23 所示。

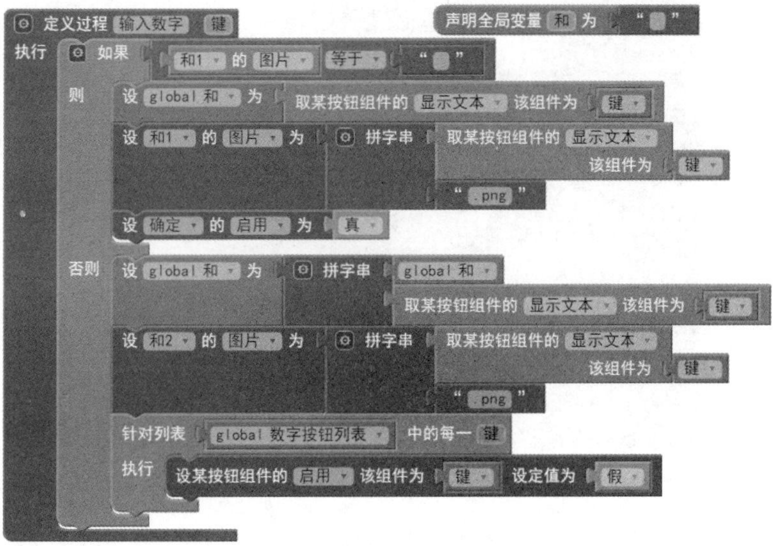

图 7-23　判断用户答案对错的程序流程图（第三次批量设置数字按钮的启用属性）

然后在确定按钮的点击事件中对答案正确与否进行判断，如图 7-24 所示。

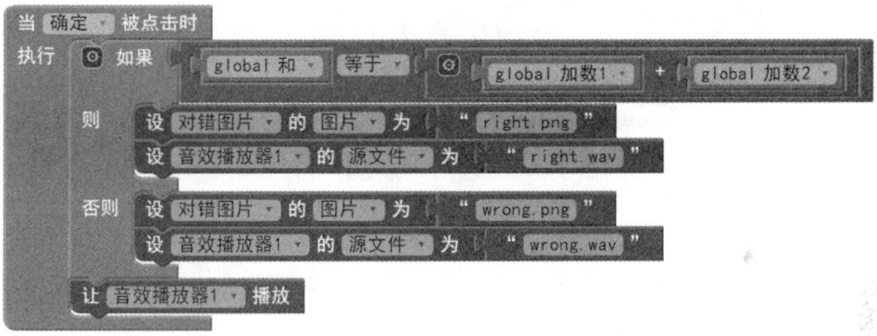

图 7-24　判断对错

注意，图 7-23 中将"和"初始化为空字符，并利用字符的拼接功能取得最终的输入结果。虽然这个结果的数据类型为字符型，但图 7-24 中却将它当作数字，并与另一个数字进行比较，而事实证明比较结果是正确的。通常传统的编程语言是禁止这种比较的，比较或运算只能在同类型的数据之间进行，因此这种语言也称为强类型语言。App Inventor 不是强类型语言，它的数据类型会因操作符或使用环境的不同而改变。

我们已经实现了判断对错功能。不过，我们希望判断对错的图片（对号或叉号）闪现之后很快隐藏起来，并显示下一道题，同时禁用确定按钮，启用所有数字键。

7.7.4　显示下一题

用户提交答案后，无论是否正确，都会闪现相应的图片。我们希望图片可以在屏幕上停留瞬间，让用户知道自己的回答是否正确。因此，在判断对错之后与出下一题之前，需要间隔一段时间。我们用快闪计时器来实现这一功能，间隔时间为 100 毫秒。

首先要在点击确定按钮时启动快闪计时器，然后在快闪计时器的计时事件处理程序中，完成出题以及显示题目的操作。代码如图 7-25 所示。

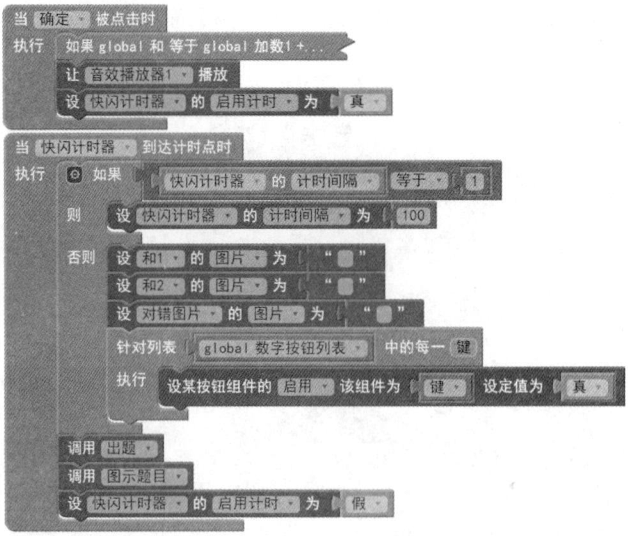

图 7-25　闪现判断对错图片后，显示下一题（第四次批量设置数字按钮的启用属性）

我们发现程序中有多处需要统一设置数字键的启用属性：要么全部设为启用，要么全部设为禁用。为了提高代码复用性，创建一个带有参数的"启用数字键"过程，来实现属性值的统一切换，代码如图 7-26 所示。

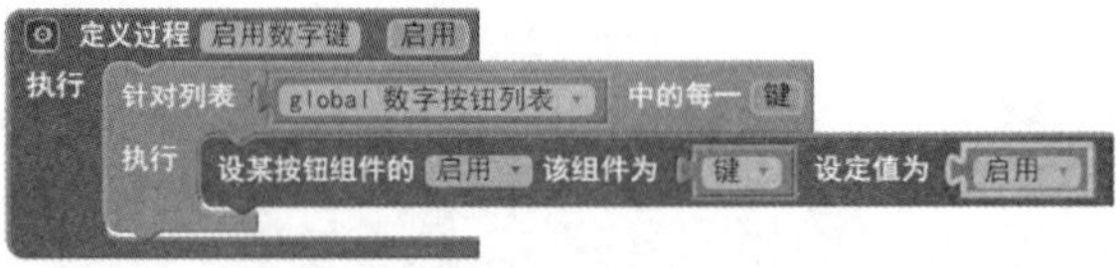

图 7-26　定义"启用数字键"过程，实现对所有数字键启用属性设置

接下来，分别在"初始化动态组件"过程（参数为真）、"输入数字"过程（参数为假）、"快闪计时器"计时事件处理程序（参数为真），以及"清除按钮"点击事件处理程序（参数为真）中，用该过程替换设置"键"启用属性的循环语句。

7.7.5　禁用选择时长功能

屏幕右上角有一个下拉框，用于选择练习时长，其中有 5 个选项，分别为 1、2、3、4、5，之前已经在设计视图中完成了备选项的设置（逗号分隔字串属性）。我们希望在每次练习开始时，都显示该组件，以供用户进行选择。一旦用户输入了第一题答案并点击了确定按钮，就会隐藏该组件直到练习结束，开始下一轮练习时再重新恢复该组件的可视状态。这项设置与两个过程有关，一个是初始化动态组件过程，另一个是确定按钮点击事件处理程序，前者已经完成了设置（见图 7-27，第五个块），后者添加代码如图 7-27 所示。

图 7-27　一旦用户点击确定按钮，将禁用选择练习时长的下拉框

7.9 节将会讲解游戏时长的选择。

7.7.6 隐藏图示

画布上绘制的彩色圆形，可以帮助初学加法的幼儿理解加法运算的意义，也是一种辅助运算的图示工具。不过对于那些已经认识数字，并能够用数字进行思考和运算的儿童，图示的作用就不大了，因此可以选择将其隐藏。屏幕右上角的复选框用来设置图示的显示与隐藏（默认为显示图示，已在设计视图中勾选），具体代码如图 7-28 所示。

图 7-28　设置图示画布的显示与隐藏

7.7.7 阶段测试

经过测试，程序运行正常。由于判断对错的图片显示时间短暂（100 毫秒），因此图 7-29 中测试图片的截取颇费了一番周折，不过这个时长对于练习者来说应该足够了，况且还有声音提示作为辅助。

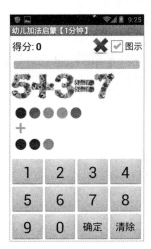

图 7-29　阶段测试结果

7.8　编写程序——时间控制及得分

第 6 章的打地鼠游戏也具备时间控制功能，本章的时间控制功能与其类似，只是增加了一个数字滑动条，可以直观地提示本轮练习的剩余时间。

7.8.1 控制练习时长

下面对时长计时器及进度条编程，暂时以默认的 1 分钟时长为例，来实现对练习时长的控制。

首先声明全局变量"剩余时间"，设其初始值为 60（秒），然后在时长计时器的计时事件中，让该变量值递减至 0，练习结束；同时设置进度条的滑块位置为剩余时间，提示用户练习的进度。代码如图 7-30 所示。

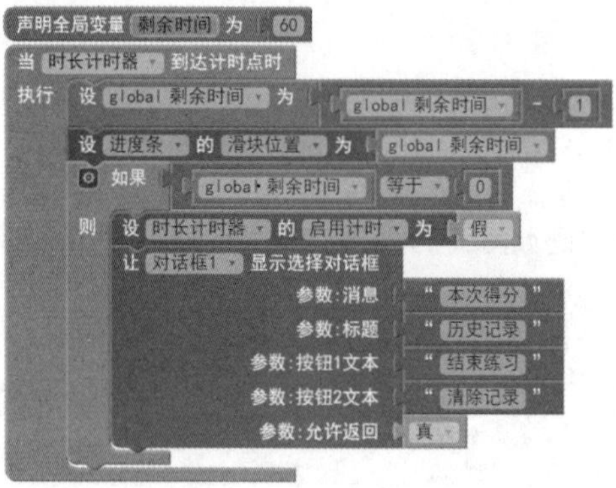

图 7-30　控制练习时长

剩余时间为 0 时，停止计时并弹出对话框，显示本次得分及历史记录，并允许用户退出应用、清除历史记录或返回应用。无论是清除记录还是返回应用，都将开始新一轮的练习。这里的两个参数——"消息"及"标题"——暂时用文字替代，下一节将添加具体内容。

7.8.2　计算并显示得分

每次用户点击确定按钮，在判断对错的同时，还要累计得分；计分规则很简单，每做对一道题加 10 分，利用得分标签的显示文本属性保存并显示得分，代码如图 7-31 所示。

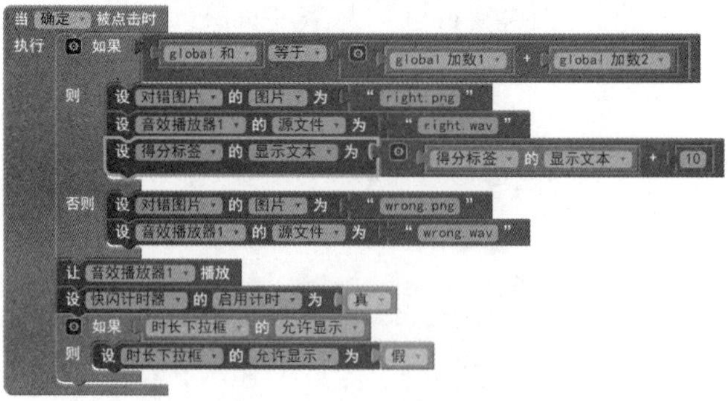

图 7-31　计算并显示得分

7.8.3　选择练习时长

每次练习开始时，允许用户选择练习时长。与这项设置有关的变量是"剩余时间"，有关的组件包括 Screen1（标题属性）及进度条（最大值及滑块位置属性），需要在下拉框的完成选择事件中进行这些设置。代码如图 7-32 所示。

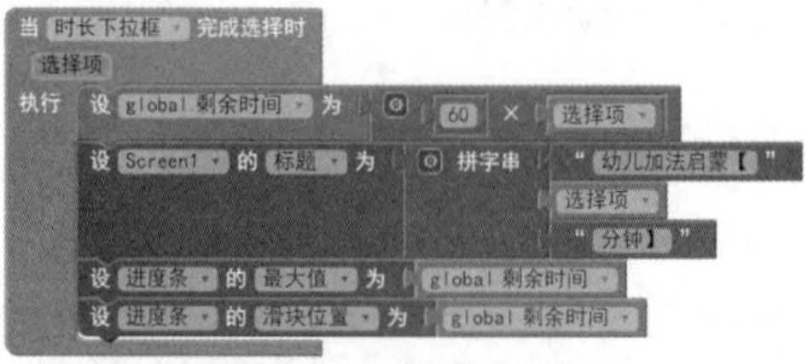

图 7-32　选择练习时长

经测试，程序运行正常。下面来处理与游戏结束相关的操作。

7.9 编写程序——游戏结束与重新开始

游戏结束与重新开始是本应用的最后一项功能，这项功能虽然是应用的辅助功能，但几乎在所有游戏类应用中都是必不可少的。

7.9.1 提取、显示及保存历史记录

游戏结束时将弹出对话框，其中显示当前时长的历史记录，因此需要从本地数据库中读取该记录。如果用户是第一次使用该应用，数据库中尚未保存任何记录，则显示0。

由于有5档练习时长，需要为每档时长保存一个记录，数据的存储方式为列表，其中包含5个列表项，分别为5个数字，默认值为0。

接下来创建"游戏结束"过程来实现相关功能，代码如图7-33所示。

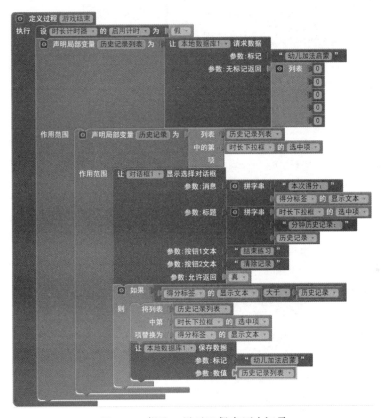

图 7-33　提取、显示及保存历史记录

上述过程中同时显示了历史记录与本次得分，并提供了3个按钮供用户选择，因此功能已经基本完整。下面需要在时长计时器的计时事件中调用该过程，如图7-34所示。

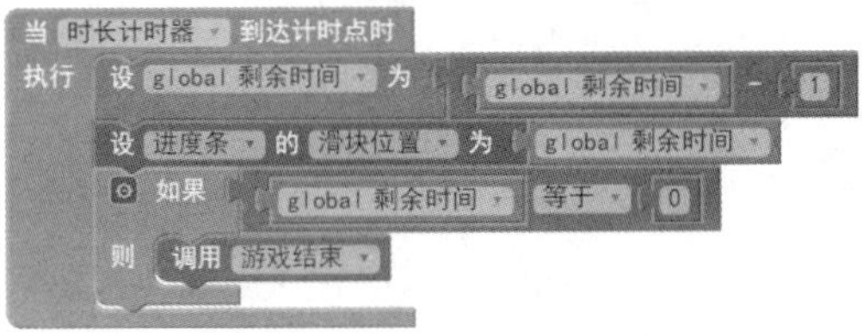

图 7-34　剩余时间为0时，调用游戏结束过程

7.9.2 处理用户选择

在对话框组件的完成选择事件中，根据用户的不同选择，执行相应的下一步操作。代码如图 7-35 所示。

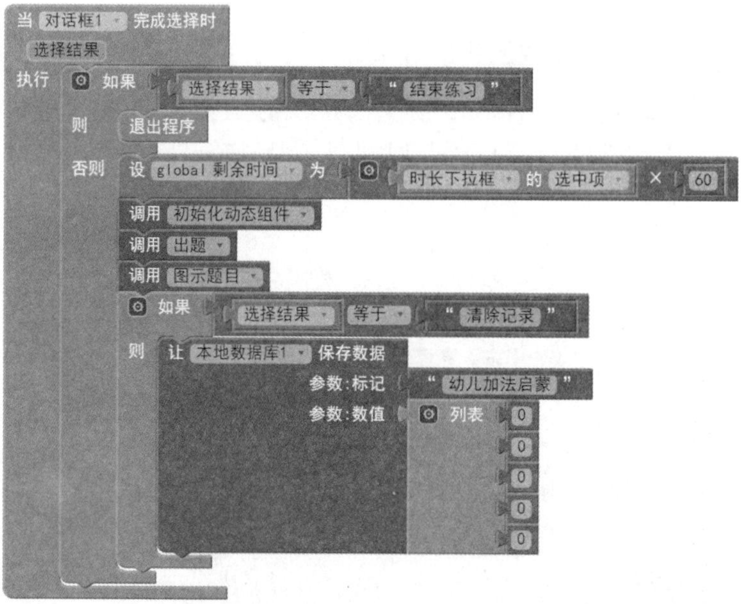

图 7-35 处理用户的选择

只要用户没有选择"结束练习"，程序就会自动进入下一轮练习，此时需要对所有的动态组件及全局变量进行初始化。因此，除了要调用初始化动态组件过程，还需要设置剩余时间的初始值。我们希望将功能相近的代码整合到同一个过程里，即将剩余时间的设置整合到初始化动态组件过程里，但该过程的名称中没有初始化全局变量的意思，因此还要对名称加以修改，改为"初始化动态组件及全局变量"，修改后的代码如图 7-36 所示。

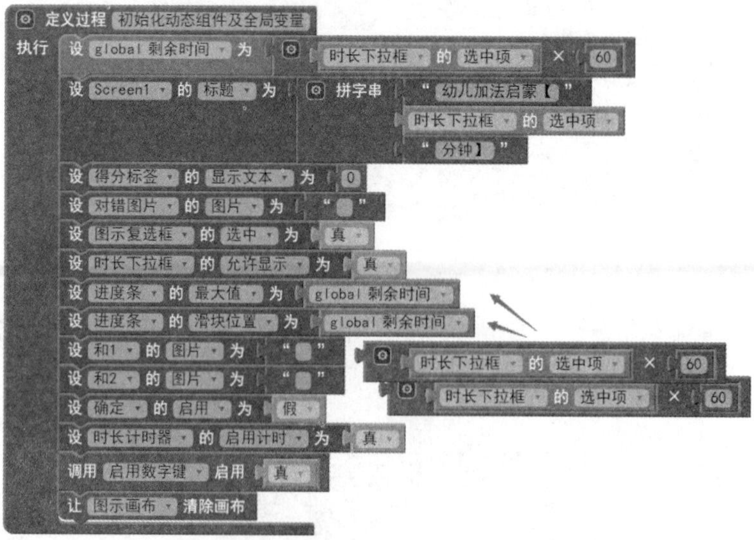

图 7-36 当练习重新开始时，初始化动态组件及全局变量

最终的对话框 1 完成选择时间处理程序，如图 7-37 所示。

图 7-37　最终的对话框 1 完成选择事件处理程序

7.9.3　最终测试

在测试手机的 AI 伴侣环境中，程序运行正常。将项目编译为 APK 文件，下载安装到手机上进行正式测试，发现在应用启动后显示第一道题时，画布上的彩色圆形不能正常显示（与图 7-10 类似），猜想可能与快闪计时器的 1 毫秒计时间隔有关。重新回到设计视图，将快闪计时器的计时间隔设为 10 毫秒，再重新编译安装运行，问题解决了。**不要忘记将图 7-25 中条件语句中的"1"改为"10"！**

7.10　代码整理

本章中应用的技术难度并不大，大体上与前几章持平，甚至可能更简单，但环节比较多，处理起来需要非常小心。最后来整理一下代码，以便进行适当的优化。

7.10.1　代码清单

如图 7-38 所示，应用中共有 5 个全局变量、8 个过程以及 18 个事件处理程序。

图 7-38　应用中的代码清单

7.10.2　要素关系图

从屏幕初始化程序开始，逐一打开折叠的代码，绘制一张要素关系图，如图 7-39 所示。

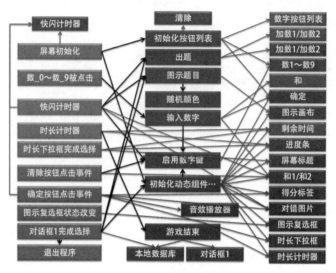

图 7-39　要素关系图

图 7-39 中可以观察到，快闪计时器、时长计时器、时长下拉框、确定按钮等组件的事件处理程序，都有灰色箭头指向具体的组件及变量，这些灰色箭头就是代码优化的线索。

首先来看快闪计时器的事件处理程序，如图 7-40 左图所示。我们可以将"否则"分支中对图片属性的设置整合到"出题"过程里，如图 7-40 右图所示，而"出题"的含义可以包含对这些图片属性的设置，未超出"出题"操作所涵盖的范围。修改后的代码如图 7-41 所示。

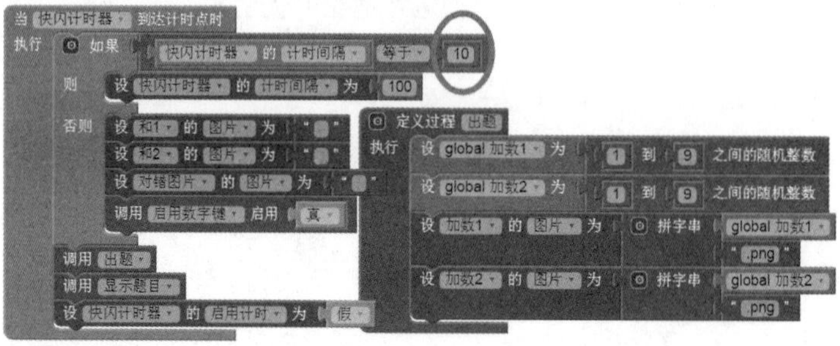

图 7-40　有待优化的代码

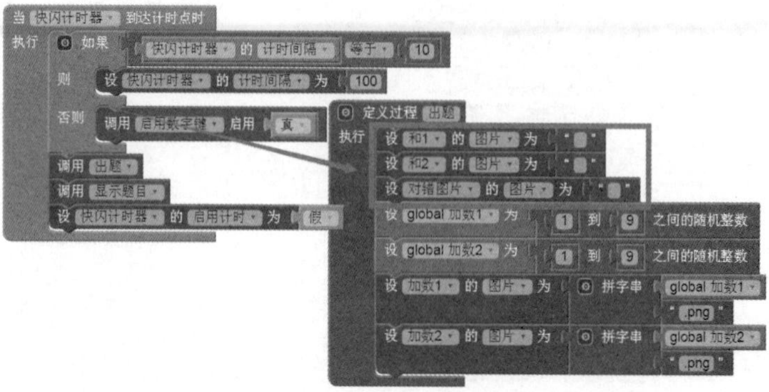

图 7-41　优化之后的代码

其次，简化时长下拉框的完成选择事件，用初始化动态组件及全局变量过程替代原有的变量及组件属性的设置。**注意，该过程中包含清除画布操作，致使原有题目的图示被清除，因此需要调用出题及图示题目过程来重新显示题目。**修改过程如图 7-42 所示。

图 7-42　让事件处理程序通过调用过程来设置变量及组件的属性值

最后来优化确定按钮的点击事件，很简单，将全部代码放在一个名为"判断对错"的过程里。这样做仅仅是为了提高代码的可读性，让程序的结构更清晰。修改后的代码如图 7-43 所示。

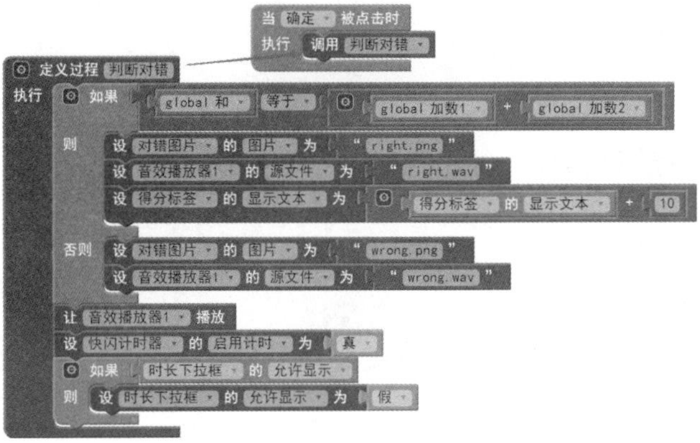

图 7-43　让事件处理程序调用过程

在做了以上修改之后，重新整理要素关系图，结果如图 7-44 所示。

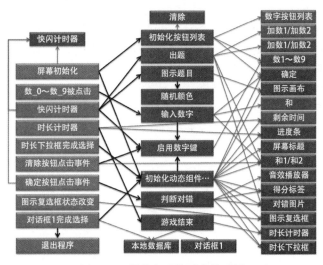

图 7-44　调整之后的要素关系图

这个应用试图起到抛砖引玉的作用，希望年轻的家长们能够积极行动起来，自己动手为孩子制作一批优秀的应用，以激发亲子双方的学习热情，并从中获得快乐。

第8章

简易家庭账本——登录

从本章开始，我们预计用 7 章的篇幅讲解一款信息管理类应用——简易家庭账本（以下简称账本）。下面先来讲一讲何谓信息管理类应用。

8.1　概念解释

账本应用是本书中唯一的一款信息管理类应用，其中涉及许多基本概念，需要在此加以解释。

8.1.1　什么是应用

我们称手机和平板电脑这类设备为便携式智能终端；本质上说，它们就是可以随身携带的计算机。与这些智能终端相伴而生的，是 App Store、PlayStore、AppMarket 等各种应用商店，用户可以从中获取软件，来满足各种各样的需求。这里所说的"应用"，源自英文的 application，缩写为 App，指的是应用类的软件，简称"应用软件"或"应用"。要想充分理解一个概念（如"应用"），最好能找到与之相对的概念。在软件行业里，与应用软件相对的是系统软件（system），也就是所谓的操作系统，比如手机的操作系统有安卓、iOS 以及塞班等，台式电脑的操作系统有 Windows、Linux 以及 macOS 等。

可以把计算机系统（包括智能终端）的组成理解为若干个层，其中最基础的层是硬件（CPU、存储设备以及输入－输出设备），硬件之上是操作系统软件，操作系统之上是应用软件，最上层是用户，如图 8-1 所示。由此可见，应用软件是最贴近用户的软件。

系统软件负责管理硬件，使各个硬件之间可以协同工作，同时为应用软件提供使用环境；应用软件可以满足用户的个性化需求，完成各种不同的任务。常用的应用软件如 Word（文字处理）、IE（浏览器）、Photoshop（图像处理）、各种游戏软件及输入法软件等，我们使用的 App Inventor 开发工具也属于应用软件。如此说来，智能终端上我们自行安装的所有软件都是应用软件，这就是为什么提供这类软件的网站称为"应用商店"。

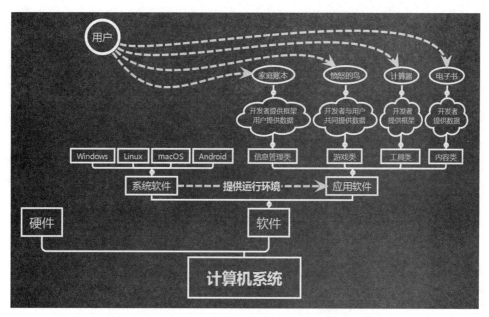

图 8-1　计算机系统的组成

8.1.2　什么是数据库

　　家庭账本所属的信息管理类应用，在传统的软件开发行业中，有一个更专业的名字——数据库管理系统，或者称作信息管理类软件（规模较小的系统）。在如今的信息时代，大到银行的账户管理系统、通信公司的计费管理系统、物流公司的运单管理系统，小到一个工厂的进销存管理系统、一家小企业的人事管理系统等，数据库管理系统都扮演着非常重要的角色。这些软件几乎渗透到我们日常生活中的每一个角落。随着移动终端的普及，这类软件也在逐渐向移动终端迁移，比如常见的网络银行客户端和微博客户端等。

　　无论是哪一种移动应用，只要功能稍微复杂一些，几乎都会涉及对数据库的操作，数据库也是信息管理类应用的核心技术；因此，我们将简要地介绍一下与数据库有关的知识。

1. 数据库分类

　　数据库，顾名思义，就是存放数据的场所。这些数据有一定的组织结构，永久地保存在存储设备中，便于使用者随时对数据进行操作，并在不同用户之间提供数据的共享。本章所介绍的家庭账本应用，就是利用数据库技术，对用户输入的信息进行存储。数据库可分为关系型数据库及非关系型数据库两大类。

　　关系型数据库适用于数据结构相对稳定的信息管理系统，如前文提到的银行、电信等管理系统。你可以把关系型数据库理解为多个互相关联的表格，如图 8-2 所示。开发上述系统的第一步就是设计数据模型，并依照数据模型建立数据表（带表头的空表格），然后针对这些数据表，使用 SQL 语言编写程序，实现对数据的增、删、改、查操作。SQL 是 structured query language（结构化查询语言）的缩写，这种语言的特点是拼字串，专门用于操作关系型数据库。

　　关系型数据库中有两个最基本的概念——字段与记录。图 8-2 的表格中，每一列对应一个字段，该列的表头称为字段名称，学生成绩单中共有 7 个字段；每一行称为一条记录，两个表格中各有 4 条可见的记录。

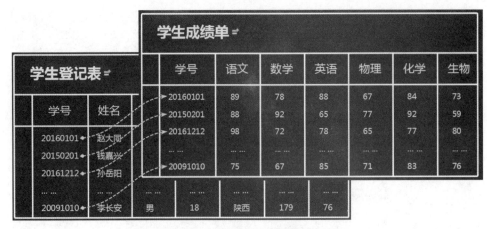

图 8-2　理解关系型数据库

非关系型数据库也称作 NoSQL 数据库，其中的 SQL 就是上面提到的结构化查询语言，非关系型数据库在 SQL 的前面加上 No 来表示与关系型数据库的差别。你可以将 NoSQL 数据库想象成一棵树，从树的主干上可以长出任意多的枝干，每个枝干上可以长出任意多个枝条，而每个枝条上可以长出更细的枝条以及任意多个树叶；同时，树叶不仅限于长在枝条上，它们也可以长在主干及枝干上，如图 8-3 所示。没有人能够预测树的生长方式，就像没有人能够预测互联网用户的需求一样。

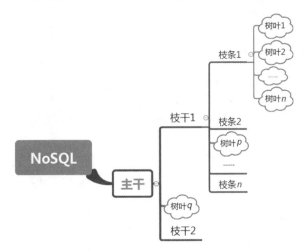

图 8-3　理解非关系型数据库（NoSQL）

对于非关系型数据库而言，不太适合使用字段及记录来描述数据。我们使用"数据集合"与"数据项"来描述数据，数据集合中包含数据项，数据项本身可能是数据集合，也可能是单一的值或键值对。

非关系型数据库的流行是近 10 年来的事情，与社交网络的兴起有很大关系。与关系型数据库相比，这种数据库的特点是不需要事先设计出完整的数据模型，在使用前也无须创建数据表。这种数据库适用于管理那些数据结构及数据类型不固定的信息，也适用于构建可生长的系统，即随时可能增加新功能的系统。著名的社交网站 Facebook 采用的就是非关系型数据库。App Inventor 中使用的两个数据库组件——本地数据库及网络数据库——均为非关系型数据库。

2. 数据库的常规操作——增、删、改、查

无论是关系型数据库，还是非关系型数据库，存储及管理的对象都是数据。对数据的操作方法不外乎 4 类——增、删、改、查。

- 增：向关系型数据库的数据表（以下简称数据表）中添加一条或多条新记录，或者向非关系型数据库的数据集合（以下简称数据集合）中增加一个或多个新的数据项。
- 删：删除数据表中的一条或几条记录，或删除数据集合中的一个或多个数据项。
- 改：修改数据表中的一条或几条记录，或修改数据集合中的一个或多个数据项。
- 查：根据给定的条件对数据表或数据集合中的数据进行筛选，并返回筛选结果。

虽然两类数据库都可以进行上述操作，但两者的操作方式有很大差别。就查询操作而言，关系型数据库使用结构化查询语言（SQL），将一个查询请求提交给数据库服务器，服务器再根据查询条件给出查询结果，并返回给请求者。其中最繁重的查询任务是由数据库服务器来完成的。同样，增、删、改的操作也由数据库服务器来完成。通常服务器端称为后端，相对于后端的概念是前端，前端通常指用户所操作的设备，比如个人电脑和智能手机等。对于NoSQL数据库来说，最繁重的任务由前端来完成。当前端设备向NoSQL数据库发出数据请求时，数据库会将用户请求的数据集合一次性地返回给请求者，这些数据保存在前端设备的内存（变量）中，等待用户的增、删、改、查操作；用户完成对数据的操作后，再将整个数据集合保存到服务器中。这两种技术没有优劣之分，实际上它们各有所长，适用于不同类型的应用。

8.2 App Inventor中的数据库组件

在App Inventor中有两个数据库组件，即本地数据库及网络数据库，它们都是NoSQL类型的数据库，以"键-值"的方式保存数据。键是一个字符串，值可以是任意类型的数据：可以是单个的值，如数字、文字、逻辑值等；也可以是列表（不限级数）。用户通过键来保存与提取数据。当用户使用同一个键保存两次数据时，后面的数据将覆盖前面的数据。下面我们利用一组虚构的收入数据来介绍App Inentor中的数据库组件，并具体说明数据的增、删、改、查方法。数据如图8-4所示。

收入记录						
日期	类别	发放者	支付	收入者	金额	备忘
2015-1-5	工资	SONY	转账	赵大同	17760	11/12月
2015-2-5	工资	SONY	转账	赵大同	8888	1月
2015-2-5	奖金	SONY	现金	赵大同	10000	年终奖
2015-3-5	工资	SONY	转账	赵大同	8888	2月
2015-3-20	理财	工行	转账	刘小倩	6666	4.5% 半年

图8-4 一组虚构的收入数据

8.2.1 数据的组织

在App Inventor中，数据库组件只能用于存储，数据库本身只能以"标记"来识别数据，对于"标记"背后的"值"则浑然不知。因此，对数据库中数据的操作完全依赖于客户端程序；也就是说，如果想要对其进行增、删、改、查操作，必须先将数据加载到应用中并保存为列表变量（全局变量或局部变量，视情况而定），然后对列表进行操作，最后将更新后的列表数据以相同的标记保存到数据库中。这意味着在应用开发过程中需要大量使用与列表相关的代码块。因此，首先要学会用列表来表示我们即将处理的数据，如图8-5所示。我们将图8-4中的表格转换为App Inventor中的列表。

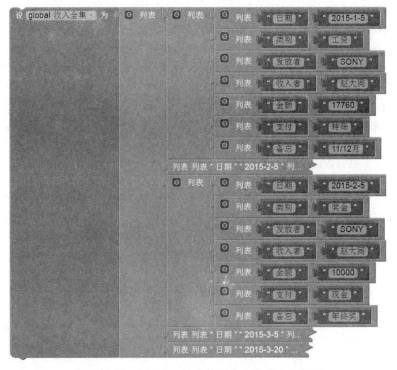

图 8-5　用 App Inventor 中的列表来组织收入数据

　　考虑到版面的限制，我们将第二、四、五项折叠起来。这个收入全集列表就是我们要处理的数据，现在来分析一下数据的结构。

　　这是一个三级列表。在第一级列表中，各个列表项的结构完全相同，借用关系型数据库中"记录"的概念，第一级列表中包含了若干条"记录"；第二级列表为键值对列表，其中包含了 7 个键值对，分别记录了与收入相关的 7 项信息（日期、收入类别、金额等）；第三级列表为键值对，包含两个列表项——键与值。在后续的开发中，无论是收入数据，还是支出数据，都将采用上述格式进行存储。下面来讨论对上述列表的增、删、改、查操作。

8.2.2　新增数据项（记录）

　　与新增操作对应的代码块是"添加（列表）项"块。首先将新增数据组织成一个键值对列表（图 8-5 中的第二级列表），然后将该键值对列表添加到收入全集列表中，代码如图 8-6 所示。

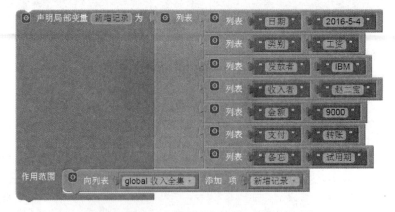

图 8-6　向收入全集列表中新增一条收入记录

8.2.3 数据的查询

查询操作的前提是设定查询条件，就收入记录而言，查询条件可以是 7 个数据项中的任何一项，也可以是两项甚至多项的组合。常见的查询条件中包含日期、收入类别、收入者等，金额及备忘信息则不太可能作为查询条件。在我们的账本应用中，查询条件是两项信息的组合，即日期再加上任何一个其他项；当其他项为空时，仅按日期进行查询。

查询操作的结果是若干条完整的收入记录，保存在另一个列表变量中（全局或局部变量）。查询结果通常会显示在列表显示框中，以便用户选择并进行下一步操作（选中某项后进行删除或修改）。为了显示代码的执行结果，我们创建一个临时项目，在项目中添加一个按钮和一个列表显示框，并将图 8-5 及图 8-6 中的代码添加到屏幕初始化程序中，如图 8-7 所示。

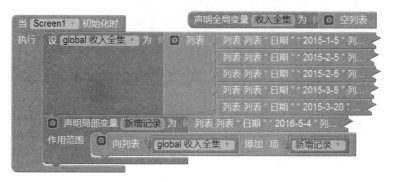

图 8-7 创建一个临时项目，并在屏幕初始化程序中设置全局变量

为了节省版面，我们将收入记录的键值对列表折叠起来。现在假设我们要查询 2015 年 2 月 5 日的收入记录，代码如图 8-8 所示。查询结果如图 8-9 所示。

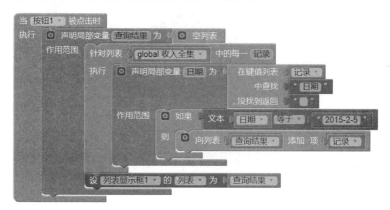

图 8-8 按日期查询

图 8-9 按日期查询的结果

以上是针对日期设置的单一查询条件，也可以设置两个查询条件的组合，这需要在条件判断时使用"并且"块。例如，查询"2015年赵大同的收入"，代码如图8-10所示，测试结果如图8-11所示。

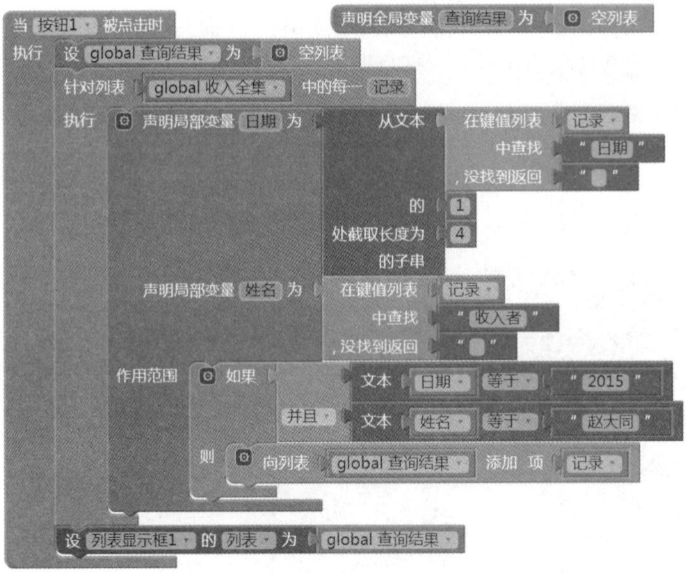

图8-10　为查询设置双重条件

图8-11　双重条件的查询结果

以上是对列表数据的查询，查询条件为单一条件或双重条件。如果有更多的查询条件，只需增加"并且"运算即可。

需要说明的是，为了实现下面的删除操作，图8-10中将查询结果保存在全局变量中。

8.2.4　删除数据项

对数据项的删除依赖于对数据的查询，满足要求的数据项会显示在列表显示框中，用户可以通过选中某一项来实现删除操作。代码如图8-12所示。

最后一行代码用于更新列表显示框的显示内容。读者可以试试看，如果没有这行代码，结果会怎样。

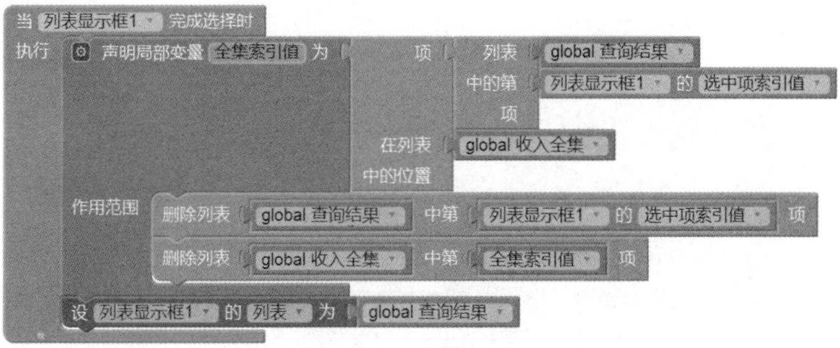

图 8-12　从数据集合中删除一个数据项

这里需要格外小心的是，我们的目的是删除收入全集中的数据项，因此需要求得选中项在数据全集中的索引值。首先要利用列表显示框的选中项索引值，从查询结果列表中求得将要删除的项，然后再求出该项在收入全集中的位置（索引值），这样才能完成删除操作。

8.2.5　修改数据项

与删除操作类似，修改数据项的操作依赖于对数据的查询，代码如图 8-13 所示。

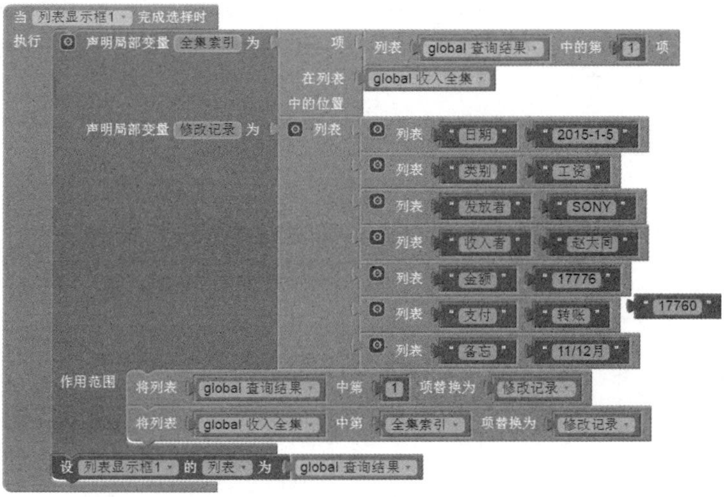

图 8-13　修改数据集合中的某个数据项

以上例子中，无论点击列表显示框中的哪一项，结果都是将第一条记录中的 17 760 改为 17 776，这里只是为了说明如何更新列表项，测试结果显示修改操作是成功的。

8.2.6　数据的请求与保存

增、删、改、查中，无论哪一种操作，都要先从数据库中读取数据。通常在屏幕初始化时，向数据库请求数据，并在任何一次增、删、改操作后，将更新后的数据保存到数据库中。为此，需要向临时项目中添加本地数据库组件，并调用本地数据库组件的请求数据及保存数据过程，代码如图 8-14 所示。

有两点需要注意：（1）在本地数据库组件的请求数据代码块中有两个参数，第一个参数"标记"的值必须与保存数据时使用的标记值完全相同；（2）第二个参数"无标记返回"的默认值是空字符，这里需要替换成空列表。在第一次进入应用时，收入记录中并没有数据，此时如果返回空字符，会给后续的程序编写带来麻烦。

图 8-14　数据的请求与保存

以上是在 App Inventor 中对数据进行的常规操作，其实这些操作与数据库的关系并不大，倒是与列表的操作密切相关。数据库组件的作用在于将操作结果保存到存储设备上。

还有一点需要提醒开发者，每次数据集合有所改动，都要将改动结果及时保存到数据库中，以免应用意外退出时（比如不小心碰到了设备上的返回键）数据丢失。

有了以上关于数据操作的基本知识，我们可以开始创建一个真实的应用了。这个账本应用是笔者筹划已久的一个作品。早在互联网刚刚兴起时，笔者就计划做一个可以随时记录收支信息的应用，尤其是希望记录支出信息，但始终没有开始动手。时下智能手机的普及满足了随时随地记录的需求，加之有了 App Inventor 这样方便快捷的开发工具，账本应用的开发势在必行了。

8.3　家庭账本应用的功能模块设置

账本应用的功能模块划分见图 8-15，划分为核心功能、附属功能及系统功能三大类，其中系统功能是应用的入口与出口，附属功能用于支持核心功能。家庭账本的核心功能就是记账、查账及统计，记账是为了查账，查账是为了知晓收入的来源与支出的去向，统计是为了总体评价某个时间段内的收支平衡情况。为了便于查询及统计，应用为收入及支出信息设置了若干种分类方式，也称为预设项，用户可以对其中的部分分类方式进行添加、修改及删除，这就是系统设置功能的作用。此外，由于收支信息属于家庭内部的私有信息，为保护信息的安全，应用设置了登录功能，登录成功后才能对数据进行操作，可以在设置功能中重置密码。

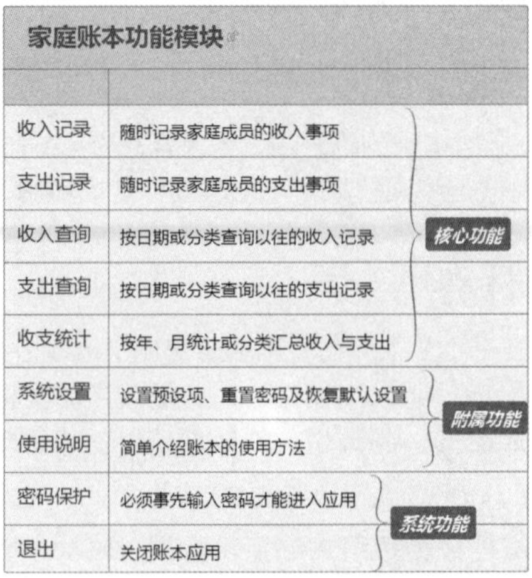

图 8-15　家庭账本的功能模块

关于其中每个功能模块的细节，我们将在实现这一功能之前给出具体说明。

8.4 登录页面的功能描述

作为账本应用中的第一个用户界面，登录页具有门户作用，需要完成用户登录及应用初始化的功能。

8.4.1 预设选项功能

1. 预设项

8.3 节中提到，应用中对收入及支出信息进行了分类，这些既定的分类就是应用中的预设项，内容如图 8-16 所示。

图 8-16　将应用中的预设项保存在文本文件中

我们将系统的预设项保存在文本文件 GATEGORY.txt 中，其中包含了 6 个预设项。注意图中的 4 个椭圆标记（##），它们将文件划分为 5 个部分，按照自上而下的顺序介绍如下。

- 支出分类，第 1 ～ 13 行，每行代表一个分类。
  - 半角冒号":"之前为一级分类，共 13 个一级分类，可用于查询及统计。
  - 半角冒号":"之后为该一级分类下属的二级分类，用户可自行设置，即用户可以新增、修改或删除其中的任意一项，下同。
- 收入类别，第 14 行，用于收入信息的查询及汇总，用户可自行设置。
- 家庭成员，第 15 行，在收入记录中，是收入者的备选项；在支出记录中，是受益者的备选项；可用于查询及汇总，用户可自行设置。
- 支出专项，第 16 行，支出的另一种分类方式，用户可自行设置，可用于标记某个特殊事项的支出，也可用于查询及汇总，包含两项信息。
  - 专项名称：将显示在支出记录页面的下拉菜单中。
  - 激活：取值为"是"或"否"，只有取值为"是"的专项名称，才会出现在支出记录页面的下拉菜单中。
- 支付方式，第 17 行，收入记录中的支付手段，用户可自行设置。

2. 加载预设项

应用开发时，文件 GATEGORY.txt 被上传到项目中，保存在文件夹 /AppInventor/Assets/ 下；应用首次启动时，文件内容被加载到应用中，经过解析后再保存到数据库中；应用再次启动时，不同的功能页面将从数据库中读取不同的分类信息，并应用到具体的功能中。

如 8.3 节所述，可以在系统设置功能中，对其中的部分预设项进行新增、修改及删除操作，也可以放弃已有的设置，恢复到默认设置（重新加载文件并保存到数据库中）。

8.4.2　密码保护功能

- 当用户首次启动应用时，提示用户设置密码：
  - ◆ 用户需要输入密码及确认密码；
  - ◆ 如果确认密码与密码一致，则密码设置成功，自动转入功能导航页面；
  - ◆ 如果两次输入的密码不一致，则提示用户重新输入。
- 当用户再次启动应用时，提示用户输入密码：
  - ◆ 如果输入的密码正确，则转入功能导航页面；
  - ◆ 如果输入的密码错误，则提示用户重新输入。

8.5　数据模型

前面几章中未曾涉及数据模型的概念，因为前几个应用的数据结构相对简单，数据量也不大，因此一两个全局变量就能解决问题，但账本应用则不然。

8.5.1　对象模型

在信息管理类应用中，需要处理的数据较多，有些数据可以归为一组。例如图 8-4 中的收入记录，其中的 7 项数据在整个应用中始终作为一个整体而存在，共同描述一个收入事项。应用中会保存很多条收入记录，但每条记录中都包含这 7 项信息。我们称单条的收入记录为一个对象（object），它是我们要描述的客体（object），而这 7 项数据是这个对象的 7 个属性（attribute），描述了一个对象的 7 个特质，我们称其为"对象模型"。理解这个概念可以帮助提高抽象思维的层次，当我们说"收入记录"时，我们可以忽略它的细节（7 个属性），把它简化成一个"名词"。

我们的账本应用中有两个重要的对象模型，是"收入记录"与"支出记录"；此外，"支出专项"也构成一个对象模型，它包含"专项"（名称）及"激活"（状态）两个属性。

对象可以表示为如下方式：

{属性:属性值, 属性:属性值, …, 属性:属性值}

例如，收入记录对象可以表示为：

{日期:2015-3-5, 类别:工资, 发放者:SONY, 支付:转账, 收入者:赵大同, 金额:8888, 备忘:2月}

支出专项对象可以表示为：

{专项:徒步运河, 激活:是}

对象表示法中属性的排列顺序不影响对象的"值"，例如 { 专项 : 徒步运河 , 激活 : 是 } 与

{ 激活 : 是 , 专项 : 徒步运河 } 是同一个对象。

8.5.2　变量模型

在账本应用的每一个功能页面中（导航菜单页面除外），或者说每一个屏幕中（MENU 除外），都会有一个或多个全局变量，它们是整个页面操作的核心。如果把页面（屏幕）本身当作一个对象，那么全局变量就是页面（屏幕）的属性，而所有全局变量则组成了页面（屏幕）的变量模型。

8.5.3　列表的文本表示

账本应用中大量使用列表操作，但是在 App Inventor 的编程视图中，列表的图形化表示（代码块）占用了很大的版面，为了便于说明列表的结构，下面引入列表的文本表示方法。

- 一级列表：(列表项 1, 列表项 2, ⋯ , 列表项 n)。
- 二级列表：((列表项 1, 列表项 2, ⋯ , 列表项 n), (列表项 1, 列表项 2, ⋯ , 列表项 n), ⋯ , (列表项 1, 列表项 2, ⋯ , 列表项 n))。
- 多级列表：(((a,(s,t,u),c),(e,f),(d,g)), ((x,y), (m,n,o), (q,p)))。
- 键值对列表：((键 1, 值 1), (键 2, 值 2), ⋯ , (键 n, 值 n))。

在列表的文本表示法中，半角的"()"表示一个列表的边界，列表项之间以半角逗号","分隔，键值对列表只是普通列表的特例，即二级列表中仅有两个列表项，分别为键与值。

我们将对象模型、变量模型以及结构固定的数据列表统称为数据模型。在整个账本应用的开发过程中，我们会在正式开始编写程序之前，借用数据模型的概念以及列表的文本表示方法，来描述程序中所要处理的数据的组成成分。

8.5.4　登录页面的数据模型

1. 预设项列表

接下来用列表的文本表示法描述 6 个预设项的内容。

- 支出一级分类：
  (吃喝, 穿戴, 住房, 家用, 日用, 交通, 通信, 教育, 娱乐, 医疗, 社交, 金融, 杂项)

- 支出二级分类：
  ((粮油,肉蛋,蔬菜,水果,烟,酒,茶,水,零食,其他), (冬,夏,春秋,饰品), (房租,物业费,取暖费,水费, 电费,煤气费,维修费), (电器,家具,床上用品,电脑,手机), (洗涤,护肤,保健), (公交,长途,出租,加油,停车,过路费,检修), (座机,手机,宽带,邮寄), (书籍,光盘,培训,家教,补习,留学), (电影,戏剧,K歌,旅游,运动,游戏,玩具,收藏), (体检,治疗,药物,手术,住院,处置,看护),(请客,往来,捐赠,公益),(房贷,车贷,其他),(家政服务))

- 收入类别
  (工资,奖金,补贴,劳务,理财,往来,受赠,其他)

- 家庭成员
  (张老三,李斯,王小五)

- 支出专项
  ((((专项,西藏自驾),(激活,是)), ((专项, 徒步运河),(激活,是)), ((专项, 自酿酒品),(激活,是)), ((专项, 攻读博士),(激活,是)))

- 支付方式
  (现金,转账,其他)

2. 变量模型

密码是登录页面中唯一的全局变量，用于保存从数据库中读取的密码值。首次启动应用时，数据库返回的值为空字符。

数据模型是进行界面设计以及程序编写的依据，下一节将据此创建登录页面——Screen1。

8.5.5 界面设计

首先创建一个新项目，项目名称为"简易家庭账本"，系统将自动创建第一个屏幕。该屏幕名称为 Screen1，是系统的默认设置，不可更改。

1. 设置Screen1的属性

Screen1 是应用启动后用户看到的第一个界面，需要设置的属性较多，因此这里单独处理，相关属性设置如下。

(1) 应用说明[①]：随时随地记录家庭的收支事项，查询收支的详细信息，按年度、月度及类别对收支状况进行统计汇总。\n 对于金钱，不贪恋，不固着，不浪费；对于赚钱，该来的一定会来；对于花钱，该去的就让它去。

(2) 水平、垂直对齐：居中。

(3) 应用名称：家庭账本。减少两个字，以便应用安装之后可以显示简洁的应用名。

(4) 图标：上传一个小图片 📷，将其设置为应用的图标，以便用户在应用安装之后进行查找。

(5) 显示标题栏：取消勾选。

上述的"应用说明"一项，当应用运行时，点击设备菜单按键，弹出菜单选项，点击"程序说明"，将弹出一个对话框，显示应用说明的内容，如图 8-17 所示（最后一行是自动添加的）。注意其中的 \n 用于换行。

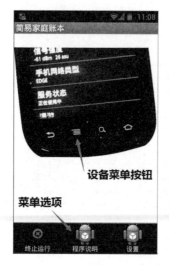

图 8-17　应用说明的设置效果

2. 添加组件

依据数据模型中的叙述，我们需要为文件加载、密码设置及登录功能提供必要的组件，包括可视组件（密码输入框、标签、按钮等）及非可视组件（文件管理器和本地数据库），如图 8-18 所示。

---

① 这项设置不是必需的，可以省去，也可以换成其他你喜欢的内容。

图 8-18　项目的设计视图

在 Screen1 中放置一个垂直布局组件，设置其宽、高分别为 85% 和 70%。由于 Screen1 的水平及垂直对齐属性均为居中，垂直布局 1 位于屏幕的正中。

3. 设置组件属性

组件的属性设置见表 8-1。

表8-1　登录页面的组件设置

组件类型	命　名	属　性	属　性　值
垂直布局	垂直布局 1	水平对齐	居中
		宽度	85%
		高度	70%
标签	标题标签	显示文本	简易家庭账本
		文本对齐	居中
		字号	34
		粗体	勾选
标签	占位标签	显示文本	空
		高度	充满（让标题标签与密码提示标签之间有间隔）
标签	密码提示标签	显示文本	为了保护您的私人信息，请先设置密码！
		高度	100 像素
		宽度	75%（略窄于标题的宽度）
		文本对齐	居中
		字号	18

组件类型	命　名	属　性	属　性　值
水平布局	水平布局 1 水平布局 2	垂直对齐	居中
标签	标签 1	显示文本	密码
标签	标签 2	显示文本	确认
密码输入框	密码输入框	—	默认设置
密码输入框	密码确认框	—	默认设置
标签	提示信息标签	显示文本	空
		高度	充满（让密码确认框与开始按钮之间有间隔）
按钮	开始按钮	显示文本	开始使用
		宽度	充满
		字号	18
本地数据库	本地数据库 1	—	默认设置
文件管理器	文件管理器 1	—	默认设置

4. 上传资源

为项目上传两个资源文件，如图 8-18 所示。在右下方的"素材"清单中，已经上传了两个文件：一个是 MONEY.png，用于设置屏幕的图标属性；另一个是 CATEGORY.txt，是系统预设项的数据文件。

8.6　页面逻辑

屏幕初始化时，系统将从本地数据库中读取密码信息。如果密码为空，则视同用户第一次打开应用，此时需要实现两项功能：加载保存预设项，设置密码。如果密码不为空，将密码保存到全局变量"密码"中，并实现登录功能。

8.6.1　加载保存预设选

屏幕初始化时，如果读取的密码为空，则读取预设项数据文件 CATEGORY.txt（文件存放位置为 /AppInventor/Assets/），与此相关的是文件管理器的收到文本事件。在该事件中，文本被解析为列表，并保存到数据库中。

8.6.2　密码设置

- 界面组件的属性设置如表 8-1 所示。
- 用户输入密码并确认密码，然后点击开始按钮。
- 如果输入的密码不为空，且与确认密码相同，则转到导航菜单页面，否则用标签提示用户重新输入。
- 一旦用户正确设置密码，就将密码保存在本地数据库中。

8.6.3　登录功能

- 密码提示标签将显示"请输入密码"，同时隐藏水平布局 2（包含密码确认框）。
- 用户输入密码，并点击开始按钮。
- 将用户输入的密码与全局变量"密码"进行比较，如果两者相同，则转到导航菜单页面，否则提示用户重新输入。

在 Screen1 页面的生命周期中涉及 3 个事件：屏幕初始化事件、文件管理器的收到文本事件，以及开始按钮点击事件。下面将针对这 3 个事件完成具体程序的编写。

8.7 编写程序

下面按照程序执行的时间顺序来展开开发过程。

8.7.1 屏幕初始化

首先声明全局变量"密码"，当屏幕初始化时，从本地数据库中获取标记为"密码"的值。如果密码不为空，说明用户已经成功设置了密码，则提示用户输入密码，并隐藏与确认密码相关的组件；如果密码为空，则读取预设项数据文件。代码如图 8-19 所示。

图 8-19　Screen1 的屏幕初始化程序

8.7.2 文件管理器收到文本

在 6 个预设项中，支出一级分类与支出二级分类的数据混杂在一起，我们需要将其解析出来。为此，先创建一个有返回值的过程"支出分类"。该过程的参数为"分类字串"，也就是数据文件中的第一部分内容，如图 8-16 所示。该过程的返回值为列表，列表的第一项为一级分类，第二项为二级分类。代码如图 8-20 所示。

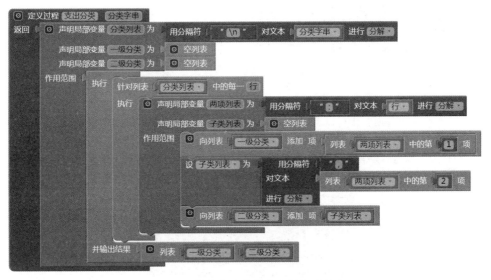

图 8-20　将支出分类的字串解析为列表

此外，还要为支出专项的数据添加"激活"项，为此创建一个有返回值的过程"支出专项列表"。该过程的参数为"逗号分隔字串"，即数据文件中的第四部分；该过程的返回值为键值对列表，每个列表项中包含两个键值对，它们的键分别是"专项"与"激活"，代码如图8-21所示。

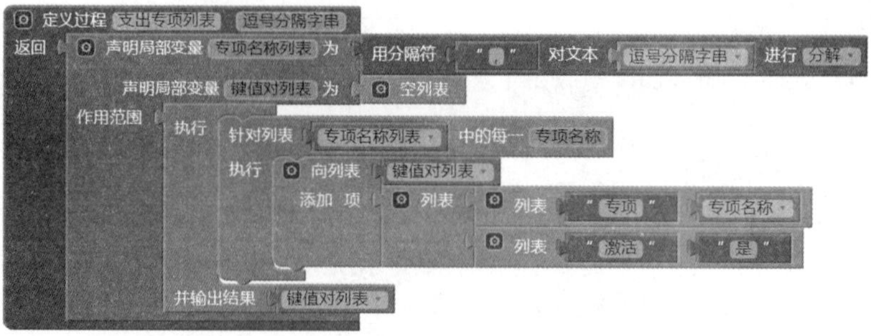

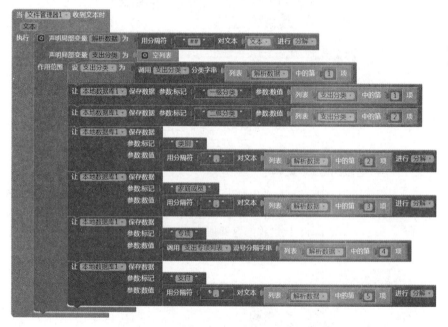

图 8-21　为支出专项添加"激活"数据

然后，我们在文件管理器的收到文本事件中解析文件内容，并将所有预设项保存到数据库中。代码如图8-22所示。

图 8-22　文件管理器收到文本事件处理程序

在图8-22中，保存数据时使用了6个不同的标记，在整个项目开发过程中，我们将使用这些标记从数据库中读取数据，或在设置功能中以这些标记向数据库中保存数据。为了避免读写数据时标记的拼写错误，我们将6个标记保存到全局变量"标记列表"中，如图8-23所示。必要时可以将"标记"列表变量放入**代码背包**（使用方法见本章附录，8.9节），供项目中的其他屏幕提取及使用。该变量不是程序中必需的，因此不列为变量模型的组成部分。

图 8-23　全局变量标记列表

特别说明一下，数据存取操作使用的这 6 个标记，不同于 8.5.4 节中对数据模型的描述，如"支出一级分类"简化为"一级分类"，"支付方式"简化为"支付"，这样的简化是为了后续编写程序的方便，我们将在后续章节中体会到这种简化带来的便利。

8.7.3 开始按钮点击程序

首先根据全局变量"密码"的值，对用户输入的信息进行判断，并给出相应的提示。当用户输入正确的密码后，打开导航菜单屏幕，代码如图 8-24 所示。

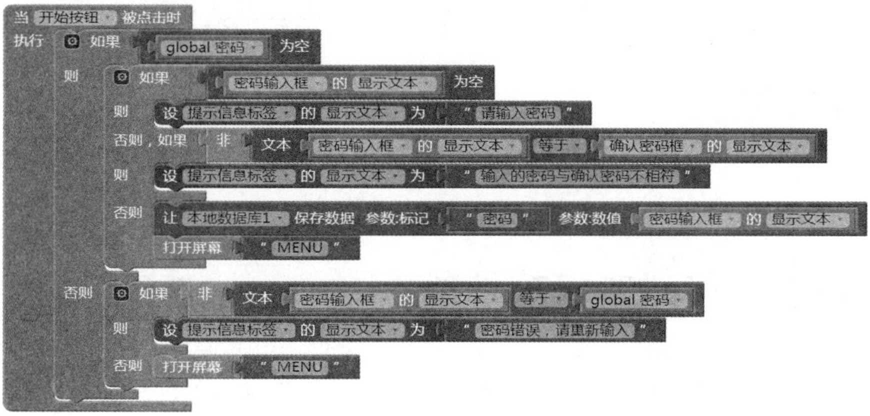

图 8-24 开始按钮点击事件处理程序

上述代码还无法进行测试，我们还要添加一个屏幕 MENU，如图 8-25 所示。这里需要提醒开发者，屏幕一旦添加完成，屏幕名称将无法更改。因此，在为屏幕添加组件之前，请确认屏幕的名称是有意义的。不要使用 Screen2、Screen3 这样的名称，因为在后续编程中，屏幕会越来越多，程序的可读性也会越来越差。如果觉得屏幕名称不妥，可以将新增的屏幕删除，再重新添加屏幕。另外，屏幕的名称只能包含字母、数字及下划线，并且必须以字母开头。这里我们为导航菜单屏幕命名为 MENU，并且使用大写字母，以彰显屏幕组件在所有组件中至高无上的地位。

图 8-25 添加一个屏幕——MENU

8.8 测试

以上我们完成了登录页面的设计及编程，并创建了一个新屏幕——导航菜单屏幕。现在来测试上述程序，测试结果如图 8-26 所示。

在多屏幕应用的测试过程中，涉及跳转屏幕的操作时，AI 伴侣的反应速度显得有些慢，有时甚至没有反应，不过本次测试还算顺利。下一章将对导航菜单屏幕（MENU）进行设计和编程，并实现收入记录功能。

图 8-26　Screen1 测试结果

8.9　附录：代码背包功能简介

在最新版的 App Inventor 中，添加了"代码背包"功能，可以将某一段需要复制的代码放在背包中，并在其他屏幕或项目中打开背包，将代码取出来。这一功能非常好用，解除了我们重复编写代码的烦恼。代码背包的操作非常简单：对准需要复制的代码点击右键，在右键菜单中选择"将代码块加入背包"，代码就被放入了背包；然后在其他屏幕中点击背包，就可以将这段代码提取出来，如图 8-27 所示。

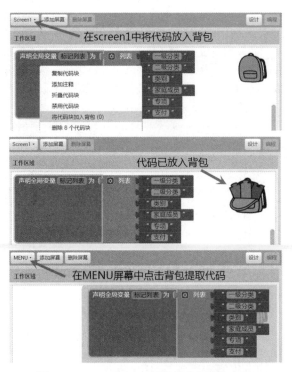

图 8-27　App Inventor 新增的代码背包功能

需要注意的是，代码背包只能临时保存代码，如果刷新浏览器，则背包中已经保存的代码将不复存在。最可靠的永久保存代码的方法是将项目导出成 AIA 文件。

第 9 章

简易家庭账本——导航菜单与收入记录

在第 8 章我们创建了导航菜单屏幕 MENU，该屏幕是整个应用的枢纽，可以到达任何一个功能页面，同时从任何一个功能页面都能返回到导航菜单页。本章将实现该屏幕的导航功能，然后创建应用中的所有屏幕，并实现收入记录功能。

9.1 导航菜单屏幕

这是整个应用中最简单的一个屏幕，仅有一个全局变量及两个事件处理程序。

9.1.1 数据模型

导航菜单屏幕（MENU）中唯一的数据就是全局变量"屏幕列表"，如图 9-1 所示。其中包含 8 个键值对，前 7 个键值对的键分别为不同的功能名称，值为该功能所对应的屏幕名称，最后一个键值对的键为"退出"，值为空字符。

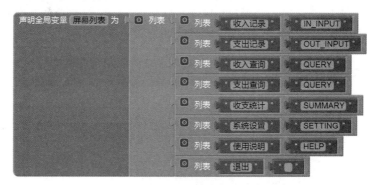

图 9-1 导航菜单页面中唯一的数据

9.1.2 界面设计

导航菜单屏幕中只有一个组件——列表显示框。用户选择其中的列表项，即可打开对应的屏幕。用户界面如图 9-2 所示，组件的属性设置如表 9-1 所示。

图 9-2 导航菜单屏幕的界面设计

表9-1 导航菜单界面的组件设置

组件类型	命　名	属　性	属　性　值
屏幕	MENU	水平、垂直对齐	居中
		背景颜色	黑色
		显示状态栏	取消勾选（注意：是状态栏而非标题栏）
		标题	简易家庭账本＿功能选择
列表显示框	导航菜单	字号	46

9.1.3 页面逻辑

(1) 屏幕初始化：为导航菜单设置列表属性，数据来源于全局变量"屏幕列表"中的键。

(2) 导航菜单的完成选择事件：当用户从导航菜单中选择了某项功能时，转到相应的屏幕；如果用户选择了退出，则关闭应用。

9.1.4 编写程序

1. 屏幕初始化程序

如图 9-3 所示，在 MENU 屏幕的初始化程序中，提取屏幕列表中每个键值对的"键"，添加到临时变量"功能列表"中，并设导航菜单的列表属性为功能列表。

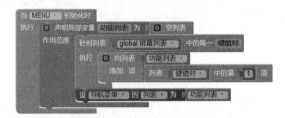

图 9-3 导航菜单页面（MENU）的屏幕初始化程序

2. 导航菜单的完成选择程序

当用户从导航菜单中选中某项功能时，应用会打开对应的屏幕，并传递一个初始值。当用户选择退出时，将退出账本应用。代码如图 9-4 所示。

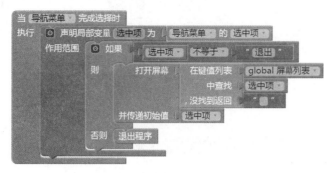

图 9-4　列表显示框的完成选择事件处理程序

注意观察图 9-1 中的键值对列表，收入查询与支出查询指向了同一个屏幕 QUERY，这是因为这两项功能的代码有 80% 以上是相同的，为了降低代码的冗余度，将它们放置在一个屏幕中，以初始值来区分用户的选择。图 9-4 中传递的初始值仅对这两个选项有意义，对于其他选项则无意义。

这一节里还有一项重要的任务，就是创建所有的屏幕，屏幕名称必须与屏幕列表中的值完全相同，如图 9-5 所示。

图 9-5　创建应用中的所有屏幕

各个屏幕的名称与功能的对应关系见表 9-2。

表9-2　屏幕名称与功能的对应关系

屏幕名称	Screen1	MENU	IN_INPUT	OUT_INPUT	QUERY	SUMMARY	SETTING	HELP
对应功能	登录	导航菜单	收入记录	支出记录	收入查询 支出查询	收支统计	系统设置	使用说明

9.1.5　测试

测试导航菜单屏幕时需要将开发环境切换到 Screen1，否则 AI 伴侣将直接打开当前正在编辑的屏幕。测试结果如图 9-6 所示。

由于我们在第 8 章的测试中已经成功设置了登录密码，这里直接输入密码即可进入导航菜单页面。列表显示框（导航菜单）中显示了我们设定的各项功能，选中第一项"收入记录"，应用转到收入记录页面。

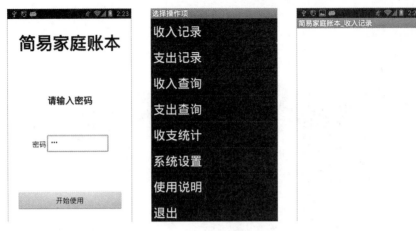

图 9-6　测试导航菜单的功能

另外，在 AI 伴侣中无法测试"退出程序"功能，只有将应用编译后下载安装到手机后，才能测试该功能。

现在已经创建了项目中的所有屏幕，下面我们将完成家庭账本应用的第一个功能——收入记录。

9.2　收入记录的功能描述

我们采用"单条输入，批量保存"的方式记录收入信息，具体介绍如下。

- 功能入口：用户在功能导航页面点击"收入记录"项，进入收入记录页面。
- 功能出口：用户在收入记录页面点击"返回主菜单"按钮，返回导航菜单页面。
- IN_INPUT 屏幕上方为信息输入区，用户根据页面上的提示信息，选择或输入相关的数据项，并提交数据；已经提交的数据被临时保存在全局变量中，并显示在屏幕下方的列表显示框中。
- 数据提交之后，清空屏幕上方用户此前输入或选中的内容，等待输入下一条记录。
- 用户在列表显示框中选中某项数据后，可以修改或删除该项数据。
- 用户确认已提交的信息准确无误后，可以将数据永久保存到数据库中。
- 数据保存到数据库之后，清空屏幕下方的列表，等待新一批数据的输入。
- 数据项及其来源（7项）。
    - 日期：默认系统当前日期，用户可以选择其他日期。
    - 类别：系统预设选项，包括工资、奖金、往来等，用户从中选择一项。
    - 发放者：界面输入，必填项。
    - 支付：系统预设选项（用户可增、删、改），包括现金、转账、实物等，用户从中选择一项。
    - 收入者：系统预设"家庭成员"选项（用户可增、删、改），用户从中选择一项。
    - 金额：界面输入，必填项。
    - 备忘：界面输入，非必填项。

9.3　收入记录的数据模型

从数据出发，这是信息管理类应用的必经之路。

9.3.1　对象模型

在第 8 章中引入了对象模型的概念，这里用表格的方式来定义我们的收入记录模型，如表 9-3 所示。

表9-3　收入记录的对象模型

属性名称	数据来源	取值范围	备　　注
日期	日期选框选择	从 1970 年 1 月 1 日 0 时起至今的毫秒数	为了比较日期的大小
类别	下拉列表选择	系统预设（不可修改）：工资、奖金、补贴、劳务、理财、往来、受赠、其他	原始数据保存在文件中，应用运行后保存到本地数据库中，可用于分类查询及汇总
发放者	用户手工输入	任意字符	对用户具有提示作用
收入者	下拉列表选择	系统预设（可增、删、改）：家庭成员列表	同收入类别
金额	用户手工输入	仅限数字，单位为元（人民币）	如果是其他币种收入，可在备忘信息中标注
支付	下拉列表选择	系统预设（可增、删、改）：现金、转账、其他	同收入类别
备忘	用户手工输入	任意字符	对用户具有提示作用

这里需要解释一下模型中的日期值——毫秒数。在信息管理类应用中，日期或时间是一项非常重要的数据，是信息查询及统计的重要依据。为了便于查询和比较，通常采用毫秒数来表示一个时间点。所谓毫秒数，指的是从 1970 年 1 月 1 日 0 时起至今的毫秒数，这是一个可以比较大小的整数。毫秒数可以换算成具体的年、月、日、时、分、秒，这个换算功能由计时器组件来实现。

9.3.2　变量模型

1. 收入全集

从第 8 章中我们知道，App Inventor 的数据库组件只能保存及读取"标记"所对应的数据集合，集合内部数据的处理则完全依赖于客户端程序，也就是我们即将编写的程序。为此，需要将数据库中保存的全部收入记录一次性读取出来，并保存在全局变量中。将这个全局变量命名为"收入全集"，列表结构如图 9-7 所示。注意"日期"键对应的值为毫秒数。

图 9-7　收入全集的列表结构

特别需要强调的是，收入全集作为变量模型中最重要的部分，不仅规定了数据的组织形式，即列表的等级与列表的结构，同时也规定了具体收入信息中的"键"，这些"键"的设置经过了周全的考虑。因为它们会影响到后续程序的编写，并会成为代码的一部分，所以一旦确定就不要更改，否则会为程序留下难以预料的隐患。我们会在后面的开发过程中反复强调这一点。

2. 临时收入列表

用户进入收入记录页面后，开始输入数据，每输入一条收入记录（包含 7 项数据）就将其添加到一个临时列表中。此时用户可以删除或修改已经输入的记录，也可以继续添加新的记录，所有的增、删、改操作都是针对临时列表的，直到用户想结束本次输入时，才将已经输入的记录批量保存到数据库中，同时清空临时列表。我们将这个临时列表命名为"临时收入列表"，其结构与"收入全集"完全相同。

3. 收入字串列表

用户本批次输入的收入记录保存在临时收入列表中，但列表的内容不便直接显示在列表显示框中，因此需要将列表中的各项数据拼成便于人类用户阅读的字串，再将字串保存到另一个全局变量"收入字串列表"中，并将收入字串列表设置为列表显示框的列表属性。收入字串列表与临时收入列表的列表项是一一对应的，用户将本批次输入的数据保存到数据库时，要同时清空这两个列表。

9.3.3　预设项列表

在收入记录中，有 3 项数据来自系统的预设项——收入类别、收入者（家庭成员）及支付方式。我们可以从数据库中直接读出这些数据，并将其设置为对应下拉框的列表属性。这些数据均为一级列表，默认内容如下。

- 收入类别：（工资，奖金，补贴，劳务，理财，往来，受赠，其他）
- 家庭成员：（张老三，李斯，王小五）
- 支付方式：（现金，转账，其他）

9.4　界面设计

根据以上对功能及数据模型的描述，我们为收入记录屏幕添加了可视组件及非可视组件，如图 9-8 所示，组件的命名及属性设置见表 9-4。

图 9-8　设计视图中收入记录页面

表9-4　收入记录屏幕中的组件设置

组件类型	命　名	属　　性	属　性　值	
屏幕	IN_INPUT	水平对齐	居中	
		背景颜色	黑色	
		标题	简易家庭账本 _ 收入记录	
垂直布局	垂直布局1	高度、宽度	充满	
水平布局	水平布局1～5	宽度	充满	
		垂直对齐	居中	
日期选择框	日期选框	宽度	充满	水平布局1
		显示文本	选择收入日期	
下拉框	类别选框	提示	收入类别	
文本输入框	发放者输入框	宽度	充满	水平布局2
		提示	收入来源（发放者）	
下拉框	支付方式选框	提示	支付方式	
文本输入框	金额输入框	宽度	充满	水平布局3
		提示	收入金额	
		仅限数字	勾选	
下拉框	收入者选框	提示	收入者	
文本输入框	备忘输入框	宽度	充满	水平布局4
		提示	备忘信息	
按钮	提交按钮	显示文本	提交	
		宽度	100 像素	
列表显示框	收入列表框	高度	充满	
		字号	32	
按钮	返回按钮	宽度	充满	水平布局5
		显示文本	返回主菜单	
按钮	保存按钮	宽度	充满	
		显示文本	保存到数据库	
对话框	对话框	—	默认设置	
计时器	计时器	一直计时	取消勾选	
		启用计时	取消勾选	
本地数据库	本地数据库1	—	默认设置	

在屏幕上半部分共有 4 个水平布局组件，其中容纳了用于采集信息的全部组件，我们将这些组件合称为"输入表单"或"表单"。9.5 节讲解页面逻辑时将使用"输入表单"这个词来指代所有输入类及选择类组件。

9.5　页面逻辑

页面逻辑的概念于第 8 章开始出现，和数据模型的概念一样，当应用足够复杂时，我们需要将概念单独列出来作为思考的对象，并将思考的结果述诸文字。

1. 声明全局变量

- 收入全集：初始值为空列表，用于保存全部的收入记录。
- 临时收入列表：初始值为空列表，用来保存本次所输入的收入记录。
- 收入字串列表：初始值为空列表，用来保存与临时收入列表相对应的字串。

2. IN_INPUT屏幕初始化

- 从数据库中读取"收入记录"信息，将其保存在全局变量收入全集中（首次打开应用时返回空列表）。
- 从数据库中读取"（收入）类别"信息，设为类别选框的列表属性。
- 从数据库中读取"家庭成员"信息，设为收入者选框的列表属性。
- 从数据库中读取"支付（方式）"信息，设为支付方式选框的列表属性。
- 设置日期选框的选中日期及显示文本为系统当前日期。

3. 新增数据

当用户已经输入或选中了7项（备忘一项可以忽略）数据，并点击了提交按钮时：

- 采集输入表单中的信息，并以键值对列表的方式（局部变量）将信息组织起来；
- 将键值对列表添加到全局变量"临时收入列表"中；
- 将键值对列表拼成字串，添加到"收入字串列表"中；
- 设置收入列表框的列表属性为"收入字串列表"；
- 恢复输入表单的初始状态，等待输入下一条信息。

4. 修改已输入数据

当用户从收入列表框中选中某一项时，应用将弹出对话框，并提供3个选择——删除、修改、返回。当用户选择"修改"时：

- 将选中内容填写到输入表单中，等待用户修改；
- 用户修改完毕点击提交按钮时，采集输入表单中的信息，并以键值对列表（局部变量）的方式将信息组织起来；
- 用键值对列表替换临时收入列表中对应的项；
- 将键值对列表拼成字串，替换收入字串列表中对应的项；
- 设置收入列表框的列表属性为收入字串列表；
- 恢复输入表单的初始状态，等待输入下一条信息；
- 设置收入列表框的选中项索引值为0。

5. 删除已输入数据

当用户从收入列表框中选中某一项，并在对话框中选择"删除"时：

- 分别从临时收入列表及收入字串列表中删除选中项；
- 设置收入列表框的列表属性为收入字串列表；
- 设置收入列表框的选中项索引值为0。

6. 取消选择

当用户从收入列表框中选中某一项，并在对话框中选择"返回"时，设置收入列表框的选中项索引值为0。

7. 永久保存数据

当用户点击保存按钮时：

- 将临时收入列表追加到收入全集中；
- 将收入全集以"收入记录"为标记保存到数据库中；
- 清空输入表单；
- 清空临时收入列表及收入字串列表；
- 设收入列表框的列表属性为收入字串列表。

8. 返回主菜单

当用户点击返回按钮时，关闭当前屏幕，应用将回到导航菜单页面。

9.6　编写程序

以上对页面逻辑的描述，其作用不仅仅是整理思路的过程，下面将进一步就编写程序步骤说明其中的组织逻辑。

9.6.1　发现过程

在正式开始编写程序之前，读者可以自己做一个小测验，重温页面逻辑中的条目，看看能否从上述文字中发现潜在的"过程"。这里给一个提示：寻找那些重复的操作。

读者应该至少可以发现一条："恢复输入表单的初始状态，等待输入下一条信息。"这句话共出现了两次，意味着可以创建一个过程，将具体的操作（7 个组件对应 7 个操作）封装起来，命名为"组件初始化"。此外，"将键值对列表拼成字串"也出现了两次，可以将其封装成有返回值的过程，过程的参数为上面提到的键值对列表，过程取名"列表转字串"。别急，还有！"采集输入表单中的信息……组织起来"，这个操作同样重复了两次，过程命名为"采集表单信息"。下面就从编写这 3 个过程开始我们的任务。

1. 组件初始化过程

首先考虑"组件初始化"过程，其实就是将输入表单中的 7 个组件恢复到屏幕初始化时的状态，其中设置日期选框的选中日期及显示文本属性则需要用到计时器组件，代码如图 9-9 所示。

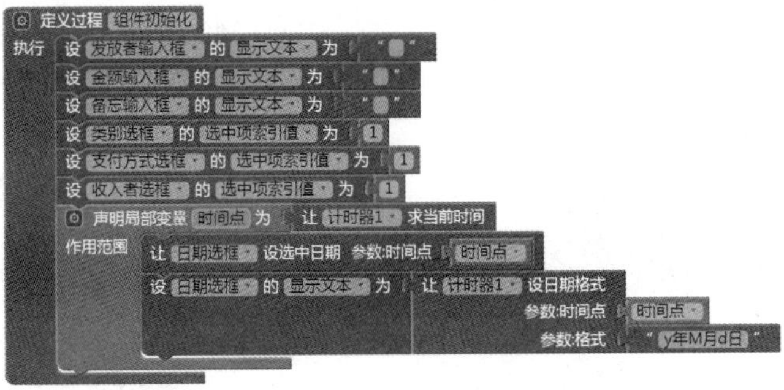

图 9-9　定义组件初始化过程

图 9-9 中调用了计时器组件的"设日期格式"过程，关于时间点及日期格式的说明见本章 9.8 节的附录。

2. 列表转字串过程

再来创建"列表转字串"过程，先模拟采集数据的结果，构造出一个键值对列表，如图 9-10 所示，并以此作为参数的参考值，创建"列表转字串"过程，代码如图 9-11 所示。

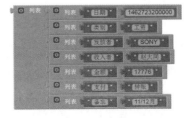

图 9-10　以具体的列表数据为参考创建"列表转字串"过程

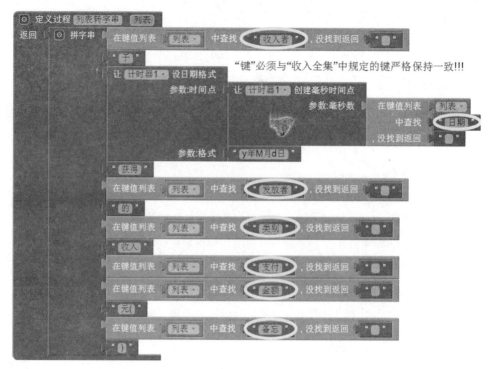

图 9-11　创建列表转字串过程

　　注意图中的椭圆形标记，这些"键"必须与"收入全集"中规定的键保持严格一致，首尾不能有空格。图中字串的拼接方式并不是唯一的，这里的拼接方式尚有不妥之处，希望读者自己加以完善。

3. 采集表单信息过程

　　这是一个没有参数但是有返回值的过程，返回值为键值对列表，代码如图 9-12 所示。

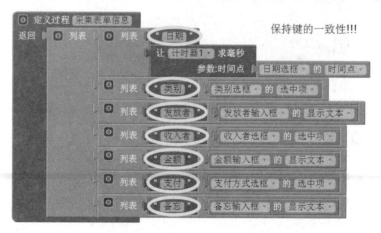

图 9-12　采集表单信息过程

9.6.2　屏幕初始化

　　按照页面逻辑编写 IN_INPUT 屏幕的初始化程序，代码如图 9-13 所示。

　　首先声明全局变量收入全集，设它的初始值为空列表；然后利用代码背包功能，从 Screen1 中复制了标记列表：在向数据库请求数据时，要保持标记的一致性；最后，编写屏幕初始化程序。

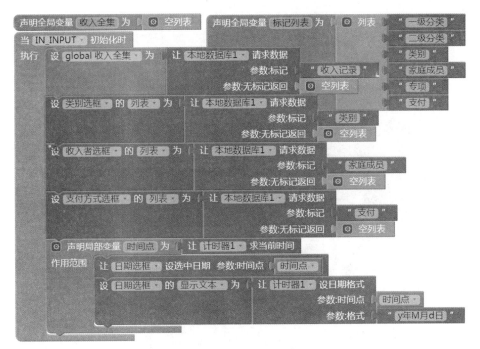

图 9-13　屏幕初始化程序

9.6.3　新增数据

　　用户在输入表单中选择或输入必要的信息，并点击提交按钮，完成一次新增操作。输入表单中日期选框的默认选中日期是系统的当前日期，同时，日期选框的显示文本属性也设置为当前日期。注意："选中日期"与"显示文本"是两个属性，对选中日期的设置并不能改变日期选框的显示文本属性，需要手动设置显示文本属性！当用户希望改变默认日期时，可以点击日期选框修改日期，并点击"完成"按钮来设置选中日期，然后再来设置日期选框的显示文本属性。用户的操作界面如图 9-14 所示，日期选框的完成日期设定程序如图 9-15 所示（图中的两种代码的执行结果相同）。

图 9-14　用户修改默认收入日期

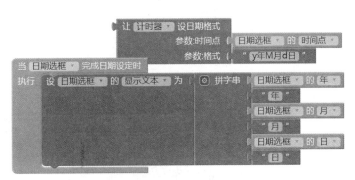

图 9-15　日期选框的完成日期设定程序

　　按照页面逻辑中的描述，用户点击提交按钮时，会向临时收入记录列表中添加一条记录。但是在阅读了 9.5 节中的"修改已输入数据"之后，你可能会产生疑问。既然新增操作与修改操作都要在提交按钮的点击事件中完成，那么如何识别哪个点击是新增、哪个点击是修改呢？这种情况下，通常的做法是利用界面组件的某些属性值作为判断的依据。比如，利用提交按钮的显示文本属性：当用户从收入列表框中选择一项时，我们可以设提交按钮的显示文本为"修改"；当修改操作完成后，执行组件初始化过程时，再将提交按钮的显示文本改为"提交"。我们选择的判断依据是列表显示框的"选中项索引值"属性：如果索引值为 0（表示没有选中项），则执行新增操作；否则执行修改操作。代码如图 9-16 所示。

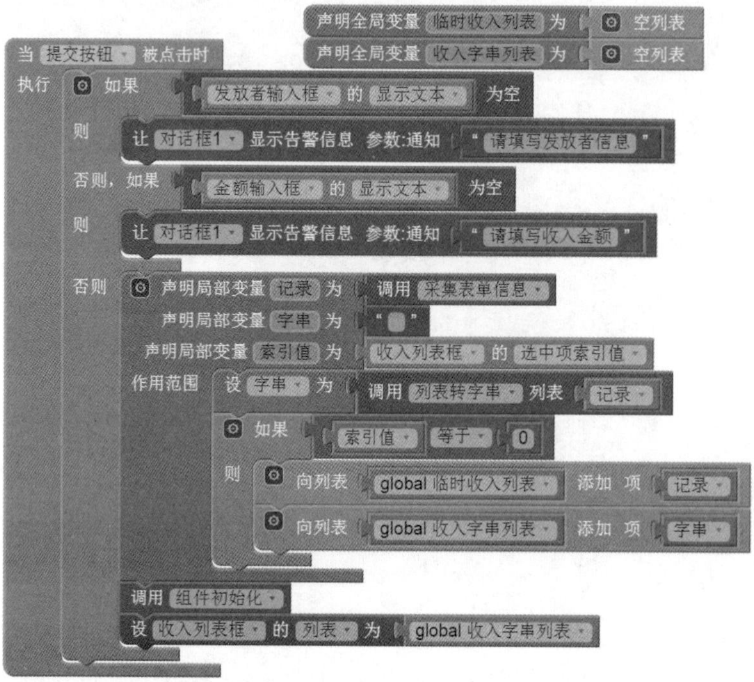

图 9-16　新增一条收入记录

　　用户点击提交按钮后，首先判断两个文本输入框是否为空。如果为空，利用对话框组件提示用户填写必要的信息；如果不为空，则执行新增操作。这里先只处理新增操作，稍后再为"如果"语句添加"否则"分支来处理修改操作。

9.6.4　修改数据

1. 从收入列表框中选择一项

　　用户修改已输入数据的前提是从收入列表框中选择一项。在收入列表框的完成选择事件中，调用对话框组件的"显示选择对话框"过程，并提供 3 种选择，代码如图 9-17 所示。

图 9-17　收入列表框的完成选择程序

2. 在对话框中选择"修改"

　　用户选择"修改"按钮时，将选中项内容填写到输入表单中，代码如图 9-18 所示。

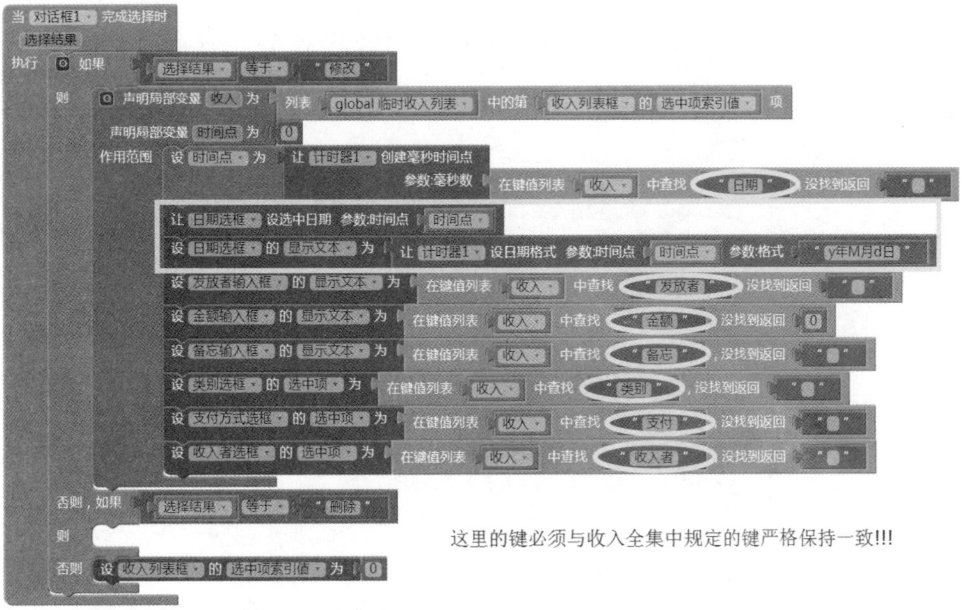

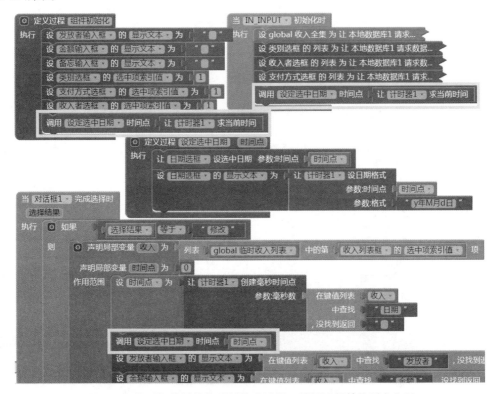

图 9-18　对话框完成选择程序——用户选择修改

这里顺便实现了"返回"操作，即设收入列表框的选中项索引值为0。注意图中与日期选框相关的两行代码（方框内），每当设定选中日期时，都需要改写日期选框的"显示文本"属性，这段代码分别出现在组件初始化过程及屏幕初始化事件中，重复使用的代码必须封装成过程，然后再用过程替换原来的代码。创建过程"设定选中日期"，并在3处分别调用该过程，修改后的代码如图 9-19 所示。

图 9-19　将重复使用的代码封装成过程，并用过程替换原有代码

3. 提交修改

用户对输入表单中的数据进行修改，然后点击提交按钮，此时，收入列表框的选中项索引值不为 0，于是执行修改操作，代码如图 9-20 所示。

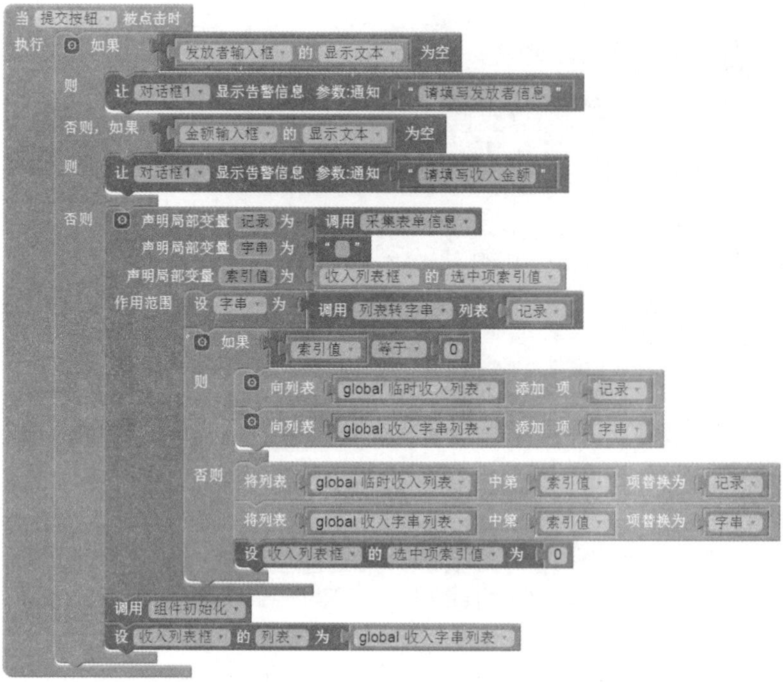

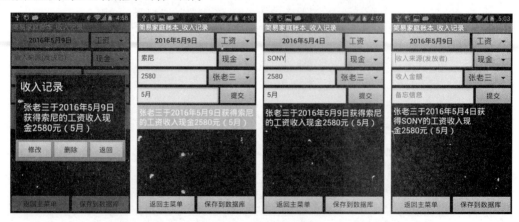

图 9-20　完成对收入信息的修改

注意图 9-20 中的"否则"分支，利用收入列表框的选中项索引值属性来更新列表项，当更新完成后，将选中项索引值设置为 0。读者不妨试试看，如果缺少设索引值为 0 这句代码，当输入一条新的信息时，会发生什么情况。

4. 测试

我们需要对上述程序进行测试，测试结果如图 9-21 所示：先输入一条记录，该记录将显示在收入列表框中，点击该条记录将弹出对话框（左一图）；选择对话框中的修改按钮，将选中项填写到输入表单中（左二图）；用户修改表单信息（右二图，修改了日期及发放者）；点击提交按钮，修改结果显示在收入列表框中（右一图）。

图 9-21　测试修改程序

9.6.5　删除数据

当用户在收入列表框中选中一项，并在对话框中选择"删除"按钮时，执行删除操作，代码如图 9-22 所示。

图 9-22　对话框完成选择程序——执行删除操作

9.6.6　永久保存数据

当用户确信已经输入了正确的信息，并希望结束本次输入时，就可以点击保存按钮，将本次输入的信息永久保存到数据库中。用户并不了解 NoSQL 数据库的工作原理，但作为开发人员，我们知道每次保存的不只是本次输入的信息，而是将本次输入的信息连同以往的收入记录一同保存到数据库中。为此，我们要用到一个很少会用到的代码块——追加到列表。9.3.2 节介绍临时收入列表时曾经提到，临时收入列表与收入全集的列表结构完全相同，恰好可以使用"追加"方法，将两个列表合并在一起，代码如图 9-23 所示。

图 9-23　永久保存数据

保存成功之后，用对话框提示用户"保存完成"，并将所有变量以及组件恢复到屏幕初始化时的状态，等待用户输入新一批的数据。此时用户可以继续输入新的收入记录，也可以选择"返回主菜单"。

9.6.7 返回主菜单

用户点击返回按钮，将关闭当前屏幕，回到导航菜单页面。但是还存在一种可能，即用户并未点击保存按钮，而是在输入数据后直接点击了返回按钮；这种情况下，用户此前输入的信息将丢失。尤其是新用户，在不熟悉应用的使用方法时，很有可能发生这种情况。为了防止误操作，当用户点击返回按钮时，首先检查临时收入列表的长度。如果长度等于0，则关闭当前屏幕，返回导航菜单页；如果列表长度大于0，说明用户输入的数据尚未保存到数据库中，这时弹出选择对话框，并提供"保存"及"放弃"这两个选项，供用户选择。代码如图 9-24 所示。

![图 9-24 返回按钮点击程序]

图 9-24　返回按钮点击程序

如果用户选择对话框中的"保存"按钮，则执行保存按钮点击程序中的代码，然后关闭当前屏幕，返回导航菜单页；如果用户选择"放弃"，则直接关闭当前屏幕，返回导航菜单页。

为了实现代码的复用，我们要创建一个过程"保存到数据库"，将保存按钮点击程序中的代码复制到该过程里，并在保存按钮点击程序中调用该过程，代码如图 9-25 所示。

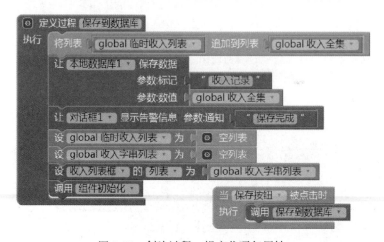

图 9-25　创建过程，提高代码复用性

另一个调用该过程的地方是对话框的完成选择程序。这里我们要为对话框的完成选择事件添加两个"否则，如果"分支，来实现对"保存"及"放弃"两种选择的处理，代码如图 9-26 所示。

需要说明一点：在 App Inventor 中，一个对话框只能有一个完成选择事件处理程序，但在 IN_INPUT（输入记录）屏幕中，我们两次调用了对话框的"显示选择对话框"过程，这意味着完成选择事件中的"选择结果"参数有 5 种可能的值，我们需要小心地设置这 5 个选项（按钮上的文字），以避免重复。

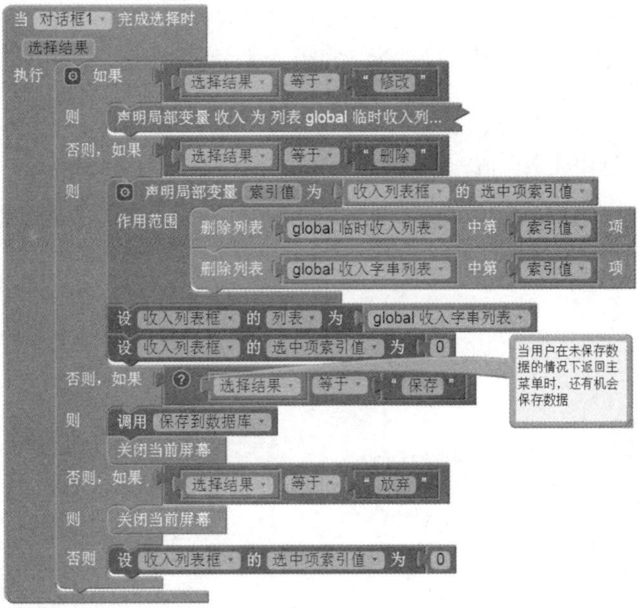

图 9-26 当用户试图返回主菜单时，还有机会保存数据

至此我们的开发任务告一段落，下面进入测试环节。

9.7 测试与改进

首先输入 3 ~ 5 条收入记录，输入的信息可以正常显示在收入列表框中。收入列表框只能显示有限条记录（如 4 条），当记录数超出列表框的可显示区域时，可以通过划屏的方式滚动列表框来查看后面的记录。从列表框中选择一项，然后分别选择"修改""删除"及"返回"，发现如下问题。

- 选择"返回"时，对话框关闭后，收入列表框中刚才的选中项仍然显示灰色背景（处于被选中状态），但此时已经设置的收入列表框的选中项索引值为 0。这说明选中项索引值的更新并不能让界面显示状态更新。改进方法是重新设置收入选择框的列表属性，同时设选中项索引值为 0，修改后的代码如图 9-27 所示。

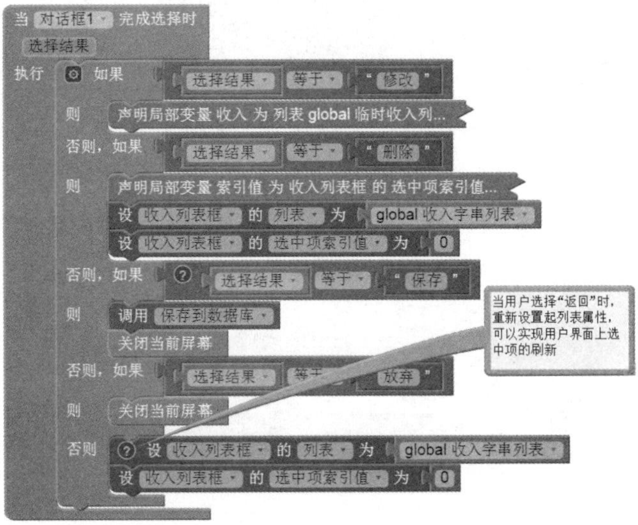

图 9-27 重新设置收入列表框的列表属性，实现界面的刷新

你可能会问，既然重新设置了收入显示框的列表属性，那么是否也能自动更新收入列表框的选中项索引值呢？这也是我的猜想。为此，我试着禁用图9-27中的最后一行代码，测试结果显示，收入列表框中没有项被选中（没有灰色背景的数据项），好像最后一行代码真的没有用。不过，不能轻易相信界面的显示，我添加了一行测试代码，用屏幕的标题来显示收入列表框的选中项索引值，代码如图9-28所示，测试结果如图9-29所示。

图9-28　测试选中项索引值是否自动更新　　　　　　图9-29　测试结果

测试结果显示，选中项索引值为2。也就是说，重新设置列表属性后，收入显示框中不再显示当前的选中项（没有灰色背景的项），但是选中项索引值并没有自动更新，仍然需要手动将其设置为0，否则会给后面的操作带来麻烦，因为我们需要根据这个索引值来判断"提交"操作是新增还是修改。

- 当用户选择了收入显示框中的一项，并在对话框中选择"修改"时，选中项的内容被自动填写到输入表单中；接下来选择显示框中的另一项，并在对话框中选择"删除"或"返回"。当对话框关闭后，输入表单中仍然显示上一次选择"修改"之后填写的内容，而此时收入选择框的选中项索引值已经为0。为了解决这一问题，我们需要在对话框的"删除"及"返回"分支中，调用组件初始化过程，来清空输入表单中的内容。修改后的代码如图9-30所示。

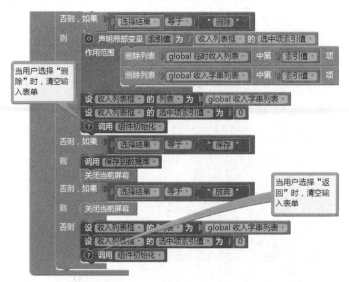

图9-30　用户在对话框中选择"删除"或"返回"时，清空输入表单

从图 9-30 中可以看到，最后 3 行代码总是同时出现，而且在提交按钮的点击程序中也有相似的代码组合。因此，我们将后 3 行代码的前两行代码合并到组件初始化过程中，来提高代码的复用性。代码如图 9-31 所示。

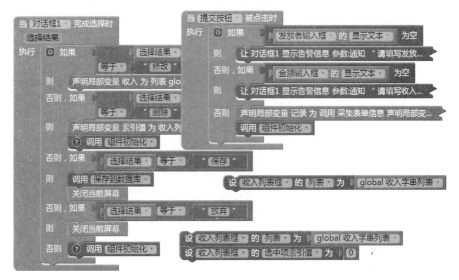

图 9-31　在组件初始化过程里添加两行代码

然后删除掉对话框完成选择程序与提交按钮点击程序中重复的两行代码（设收入列表框的列表属性、设收入选择框的选中项索引值属性）。修改后的代码如图 9-32 所示。

图 9-32　删除掉重复的两行代码

本章程序测试就到这里。测试的过程不仅可以发现程序中的错误，还可以更深入地了解开发工具。

9.8　附录：计时器组件中的时间信息

9.8.1　什么是时间点

本章中有多段代码调用了计时器组件的内置过程，包括"求当前时间""设日期格式""创建毫秒时间点"等，其中多次用到一个叫作"时间点"的参数。那么，什么是时间点？为什么计时器的当前时间就是时间点？时间点中包含了哪些信息？为了解答这些问题，我们来创建一个临时的应用，其中只有一个标签组件和一个计时器组件，利用标签组件来显示时间点的内容，代码如图 9-33 所示，程序的运行结果如图 9-34 所示。

图 9-33　新建一个项目，解释什么是时间点

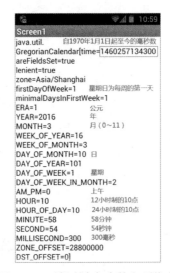

图 9-34　时间点中包含的各项信息

　　所谓"时间点"，也称为时刻，其中包含时区、年、月、日、时、分、秒、毫秒等信息。图 9-34 中的汉字解释了对应的每一行信息的含义，其中在编写程序时最常用的就是第一行的 time——从 1970 年 1 月 1 日 0 时至今的毫秒数。它是一个整数，可以进行大小的比较，这一点非常便于查询操作。在第 12 章中，我们会设定查询的起止日期，查找介于这两个日期之间的收入记录，这就要利用毫秒数进行比较。为了方便比较大小，我们将收入记录中的日期信息直接保存为该日期对应的毫秒数。这里需要说明一下，当我们说某个日期对应的毫秒数时，我们指的是该日期的 0 时 0 分 0 秒 0 毫秒这个时间点的毫秒数，也就是这个日期中最小的毫秒数。

9.8.2　设置日期格式

　　了解了时间点的概念，下面再来解释一下图 9-9 中的最后一行代码——设日期选框的显示文本。这里调用了计时器组件的内置过程"设日期格式"，如图 9-35 所示。

图 9-35　计时器组件的设日期格式过程

该过程有两个参数：第一个是时间点，用来设定要显示的日期；第二个是日期格式，是一个字串。下面以 2016 年 4 月 10 日为例，来说明格式字串中字符的含义。

- y 表示年：
  - ♦ y 或 yyyy 对应于 2016；
  - ♦ yy 对应于 16。
- M 表示月份〔注意与小写的 m 区分，m 表示分钟（minute）〕：
  - ♦ M 对应于月份数，即 4（如果是 12 月则显示 12）；
  - ♦ MM 对应于两位数的月份，即 04；
  - ♦ MMM 则在两位数的月份后面添加一个汉字"月"，即 04 月。
- d 表示日期（注意与大写 D 区分，D 表示某日在一整年中的第几天，如 2016 年 4 月 10 日是 2016 年中的第 101 天）：
  - ♦ d 对应于日期，即 10；
  - ♦ dd 对应于两位数日期，即，如果日期是一位数，则在日期前添加一个 0。
- 格式字串中除了系统规定的字符外，也允许插入其他字符，比如插入汉字的年、月、日、时、分、秒等字，或"/""-"等符号，以适应不同人群的阅读习惯。

图 9-35 中的格式字串"yyyy 年 MM 月 dd 日"给出的结果是"2016 年 04 月 10 日"，如果不希望显示 04 月或 01 日这样的格式，可以改为"yyyy 年 M 月 d 日"或更简单的"y 年 M 月 d 日"，给出的结果是"2016 年 4 月 10 日"。

9.8.3　创建毫秒时间点

在图 9-11 及图 9-18 中都调用了计时器组件的"创建毫秒时间点"过程，该过程的参数为"毫秒数"，返回值为该毫秒数所对应的时间点。也就是说，毫秒数中包含了某一时刻全部的时间信息，如图 9-34 所示。

在编程视图中点击计时器，打开计时器的代码块抽屉，你会看到一长串代码块，这些都是计时器组件的内置过程，它们全部是有返回值的过程，返回值均为与日期及时间有关的信息。计时器组件是内置过程最多的一个组件。在后续的开发中，我们会用到多个计时器组件的内置过程，届时再进行详细解说。

第10章

简易家庭账本——系统设置

第9章我们实现了收入记录功能。在收入记录的7项信息中，有3项为选择项：（收入）类别、收入者及支付（方式），用户可以从若干个预设选项中选择某个值。在这3个预置选项中，除（收入）类别外，用户可以根据自己的需要对其他两个选项进行增、删、改操作。从用户的角度来看，在正式开始输入数据之前，应该首先设置这些选项，至少家庭成员一项是必须设置的。不过，从开发者的角度来看，我们并没有把"系统设置"功能的实现置于"收入记录"之前，这样的安排是有原因的。

对于账本应用来说，收入支出的记录、查询及统计是应用的核心功能。一方面，从信息处理的顺序上讲，"收入记录"算是"输入"环节（另外两个环节是信息的处理及输出），理应先行实现；另一方面，相对于"支出记录"来说，"收入记录"的数据项（7项）要少于支出记录，功能的实现相对简单，因此，按照从易到难的顺序来说，也应该首先实现收入记录。

系统设置功能是账本应用的附属功能，虽然它的实现过程比"收入记录"还要简单，但是还有一种可能性：在开发之初，我们对预设项进行了规划，包括有哪些预设项、每个预设项有哪些可选项等；但是在开发核心功能时，经常会发现我们对预设项的规划并不能很好地满足信息处理的要求，这时我们会对预设项进行调整。假如我们首先实现了"系统设置"功能，那么这样的调整就意味着此前的工作必须推倒重来，这势必造成人力与时间的浪费。

鉴于以上的原因，我们先实现"收入记录"功能，然后再实现"系统设置"功能。

10.1　功能描述

系统设置包含3类设置。

(1) 预设项设置包括3项操作——新增、修改及删除。用户可以自行设置的项包括：

- 支出二级分类
- 支出专项
- 家庭成员
- 支付方式

(2) 密码重置：用户先输入原密码，再输入新密码并加以确认，可以实现对密码的重置。

(3) 恢复默认设置：清除应用的现有设置，从文件 CATEGORY.txt 中重新加载预设项。

10.2 数据模型

接下来依然以数据为出发点，来展开我们的任务。

10.2.1 支出二级分类

支出二级分类从属于支出一级分类，因此在设置二级分类时，必然会涉及一级分类。

1. 支出一级分类

如图 10-1 所示，支出一级分类为一级列表，是系统的预设项，共有 13 个列表项，内容不可更改。

图 10-1　支出一级分类

2. 支出二级分类

支出二级分类为二级列表，其中一级列表中包含 13 个列表项，与支出一级分类的列表项一一对应；二级列表中所含的列表项数量不等，用户可以对这些项进行增、删、改操作，应用初始化时，其预设内容如图 10-2 所示（部分列表项以省略号代替）。

图 10-2　支出二级分类

10.2.2 支出专项

支出专项的数据结构为三级列表，应用中预设了4个专项。一级列表中预设了4个列表项，为二级列表；每个二级列表中包含2个列表项，为三级列表；每个三级列表中包含2个列表项，分别为"键"和"值"，预设专项的具体内容如图10-3所示。

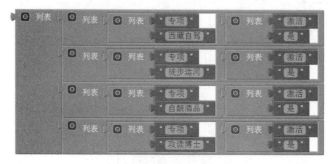

图 10-3　支出专项的三级列表

10.2.3 家庭成员与支付方式

这两项数据很简单，均为一级列表，其预设内容如图10-4所示。

图 10-4　家庭成员与支付方式的预设选项

10.2.4 重置密码

该功能只涉及一个数据——密码。

10.3 界面设计

利用布局组件，通过设置布局组件的显示与隐藏，可以展示不同功能的用户界面，这样的单个屏幕可以起到多屏幕的效果。

10.3.1 页面布局

在用户界面中，沿垂直方向有3个组件，将它们直接放置在屏幕中。

(1)屏幕顶部放置一个列表选择框，用于选择需要设置的项。
(2)用一个垂直布局组件充当容器，其中的组件用来实现对预设项的设置：当用户选择设置预设项时，显示该容器；当用户选择密码重置时，隐藏该容器。
(3)用另一个垂直布局组件容纳与密码设置相关的组件：当进行密码重置时，显示该容器；当设置预设项时，隐藏该容器。

除此以外，对话框组件用于实现恢复默认设置功能。在设计视图的组件列表中，可以看到布局组件与功能组件之间的包含关系，如图10-5所示。

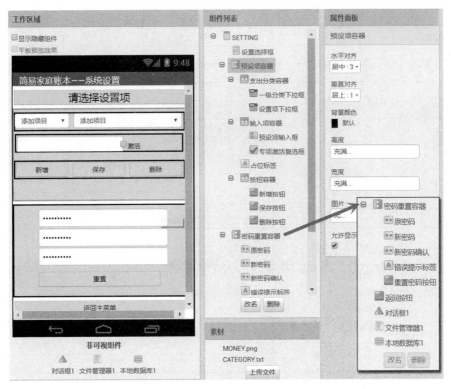

图 10-5　系统设置屏幕的界面设计

为了显示界面组件之间的关系，图 10-5 中的所有组件都设为允许显示，我们将利用程序来控制某些组件的显示及隐藏。

10.3.2　组件属性设置

图 10-5 中组件的命名及属性设置参见表 10-1。

表10-1　系统设置屏幕中组件的命名及属性设置

组件类型	命　　名	属　　性	属　性　值
屏幕	SETTING	标题	简易家庭账本——系统设置
列表选择框	设置选择框	粗体	勾选
		字号	22
		宽度	充满
		显示文本	请选择设置项
		标题	简易家庭账本 _ 系统设置
垂直布局	预设项容器	宽度、高度	充满
		水平对齐	居中
水平布局	支出分类容器	宽度	充满
		垂直对齐	居中
下拉框	一级分类下拉框	提示	支出一级分类
下拉框	设置项下拉框	宽度	充满
		提示	请选择操作项
水平布局	输入项容器	宽度	96%
		垂直对齐	居中

组件类型	命　名	属　　性	属　性　值
文本输入框	预设项输入框	宽度	充满
		提示	空
复选框	专项激活复选框	宽度	35%
		显示文本	激活
标签	占位标签	显示文本	空
水平布局	按钮容器	宽度	充满
按钮	新增按钮 保存按钮 删除按钮	宽度	充满
		显示文本	新增
			保存
			删除
垂直布局	密码重置容器	宽度、高度	充满
		水平对齐	居中
密码输入框	原密码 新密码 新密码确认	宽度	70%
		提示	空
标签	错误提示标签	显示文本	空
按钮	重置密码按钮	宽度	70%
		显示文本	重置
按钮	返回按钮	宽度	充满
		显示文本	返回主菜单
对话框	对话框	—	默认设置
文件管理器	文件管理器1	—	默认设置
本地数据库	本地数据库1	—	默认设置

10.4　界面逻辑

有了第 9 章的经验，此处读者不妨揣摩一下界面逻辑中蕴含的"过程"。

10.4.1　屏幕初始化

屏幕初始化时，自动打开设置选择框，显示其中的 6 个选项：支出二级分类、支出专项、家庭成员、支付方式、密码重置以及恢复默认设置。

10.4.2　设置预设项

用户从设置选择框中选中某预设项后（支出二级分类、支出专项、家庭成员、支付方式），可进行以下操作。

- 设置组件的显示与隐藏：显示预设项容器，隐藏密码重置容器；如果选中的是支出专项，则显示专项激活复选框，否则隐藏该复选框；如果选中的是支出二级分类，则显示一级分类下拉框，否则隐藏该下拉框。
- 数据绑定：从数据库中加载选中项的现有选项，将其设为设置项下拉框的列表属性。
- 修改与删除：用户选中设置项下拉框中的某项时，将该项内容填写到预设项输入框中，此时保存按钮的显示文本为"修改"，用户可以修改输入框中的内容，并点击"修改"按钮（实际上是保存按钮）完成选项的修改；此时用户也可以点击删除按钮，删除该选项。

- 新增：用户点击"新增"按钮，此时清空预设项输入框，保存按钮的显示文本为"保存"；用户在输入框中输入新的设置项后，点击保存按钮，将新增内容添加到原有设置中。
- 新增、修改或删除某项后，更新设置项下拉框的列表属性，将更新后的设置保存到数据库，并将输入表单恢复到初始状态（等同于点击新增按钮）。

10.4.3 重置密码

用户从设置选择框中选择了重置密码后，可进行以下操作。

- 设置组件的显示与隐藏：显示密码重置容器，隐藏预设项容器。
- 用户需要输入原密码、新密码并确认新密码，然后点击重置按钮。
- 检查用户输入的原密码，判断其是否与此前设置的密码一致；检查新密码与确认密码是否一致；如果两项检查都获通过，则将新密码保存至数据库，否则提示用户输入的信息有误。
- 密码修改完成后，再次打开设置选择框，以便用户选择其他的设置项。

10.4.4 恢复默认设置

用户选择恢复默认设置后，可进行以下操作。

- 弹出对话框，询问用户是否确认放弃原有设置，并提供"确定"及"取消"两个选项。
- 当用户选择"确定"时，从数据库中删除所有预设项，读取 CATEGORY.txt 文件，将文件内容解析后保存到数据库中。
- 当用户选择"取消"时，关闭对话框，打开设置选择框，等待用户进行其他选择。

10.5 编写程序——选择设置项

下面按照程序运行的时间顺序来着手编写程序。

10.5.1 屏幕初始化

首先声明一个全局变量"设置项"，这是一个键值对列表，如图 10-6 所示。其中的键用于显示，是设置选择框的备选项；值对应于本地数据库的存储标记，用于数据库的读写操作。在屏幕初始化程序中，提取设置项列表中的键，组成局部变量"显示列表"，并将其设置为设置选择框的列表属性，最后打开选择框，等待用户选择。

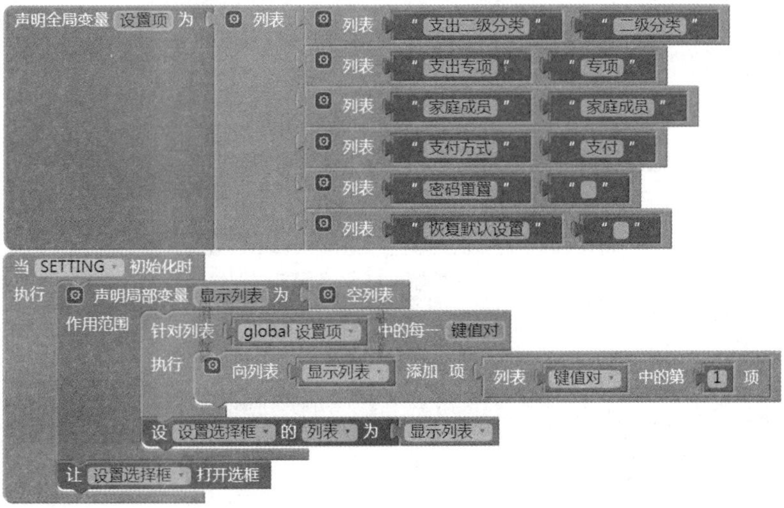

图 10-6 设置屏幕的初始化程序

10.5.2　设置组件的显示与隐藏

当用户在设置选择框中选择了某一项后，首先要考虑组件的显示与隐藏。我们将 6 个设置选项与组件的显示属性整理成表格（见表10-2），以防在编写代码时产生遗漏。

表10-2　组件的显示与隐藏

组件\n设置项	预设项容器			密码重置容器
	容器本身	支出一级分类	专项激活复选框	
支出二级分类	显示	显示	隐藏	隐藏
支出专项		隐藏	显示	
家庭成员		隐藏	隐藏	
支付方式		隐藏	隐藏	
密码重置	隐藏	—	—	显示
恢复默认设置	隐藏并弹出对话框			隐藏

表格中共有 6 行，对应于 6 种选择。注意观察每一行的内容，不难发现，其中有两行的设置是完全相同的，它们是"家庭成员"与"支付方式"，因此实际上只需要设置 5 种状态。另外，表格提示我们，与显示设置相关的组件共有 4 个（外加 1 个对话框）。选择"密码重置"及"恢复默认设置"时，只需要设置两个容器组件的显示属性，对应于 2 行代码（后者外加弹出对话框）；而选择其他选项时，需要设置 4 个组件的显示属性，对应于 4 行代码。这些提示让我们在编写程序时思路清晰，同时也可以帮助我们检查代码中的遗漏。下面创建"设置显示状态"过程，利用条件分支语句来处理这五种选择状态，代码如图 10-7 所示。

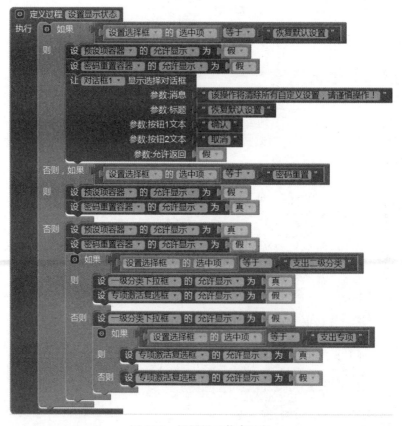

图 10-7　设置显示状态过程

图 10-7 中代码包含了 3 个条件语句,最外层的条件语句包含 3 个分支,分别对应于恢复默认设置、密码重置及所有预设项;中间层条件语句用于识别"支出二级分类";最内层条件语句用于识别"支出专项",其"否则"分支对应于"家庭成员"与"支付方式"两项。由此可见,上述过程能够完整地处理用户的每一种选择。

10.5.3 原始数据的绑定

当用户在设置选择框中选择某一项后,如前所述,第一项任务是设置组件的显示状态,第二项任务是原始数据的绑定。"数据绑定"是软件开发中的术语,意思是将某些数据与某个组件的属性之间建立起固定的联系。具体到我们的应用中,以支出二级分类为例,当用户选中该项后,我们要从数据库中读取两项数据,即支出一级分类与支出二级分类(两者均为列表),并将一级分类下拉框的列表属性设置为支出一级分类(下拉框的默认选中项索引值为1),将设置项下拉框的列表属性设置为支出二级分类(列表)中的第一项。这个过程就称为数据绑定。(有些编程语言中可以实现数据的实时绑定,即一旦绑定完成,当数据发生变化时,组件的属性值会自动更新,但 App Inventor 不支持实时绑定。)

下面创建"数据绑定"过程来实现对下拉框组件数据源的设置,代码如图 10-8 所示。

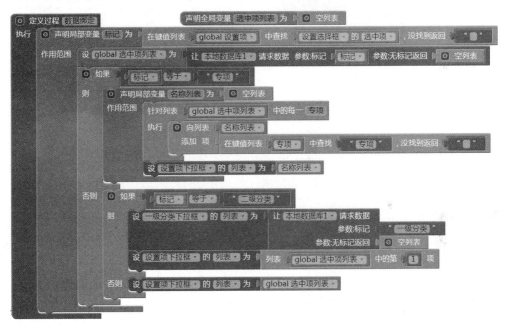

图 10-8 数据绑定过程

在 4 个预设项设置中,"家庭成员"与"支付方式"的数据是一级列表,这两项的设置最简单,放在条件语句的"否则"分支中;"支出专项"的数据是一个三级列表,其中的第二级列表为键值对列表,因此需要从中提取"专项名称"作为设置项下拉框列表属性的数据来源;最为复杂的是"支出二级分类",需要做两次数据绑定操作——设置一级分类下拉框,以及设置项下拉框的列表属性。

这里需要特别说明的是全局变量"选中项列表",该列表中保存了某个预设项的全部选项,当用户对预设项进行增、删、改操作时,实际上是对该列表进行操作。每次列表内容更新时,都要将更新后的数据保存到数据库中。此外,当用户选择不同的设置项时,该列表的数据结构是不同的,数据的具体格式请参见 10.2 节。

10.5.4 组件初始化

组件初始化是将有关组件的属性设置恢复到初始状态。在增、删、改的操作完成之后，我们希望清空预设项输入框，让专项激活复选框不被选中，保存按钮上的文字显示为"保存"（稍后你会看到这样设置的原因）。代码如图 10-9 所示。

图 10-9 组件初始化过程

10.5.5 设置选择框的完成选择事件

有了以上 3 个过程，我们就可以轻松地编写设置选择框的完成选择程序，代码如图 10-10 所示。

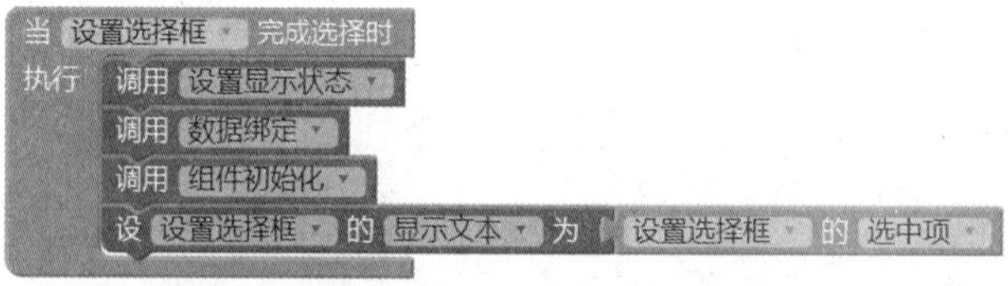

图 10-10 设置选择框的完成选择程序

接下来将逐项处理原始数据的增、删、改操作，我们从最复杂的支出二级分类开始。

10.6 设置支出二级分类

支出二级分类隶属于支出一级分类，因此我们的任务从选择一级分类开始。

10.6.1 选择支出一级分类

当用户从设置选择框中选择"支出二级分类"后，应用会进行数据的绑定，即为两个下拉框组件设置列表属性，之后用户可以从"一级分类下拉框"中选择一级分类。此时，我们希望"设置项下拉框"中的备选内容自动更新为对应于一级分类的二级分类，因此需要借助一级分类下拉框的完成选择事件来实现两个下拉框之间的数据联动，代码如图 10-11 所示。

图 10-11 一级分类的选择引发二级分类的重新绑定

图中的第二行代码用于设置二级分类的选中项。在测试中发现，设置项下拉框的选中项索引值在重新设置组件的列表属性时保持不变；也就是说，如果我们在某个一级分类中选择了二级分类中的第二项，那么当改变一级分类时，设置项下拉框的选中项会变成改变后的二级分类中的第二项。我们不希望出现这种情况，因此每次选择一级分类后，将选中项索引值设为 1。

10.6.2 修改二级分类

用户选择一级分类后，可以继续选择二级分类。此时，要将选中的二级分类填写到"预设项输入框"中，并设保存按钮的显示文本为"修改"。以上操作在设置项下拉框的完成选择事件中实现，代码如图 10-12 所示，代码的测试结果如图 10-13 所示。

图 10-12　当用户选中某二级分类时

图 10-13　测试：当用户选中某二级分类时

此时，用户可以修改输入框内的文字，然后点击"修改"按钮（其实是保存按钮），完成对二级分类的修改，修改操作包含以下 5 个步骤。

(1) 检查预设项输入框是否为空。如果不为空，执行修改指令，否则提示用户输入预设项内容。
(2) 修改内存中的数据，即修改全局变量"选中项列表"。
(3) 更新屏幕上的显示数据，即更新"设置项下拉框"的列表属性。
(4) 将修改的结果保存到数据库中。
(5) 界面组件恢复到初始状态：清空预设项输入框，并设保存按钮的显示文本为"保存"。

以上操作的代码如图 10-14 所示。

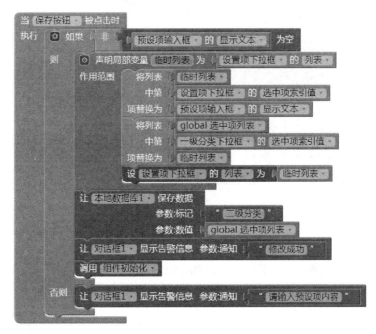

图 10-14　修改二级分类

图 10-14 中有两个"替换"列表项块：第一个"替换"块用于修改二级分类中的选中项，这个块中的第一个参数"局部变量临时列表"，取自设置项下拉框的列表属性（记住，组件的属性等同

于全局变量）；第二个"替换"块用于更新全局变量"选中项列表"。完成全局变量的更新之后，更新"设置项下拉框"的列表属性，最后将更新后的"选中项列表"保存到数据库中。代码的测试结果如图 10-15 所示。

图 10-15　修改二级分类的测试结果

10.6.3　删除二级分类

与修改操作一样，如果用户想删除某个二级分类项，首先要选择一级分类，然后选择要删除的二级分类，最后点击删除按钮，即可完成删除操作，代码如图 10-16 所示。

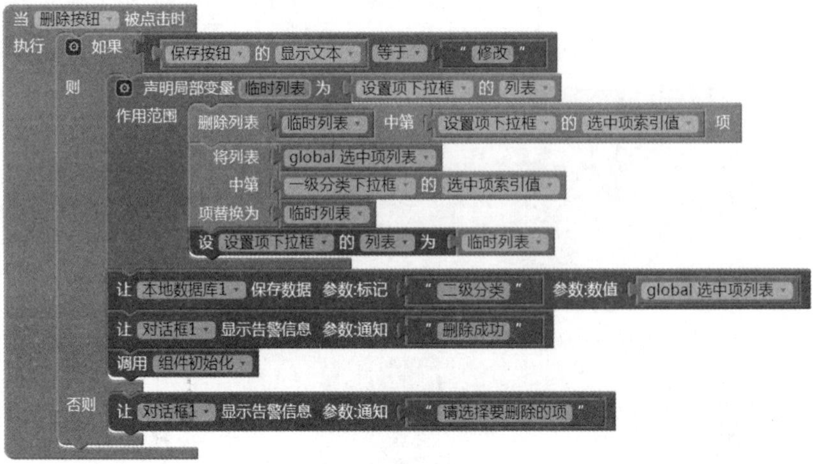

图 10-16　删除二级分类

与修改操作相比，删除操作有两点差别：

(1) 修改操作中使用了两个"替换"块，而删除操作中将第一个"替换"块改为"删除"块；

(2) 修改操作中检查的是"预设项输入框是否为空"，而删除操作中检查的是"保存按钮"的显示文本是否为"修改"。

10.6.4　新增二级分类

当用户选择了某个一级分类之后，不再选择二级分类，或用户在选择二级分类之后，又点击了新增按钮时，应用处于"新增"状态，此时用户可以在设置项输入框中输入新的二级分类，并点击保存按钮，实现新增操作，代码如图 10-17 所示。

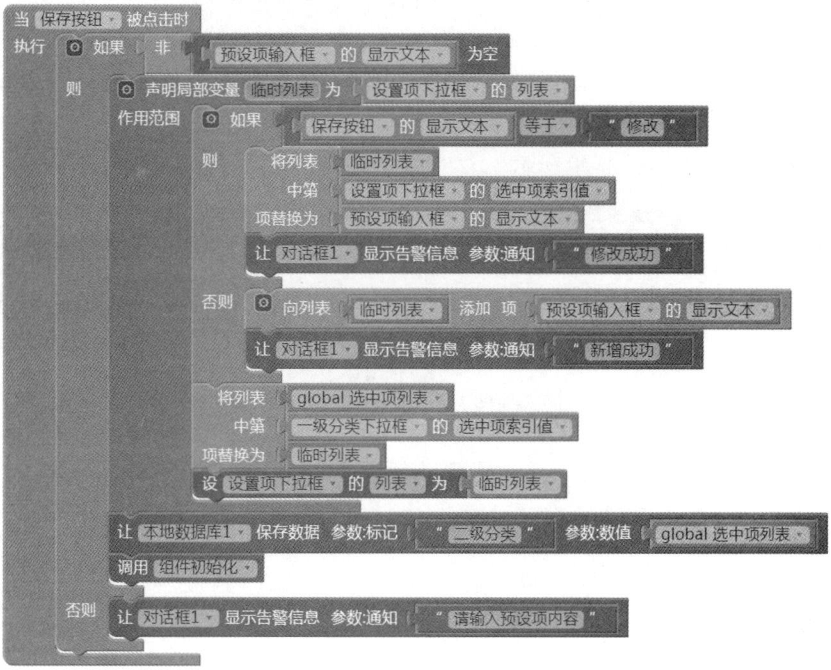

图 10-17　新增支出二级分类

这里还要补充一个新增按钮的点击程序，代码如图 10-18 所示。

图 10-18　新增按钮的点击程序

以上完成了对支出二级分类的增、删、改操作，读者不妨结合 9.6 节"收入记录"屏幕中的增、删、改操作，找出共同之处并加以总结，以便在自己未来的开发实践中参考借鉴。

10.6.5　测试

前面已经完成了修改功能的测试，现在来测试新增及删除功能，新增操作的测试结果如图 10-19 所示。

图 10-19　新增二级分类的测试结果

首先在设置选择框中选择"支出二级分类",屏幕上显示一级分类与二级分类的下拉框,默认的选中项索引值为1(左一图);打开一级分类下拉框,准备选择其中的第二项"穿戴"(左二图);选中"穿戴"后,设置项下拉框自动更新为穿戴类的二级列表(左三图);在预设项输入框中输入"运动装",此时保存按钮显示"保存"(右二图);点击保存按钮后,对话框提示新增成功(右一图),证明新增操作已经完成。

删除操作的测试结果如图 10-20 所示。

图 10-20   删除二级分类的测试结果

继图 10-19 中右一图之后,打开设置项下拉框,可以见到刚刚新增的"运动装"一项,预备选择倒数第二项"饰品"(左一图);选中"饰品"后,"饰品"二字被填写到输入框中,保存按钮显示"修改"(左二图);点击删除按钮后,对话框提示"删除成功",输入框清空,保存按钮显示"保存"(右二图);打开设置项下拉框,可见之前的"饰品"已消失。

10.7   设置支出专项

对支出专项的设置也要从"设置选择框"开始,让我们重温一下"设置选择框"的完成选择事件。如图 10-10 所示,首先调用"设置显示状态"过程,显示或隐藏某些界面组件;然后调用"数据绑定"过程,该过程一方面用全局变量"选中项列表"来保存从数据库中读出的原始数据,另一方面,从原始数据中提取支出专项的名称列表,并将其设为"设置项下拉框"的列表属性,如图 10-8 所示。此时测试设备上的界面外观如图 10-21 所示。

图 10-21   选择支出专项后的用户界面

10.7.1　选中某个支出专项

　　如图 10-12 所示，在设置支出二级分类时，我们在设置项下拉框中选择一项，此时二级分类名称将填写到设置项输入框中，同时保存按钮上的文字改为"修改"。在设置支出专项时，对这一操作的处理会变得稍微复杂一些：不仅需要填写输入框，还需要设置专项激活复选框的"选中"属性。为此，我们需要修改"设置项下拉框"的完成选择事件，添加对激活复选框的设置，代码如图 10-22 所示。

图 10-22　填写输入框，并设置激活状态复选框

程序的测试结果如图 10-23 所示。

图 10-23　测试结果

　　此时，用户可以修改输入框中的内容，或改变激活复选框的选中状态，并点击"修改"按钮（即保存按钮），完成修改操作；也可以直接点击删除按钮，删除该支出专项；或者点击"新增"按钮，清空输入框，取消激活复选框的选中状态，为新增操作做准备。

10.7.2　新增与修改

　　我们将一并处理"新增"与"修改"操作，因为它们都与保存按钮的点击事件有关。在保存按钮的点击程序中，要处理 4 个预设项的保存与修改操作；也就是说，可能存在 $2 \times 4 = 8$ 个条件分支，势必导致该程序的代码过于冗长。为便于代码的阅读及管理，我们需要为每个预设项的新增及修改操作创建一个过程，在点击保存按钮时，只要在各自的条件分支中调用这些过程即可。

首先从已经完成的"支出二级分类"开始，过程名称为"新增修改二级分类"。我们暂时不考虑代码的复用性，把现有的保存按钮点击程序中的部分代码拖出来，直接放到定义过程块中，并在保存按钮的点击事件中调用该过程，代码如图 10-24 所示。

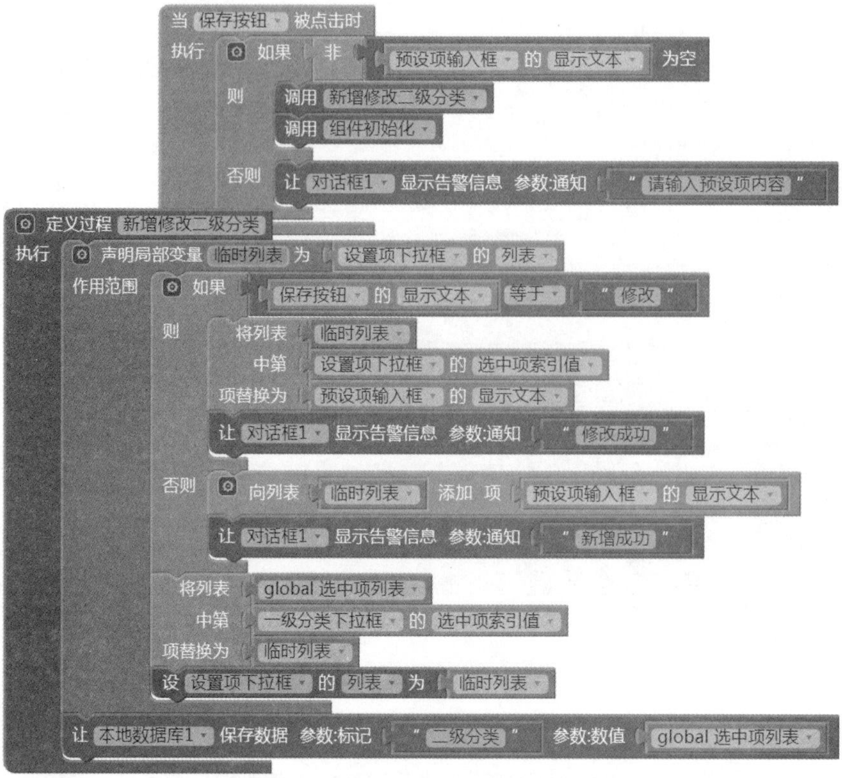

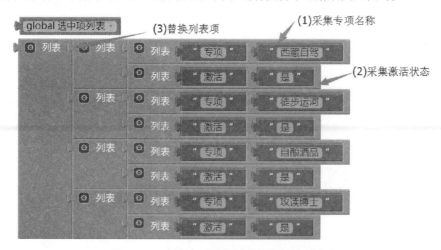

图 10-24　创建过程——新增修改二级分类

同样，我们也要创建一个"新增修改支出专项"过程。先来整理一下思路，如图 10-25 所示。我们将选中项列表的内容以代码块的方式展现出来，这样更易于理解后面的代码。

图 10-25　支出专项的数据结构及修改的步骤

鉴于支出专项数据结构的特殊性，我们在编写过程时，先采集界面数据拼成键值对列表，再用键值对列表替换选中项（修改操作），或添加到原始数据中（新增操作）。代码如图 10-26 所示。

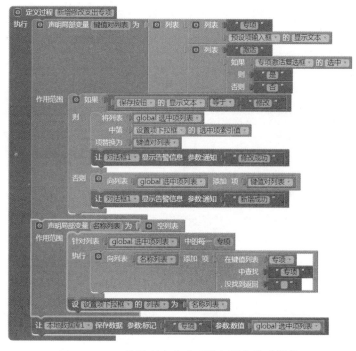

图 10-26　一并处理支出专项的新增与修改操作

图 10-26 底部是一块局部变量"名称列表"所包围的代码，来自"数据绑定"过程（见图 10-8），它的作用是从更新后的"选中项列表"中提取专项名称，组成专项名称列表，并将该列表设置为设置项下拉框的列表属性。两段完全相同的代码出现在不同的地方，我们有必要将它们封装成过程，并用过程来替换原来的代码。修改后的程序如图 10-27 所示。

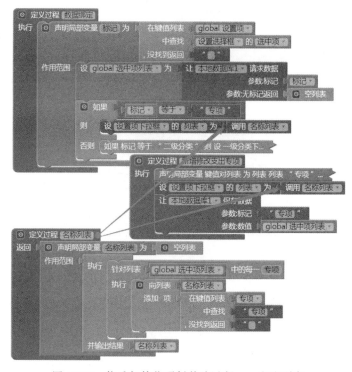

图 10-27　将重复的代码封装为过程——名称列表

下一步来改造保存按钮的点击程序，在预设项输入框不为空的条件分支中，添加内层条件分支语句，根据"设置选择框的选中项"来决定调用哪一个"新增修改"过程。代码如图 10-28 所示。

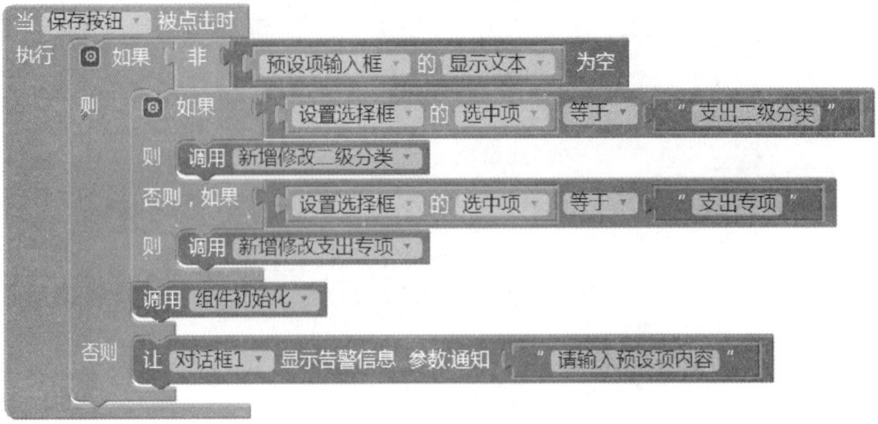

图 10-28　在保存按钮点击程序中调用"新增修改"过程

10.7.3　删除

下面来处理支出专项的删除操作。在删除按钮的点击事件中，同样要处理对 4 个选项的删除操作，为了避免代码过于冗长，我们将其中与选项有关的代码独立出来，放在过程里。创建一个"删除二级分类"过程，将此前按钮点击程序中的部分代码封装起来，如图 10-29 所示。

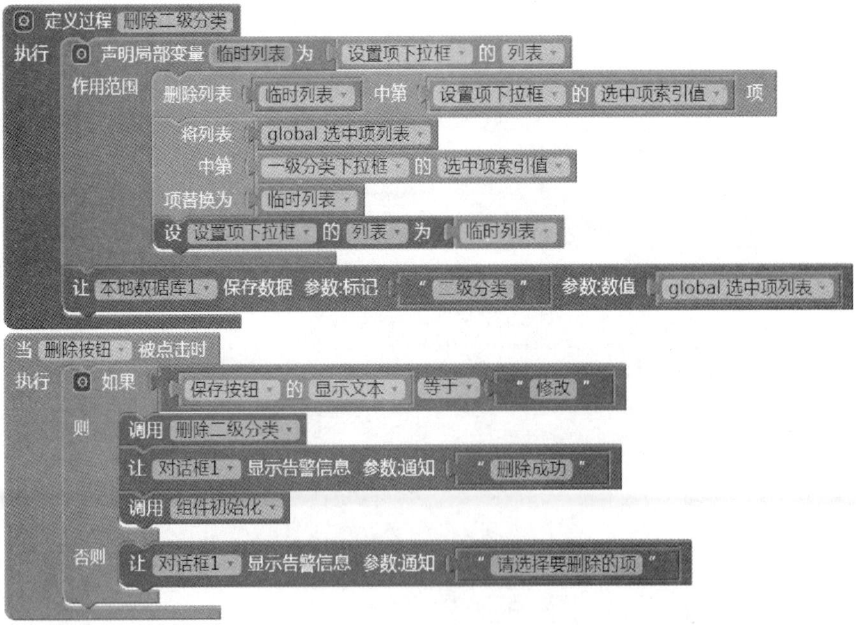

图 10-29　将与选项有关的代码封装成过程，并调用过程

创建"删除支出专项"过程，并在删除按钮点击事件中调用该过程，代码如图 10-30 所示。

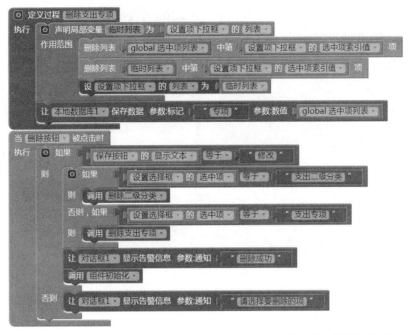

图 10-30　创建删除支出专项过程，并在删除按钮点击事件中调用该过程

10.7.4　测试

首先测试新增功能，如图 10-31 所示：在设置选择框中选择"支出专项"，设置项下拉框中显示第一条支出专项的名称，保存按钮显示文本为"保存"（左一图）；输入"开源教育"并选中激活复选框（左二图）；点击保存按钮，保存新增项，对话框显示"新增成功"（右二图）；打开设置项下拉框，列表中显示 5 个专项名称，最后一个是新增项（右一图）。

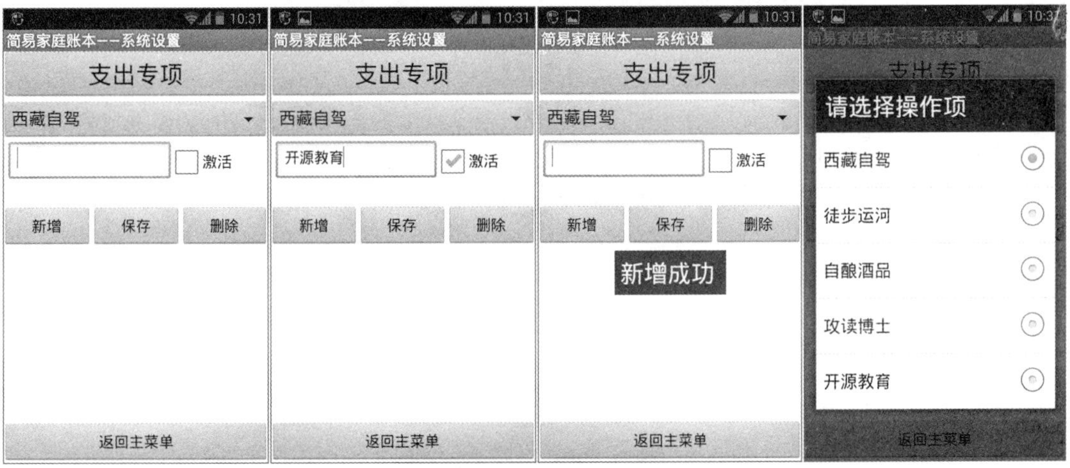

图 10-31　新增专项测试

再来测试修改及删除功能，如图 10-32 所示：选中"攻读博士"专项，此时保存按钮显示"修改"，将"攻读博士"改为"攻读硕士"（左一图）；点击"修改"按钮，对话框显示"修改成功"，此时设置项下拉框中显示"攻读硕士"，预设项输入框被清空，激活复选框不被选中，保存按钮的显示"保存"（左二图）；打开设置项下拉框，发现最后一项已经修改成功，预备选择"攻读硕士"一项（右二图）；此时先选中"攻读硕士"以外的任意一项，再重新打开下拉框，选择"攻读硕士"

项，点击删除按钮，对话框显示"删除成功"，设置项下拉框中显示最后一项"自酿酒品"（右一图）。

图 10-32　修改及删除专项测试

10.7.5　测试中的问题

1. 删除操作中的顺序问题

我们来做一项修改，改变"删除支出专项"过程中两个删除列表项语句的顺序：先从局部变量临时列表中删除选中项，然后再从全局变量"选中项列表"中删除选中项，代码如图 10-33 所示。

图 10-33　修改两个删除语句的顺序

在测试时，我们选择删除下拉框中的最后一项，结果在手机及 App Inventor 编程视图中都出现错误提示，如图 10-34 所示。

图 10-34　两个删除列表项代码块调换位置后，测试结果显示程序运行故障

错误提示的意思是：删除列表项的操作试图从列表中删除索引值为 0 的列表项，但最小的有效索引值为 1。从错误信息中我们得知，正在试图执行删除操作的列表是"选中项列表"（其中包含了完整的支出专项信息——专项名称及激活）。这说明第一个删除语句已经执行完毕，问题出在第二个删除语句中。但是当删除的项不是最后一项时，删除操作可以正常执行。我们暂时保留这个疑问，来看另一个测试结果。

2. 删除后的选中项问题

在测试过程中发现，删除操作后，从屏幕上观察，设置项选择框的选中项索引值保持不变，或减小 1。例如，在图 10-32 的右二图中，如果删除第三项"自酿酒品"，则下拉框中将显示"攻读硕士"（选中项索引值仍为 3）；但是如果删除最后一项"攻读硕士"（选中项索引值为 4），则下拉框中将显示最后一项"自酿酒品"（选中项索引值为 3）。为了搞清楚真相，我们来测试一下删除操作后下拉框的选中项索引值。在"删除支出专项"过程里添加一行代码，如图 10-35 所示，利用屏幕的标题来显示删除选中项后索引值的变化。测试结果如图 10-36 所示。

图 10-35　测试删除成功后下拉框的选中项索引值

图 10-36　测试结果

结论是：当选中项是最后一项时，删除成功后选中项索引值为 0；当选中项不是最后一项时，删除成功后，选中项索引值保持不变。也就是说，在删除最后一项后，选中项索引值已经超出了数据源"临时列表"的长度，此时 App Inventor 会自动将下拉框的选中项索引值设置为 0。这个结论也解释了第一个问题中故障的原因——从"临时列表"中删除了最后一项之后，"选中项索引值"被改写为 0；当程序继续执行，试图从"选中项列表"中删除索引值为 0 的列表项时，就发生了图 10-34 中的错误。

但是，为什么屏幕上显示的结果是选中项索引值"不变"或"减 1"呢？

3. 解释上述疑问

针对第二个问题，我们设计了一个实验，代码如图 10-37 所示。禁用"删除支出专项"过程中的第三行代码（设下拉框的列表属性为临时列表），然后在设置项下拉框中选择倒数第二项"开源教育"，并点击删除按钮。删除完成后，我们打开手机上的设置项下拉框，发现"开源教育"项并没有消失；此时，在编程视图中右键点击第一行代码中的代码块"设置项下拉框的列表"，并选择菜单中最后一行"执行该代码块"，此时块上自动添加了注释。打开注释窗口，会看到此时下拉框组件的列表属性值"开源教育"一项已经不见了，如图10-37所示。

图 10-37　做一个实验：从下拉框中删除一项后，观察下拉框列表属性的变化

由于我们事先禁用了第三行代码（更新下拉框的列表属性），可以得出两个结论：（1）当从临时列表中删除一项后，下拉框的列表属性也会自动更新；（2）列表属性的更新，并没有导致下拉框显示结果的更新。这说明 App Inventor 中组件与数据之间的绑定关系并非实时绑定。当我们重新启用图 10-37 中的禁用代码后，用户界面上下拉框的显示内容会同步更新，说明这个"设置"动作可以引发界面组件显示属性的更新。

我们经常说"从错误中学习，在犯错中成长"，的确，从这个运行故障中，我们了解了 App Inventor 中组件属性与数据之间的绑定机制，以及删除下拉框组件的最后一项时，App Inventor 对选中项索引值的处理方式；同时，我们也学到了探究程序错误原因的方法。不要小看这些看似琐屑的细节，只有清晰地了解程序的运行机制，才能避开程序的陷阱。

10.8　设置家庭成员及支付方式

在 10.5 节中，我们完成了设置前的准备工作：当用户在设置选择框中选择了"家庭成员"或"支付方式"时（如图 10-10 所示），应用首先设置组件的显示与隐藏（如图 10-7 所示），其次对"设置项下拉框"进行数据绑定——设下拉框的列表属性为数据库中读取的对应信息（如图 10-8 所示）。在数据绑定及初始化完成之后，需要处理"设置项下拉框"的完成选择事件开始（如图 10-22 所示）。以上程序同样适用于选中"家庭成员"以及"支付方式"的情形。因此，接下来只需要处理具体的设置操作——新增、修改及删除。

10.8.1　选择设置项

与前两项设置相比，这两项数据均为一级列表，操作起来相对简单，而且可以一同处理。下面我们将"家庭成员"与"支付方式"这两项统称为"简单项"。

10.8.2　新增与修改简单项

先来处理简单项的新增与修改操作。创建一个过程"新增修改简单项"，代码如图 10-38 所示。

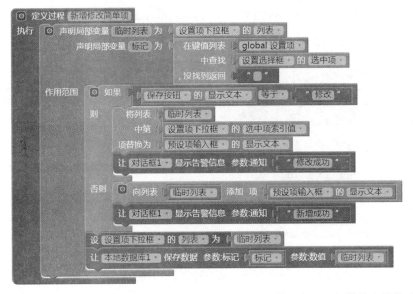

图 10-38   一个对"家庭成员"及"支付方式"都适用的过程——新增修改简单项

然后在保存按钮点击事件中调用该过程,代码如图 10-39 所示。

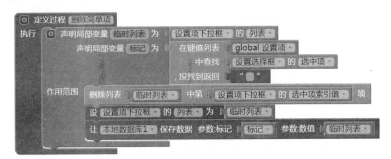

图 10-39   保存按钮点击程序的最终版本

10.8.3   删除简单项

同样先创建一个过程"删除简单项",代码如图 10-40 所示。

图 10-40   同时适用于"家庭成员"及"支付方式"的删除过程

然后在删除按钮点击事件中调用该过程，代码如图 10-41 所示。

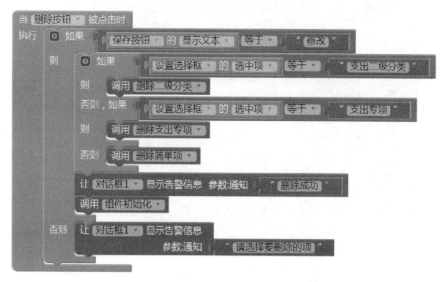

图 10-41　删除按钮点击程序的最终版本

10.8.4　测试

我们仅对"家庭成员"一项进行测试，新增操作的测试结果如图 10-42 所示。在设置选择框中选中"家庭成员"一项后，打开设置项下拉框，看到其中包含 3 个系统预设项（左一图）；在预设项输入框中输入新成员姓名，此时保存按钮上显示"保存"（左二图）；点击保存按钮，对话框提示"新增成功"（右二图）；打开设置项下拉框，看到列表中新增了一项（右一图）。

图 10-42　测试——新增家庭成员

图 10-43 是修改及删除操作的测试结果。在图 10-42 的右一图中，选择第二项"李斯"，此时保存按钮显示"修改"，将"李斯"修改为"李思雨"（图 10-43 左一图）；点击"修改"按钮，对话框显示"修改成功"，设置项下拉框中的内容也同时更新，保存按钮显示"保存"（左二图）；打开设置项下拉框，看到更新之后的家庭成员名单（左三图）；从中选择第三项"王小五"，"王小五"被填写到输入框中（右二图）；点击删除按钮，对话框提示"删除成功"，下拉框中原来的"王小五"变成原来的第四项"张辰亮"。

图 10-43　测试——修改、删除家庭成员

至此，系统预设项的设置功能已经全部完成。

10.9　完善新增与修改功能

到目前为止，预设项的设置功能基本上算是完成了，不过就程序逻辑的严谨性而言，还有需要改进之处。一个比较严重的问题是，对于修改和新增操作，我们没有考虑到用户输入重复项的问题。现在的设置功能允许用户设置两个同名的预设项，比如在支出专项设置中，允许存在两个甚至更多的"开源教育"专项。为了避免用户输入重复项，我们需要对用户的输入进行检查，这个动作应该在 3 个"新增修改"过程中完成。首先创建一个有返回值的过程"为重复项"来检查用户输入的数据，代码如图 10-44 所示。

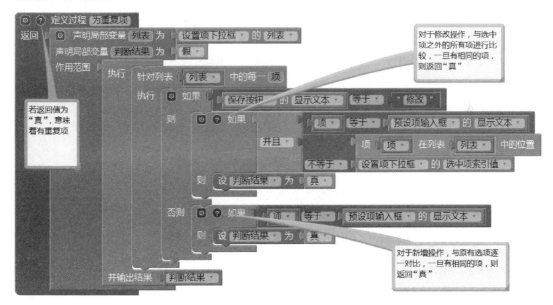

图 10-44　检查用户输入的内容是否重复

这里需要小心的是修改操作，用户可能在不做任何修改的情况下，点击"修改"按钮，因此在进行比较时，要排除选中项。

然后在保存按钮的点击程序中调用上述过程，代码如图 10-45 所示。

图 10-45　调用"为重复项"过程

测试结果如图 10-46 所示,当选中"现金"项时,试图将"现金"改为"转账"时,应用提示"内容重复,请重新输入"。不过当我错误地将"转账"写成"转帐"时,程序也无能为力!

简易家庭账本_系统设置	简易家庭账本_系统设置
支付方式	支付方式
现金	现金
转帐	转帐
新增　修改　删除	新增　修改　删除
	内容重复,请重新输入。
返回主菜单	返回主菜单

图 10-46　检查重复项的测试结果

10.10　其他设置及返回主菜单

本节实现系统设置屏幕中余下 3 个功能:密码重置、恢复默认设置及返回主菜单。

10.10.1　密码重置

用户在设置选择框中选择了密码重置后,将显示密码重置容器,并隐藏预设项容器,这项功能已经在图 10-7 中完成。这里我们要对用户输入的原密码及新密码进行检查,检查成功后,将新密码保存到数据库中,代码如图 10-47 所示。

密码保存成功后,用对话框显示操作结果,并初始化密码组件——清空所有密码输入框中的字符,并将错误提示标签的显示文本设为空。此时,用户界面上只剩下光秃秃的几个密码输入框,显得有些突兀,于是我们隐藏了密码重置容器,并打开"设置选择框",以便用户选择其他的设置项。

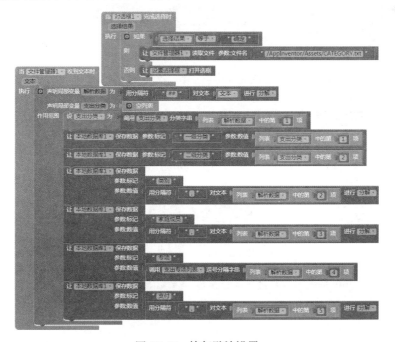

图 10-47　重置密码

　　这里的密码组件初始化过程看似无用，因为整个密码重置容器隐藏之后，其中的组件也都看不见了。但是，如果不执行初始化过程，当用户再次选择密码重置时，会看到一个凌乱的画面，里面有可能还残留着"原密码错误"一类的提示信息，这会让用户感到困惑，并可能对应用本身失去信心。

10.10.2　恢复默认设置

　　当用户选择"恢复默认设置"项时，应用将弹出对话框，代码如图 10-7 所示；我们将根据用户的选择执行相应的操作，代码如图 10-48 所示。

图 10-48　恢复默认设置

当用户在对话框中选择"确定"时，从手机中读取应用的预设项文本文件 CATEGORY.txt。当文件管理器收到文本时，对文本内容进行解析，并将解析之后的数据逐一保存到数据库中。图 10-48 中文件管理器的收到文本事件处理程序是从第 8 章复制过来的，一同复制过来的还有下面的"支出分类"过程以及"支出专项列表"过程，如图 10-49 及图 10-50 所示。

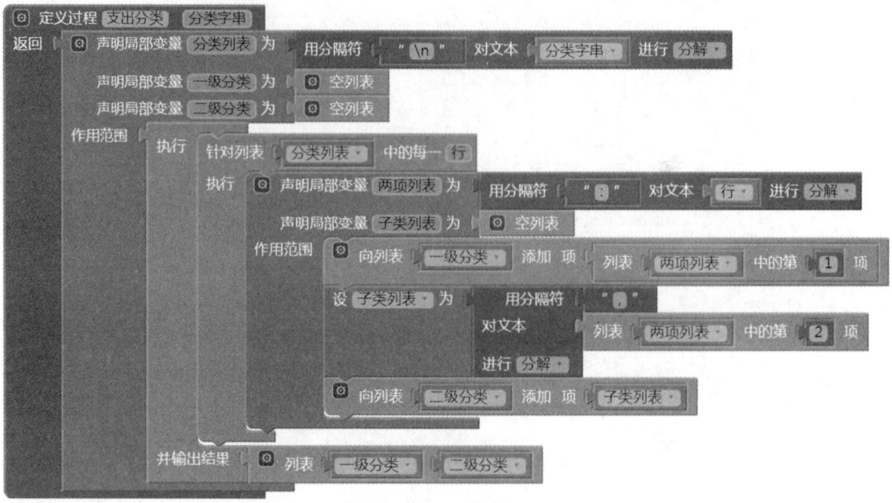

图 10-49　从第 8 章复制过来的"支出分类"过程

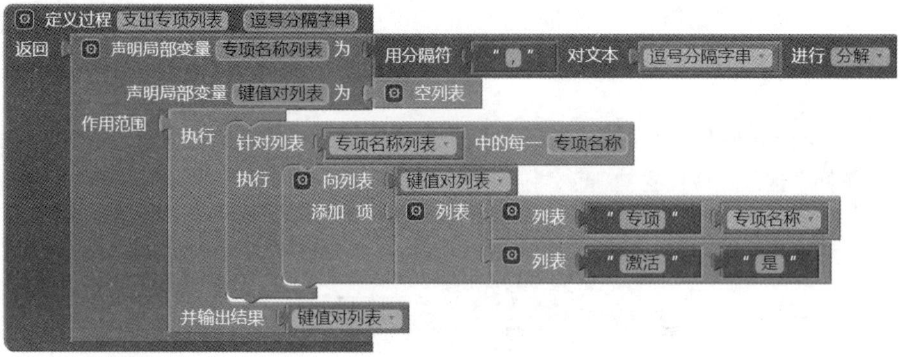

图 10-50　从第 8 章复制过来的"支出专项列表"过程

10.10.3　返回主菜单

当用户点击返回按钮时，关闭当前屏幕，代码如图 10-51 所示。该功能的测试需要从导航菜单开始，从导航页进入系统设置页，此时选择返回，测试才能成功。如果连接 AI 伴侣时直接进入系统设置页，则测试无法完成。

图 10-51　返回主菜单

简易家庭账本应用的系统设置功能至此已全部开发完成，下一章将实现支出记录功能。

第11章

简易家庭账本——支出记录

在前两章我们实现了收入记录及系统设置功能，如果说这两章在编程的思路上有什么明显差异的话，那应该是在数据的保存策略上：收入记录采取单条输入、批量保存的方式，而系统设置则是随时变化、随时保存。之所以有这样的差别，是考虑到数据量的差异。就系统设置而言，每一个预设项的数据量（对应于列表的长度）是有限的，我们可以将它们全部显示在列表显示框一类的组件中，并且可以很方便地进行新增、修改及删除操作；然而对于收入记录而言，它的数据量会与日俱增。难以想象，假如将 100 条收入记录显示在列表组件中，用户要找到一条记录将会是多么困难。本章的支出记录仍然沿用收入记录的实现思路，并保持与收入记录一致的页面设置及操作方法，以便用户形成固定的操作习惯。

11.1 功能描述

支出记录除数据项不同外，其余均与收入记录功能相同。

- 入口：用户在导航菜单页面点击"支出记录"，进入支出记录页面。
- 出口：用户在支出记录页面点击"返回主菜单"按钮，可以返回到导航菜单页面。
- 新增：屏幕的上方为信息输入区"输入表单"，用户根据表单中的提示信息，选择或输入相关的数据项，并提交数据。
- 显示：屏幕的下方是显示区，已经提交的数据将显示在列表中。
- 恢复组件初始状态：数据提交之后，将输入表单恢复到初始状态，等待输入下一条记录。
- 修改与删除：当用户在列表中选中了某项数据后，可以修改或删除该项数据。
- 永久保存：当用户确认已提交的信息准确无误后，将数据永久保存在数据库中。
- 当数据保存到数据库之后，清空屏幕下方的列表，等待新一批数据的输入。
- 数据项及其来源（共 10 项）。
  - ◆ 日期：默认系统当前日期，用户可以选择其他日期。
  - ◆ 一级分类：系统预设选项，包括吃喝、穿戴等，用户从中选择一项。
  - ◆ 二级分类：系统预设选项（用户可增、删、改），是一级分类的子类，如吃喝类中包括粮油、蔬菜、水果等，用户从中选择一项。
  - ◆ 支出专项：系统预设选项（用户可增、删、改），是支出信息的另一种分类方式，用于标记某些特殊事项的支出。例如，用户策划了一次沿运河的徒步旅行，他／她想要记录下与此项活动相关的全部支出，就可以创建一个"徒步运河"专项，对支出进行管理；专项有两种状态，激活状态与非激活状态，只有激活状态的专项才能显示在输入表单的下拉框中；默认设置为"非专项支出"。

- ♦ 受益人：从系统预设的"家庭成员"选项中选择，默认设置为"全体"。
- ♦ 名称：支出货币所换取的对象或相关事项的名称，界面输入，必填项。
- ♦ 数量：界面输入，非必填项。
- ♦ 单位：界面输入，非必填项。
- ♦ 金额：界面输入，必填项。
- ♦ 备忘：界面输入，非必填项。

虽然从数据项的类型上看，支出记录与收入记录非常相近，但是对应到现实生活中，这两类信息的含义却是完全不同的。相对于收入行为来说，支出行为具有更多的自主性，是一种可控的行为。账本应用考虑到支出行为的这种特性，为其设定了更为多样的分类方式。与收入信息的分类相比，支出信息的分类有两点不同。首先，支出信息有两级分类，一级分类为大类，二级分类隶属于一级分类；其次，支出信息可以归属于某个专项。例如，用户计划做一次徒步旅行，沿京杭大运河从北京步行至杭州，所有与这次旅行相关的支出都记录在这个专项的下面。当项目结束时，可以准确地核算出这次旅行的花销。此外，与收入信息中"收入者"相对应的，是支出信息的"受益人"选项，用户也许有兴趣统计养育孩子的花费，他可以将与孩子相关的支出信息划归到某个"受益人"名下。总之，对于支出信息的描述有更多的维度，这些分类的作用将体现在信息的查询以及分类汇总功能中，希望借此可以帮助用户理性地评价自己的支出行为，为今后的支出决策提供参考。当然，以上对用户需求的猜测，完全基于笔者个人的经验，是否真的能够满足用户的需求，还要经过实践的检验。

11.2 数据模型

当我们用程序来表达时，数据模型是我们的主语，切记！

11.2.1 对象模型

与收入记录中采用的方法相同，我们用表格的方式来描述支出信息的对象模型，如表 11-1 所示。

表11-1 支出信息的数据模型

数据名称	数据来源	取值范围	备 注
日期	日期选框选择	从 1970 年 1 月 1 日 0 时至今的毫秒数	为了比较日期的大小
一级分类	下拉列表选择	系统预设（不可修改）：吃喝、穿戴、住房、家用、日用、交通、通信、教育、娱乐、医疗、社交、金融、杂项	原始数据保存在文件中，应用初始化时保存到本地数据库中。可用于分类查询及汇总
二级分类	下拉列表选择（一级分类的选择决定了二级分类的可选项）	系统预设（可增、删、改）： 吃喝（粮油、肉蛋、蔬菜、水果、烟、酒、茶、水、零食、其他） 穿戴（冬、夏、春秋、饰品） 住房（房租、物业费、取暖费、水费、电费、煤气费、维修费） 家用（电器、家具、床上用品、电脑、手机） 日用（洗涤、护肤、保健） 交通（公交、长途、出租、加油、停车、过路费、检修） 通信（座机、手机、宽带、邮寄） 教育（书籍、光盘、培训、家教、补习、留学） 娱乐（电影、戏剧、K歌、旅游、运动、游戏、玩具、收藏） 医疗（体检、治疗、药物、手术、住院、处置、看护） 社交（请客、往来、捐赠、公益） 金融（房贷、车贷、其他） 杂项（家政服务）	—

数据名称	数据来源	取值范围	备　注
专项	下拉列表选择	系统预设（可增、删、改）：西藏自驾、徒步运河、自酿酒品、攻读博士	同一级分类
受益人	下拉列表选择	系统预设（可增、删、改）：家庭成员	同一级分类
名称	用户手工输入	任意字符	必填项，可用于查询
数量	用户手工输入	仅限数字	非必填项
单位	用户手工输入	任意字符	非必填项
金额	用户手工输入	仅限数字，单位为元（人民币）	必填项，其他币种可填写在备忘中
备忘	用户手工输入	任意字符（地点、商家名称等）	非必填项

11.2.2　变量模型

(1) 支出全集：用于保存全部的支出记录，列表结构如图 11-1 所示。

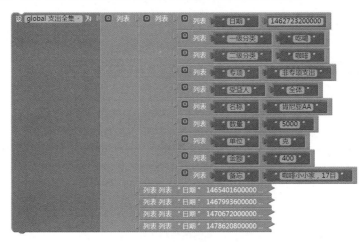

图 11-1　支出全集列表的结构

(2) 临时支出列表：用于保存本批次输入的支出记录，列表结构与支出全集完全相同。

(3) 支出字串列表：临时支出列表所对应的字串表示方式。

(4) 二级分类：用于保存从数据库中读取的二级分类列表，为二级列表，结构如图 11-2 所示。

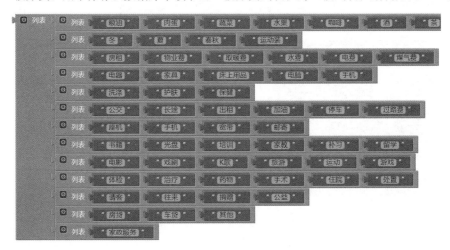

图 11-2　二级分类的列表结构

11.2.3　预设项列表

支出信息中包含 4 个预设项，除了支出二级分类需要用全局变量来保存外，其余 3 个预设项从数据库中读出后，有两项（一级分类及家庭成员）可以直接设置为下拉框的列表属性，而支出专项需要筛选出激活状态的专项，并提取专项名称组成列表，再将名称列表设置为下拉框的列表属性，这 3 个预设项的数据结构如下。

- 一级分类：一级列表。
- 家庭成员：一级列表。
- 支出专项：三级列表，结构如图 11-3 所示。

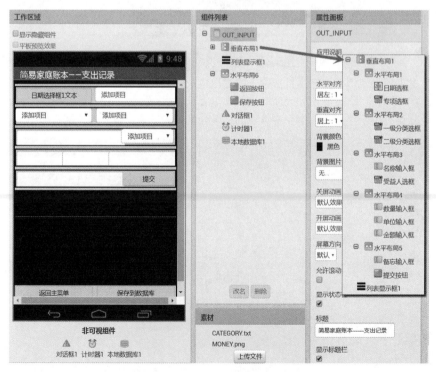

图 11-3　支出专项的列表结构

11.3　界面设计

在制作手机上使用的应用时，有一点是格外需要加以考虑的：让用户尽可能减少使用键盘输入信息，当键盘输入不可避免时，也要尽可能将输入框放在屏幕的上半部分，以避免弹出的输入法界面挡住输入框，使用户无法随时查看输入的内容。在上一章的收入记录屏幕中，界面设计就是基于这样的考虑，这样的思路也同样适用于支出记录屏幕（OUT_INPUT）。界面设计如图 11-4 所示，图中将组件列表中的垂直布局 1 折叠起来，以表明垂直布局与列表显示框及水平布局 6 之间的并列关系，打开的垂直布局 1 见右侧小图。组件的属性设置如表 11-2 所示。

图 11-4　支出记录屏幕的界面设计

表11-2　支出记录屏幕中组件的属性设置

组件类型	命　名	属　性	属性值	
屏幕	OUT_INPUT	背景颜色	黑色	
		标题	简易家庭账本——支出记录	
垂直布局	垂直布局1	宽度	充满	
水平布局	水平布局1～6	宽度	充满	
		垂直对齐	居中	
日期选择框	日期选框	宽度	46%	水平布局1
下拉框	专项选框	宽度	54%	
		提示	支出专项	
下拉框	一级分类选框	宽度	充满	水平布局2
		提示	支出一级分类	
下拉框	二级分类选框	宽度	充满	
		提示	支出二级分类	
文本输入框	名称输入框	宽度	充满	水平布局3
		提示	名称	
下拉框	受益人选框	提示	支出受益人	
文本输入框	数量输入框	宽度	充满	水平布局4
		提示	数量	
		仅限数字	勾选	
文本输入框	单位输入框	宽度	充满	
		提示	单位	
文本输入框	金额输入框	宽度	40%	
		提示	金额	
		仅限数字	勾选	
文本输入框	备忘输入框	宽度	充满	水平布局5
		提示	备忘	
按钮	提交按钮	显示文本	提交	
		宽度	100 像素	
列表显示框	支出显示框	高度	充满	水平布局6
		字号	28	
按钮	返回按钮	宽度	充满	
按钮	保存按钮	显示文本	返回主菜单	
		显示文本	保存到数据库	
对话框	对话框	—	默认设置	
计时器	计时器	一直计时	取消勾选	
		启用计时	取消勾选	
本地数据库	本地数据库1	—	默认设置	

11.4　界面逻辑

不要忘记搜索页面逻辑中蕴含的"过程"。

1. 声明全局变量

- 支出全集：用于保存从数据库中读取的全部支出记录；新输入的记录需要先追加到支出全集中，再保存到数据库中。
- 临时支出列表：保存用户本批次输入的若干条支出记录；当输入完成后，将该列表追加到收入全集中，保存至数据库，然后清空本列表。

- 支出字串列表：将临时支出列表中的列表项逐条拼成字串，保存在该列表中，该列表是支出显示框的列表属性来源。
- 二级分类：保存从数据库中读取的支出二级分类信息，当用户在输入表单中改变一级分类时，将该列表中与一级分类对应的项设置为二级分类选框的列表属性。

2. 屏幕（OUT_INPUT）初始化

- 从数据库中读取全部支出记录，保存在全局变量支出全集中。
- 从数据库中读取一级分类，并将其设置为一级分类选框的列表属性。
- 从数据库中读取二级分类，保存在全局变量二级分类中，并将列表中的第一项设置为二级分类选框的列表属性。
- 从数据库中读取家庭成员，在列表首位添加一项"全体"，并将其设置为受益人选框的列表属性。
- 从数据库中读取专项，并筛选出处于激活状态的专项，提取出专项名称列表，在名称列表首位添加一项"非专项支出"，并将其设置为专项选框的列表属性。
- 设置界面组件的初始状态：清空输入表单，设置所有下拉框的选中项索引值为1，设日期框的选中日期及显示文本为系统当前日期。
- 设支出显示框的列表属性为支出字串列表，设置其选中项索引值为0（没有选中项）。

3. 支出一级、二级选框的选择关联

- 屏幕初始化时，一级、二级分类选框的选中项索引值均为1。
- 当用户改变了一级分类选框的选中项时，根据其选中项索引值，设置二级分类选框的列表属性。

4. 新增支出记录

- 当用户在输入表单中输入并选择了相关信息，点击提交按钮时，检查表单信息是否完整。
- 如果用户填写了所有必填项，则采集用户输入的信息，以键值对列表的方式将数据组织起来，添加到临时支出列表中。
- 恢复输入表单的初始状态，等待输入下一条信息。
- 如果用户填写的信息不完整，则用对话框显示相应的提示信息。

5. 显示输入的支出记录

- 用户每次点击提交按钮，将新输入的记录拼成字串，添加到支出字串列表中。
- 设支出字串列表为支出显示框的列表属性。

6. 选择已输入的支出记录

- 当用户从支出显示框中选中某项时，弹出选择对话框，提供3个选项：修改、删除、返回。
- 当用户选择"修改"时，将选中项内容填写在输入表单中，等待用户修改。
- 当用户选择"删除"时，分别从临时支出列表及支出字串列表中删除选中项，并设支出显示框的列表属性为支出字串列表，设选中项索引值为0。
- 当用户选择"返回"时，关闭对话框，设支出显示框的选中项索引值为0。

7. 修改支出记录

- 当用户在输入表单中完成信息的修改，点击提交按钮时，检查表单信息是否完整。
- 如果表单信息完整，则采集表单中的信息，以键值对的方式将数据组织起来，替换临时支出列表中原有的选中项，并将键值对列表拼成字串，替换支出字串列表中的选中项。
- 设支出显示框的列表属性为支出字串列表。
- 设支出显示框的选中项索引值为0。
- 恢复输入表单的初始状态，等待输入下一条信息。

- 如果表单信息不完整，则用对话框显示相应的提醒信息。

8. 输入信息的永久保存

- 当用户输入一条或若干条支出记录后，点击保存按钮时，将临时支出列表追加到支出全集中，并将支出全集保存到数据库中。
- 支出全集保存完成后，将临时支出列表及支出字串列表设为空列表。
- 设支出显示框的列表属性为支出字串列表。
- 恢复输入表单的初始状态，等待输入下一条信息。

9. 返回主菜单

- 当用户点击返回按钮时，检查用户是否保存了已输入的数据。
- 如果临时支出记录列表长度为 0（数据已经保存），则关闭当前屏幕。
- 否则，弹出选择对话框，提供两个选项——保存与放弃。
    - ◆ 如果用户选择"保存"，则将数据永久保存到数据库中，并关闭当前屏幕，返回导航菜单页。
    - ◆ 如果用户选择"放弃"，则直接关闭当前屏幕，返回导航菜单页。

注意在测试阶段，如果连接 AI 伴侣时不曾打开过导航菜单，那么这项功能的测试将可能无法完成。

11.5　编写程序

在实现收入记录功能时，我们尝试从页面逻辑中寻找过程，本章依然以发现并编写过程作为编程任务开端。

11.5.1　编写过程

有了上一次的经验，这里我们直接开始创建过程，首先是组件初始化过程。

1. 组件初始化

在第 9 章中，有一个同名的"组件初始化"过程，并在 9.7 节中对其进行了完善（见图 9-30）。这里我们直接利用此前的成果，除了设置输入表单中的 10 个组件的初始状态外，还设定了支出显示框的列表以及选中项索引值属性，代码如图 11-5 所示。

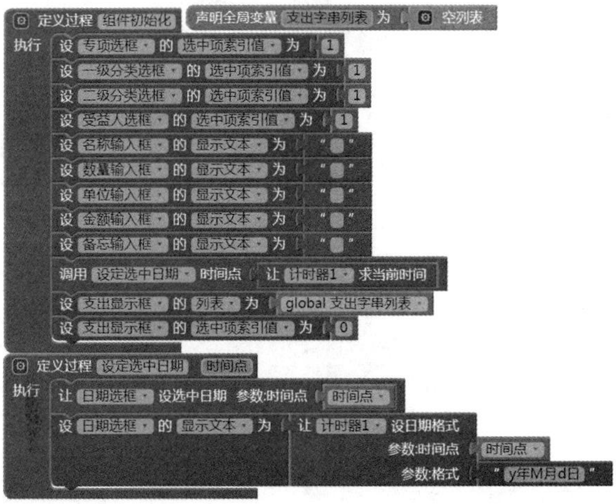

图 11-5　定义组件初始化过程

图 11-5 中声明了全局变量"支出字串列表"，设其初始值为空列表。组件初始化过程中调用的"设定选中日期"过程，来自收入记录（IN_INPUT）屏幕（装在代码背包中复制过来）。

2. 毫秒转日期

"毫秒转日期"过程是专为下面的"列表转字串"过程而编写的，目的是减少该过程的代码量。"毫秒转日期"过程的参数为"毫秒数"，返回值为该毫秒数所对应的日期字串，可以设定日期的显示格式，代码如图 11-6 所示。

图 11-6　毫秒转日期过程

3. 列表转字串

列表转字串过程为有返回值过程，该过程的参数为键值对列表，参数的数据格式如图 11-7 所示。

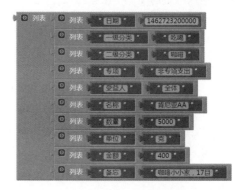

图 11-7　列表转字串过程参数的数据格式

该过程的返回值为字串，按照图 11-7 中数据的格式，我们编写列表转字串过程，该过程调用了毫秒转日期过程，代码如图 11-8 所示。

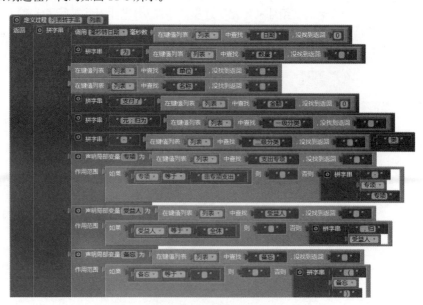

图 11-8　列表转字串过程

拼字串就像小学生的造句一样，结果并不是唯一的，读者可以尝试按照自己喜欢的表达方式来修改这一过程。

4.采集表单信息

采集表单信息过程没有参数，返回值为键值对列表，代码如图 11-9 所示。

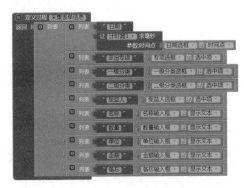

图 11-9　采集表单信息过程

5. 填写表单

当用户从支出显示框中选择某项时，将弹出选择对话框，包含"修改""删除"及"返回"3个选项，如果用户选择"修改"，则将选中项的内容填写到输入表单中。为了减少后续环节的代码量，这里创建一个"填写表单"过程，该过程的参数为"键值对列表"，格式参见图 11-7，填写表单过程的代码如图 11-10 所示。

图 11-10　填写表单过程

6.保存到数据库

根据"收入记录"中的经验，应用中共有两个环节可以将本次输入的数据保存到数据库中，一个是用户点击保存按钮时，另一个是用户在尚未保存数据的情况下点击返回按钮时。因此，这里先行定义"保存到数据库"过程，以备后续编程中调用。代码如图 11-11 所示。

图 11-11　保存到数据库过程

首先将临时支出记录追加到支出全集列表中，然后调用本地数据库的保存数据过程。保存完成后，用对话框提示用户"保存完成"，清空临时支出记录及支出字串列表。在保存数据之后，还应该设支出显示框的列表属性为临时支出列表，不过这个语句已经添加到"组件初始化"过程里。

11.5.2 屏幕初始化

与收入记录相比，支出记录中的屏幕初始化有更多的设置，尤其要关注支出专项，我们需要从原始数据中提取激活状态的专项。为此，我们先创建一个有返回值的过程"专项名称列表"，返回值为一级列表，列表项为处于激活状态的专项名称，代码如图 11-12 所示。

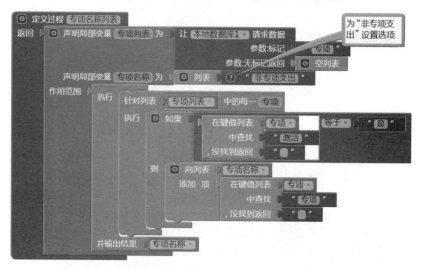

图 11-12　激活专项列表过程

然后，再创建一个过程"数据绑定"，集中设置所有下拉框组件的列表属性，代码如图 11-13 所示。

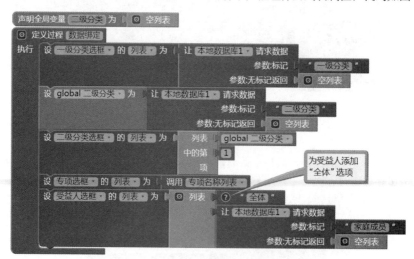

图 11-13　数据绑定过程

最后编写屏幕初始化程序，同时声明 3 个全局变量，代码如图 11-14 所示。

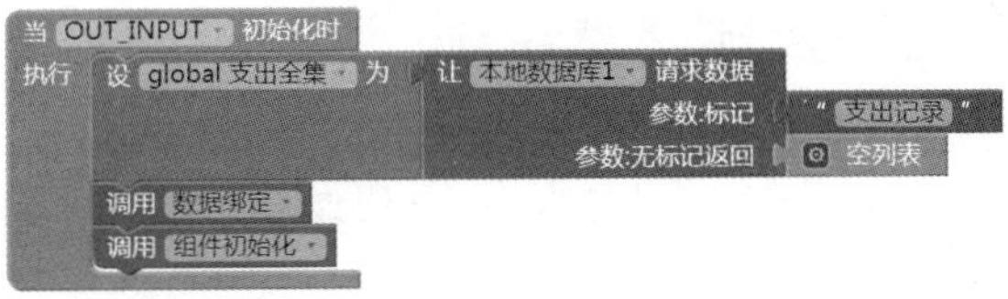

图 11-14　声明全局变量并编写屏幕初始化程序

这样的屏幕初始化程序，看起来简洁明了。

上面两段代码中的"专项名称列表"及"数据绑定"过程仅在此处被调用一次，也就是说，这两个过程的存在并不是为了提高代码的复用性，而是为了优化代码的结构，并提高代码的可读性。对于 App Inventor 这样的图形化编程工具来说，这一点尤其重要。

11.5.3　选择一级分类

一级分类与二级分类之间存在关联关系。例如，当一级分类为"吃喝"时，二级分类的备选项应该是"粮油、肉蛋、蔬菜、水果"等；当一级分类为"穿戴"时，二级分类的备选项应该是"冬、夏、春秋、饰品"等。为此，我们需要在一级分类选框的完成选择事件中，设置二级分类选框的列表属性，代码如图 11-15 所示。

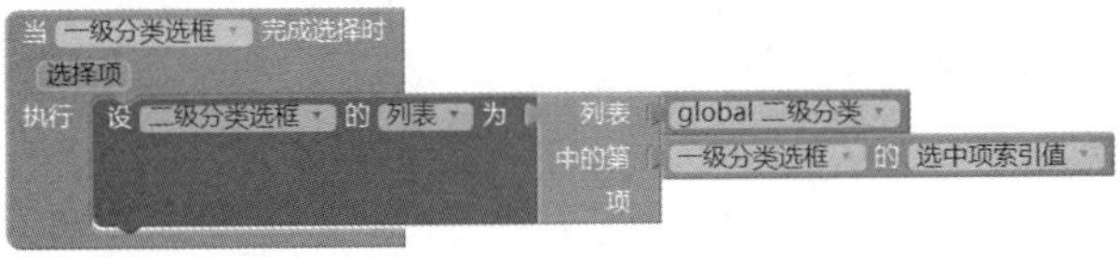

图 11-15　一级分类选项更新时，为二级分类选框设置列表属性

11.5.4　新增及修改支出记录

当用户点击提交按钮时，可能有两种情况——新增记录或修改记录。在第 9 章中，我们利用"收入显示框"的选中项索引值来识别这两种情况，这里依然沿用此法，在提交按钮点击事件中一并处理新增与修改操作，并将操作结果显示在支出显示框中。代码如图 11-16 所示。

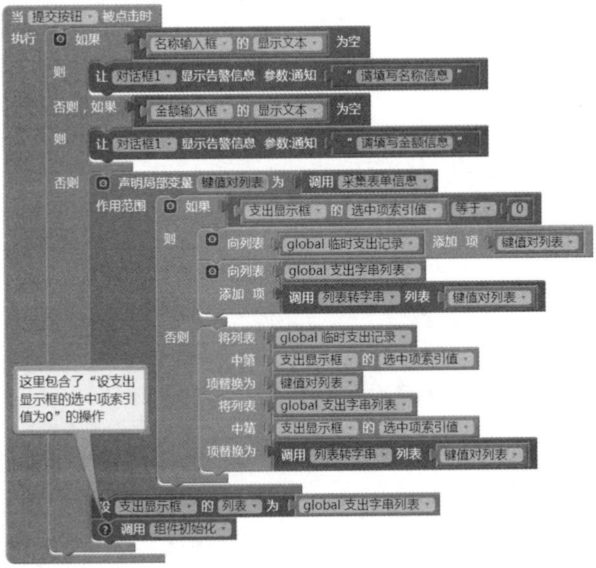

图 11-16　一并处理支出记录的新增与修改操作

11.5.5　选择已输入项及删除选中项

当用户在支出显示框中选中某项时，弹出选择对话框，并提供"修改""删除"及"返回"3个选项。我们首先来处理支出显示框的完成选择事件，代码如图 11-17 所示。

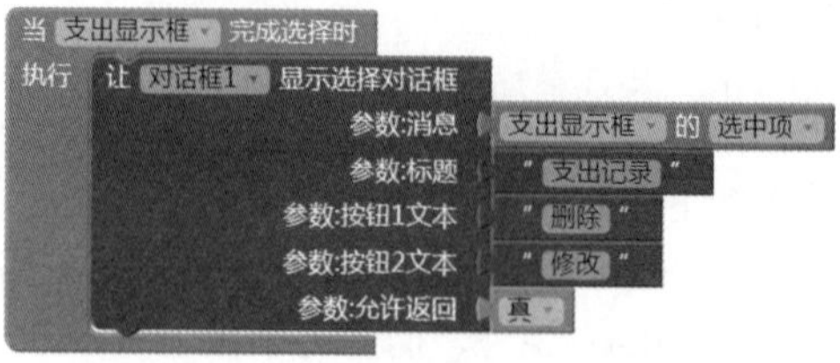

图 11-17　支出显示框的完成选择程序

下面来处理对话框的完成选择事件，针对用户不同的选择，分别执行不同的操作，代码如图 11-18 所示。

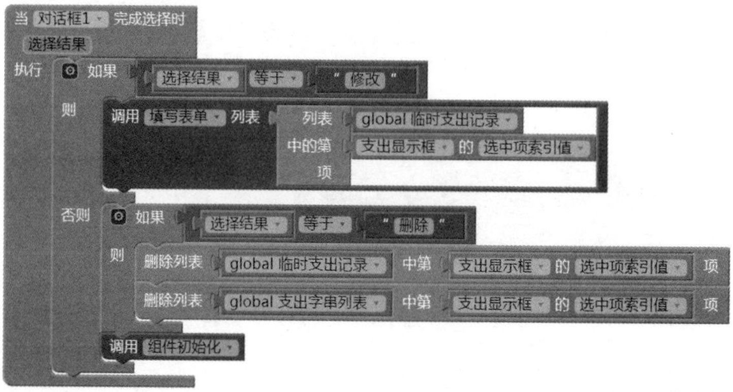

图 11-18　对话框完成选择程序

这一步操作本应该在修改操作之前完成（图 11-16 中的内层"否则"分支），不过考虑到我们已经有了"收入记录"的开发经验，本章在功能实现的顺序上没有恪守开发的实际顺序。比较一下第 9 章的图 9-18 及图 9-20，你会发现这里的代码变得很简洁，因为我们事先创建了"填写表单"过程，并且将设置支出显示框的列表及选中项索引值属性的语句添加到组件初始化过程里。建议读者在此处做一个标记，待整个应用开发完成后，再回过头来，对"IN_INPUT"屏幕中的程序做进一步的完善。

11.5.6　输入信息的永久保存

当用户点击保存按钮时，将已输入的数据保存到数据库，并调用组件初始化过程，使应用恢复到屏幕的初始状态，代码如图 11-19 所示。

图 11-19　永久保存数据

之所以要调用组件初始化过程，是考虑到用户可能刚刚从支出显示框中选择了某一项，并在选择对话框中点击了修改按钮。此时，选中项的内容已经被填写到输入表单中，如果恰好在这个时候，用户点击了保存按钮，我们必须保证在保存成功之后，输入表单恢复到初始状态。

11.5.7　返回主菜单

用户可能在尚未保存数据的情况下点击返回按钮。鉴于这种情况，我们首先检查临时支出列表的长度，如果列表长度为 0，则关闭屏幕，否则弹出对话框，提示用户尚未保存数据，并提供"保存"及"放弃"两个选项，代码如图 11-20 所示。

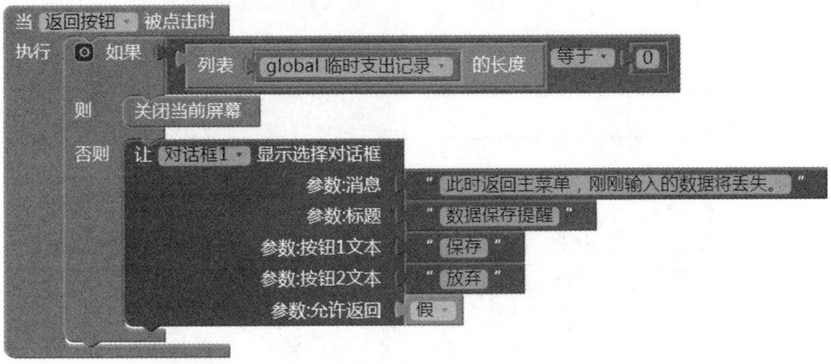

图 11-20　返回按钮的点击程序

此前我们已经编写了对话框的完成选择程序，即用户从支出显示框中选中某项时，询问用户要执行哪种操作（修改、删除或返回）。现在，我们用同一个对话框组件提示用户保存数据，因此用户的可选项增加为 5 个。针对这种情况，我们需要改写对话框的完成选择事件，代码如图 11-21 所示。

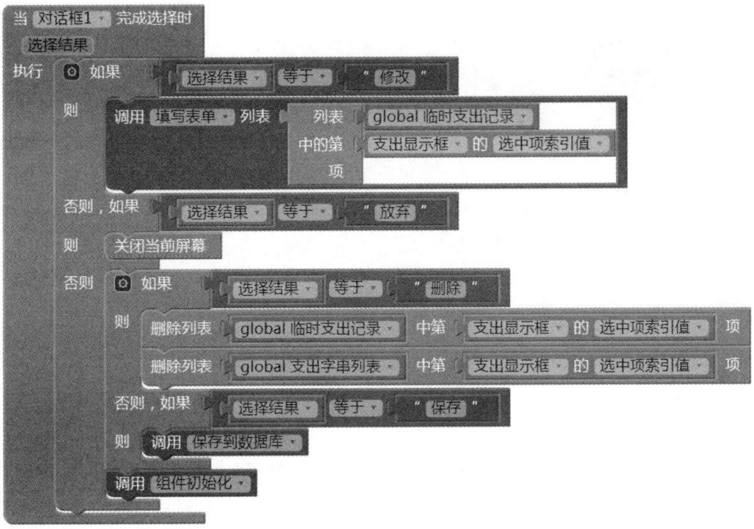

图 11-21　对话框中的可选项增加到 5 个

实际上我们也可以避免在一个对话框中处理这么多的选择，方法是再添加一个对话框组件（对话框 2），在返回按钮点击事件中，调用对话框 2 的"显示选择对话框"过程，这样可以降低程序的复杂度。不过，在账本应用中有 8 个屏幕，大部分的屏幕中都包含很多组件和代码，为了降低开发工具的负荷，要尽量少添加组件。

至此已经实现了支出记录的全部功能，下面进入测试环节。

11.6　测试与改进

由于有了第 9 章中"收入记录"的经验，本章我们一口气写完了所有代码，将测试环节留到最后。

11.6.1　屏幕初始化

连接手机中的 AI 伴侣，查看屏幕初始化之后的用户界面。测试结果如图 11-22 所示。

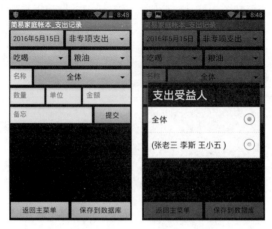

图 11-22　测试——屏幕初始化

注意看左图中输入表单的第三行，名称的输入框被受益人下拉框挤压得只剩下两个字符的宽度。打开受益人下拉框，发现只有两个数据项，如右图所示。这个错误很容易想到是数据绑定的问题，我们回头查看图 11-13 的数据绑定过程，发现了问题所在，如图 11-23 所示。

图 11-23　数据绑定过程里的错误代码

从数据库中读出的家庭成员数据本身就是一个列表，图中这样设置列表项的结果是生成了一个二级列表，如图 11-24 所示。

图 11-24　错误代码生成的二级列表数据

我们需要的是一级列表，为此，先将读出的列表保存在局部变量"受益人"中，然后在受益人列表的首位插入一个列表项"全体"，再将"受益人"列表设置为受益人选框的列表属性，代码如图 11-25 所示，测试结果如图 11-26 所示。

图 11-25　受益人列表的正确设置方法

图 11-26　代码改正后的测试结果

11.6.2　新增支出记录

接下来测试新增记录功能，同时检查一、二级分类下拉框之间的联动，测试结果如图 11-27 所示，在新增第二条记录时，一级分类选择了"日用"，此时支出二级选框中的数据项自动更新。两条记录的测试结果正常。

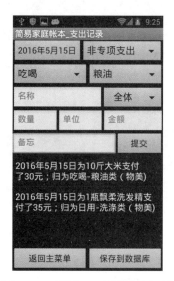

图 11-27　测试——新增支出记录

11.6.3　修改及删除

在上一项测试的基础上，再添加一条记录，如图 11-28 所示（左一图）。此时选中第二条，应用弹出选择对话框（左二图），点击"修改"，选中项填写在输入表单中（左三图）。将金额从 35 改为 45 后，点击提交按钮，屏幕下方列表中的数据实现更新（右二图）。再次选择第二条记录，然后点击"删除"，支出显示框中的记录变为两条（右一图）。

图 11-28　修改与删除操作的测试结果

　　测试成功，暂时没有发现问题。不过在支出显示框中，选中项的标记并不明显，稍候我们加以改进。

11.6.4　保存与返回

　　输入 3 条记录，点击保存按钮，屏幕显示"保存完成"；再输入一条记录，点击返回按钮，此时弹出对话框，询问是否保存，点击"保存"，屏幕显示"保存完成"。两次保存完成后，支出显示框被清空，测试结果如图 11-29 所示。

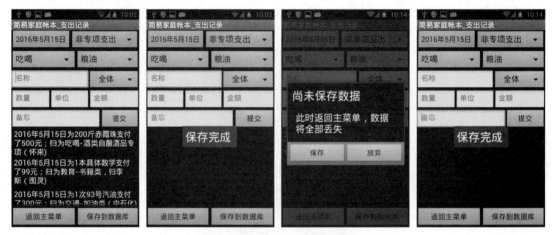

图 11-29　测试——保存与返回

　　连接 AI 伴侣时，开发环境正在处理的是 OUT_INPUT 屏幕；因此，保存完成后或直接点击"放弃"后，应用并不能返回到导航菜单页。

　　另，我们保存数据的结果暂时还无法测试，我们将在查询功能中看到这些已经保存的数据。

11.6.5　改进

1.改进列表转字串过程

　　测试过程中发现，当选择支出专项时，字串的拼接不够通顺，如图 11-30 所示，左图中的"吃喝 – 酒类自酿酒品专项"有些费解，应该在专项名称前面添加一个连字符，即"吃喝 – 酒类 – 自酿酒品专项"，这样读起来就顺了，如右图。代码的修改见图 11-31。

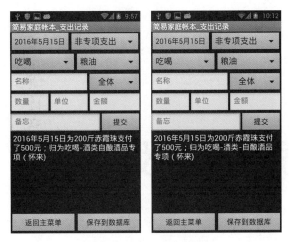

图 11-30　对代码稍加改进

图 11-31　在专项名称前添加连字符

2. 设置支出显示框的选中项背景色

在 App Inventor 的设计视图中，选中支出显示框，将其"选中项颜色"属性修改为深灰色（或蓝色），如图 11-32 所示。测试结果如图 11-33 所示。

图 11-32　修改支出显示框的选中项颜色

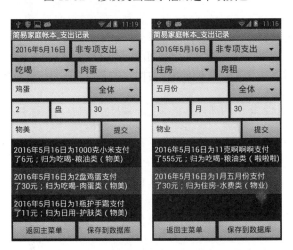

图 11-33　改进选中项颜色的测试结果

至此，本章内容全部结束，下一章将实现对收入及支出记录的查询，届时可以测试本章对数据的保存结果。

第12章

简易家庭账本——收支查询

信息管理类应用最重要的两项功能是数据的输入与输出，前面几章讲的是信息的输入，从本章开始将进入输出环节。

12.1 功能描述

我们将对收入查询与支出查询两项功能分别加以描述。

12.1.1 收入查询

(1) 入口：用户在导航菜单页选择"收入查询"项，进入收入查询页面。

(2) 出口：用户点击"返回主菜单"按钮，返回导航菜单页。

(3) 查询条件。

- 按日期查询：用户选择起始日期及终止日期，可查询该时间段内的全部收入记录。
- 按日期及收入类别查询：可查询某个时间段内某一类收入的全部记录。
- 按日期及收入者查询：可查询某个时间段内某位家庭成员的全部收入记录。
- 按日期及支付方式查询：可查询某个时间段内某一类支付方式的全部收入记录。

(4) 查询结果显示。

- 分页逐行显示收入记录的部分信息（受屏幕尺寸限制），包括日期、类别、收入者、金额等。
- 当用户点击某一条记录时，显示该条收入的详细信息。
- 用户通过划屏的方式查看下一页或上一页信息。

(5) 删除单条收入记录。

- 用户选中某一条收入记录后，可以将其删除。
- 删除记录后，收入列表更新。

(6) 批量删除收入记录：用户可将查询结果批量删除；为防止用户误删除，将请求用户输入密码进行确认。

(7) 数据导出：用户可以将查询结果导出为逗号分隔字串组成的文本文件（可以在记事本或Excel中打开）。

12.1.2　支出查询

(1) 入口：用户在导航菜单页选择"支出查询"项，进入支出查询页面。

(2) 出口：用户点击"返回主菜单"按钮，返回导航菜单页。

(3) 查询条件。

- 按日期查询：用户选择起始日期及终止日期，可查询该时间段内的全部支出记录。
- 按日期及支出分类查询：可查询某个时间段内某一个一级分类的全部支出记录，也可查询某个一级分类下属的某个二级分类的全部支出记录。
- 按日期及支出专项查询：可查询某个时间段内某个专项的全部支出记录。
- 按日期及受益人查询：可查询某个时间段内某个特定受益人的全部支出记录。

(4) 查询结果显示。

- 分页逐行显示支出记录的部分信息(受屏幕尺寸限制)，包括日期、一级分类、名称、金额等。
- 用户点击某一条记录时，显示该条支出的详细信息。
- 用户通过划屏的方式查看下一页或上一页信息。

(5) 删除单条支出记录。

- 用户选中某一条支出记录后，可以将其删除。
- 删除记录后，支出列表更新。

(6) 批量删除支出记录：用户可将查询结果批量删除；为防止用户误删除，将请求用户输入密码进行确认。

(7) 数据导出：用户可以将查询结果导出为逗号分隔字串组成的文本文件（可以在记事本或Excel 中打开）。

从功能描述上可以看出，收入查询与支出查询除了在查询条件及显示内容上有所不同，其余功能几乎完全相同。因此，我们在同一个屏幕中来处理这两项查询功能，以便最大程度地复用代码。

12.2　数据模型

在收入记录与支出记录功能的实现过程中，我们已经建立了对应的数据模型。查询功能中虽然处理的是同样的信息，但信息的组织方式却大不相同。

12.2.1　对象模型

我们已经对收入记录与支出记录这两项信息的对象模型有所了解，这里仍然用列表来表示这两个对象模型，如图 12-1 所示（左图中的列表项采用外挂式显示方式）。

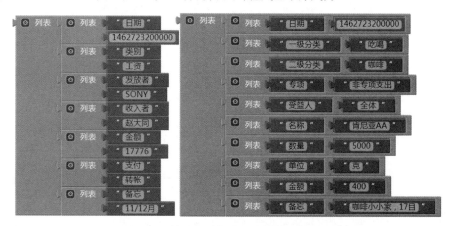

图 12-1　收入记录与支出记录的对象模型

12.2.2 动态变量模型

QUERY 屏幕中有许多全局变量，用来保存静态或动态的数据，这里仅列出动态变量，即程序运行过程中值会发生变化的全局变量。

虽然收入与支出的查询放在同一个屏幕中，但在某个时刻只能实现其中的一项功能，因此我们用一组全局变量来处理两类查询操作，变量的命名也相应地要具有通用性。

1. 查收入

定义一个逻辑型全局变量"查收入"来标记当前执行的查询功能，其取值有两个：如果在 MENU 页面中选择"收入查询"，则该值为"真"，否则为"假"。后续操作都要以此为判断依据。

2. 数据全集

打开屏幕时，根据"查收入"的值，从数据库中读取**全部**的"收入记录"或"支出记录"，并保存在该变量中。该变量为三级列表，在程序中与查询及删除操作相关。

3. 查询结果

当用户选定查询条件并开始执行查询操作时，从数据全集中逐项筛选满足条件的记录，并将筛选结果添加到全局变量"查询结果"中。该变量的列表结构与数据全集完全相同。

4. 结果集索引值

查询结果中的每个列表项在该列表中的位置。当用户在查询结果的数据表格中选中某一项时，需要求出该数据项在"查询结果"中的位置，即结果集索引值，该值将用于列表项的删除操作。

5. 分页数据

用于在页面上实现显示功能的数据集合。在本应用中，每页最多能够显示 10 行，因此当查询结果多于 10 项时，将分页显示查询结果，每页 10 条记录，也就是说非末尾页的行数为 10，末尾页的行数小于或等于 10。"分页数据"为三级列表，第一级列表中的列表项是页数据，列表长度等于页数；第二级列表为单页数据，其列表项为行数据，列表长度小于或等于 10；第三级列表为行数据，其中包含 6 个列表项，是我们最终要显示的具体内容（限于手机屏幕的宽度，最多只能显示 6 列）。列表结构如表 12-1 所示。

表12-1　分页数据的列表结构

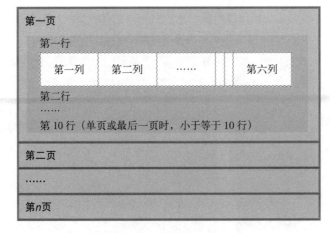

6. 当前页数据

分页数据中的列表项之一（单页数据集合），当前正处于显示状态，包含 10 条或小于 10 条记录。

7. 页码

分页数据列表的长度，等于数据分页的页数，其中每个列表项（页数据）在分页数据列表中的位置则与页码相对应。

8. 行号

在分页数据列表中，二级列表的内容为单页数据，其中包含10行或小于10行数据，每行数据在本页数据列表中的序号称为行号，行号、页码与结果集索引值之间存在着对应关系，如表12-2所示。

表12-2 行号与结果集索引值之间的关系

数据集合(列表)	查询结果	分页数据	单页数据
索引值：数据项在列表中的位置	结果集索引值	页码	行号
索引值之间的关系	结果集索引值 = (页码 − 1) × 10 + 行号		

在删除单条记录时，将利用选中行所对应的页码及行号求出该条记录在查询结果中的索引值，并根据此索引值求出该数据项在数据全集中的位置，最后从数据全集中删除该项数据。

9. 支出二级分类

用于保存从数据库中读取的支出二级分类，并在每一个二级分类的首位添加一个列表项"全部"；当用户选中某个一级分类时，从支出二级分类中选择对应的项，作为下拉框的列表属性。

12.3 界面设计

查询功能的用户界面设计如图 12-2 所示，组件的命名及属性设置见表 12-3。

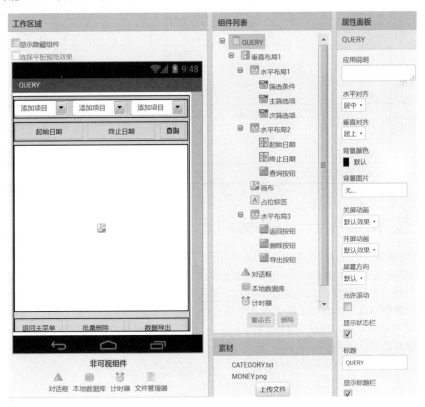

图 12-2 查询功能的用户界面设计

表12-3　组件的命名及属性设置

组件类型	命　　名	属　　性	属　性　值	
屏幕	QUERY	水平对齐	居中	
垂直布局	垂直布局1	宽度	98%（组件与屏幕边缘之间留有空隙）	
		高度	充满	
		水平对齐	居中	
水平布局	水平布局1～3	宽度	充满	
下拉框	筛选条件	宽度	充满	水平布局1
		提示	筛选条件	
下拉框	主筛选项	宽度	充满	
下拉框	次筛选项	宽度	充满	
日期选择框	起始日期 终止日期	宽度	充满	水平布局2
		显示文本	起始日期	
			终止日期	
按钮	查询按钮	显示文本	查询	
画布	画布	宽度	充满	
		高度	286 像素	
		字号	18	
		画笔线宽	25	
标签	占位标签	显示文本	空	
		高度	充满	
按钮	返回按钮	显示文本	返回主菜单	水平布局3
	删除按钮 导出按钮	宽度	充满	
		显示文本	批量删除	
			数据导出	
对话框	对话框	—	默认设置	
计时器	计时器	一直计时	取消勾选	
		启用计时	取消勾选	
本地数据库	本地数据库	—	默认设置	
文件管理器	文件管理器	—	默认设置	

12.4　技术准备——绘制动态表格

你一定注意到，屏幕的中央有一个画布组件，这就是我们用来绘制表格的组件。在 App Inventor 中有 3 个与列表有关的组件——列表选择框、列表显示框、下拉框。在前几章中，我们使用过这几个组件，它们都存在一个共同的问题，即无法设置行高，半个屏幕最多只能容纳 3 ～ 4 条记录，而我们希望用真正的表格来显示查询结果，并且可以从显示结果中进行选择。App Inventor 中没有这样现成的表格组件，因此我们只能自力更生，用画布组件来模拟表格的样式及功能。图 12-3 展示了我们即将绘制的表格。

图 12-3 绘制表格的样例

12.4.1 表格的属性

用画布来显示数据，这相当于用 App Inventor 开发一个动态显示数据的表格组件。与 App Inventor 的自有组件一样，我们自己定义的组件也具有某些属性以及过程。

首先需要说明几个与表格有关的属性，包括表格的自然属性及数据属性，这些属性将体现在程序中。

1. 表头列表

如图 12-3（以下简称样例图）所示，表格最上面一行被称为表头，它的颜色较深，文字颜色为白色。表头文字的内容可以由列表来定义，例如，图 12-4 中定义的是支出记录的表头。

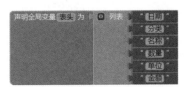

图 12-4 定义表头文字的列表

这里的表头列表为静态数据，其中的列表项内容是我们事先设置好的。也许有朝一日，我们可以开发一个全功能的动态数据列表组件，届时连表头的显示内容也可以由用户自行定义。

2. 数据行

除表头外，表格中其他行均称为数据行。在本应用中，屏幕上最多只能显示 10 个数据行，每个数据行中包含 6 项数据。数据行被划分为奇数行与偶数行，第 1、3、5 等行为奇数行，第 2、4、6 等行为偶数行，这样划分的目的是设置数据行的背景颜色，以方便表格的阅读；样例图中表头及数据行的颜色取值如图 12-5 所示。

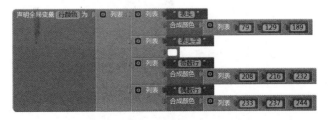

图 12-5 表头及数据行的颜色值

3. 行高

每一行的高度以像素为单位，包括表头及数据行。行高的设定与表格中文字的字号有关，图 12-3 中的字号为 18，行高为 26 像素。

4. 列宽

样例图中每行有 6 列数据，每一列数据的字符数不等，因此每一列的宽度也不相同。实际上我们无法设置每一列的宽度，只能设置每列文字中心点的 x 坐标，而列宽是我们计算的结果。样例图中 6 列文字中心点的 x 坐标如图 12-6 所示（单位为像素）。我们来计算一下第一列的宽度：假设第一、二列等宽，那么两列的分界线应该在 20 与 65 的中点，即 42.5，因此第一、二列的宽度均为 42.5 像素，两列宽度之和为 85 像素；从样例图中还可观察到，第三列比前两列宽，宽度应该是 2×（130−85）= 90 像素，以此类推。

图 12-6　每一列文字中心点的 x 坐标

5. 线宽

指的是画布的画笔线宽属性，我们利用画布组件的画线功能绘制表头及数据行的背景颜色。线宽与行高相关，样例图中的行高为 26 像素，线宽为 25 像素，它们之间的差值（1 像素）是行与行之间的间隔——一条高 1 像素的白线（因为画布的背景色为白色）。

6. 文字在 y 方向的基准点

用画布写字时，需要提供 3 个参数——文本、x 坐标及 y 坐标，如图 12-7 所示。文字在水平方向的基准点位于一组文字的中央，垂直方向的基准点位于文字的底部，例如图中"日期"两字的基准点在灰色圆点的位置：x 坐标为 20 像素，y 坐标为 18 像素，文字的字号为 18（注意，字号的单位不是像素）。图中还给处了行高（26 像素）和线宽（25 像素）的标注。

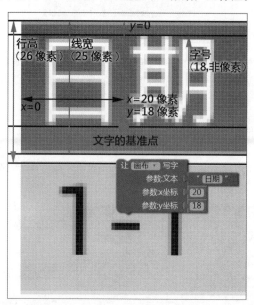

图 12-7　用画布绘制表格时的行高、线宽与文字坐标

以上是表格的外观属性，在本应用中，它们的值是事先设定好的。在编写程序之前，我们用全局变量来设置这些属性，这一类全局变量称为静态变量（在大部分编程语言中称为常量）。

下面是表格的数据属性，或者说动态属性。

7. 记录数

是指用户的查询结果中包含的记录数，也就是全局变量"查询结果"列表的长度。

8. 页

如表 12-3 所示，画布的高度是 286 像素，是行高（26 像素）的 11 倍；因此，画布中最多只能容纳 1 行表头行及 10 行数据。记录数大于 10 时将分页显示数据，每 10 行为一页，末尾页的行数小于或等于 10。与页相关的属性包括页数及页码；与页相关的操作是"翻页"。

9. 页数

记录数大于 10 时将分页显示数据，页数就高取整（记录数 ÷10）。例如，当查询结果中包含 23 条数据时，23÷10 = 2.3，2.3 就高取整的结果为 3，即页数为 3；记录数小于或等于 10 时，页数为 1。

10. 页码

页码从 1 开始，是页的顺序号，其最大值等于页数。页数及页码的值将显示在表格的下方，格式为"第（页码）页 / 共（页数）页"，括号中的部分为数字，以提示用户查询结果的数据量。

11. 翻页

当页数大于 1 时，用户通过划屏动作翻页：向左划屏时，向后翻页，页码加 1；向右划屏时，向前翻页，页码减 1。

12. 行

数据在表格中逐行显示，每条记录占据一行，与行相关的属性包括行数及行号。

13. 行数

某一页中包含的数据行的数量（数据条目数），最小为 1，最大为 10。

14. 行号

表格中某一行的顺序号，自上而下递增，最小为 1（紧邻表头的行），最大为 10。

12.4.2　绘制单页数据表格

有了上述表格的属性，我们可以来定义与表格的行为，即绘制数据表格，它们对应于程序中一系列的过程。从最简单的绘制单页表格开始。由于绘制表格的代码量较大，截图非常困难，需要将绘制表格的一系列操作分解成若干个功能单一的操作。

1. 绘制表头

绘制表头包括绘制表头背景以及写表头文字，代码如图 12-8 所示。

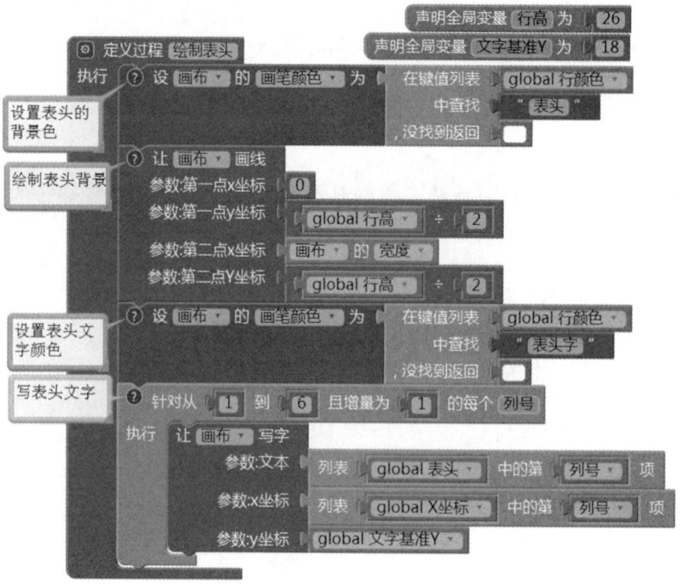

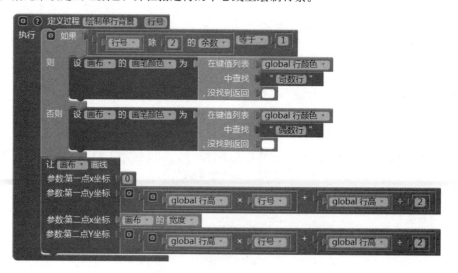

图 12-8 绘制表头过程

首先用表头颜色（蓝色）绘制背景，此时行高为 26 像素，画笔线宽为 25 像素。画布组件的画线过程的参数中，y 坐标的基准点在画笔的中心位置（13 像素）。因此，如果设 y 坐标参数为行高的一半，则背景线恰好画在行的中心线上。背景绘制完成后，将画笔颜色设置为白色，并根据 x 坐标列表中预设的坐标值绘制文字（想想看，如果先写字再画背景会怎样）。

2. 绘制数据行的单行背景

"绘制单行背景"过程如图 12-9 所示，根据过程的参数——行号——来判断该行是奇数行还是偶数行，据此来设定画笔颜色，并在指定行的中心线上绘制背景。

图 12-9 绘制数据行背景的过程

3. 写单行文字

"写单行文字"过程如图 12-10 所示。与写表头文字一样，文字的 x 坐标来自全局变量"x 坐标"列表（见图 12-6），这一点保证了数据与表头之间的居中对齐。

每行数据参数是一个列表，共有6个列表项，内容为文字或数字

图 12-10　写单行数据过程

4. 生成实验数据

为了绘制表格，我们需要一组可供绘制的数据。利用循环语句，我们在每一个单元格中标明该单元格所处的行和列，行号与列号之间用连字符分隔，如"3-5"表示第 3 行第 5 列的单元格。我们首先生成一组单页的实验数据，过程名为"单页实验数据"，代码如图 12-11 所示。其中的参数"记录数"取值范围是 1 ~ 10，在调用该过程时要为参数指定一个数值。

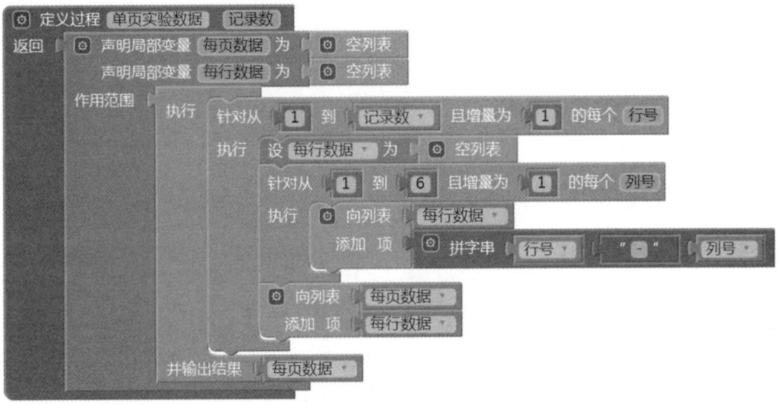

图 12-11　人为生成的实验数据

5. 绘制单页实验数据

利用查询按钮的点击事件来绘制表格，代码如图 12-12 所示。我们用一个介于 5 ~ 10 的随机数来决定生成数据的条数，该数字对应于表格的行数。

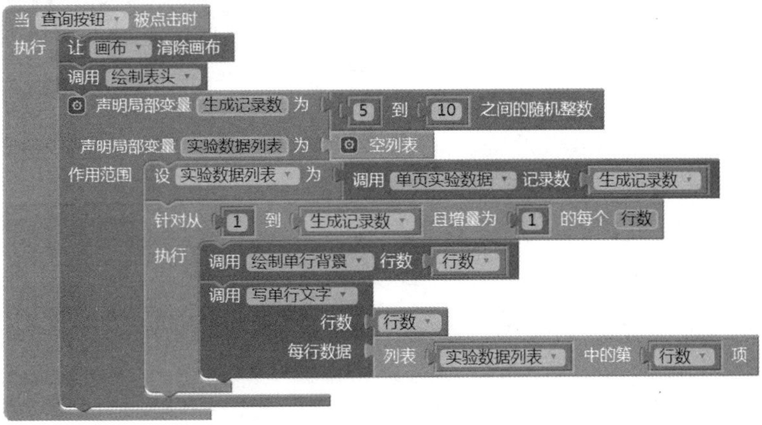

图 12-12　绘制单页数据表格

上述代码的测试结果如图 12-13 所示。显然两个图中的随机数分别为 6 和 8。

图 12-13 绘制单页表格——用随机数来确定表格行数

12.4.3 绘制多页表格

1. 生成多页实验数据

创建一个"实验数据"过程,如图 12-14 所示。

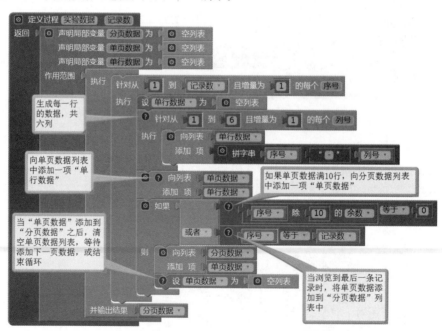

图 12-14 生成多页实验数据的过程

该过程的参数为"记录数",它可以是任意的自然数,在调用该过程时设定;该过程的返回值为分页数据,是一个三级列表,第一级列表中包含的列表项个数对应于页数(页数为就高取整,即记录数 ÷10);第二级列表中,非末尾页的列表项个数为 10,末尾页的列表项个数小于等于 10;第三级列表中包含 6 个列表项。

2. 绘制多页表格之首页

为了绘制多页数据，需要声明一个全局变量"页码"来记录当前正在显示的数据所对应的页，另外还要将生成的实验数据保存到另一个全局变量"分页数据"中。我们仍然利用查询按钮的点击事件来生成多页数据，并绘制首页数据，代码如图 12-15 所示。

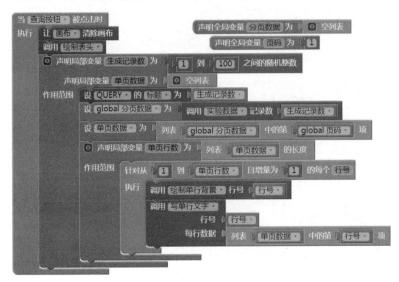

图 12-15　生成多页数据，并绘制首页数据

上述代码的测试结果如图 12-16 所示。我们利用屏幕的标题属性来显示生成的数据条数，图中共生成了 64 条数据。

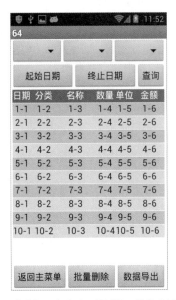

图 12-16　测试：生成多页数据，并绘制首页数据

3. 表格的翻页

利用画布组件的划动事件来翻页：向左划动时，页码加 1；向右划动时，页码减 1。代码如图 12-17 所示。

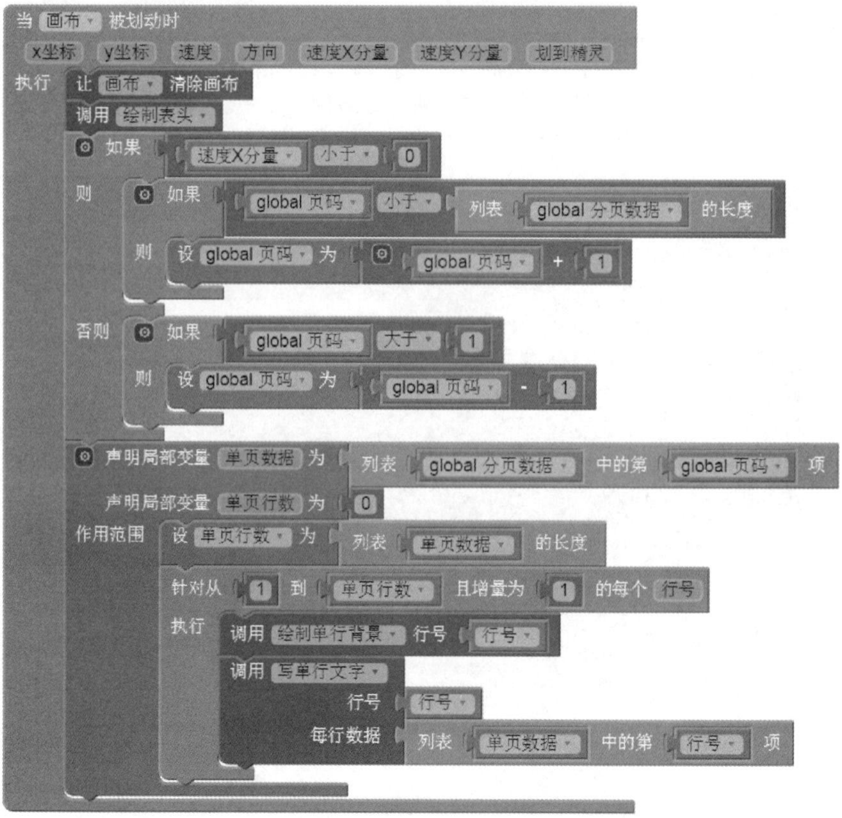

图 12-17　利用画布的划动事件实现表格的翻页

　　当划动事件发生时，首先清空画布，再绘制表头，并根据划动速度的 x 分量判断用户的划动方向，当速度 x 分量小于 0 时（向左侧划动），页码加 1；当速度 x 分量大于 0 时（向右侧划动），页码减 1。利用页码的值从分页数据列表中获取当前页数据，并绘制在画布上。代码的测试结果如图 12-18 所示。

图 12-18　测试翻页

　　从屏幕的标题上我们得知，图 12-18 中共生成了 38 条数据，并分 4 页显示。以上是与绘制表格相关的代码，这些代码稍加修改，就可以用于绘制收入或支出记录，稍后我们再来改写。

12.4.4 选中一行数据

我们的目标是绘制动态数据表格，翻页是动态表格的行为之一，而选中表格中的数据项则是动态表格的另一种行为。App Inventor 的列表类组件都具有选择完成事件，当用户选中某一项时，可以针对选中的数据执行相关操作。我们自己绘制的表格没有这样的功能，不过，画布组件可以侦听按压等事件，而且可以获得按压点的 x、y 坐标，这就为我们提供了获得选中项的可能性。我们可以利用简单的运算，获得按压点所在的行，以及数据项在列表中的索引值。代码如图 12-19 所示，测试结果如图 12-20 所示（图中按压了最后一行）。

图 12-19　在画布的按压事件中获取选中的行号

图 12-20　测试——求按压位置对应的行

12.4.5 选中行的闪烁效果

当用户选中某一行时，我们希望屏幕上能够有所响应，例如选中行背景色闪烁一下。假设闪烁时背景色为白色，这个闪烁包含了以下 4 个动作：

(1) 在画布的按压事件中，在选中行画白色背景线（此时文字已经被抹掉了）；
(2) 在选中行重新写该行的文字；
(3) 在画布的释放事件中，在选中行画数据行（奇数行或偶数行）背景线（此时文字再次被抹掉）；
(4) 在选中行重新写该行的文字。

为了绘制闪烁时的背景，我们需要改造一下"绘制单行背景"过程，为过程添加一个逻辑类型参数"闪烁"。当闪烁为真时，以白色背景画线，代码如图 12-21 所示。

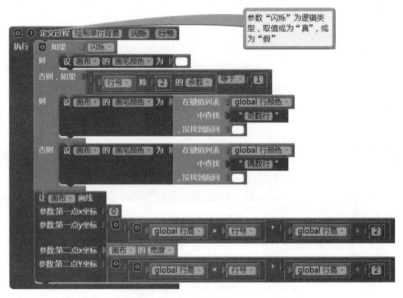

图 12-21　为"绘制单行背景"过程添加一个逻辑型参数——闪烁

然后分别在按压事件及释放事件中调用绘制背景及写文字过程，代码如图 12-22 所示。

图 12-22　利用画布的按压及释放事件产生闪烁效果

我们发现在按压及释放事件中的代码差别极小，仅在调用绘制单行背景过程时设定的闪烁参数不同（前者为真，后者为假），于是我们将这部分代码封装成"绘制数据行"过程，并在按压及释放事件中调用该过程。代码如图 12-23 所示。

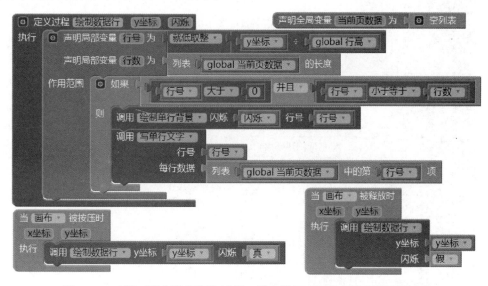

图 12-23　创建"绘制数据行"过程，并在按压及释放事件中调用该过程

此时如果进行测试，必定是不成功的，因为全局变量"当前页数据"尚未赋值。注意图 12-23 中声明的全局变量"当前页数据"。考虑到程序中多处要使用当前页数据，虽然该项数据可以由"分页数据"及"页码"求得，但考虑到代码的复用性，我们声明了"当前页数据"变量，并在查询按钮点击事件以及画布的划动事件中设置该变量的值，代码如图 12-24 及图 12-25 所示。

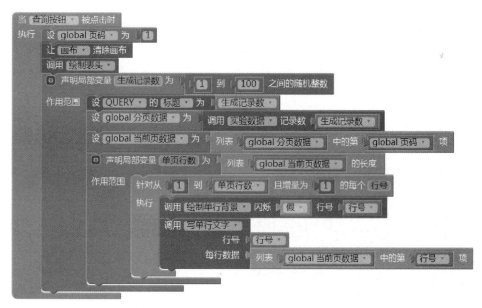

图 12-24　在查询按钮点击事件中将首页信息设置为"当前页数据"的值

注意：每次点击查询按钮，将页码重新设置为 1；顺便设置图 12-24 中"绘制单行背景"过程的"闪烁"参数值为假。同样，顺便设置图 12-25 中"绘制单行背景"过程的"闪烁"参数值为假。

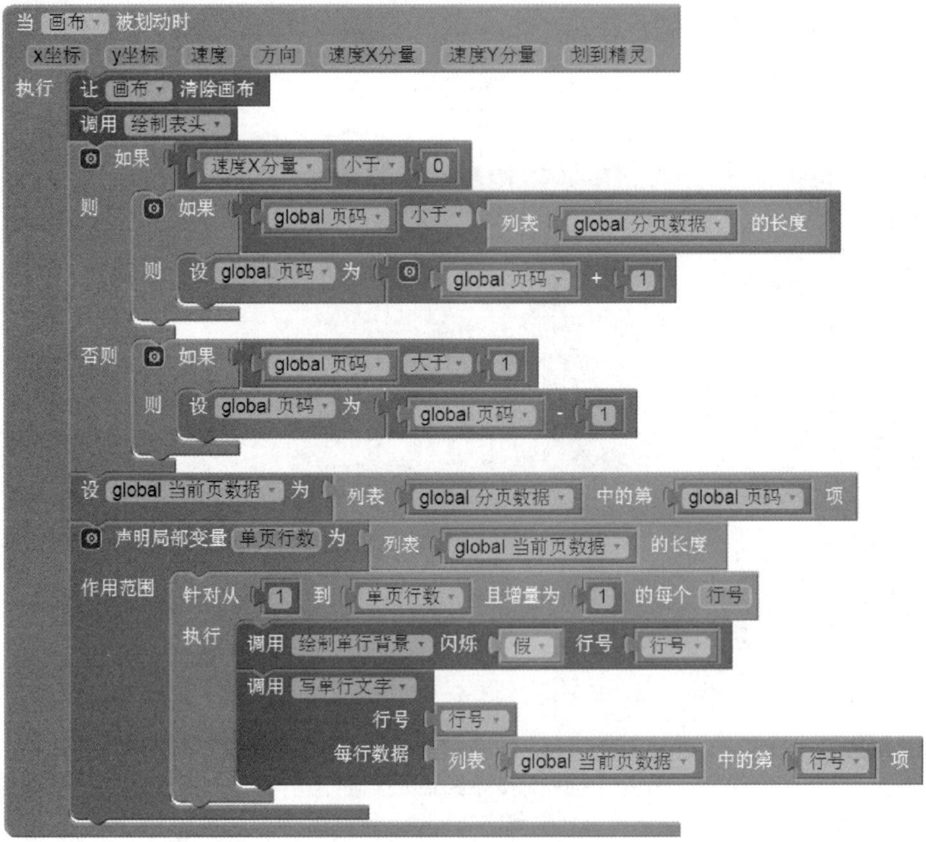

图 12-25　在画布的划动事件中设置"当前页数据"的值

以上我们利用画布组件的按压与释放事件，制造出选中行的闪烁效果。读者可以自己测试一下程序的执行结果，也可以根据自己的喜好，将白色替换为其他颜色。

12.4.6　显示页码

在画布组件的下方有一个占位标签，该标签的高度属性为"充满"，使得其下方的组件（包含 3 个按钮的水平布局组件）可以贴近屏幕的下边界。不过它的另一个作用是显示页码，代码如图 12-26 所示。

图 12-26　过程——显示页码

需要在查询按钮的点击程序以及画布的划动程序中调用该过程，以更新页码的显示，代码如图 12-27 所示。

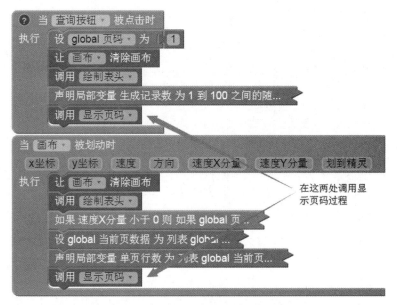

图 12-27　只有这两个事件会导致页码的更新

以上代码的测试结果如图 12-28 所示。

图 12-28　显示页码程序的测试结果

与数据展示相关的绘制表格技术就介绍这些，有了以上的思路，我们来具体设计页面的逻辑。

12.5　界面逻辑

这里将收入查询与支出查询的页面逻辑合并在一起加以描述。

1. 屏幕初始化

(1) 设置全局变量"查收入"：当屏幕初始文本值等于"收入查询"时，该值为真，否则为假。

(2) 设置屏幕标题。

- 如果"查收入"为真，则显示"简易家庭账本＿收入查询"。

- 如果"查收入"为假，则显示"简易家庭账本＿支出查询"。

(3) 设"筛选条件"下拉框的列表属性。
- 如果"查收入"为真，则包含"全部""收入类别""收入者"及"支付方式"四项。
- 如果"查收入"为假，则包含"全部""支出分类""支出专项"及"受益人"四项。

(4) 从数据库中读取全部记录，并保存到"数据全集"中。
- 如果"查收入"为真，则读取"收入记录"。
- 如果"查收入"为假，则读取"支出记录"。

2. 设置查询日期

- 当用户选中起始日期时，设起始日期选框的显示文本为选中日期，格式为"y-M-d"。
- 当用户选中终止日期时，设终止日期选框的显示文本为选中日期，格式为"y-M-d"。

3. 选择筛选条件

根据选中的筛选条件，设置"主筛选项"下拉框的列表属性，并设置"次筛选项"下拉框的允许显示及列表属性，筛选条件列举如下。

(1) 全部：隐藏"次筛选项"，设"主筛选项"的列表属性为空列表。
(2) 收入类别：隐藏"次筛选项"，从数据库读取收入类别，将其设为"主筛选项"的列表属性。
(3) 支出分类：显示"次筛选项"，从数据库读取一级分类，将其设为"主筛选项"的列表属性；从数据库读取二级分类，保存在全局变量"支出二级分类"中；在每个二级分类的首位插入列表项"全部"，并将该变量中的第一个列表项设置为"次筛选项"的列表属性。
(4) 受益人及收入者：隐藏"次筛选项"，从数据库中读取家庭成员，将其设为"主筛选项"的列表属性。
(5) 支出专项：隐藏"次筛选项"，从数据库中读取支出专项，并提取出专项名称列表，将其设为"主筛选项"的列表属性。
(6) 支付方式：隐藏"次筛选项"，从数据库中读取支付方式，将其设为"主筛选项"的列表属性。

4. 求查询结果集

当用户选定查询条件并点击查询按钮时，根据查询条件，对"数据全集"列表进行筛选，并按以下条件返回不同的结果集：

- 如果筛选条件为"全部"，则仅按日期进行筛选，返回"日期筛选集"；
- 否则，当筛选条件为"支出分类"，并且次筛选项不等于"全部"时，返回"二级筛选集"；
- 其余筛选条件返回"一级筛选集"。

数据集合之间的包含关系为：

$$数据全集 \supseteq 日期筛选集 \supseteq 一级筛选集 \supseteq 二级筛选集$$

符号 $\supseteq$ 读作"包含"，用于表示集合之间的关系，例如 $\{1,2,3\} \supseteq \{1,2\}$。

5. 数据分页处理

查询结果集要经过以下两项处理，才能成为可以显示的数据——分页数据。

(1) 数据拣选（纵向切割）：由于屏幕宽度的限制，表格中无法容纳全部的数据项（假设最多只能容纳 6 列），需要有选择地显示部分数据。
- 收入记录：显示日期、类别、发放者、收入者、金额及支付方式 6 项；
- 支出记录：显示日期、一级分类、名称、数量、单位及金额 6 项。

(2) 数据分页（横向分割）：按照每页 10 行的规格对查询结果集进行分页，分割后的数据保存在全局变量"分页数据"中。

6. 数据显示

当用户点击查询按钮时，首先对数据进行筛选，求出结果集，再对结果集进行纵向切割与横向分割，以求出"分页数据"。此时，设全局变量"页码"为 1，并将第一页数据显示在表格中。当页数大于 1 时，用户可以通过划屏动作来改变页码的值，并显示不同页码的数据。

7. 选中数据

当用户在表格中点击（触碰）某一行数据时，应用将弹出选择对话框，显示该条记录的完整信息，并提供"删除"及"返回"选项。

当用户选择"删除"时，执行以下操作。

(1) 删除数据：分别从数据全集和查询结果中删除该数据项。
(2) 保存数据：将更新后的数据全集保存到数据库中。
(3) 重新分页：对数据进行重新分页，并更新全局变量"当前页数据"。
(4) 绘制表格：用更新后的当前页数据重新绘制数据表格。

当用户选择"返回"时，不执行任何操作。

8. 批量删除数据

当用户点击批量删除按钮时，可以将本次的查询结果从数据全集中全部删除。此项操作事关重大，因此应用会弹出输入对话框，要求用户输入密码。当确认密码正确后，执行删除操作，并设全局变量查询结果为空列表，清空页面上显示的数据表格及页码。

9. 数据导出

当用户点击数据导出按钮时，将查询结果导出为用逗号分隔的文本文件，文件将保存到手机上，用户可以用 Excel 在电脑上打开文件。

10. 返回主菜单

当用户点击返回按钮时，关闭当前屏幕，返回到导航菜单页面。

12.6 编写程序——声明全局变量并创建过程

与此前不同的是，这里不再按照程序运行的时间顺序来编写代码。如果把最终的程序看作一个有结构的整体，那么我们从组成这个整体的最小单元开始。

12.6.1 名副其实的变量

如图 12-29 所示，这里增加了 4 个全局变量，总共 7 个全局变量。在程序运行过程中，它们的值会发生变化：由初始值的空列表变为有数据的列表，或由 1 变为其他正整数，或由假变成真。我们称之为"真变量"。

图 12-29 程序中名副其实的全局变量

12.6.2　不变的变量

与“真变量”相对而言的是“假变量”，这些全局变量被赋予初始值，在整个程序运行过程中，它们始终保持初始值不变。其中一部分“假变量”与表格绘制有关，如图 12-30 所示。

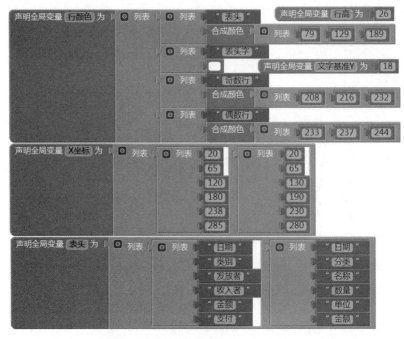

图 12-30　与表格绘制有关的“假变量”

以上变量定义了表格的背景颜色、行高、文字的位置以及表头文字的内容，在变量“*x* 坐标”中包含两个列表项，分别为收入记录及支出记录的 6 列文字的中心点位置；同样，在变量“表头”中也包含两个列表项，分别对应于收入记录及支出记录的表头。

另外一些“假变量”与数据查询有关，如图 12-31 所示。

图 12-31　与数据查询有关的“假变量”

图 12-31 中的假变量“筛选条件”是下拉框“筛选条件”列表属性的数据来源，第一项为收入查询的选项，第二项为支出查询的选项。

12.6.3　可以充当变量的过程——有返回值的过程

有返回值的过程可以当作变量来使用，这类过程的命名尽量采用名词，这样代码更易于阅读。打开“内置块”的最后一项“过程”，在过程抽屉的最下面显示的是有返回值的过程，如图 12-32 所示，图中显示了查询功能完成后所有的有返回值过程。右下角的两个过程与应用无关，是为了讲解绘制表格技术而创建的。

图 12-32　过程抽屉中的有返回值过程

下面我们逐一介绍这些过程。

1.表头、键表及x坐标

最简单的 3 个过程是"表头""键表"与"x 坐标",根据全局变量"查收入"的值,来获取假变量——表头列表、表头键及 x 坐标列表中的列表项。代码如图 12-33 所示。

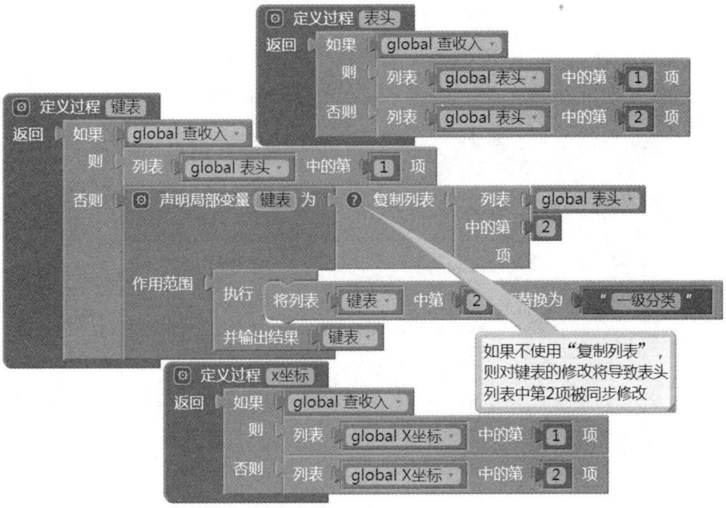

图 12-33　过程——表头、键表与 x 坐标

2.设置日期格式：年_月_日与月_日

无论是收入记录还是支出记录,其中保存的日期信息均为毫秒数,必须将它们转换成文字形式,才能显示在表格中。如图 12-34 所示,"月 _ 日"过程将毫秒转化为"月 - 日"的格式;同样,"年 _ 月 _ 日"过程将毫秒转化为"年 _ 月 _ 日"格式。

图 12-34　将毫秒表示的日期转化为文字表示的日期

3.行号

程序中有 3 处需要计算画布上的点对应的表格行号,如图 12-35 所示。

图 12-35　过程——行号

4. 结果集索引值

当用户点击某一行的数据时，可以根据行号求出该项数据在全局变量"查询结果"中的位置，即"结果集索引值"，行号与索引值的关系见表 12-2，过程的代码如图 12-36 所示。

图 12-36　过程——结果集索引值

5. 专项名称列表

在支出记录功能中，我们创建过类似的过程，但此处我们不对"激活"状态进行筛选，而是将所有支出专项的名称提取到一个列表中，返回给调用者。代码如图 12-37 所示。

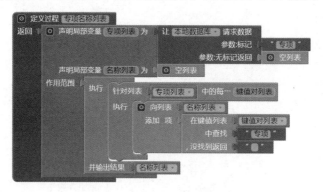

图 12-37　过程——专项名称列表

6. 查询结果集——日期筛选集

集合包含关系如前所述：数据全集 ⊇ 日期筛选集 ⊇ 一级筛选集 ⊇ 二级筛选集，可见日期筛选集直接来源于数据全集。如果用户在"筛选条件"下拉框中选择了"全部"，则日期筛选集就是最终的查询结果，代码如图 12-38 所示。

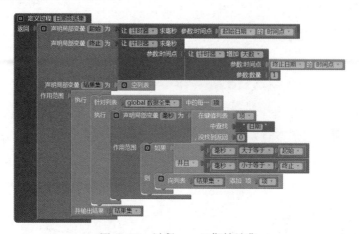

图 12-38　过程——日期筛选集

这段代码并不难理解，需要注意的是终止日期的计算：由于日期对应的毫秒数是以当天的 0 时为参照点的，必须给这个日期加上一天，才能使终止日期包含在查询日期范围内，否则查询日期中将不包含终止日期这一天。

7.一级筛选集与二级筛选集

一级筛选集直接来源于日期筛选集。如果用户在"筛选条件"下拉框中没有选择"全部"及"支出分类"，那么一级筛选集就是最终的查询结果；如果用户选择了"支出分类"，同时在"次筛选项"下拉框中选择了"全部"，那么一级筛选集也是最终的查询结果；只有当用户选择了"支出分类"，同时在"次筛选项"中选择了"全部"以外的选项时，才需要求二级筛选集。二级筛选集直接来源于一级筛选集。一级和二级筛选集的代码分别如图 12-39 及图 12-40 所示。

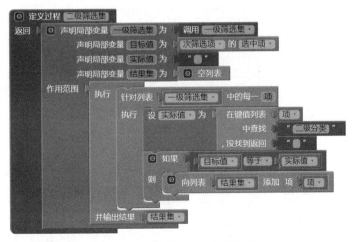

图 12-39　过程——一级筛选集

图 12-40　过程——二级筛选集

在一级筛选集过程中，局部变量"键"用于键值对列表（日期筛选集的列表项）中查询"实际值"，注意区分两个下拉框的名称：筛选条件与主筛选项。例如，当筛选条件为"（收入）类别"

时，键也为"类别"，此时假设主筛选项选中了"工资"，则查询目标就是"工资"，而实际值可能是"工资""奖金"或"理财"等，那么只有实际值等于"工资"的项才能被添加到结果集中，这就是筛选的意义。

在筛选条件下拉框中，"支出分类"并不是支出记录中的"键"，因此需要使用"如果……则……"语句进行转换。其实我们也可以将"支出分类"改为"一级分类"，这样在代码的处理上就可以省去那个条件语句，但是考虑到支出分类中还包含了二级分类，因此，在含义上"支出分类"更准确一些。

8.列表转字串_收入与列表转字串_支出

这两个过程分别来自"收入记录"屏幕及"支出记录"屏幕，如图 12-41 及图 12-42 所示。

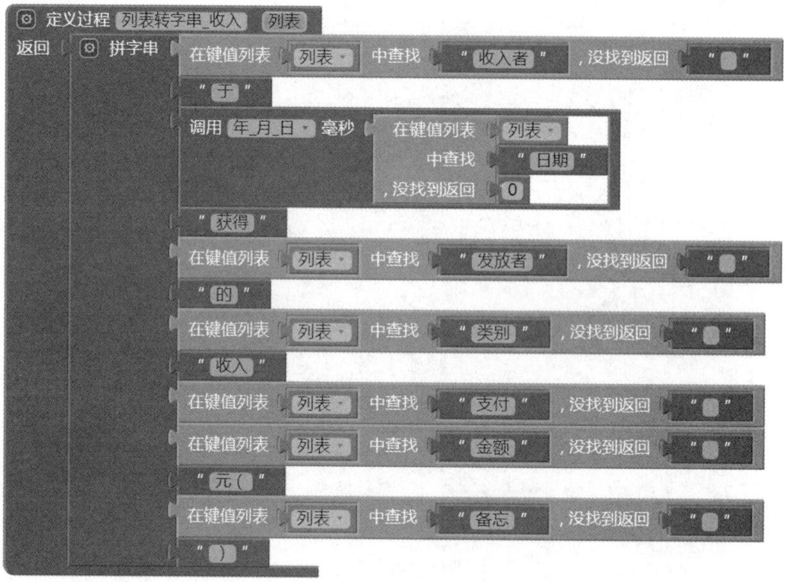

图 12-41 过程——列表转字串_收入

图 12-42 过程——列表转字串_支出

上面的两个列表转字串过程分别从收入记录和支出记录屏幕中复制过来，并加以改造。App Inventor 提供的代码背包功能，可以让开发者很方便地在同一个项目的不同屏幕之间复制代码，方法如图 12-43 所示。在收入记录屏幕中，将代码放入背包，然后在收支查询屏幕中，将代码提取出来。

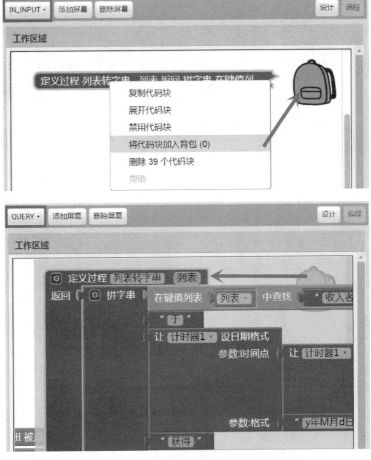

图 12-43　将需要复制的代码添加到代码背包中

12.6.4　改变世界的过程——无返回值过程

如果把我们的程序比喻成一个世界，那么无返回值过程就是推动这个世界运转的内在动力。无返回值过程可以改变世界的外在特性，即组件的属性值，也可以改变世界的内部特性，即全局变量的值。图 12-44 中显示了收支查询屏幕中的无返回值过程（截图自内置块过程抽屉）。

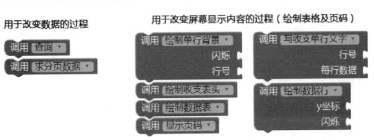

图 12-44　无返回值过程

1. 改变全局变量的过程——查询与求分页数据

先来看查询过程，如图 12-45 所示。有了日期筛选集等 3 个有返回值的过程，查询过程写起来非常简单。查询过程改变的是全局变量"查询结果"，而查询结果是分页数据的直接来源。

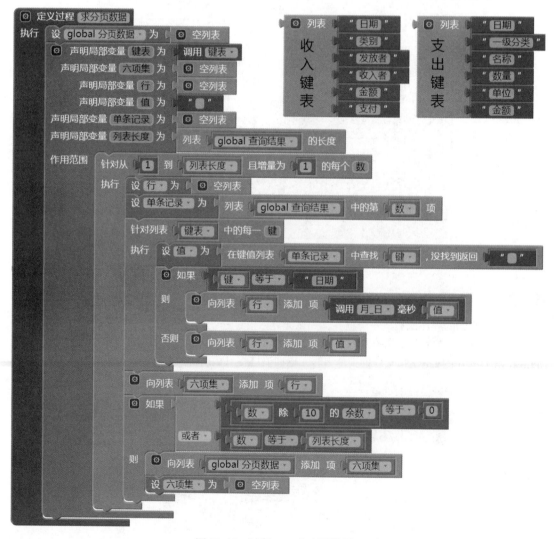

图 12-45　过程——查询

再来看"求分页数据"过程，如图 12-46 所示，该过程改变了全局变量"分页数据"。

图 12-46　过程——求分页数据

2. 绘制表格及显示页码的过程

(1) 绘制收支表头：在 12.4.2 节中，我们创建了一个适用于支出查询的"绘制表头"过程（见图 12-8），现在的"绘制收支表头"过程能够同时适用于收支信息的查询，代码如图 12-47 所示。与此前的"绘制表头"过程相比，这里声明了局部变量"表头"及"x坐标"，通过调用"表头"及"x坐标"过程（见图 12-33），实现了对收入与支出的判断，使得该过程成为适用于收入与支出查询的通用过程。

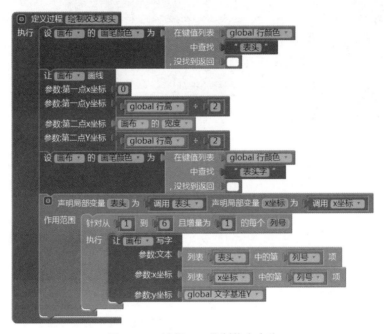

图 12-47　过程——绘制收支表头

(2) 绘制单行背景：见图 12-9。

(3) 写收支单行文字：如图 12-48 所示，该过程也是收支通用过程，这里通过参数"每行数据"来传递不同类型的数据。

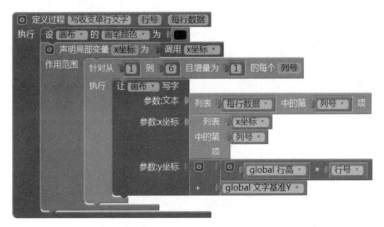

图 12-48　过程——写单行收支文字

(4) 绘制数据行：见图 12-23。

(5) 绘制数据表：如图 12-49 所示，该过程集成了绘制表格的各项功能——绘制收支表头、绘制单行背景以及写收支单行文字。

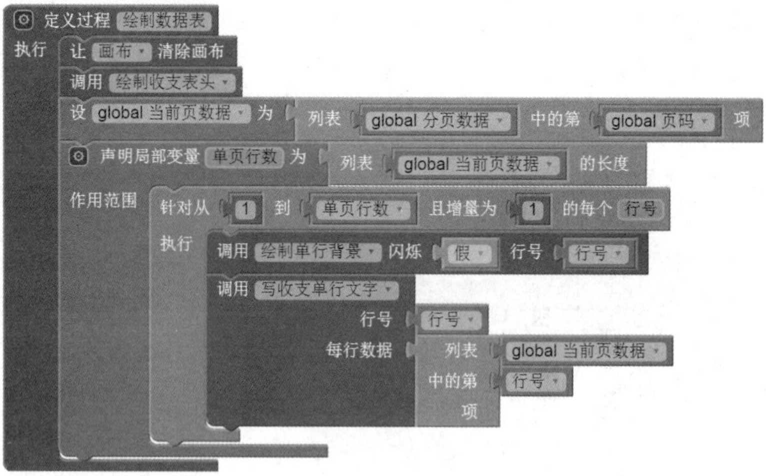

图 12-49　过程——绘制数据表

(6) 显示页码：见图 12-26。

12.7　编写程序——事件处理

上一节编写了变量与过程，即程序中的组成单元，本节的任务就是将它们组合起来，完成本章的任务。

12.7.1　屏幕初始化

屏幕初始化时，根据 MENU 屏幕传递过来的初始文本值，设定全局变量（查收入与数据全集）及组件的属性值（屏幕的标题属性、次筛选项的允许显示属性以及筛选条件的列表属性）。代码如图 12-50 所示。

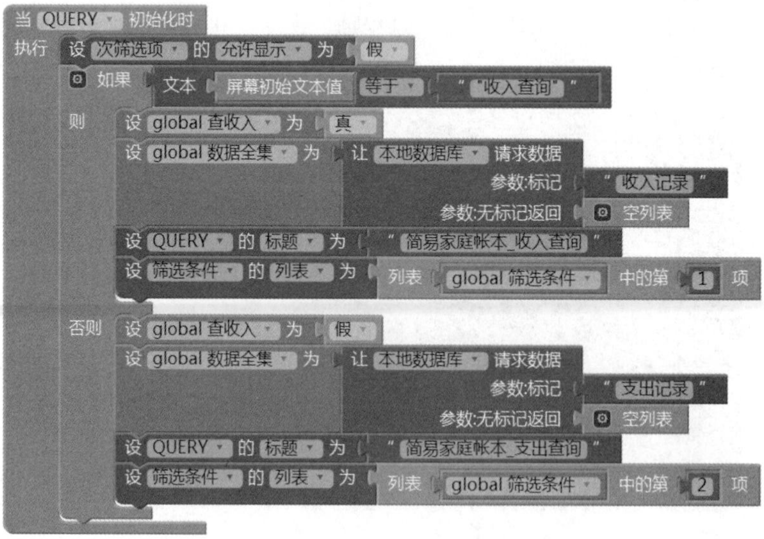

图 12-50　屏幕初始化程序

注意，判断条件中的屏幕初始文本值不等于"收入查询"4 个字符，而是等于""收入查询""6 个字符，其中的半角双引号是 App Inventor 自动添加的。

12.7.2 日期选择事件

如图 12-51 所示，当用户选中起始日期与终止日期后，让日期选框显示选中的日期。

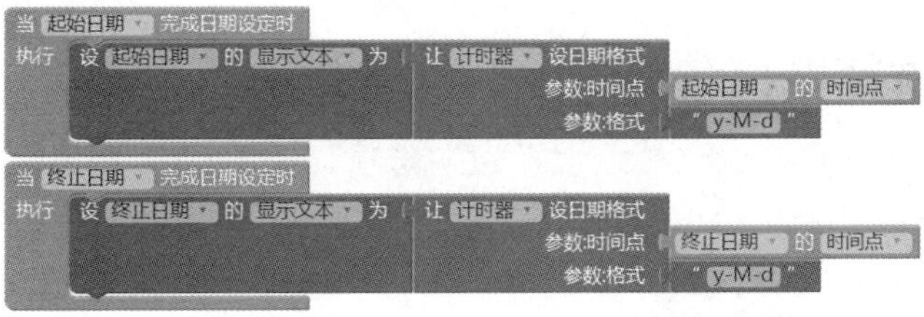

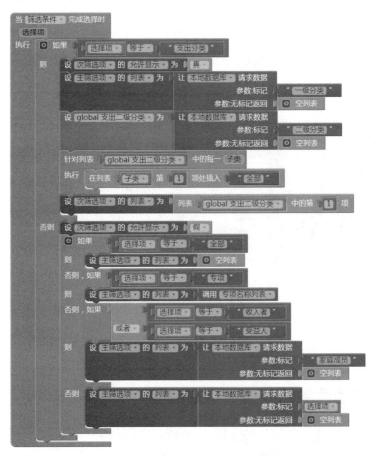

图 12-51　日期选框的选择程序

12.7.3 筛选条件选择程序

如图 12-52 所示，在"筛选条件"下拉框的完成选择事件中，主要任务包含以下 3 项。

(1) 设置"主筛选项"列表属性。
(2) 设置"次筛选项"的列表属性。
(3) 设置"次筛选项"的允许显示属性。

这里我们没有借用"查收入"作为条件判断的依据，而是直接根据"筛选条件的选中项"来设置相关的变量及属性。

图 12-52　筛选条件下拉框的选择程序

注意代码中对"次筛选项"允许显示属性的设置，仅当"筛选条件"选中"支出分类"时，才允许"次筛选项"显示在用户界面上。注意条件语句的使用方法，将"支出分类"以外的选项处理全部放在"否则"分支中，这样只需设置一次"次筛选项的允许显示为假"。

12.7.4　主筛选项选择程序

当"筛选条件"选中了"支出分类"时，"主筛选项"的选择事件将导致"次筛选项"列表数据的重新绑定。代码如图 12-53 所示。

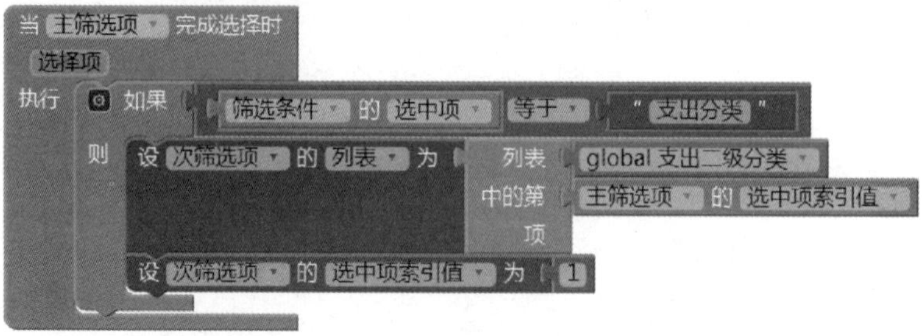

图 12-53　主筛选项下拉框的完成选择程序

12.7.5　查询按钮点击程序

如图 12-54 所示，在查询按钮的点击程序中，设置全局变量"页码"为 1，并调用了 4 个无返回值的、"改变世界"的过程："查询"过程设置了全局变量"查询结果"（见图 12-45），"求分页数据"过程设置了全局变量"分页数据"（见图 12-46），而"绘制数据表"过程里调用"绘制收支表头""绘制单行背景"及"写支出单行文字"过程（见图 12-49）；最后，"显示页码"过程实现了页码的显示（见图 12-54）。其中前两个过程改变了内部世界（对用户不可见的全局变量），后两个过程改变了外部世界（用户可见的组件的属性）。

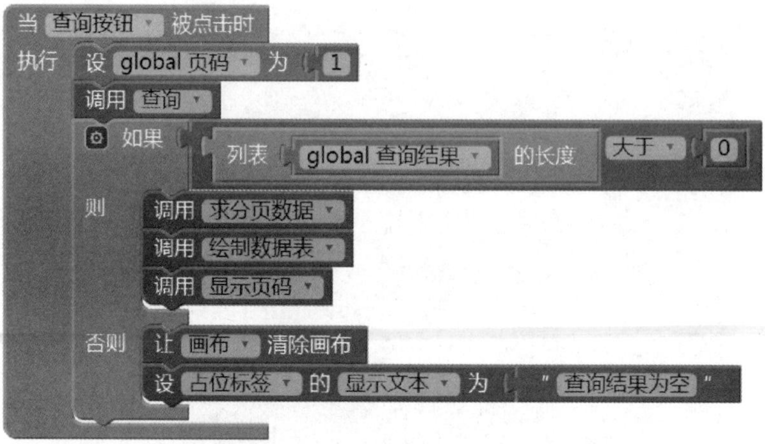

图 12-54　查询按钮的点击程序

12.7.6　划屏翻页事件

当用户在屏幕上画布所在的区域划动手指时，首先清除画布，然后根据手指运动的速度在 x 方向的分量，来判断划动方向，并以此为依据改写全局变量"页码"的值，最后调用"绘制数据表"过程，来实现数据表格的绘制。代码如图 12-55 所示。

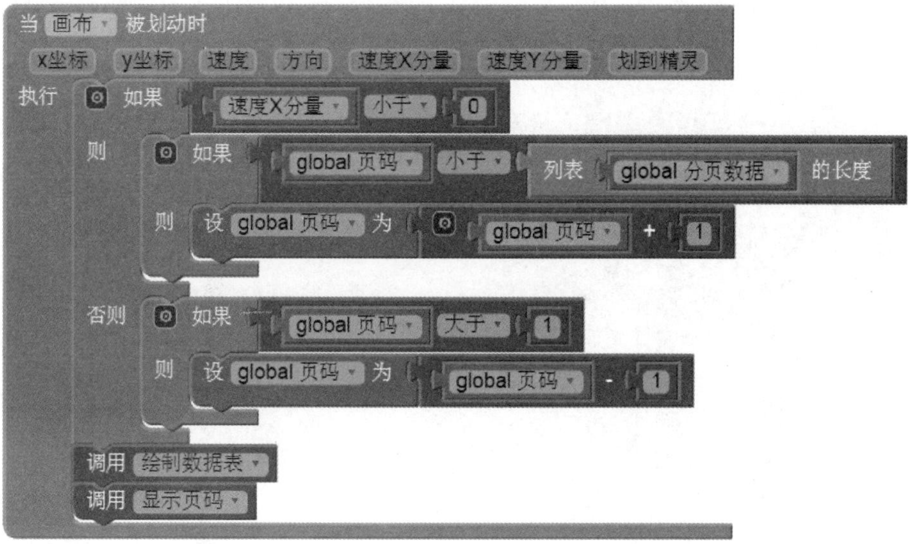

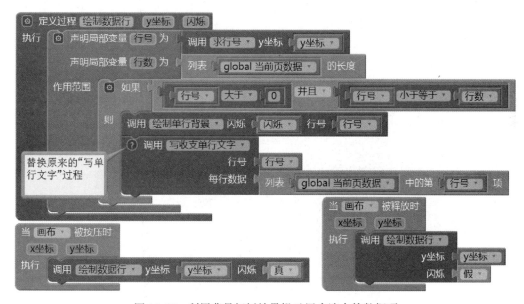

图 12-55　画布的划动程序

12.7.7　选中单行数据程序

在图 12-23 中，我们已经实现了选中行背景闪烁的功能，但"绘制数据行"过程仅对支出查询有效，我们需要将其中的"写单行文字"过程替换为"写收支单行文字"过程，代码如图 12-56 所示。

图 12-56　利用背景闪烁效果提示用户选中的数据项

12.7.8　与删除单行数据相关的程序

1. 画布的被触摸程序

当用户点击画布上的某个数据行时，将触发画布的"触摸"事件，此时应用将弹出选择对话框，显示完整的记录信息，并提供"删除"及"返回"两个选项，代码如图 12-57 所示。

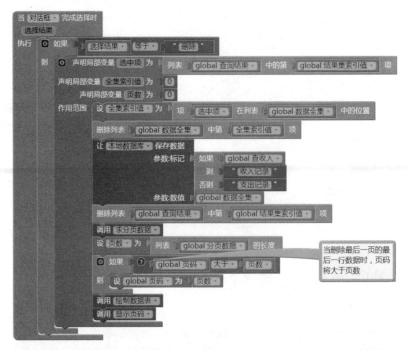

图 12-57 在画布的触摸事件中弹出选择对话框

上述代码中声明了一个全局变量"结果集索引值",用来保存选中项在全局变量"查询结果"中的索引值,以便当用户选择了"删除"时,将选中项从"查询结果"及"数据全集"中删除。

2. 对话框完成选择程序

在画布的触摸事件处理程序中,我们已经为全局变量"结果集索引值"赋值,现在要利用该索引值求出全集索引值,即选中项在数据全集中的位置,以便执行删除操作;数据删除后,将更新后的数据全集保存到数据库中,然后将选中项从"查询结果"中删除,并重新"求分页数据"并绘制数据表格。代码如图 12-58 所示。

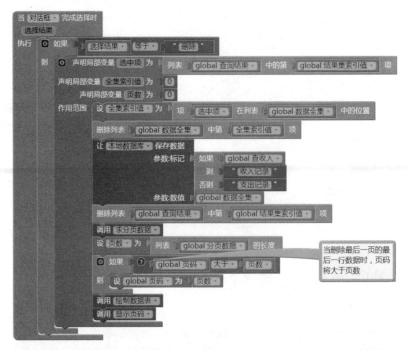

图 12-58 在对话框完成选择事件中删除选中数据,并显示更新后的数据

12.7.9　数据导出

数据导出功能允许用户将查询结果导出为逗号分隔的文本文件，保存在安卓设备中。代码如图 12-59 所示。

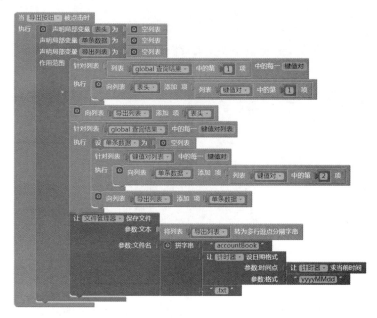

图 12-59　导出查询结果

12.7.10　批量删除

批量删除操作通常在数据导出之后进行，为了减少数据库中的数据量并提高查询速度，用户可以定期将数据导出，然后再将数据批量删除。代码如图 12-60 所示。

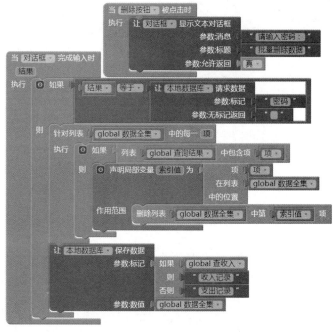

图 12-60　将本次的查询结果批量删除

12.7.11 返回主菜单

如图 12-61 所示，每个屏幕中都要编写此程序。

图 12-61　返回导航菜单页

12.8　测试与改进

本节对收入查询与支出查询两项功能分别加以测试。

12.8.1　收入查询测试

与其他类型的应用不同的是，信息管理类应用的测试要依赖于数据；因此，数据在数量上要足够多，在质量上要具备多样性，只有这样才能测试各种可能的操作。在正式开始测试之前，我们要利用程序来生成必要的实验数据。

1. 生成实验数据

首先生成收入数据，代码如图 12-62 所示。

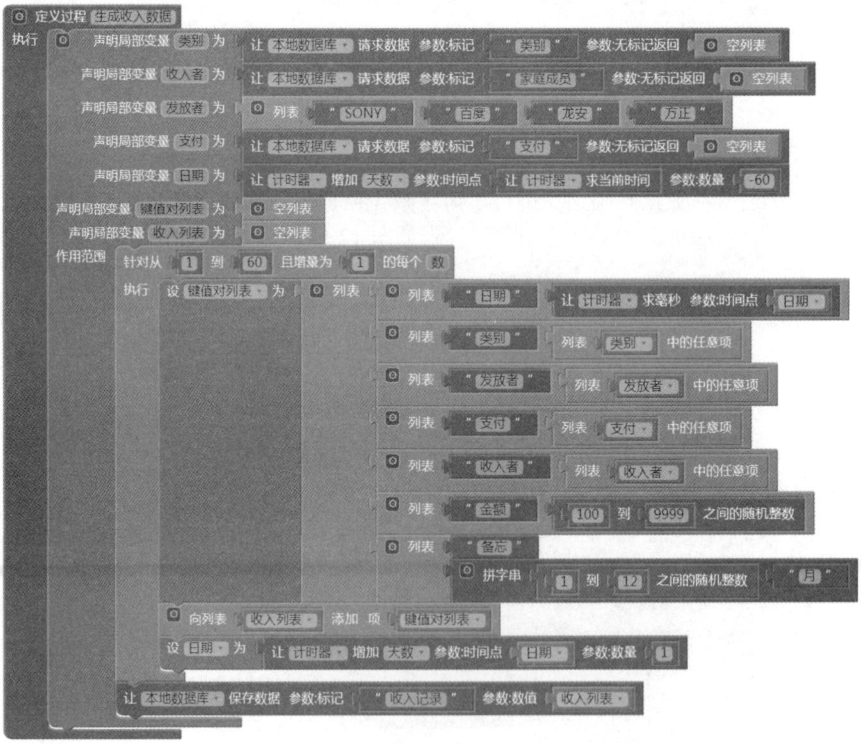

图 12-62　为了完成测试而生成的实验数据

在上述代码中，为了让数据看起来不那么整齐划一，我们使用了"列表中任意项"块，从备选列表中随机选取列表项。上述数据中"时间"的起点是从当前时间起向前推 60 天，并且每次循环天数加 1，共 60 次循环，因此共生成了到今天（2016 年 5 月 24 日）为止的 60 条数据。最后，将生成的数据保存到数据库中。

在 QUERY 屏幕的初始化程序中调用该过程，如图 12-63 所示。

图 12-63   在屏幕初始化时生成收入数据

注意将调用"生成收入数据"过程块放在初始化程序的第一行，以便将新生成的数据读取到全局变量"收入全集"中。测试一下程序的运行结果，如图 12-64 所示。

图 12-64   测试新生成的 60 条收入数据

2. 设置查询条件

(1) 按收入类别查询

图 12-64 中的查询条件只包含起止日期，现在我们设定其他查询条件，首先设定收入类别，测试结果如图 12-65 所示。

图 12-65   测试——按收入类别查询

查询结果是理财收入的条目最多，共 11 条（占据 2 页）。

(2) 按收入者查询

测试结果如图 12-66 所示。随机生成的数据中，张老三及李斯各占据 3 页（分别为 21 条及 25 条），而王小五仅占居 2 页（14 条），合计 60 条。

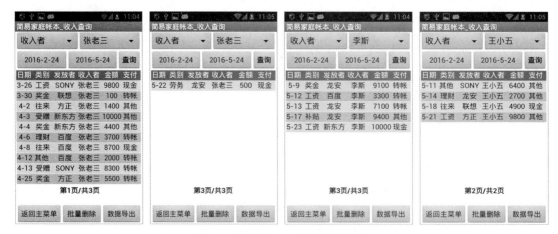

图 12-66　测试——按收入者查询

(3) 按支付方式查询

如图 12-67 所示，现金收入 19 条，转账收入 23 条，其他收入 18 条，合计 60 条。

图 12-67　测试——按支付方式查询

3. 删除单条记录

如图 12-68 所示，我们选择删除日期结果集中第 6 页的最后一行数据（日期为 5 月 23 日），删除后表格更新，第 6 页只剩下 9 行数据。

图 12-68　测试——删除单条记录

4. 批量删除数据

我们将删除王小五的全部收入记录，如图 12-69 所示，删除后表格中的数据并未更新。这时点击查询按钮，占位标签显示"查询结果为空"。

图 12-69　测试——批量删除数据

5. 数据导出

将筛选条件设置为"收入者"，查询"张老三"的全部收入，然后点击数据导出按钮。程序没有任何反应（因为我们并未让它有反应）。打开手机中的文件夹 AppInventor/data，可以看到已经导出的文件，如图 12-70 所示，其中修改日期为"2016/5/24 11:08"的便是刚刚导出的数据文件。

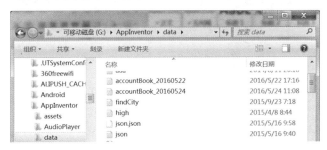

图 12-70　手机文件夹中的数据导出文件

用记事本打开文件 accountBook_20160524.txt，如图 12-71 所示，可以看到里面有若干行用半角逗号分隔的文本，其中收入者全部为"张老三"。

图 12-71　导出的数据内容

以上是对收入查询功能的测试，测试过程中发现 3 个问题：

(1) 在批量删除成功后，被删除的数据仍然显示在屏幕上，这会使用户感到困惑；
(2) 同样是批量删除环节，当用户输入了错误密码时，系统没有给出任何提示；
(3) 在数据导出成功之后，系统同样没有给出任何提示信息。

除此之外，在开发测试过程中，导出的数据文件保存在手机存储卡的 AppInventor/data 文件夹里，当应用开发完成时，项目将编译为 APK 文件并安装到手机上，此时导出文件的位置将发生变化，我们不得不重新设置导出文件的文件名。我们将在完成支出查询测试后，连同以上 3 个问题一并加以改进。

12.8.2 支出查询测试

1. 生成实验数据

支出记录的数据项，从数量上说要多于收入记录，从数据结构上说要比收入记录复杂，因此如果要写一个像“生成收入数据”那样的过程，难度会比较大。尤其是考虑到一、二级分类之间的对应关系，以及像名称、数量、单位这些输入项之间的匹配关系，需要设计一套相当复杂的逻辑，才能避免生成荒唐的数据。基于这样的原因，我们采用另一套方法来生成实验数据，即手工编写数据表格，再将数据导入到项目中。

用 Microsoft Office 中的 Excel 表格来编辑数据，如图 12-72 所示。

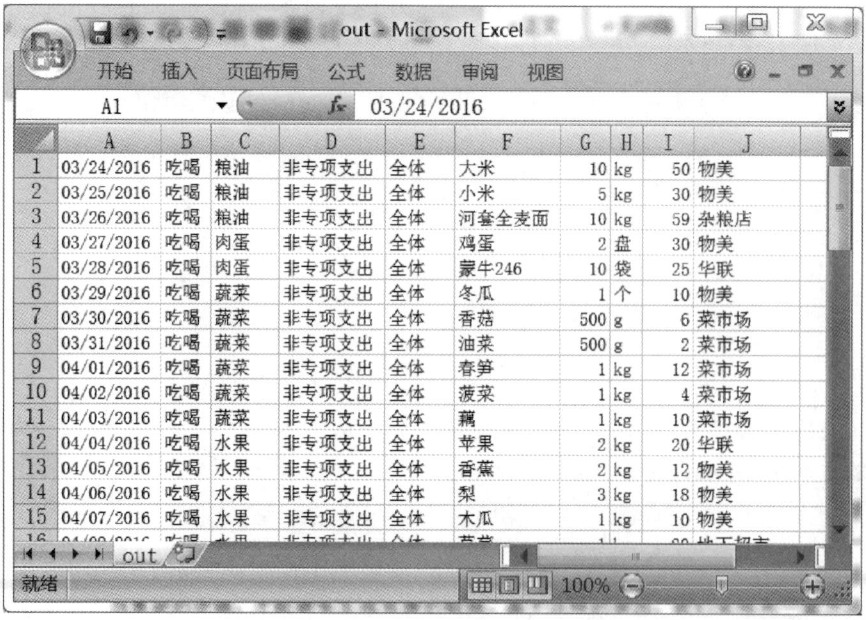

	A	B	C	D	E	F	G	H	I	J
1	03/24/2016	吃喝	粮油	非专项支出	全体	大米	10	kg	50	物美
2	03/25/2016	吃喝	粮油	非专项支出	全体	小米	5	kg	30	物美
3	03/26/2016	吃喝	粮油	非专项支出	全体	河套全麦面	10	kg	59	杂粮店
4	03/27/2016	吃喝	肉蛋	非专项支出	全体	鸡蛋	2	盘	30	物美
5	03/28/2016	吃喝	肉蛋	非专项支出	全体	蒙牛246	10	袋	25	华联
6	03/29/2016	吃喝	蔬菜	非专项支出	全体	冬瓜	1	个	10	物美
7	03/30/2016	吃喝	蔬菜	非专项支出	全体	香菇	500	g	6	菜市场
8	03/31/2016	吃喝	蔬菜	非专项支出	全体	油菜	500	g	2	菜市场
9	04/01/2016	吃喝	蔬菜	非专项支出	全体	春笋	1	kg	12	菜市场
10	04/02/2016	吃喝	蔬菜	非专项支出	全体	菠菜	1	kg	4	菜市场
11	04/03/2016	吃喝	蔬菜	非专项支出	全体	藕	1	kg	10	菜市场
12	04/04/2016	吃喝	水果	非专项支出	全体	苹果	2	kg	20	华联
13	04/05/2016	吃喝	水果	非专项支出	全体	香蕉	2	kg	12	物美
14	04/06/2016	吃喝	水果	非专项支出	全体	梨	3	kg	18	物美
15	04/07/2016	吃喝	水果	非专项支出	全体	木瓜	1	kg	10	物美

图 12-72 用 Excel 编辑支出记录的数据文件

保存文件的时候，选择“另存为”，在“保存类型”选项中选择“CSV（逗号分隔）”。注意，在保存按钮的左侧有一个“工具”下拉框，选择其中的第二项“Web 选项”，设置保存数据的编码格式，如图 12-73 所示。

在 Web 选项的窗口中，选择“编码”页，如图 12-74 所示，在图中的下拉菜单中选择“Unicode (UTF-8)”，并点击“确定”按钮。这一选择是必需的，因为只有这样，才能在 App Inventor 中用文件管理器读取到正常的文本，否则汉字的部分会变成乱码。

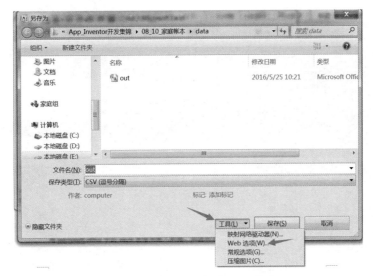

图 12-73　将文件保存为 CSV 格式

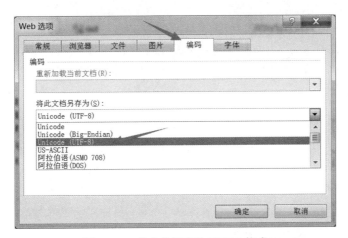

图 12-74　将文件保存为 UTF-8 格式

保存完成之后，将 out.csv 文件复制到手机 SD 卡的 AppInventor/data 文件夹下，如图 12-75 所示。

图 12-75　将 out.csv 复制到手机的 AppInventor/data 文件夹下

　　准备工作就绪后，我们开始编写加载数据的程序。在 QUERY 屏幕的初始化程序中，利用文件管理器加载数据，然后在文件管理器的收到文本事件中解析数据，并将数据保存到数据库中；数据保存成功后，用对话框发出通知，代码如图 12-76 所示。（注意：禁用此前测试收入数据时的"生成收入数据"过程。）

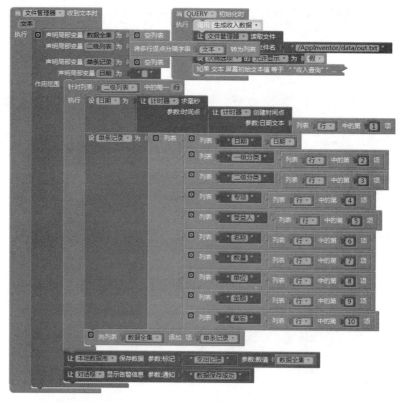

图 12-76　从 out.csv 文件中加载、解析数据，并保存到数据库中

连接 AI 伴侣，对上述代码进行测试。当数据保存成功后，在屏幕初始化程序中，单步执行加载数据指令，如图 12-77 所示。右键点击图中的代码块，并选择最后一行"执行该代码块"，此项操作将从数据库中读取刚刚保存的全部数据，并将数据保存到全局变量"数据全集"中。

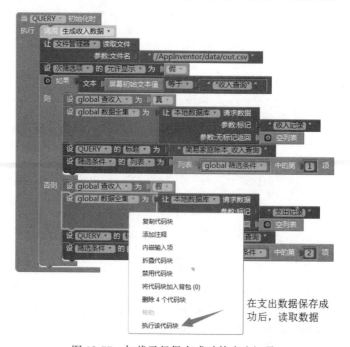

图 12-77　加载已经保存成功的支出记录

然后，在测试手机上设置查询日期，起始日期要早于数据中的起始日期（2016/3/24），终止日期选择默认的当天日期（2016/5/25），并点击查询按钮，程序运行结果如图 12-78 所示。

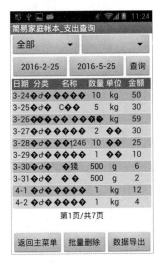

图 12-78　加载数据的测试结果

看来文件的保存还是有问题，我们重新用记事本打开手机中的 out.csv 文件，并选择"另存为"，如图 12-79 所示，将编码设置为"UTF-8"，注意将保存类型设为"所有文件"，将文件名设置为完整的名称"out.csv"。

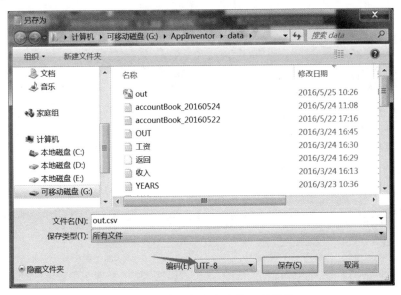

图 12-79　用记事本重新保存文件，编码为 UTF-8

文件保存之后继续测试，结果如图 12-80 所示。

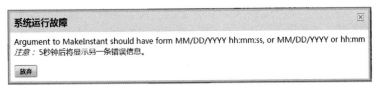

图 12-80　用记事本保存过的文件日期的数据无法识别

错误出在求日期的代码中，用"MM/DD/YYYY"格式的日期文本可以创建与日期对应的"时间点"，进而可以求出日期所对应的毫秒数。在 out.csv 文件中，同样表示日期的字串"03/24/2016"，用 Excel 保存后，App Inventor 可以将其识别为日期（见图 12-78），但用记事本保存之后，App Inventor 认不出它了。经过一番尝试之后，决定放弃使用 CSV 文件中的日期，而采用程序来生成日期数据，就像生成收入数据时那样。修改后的代码如图 12-81 所示。

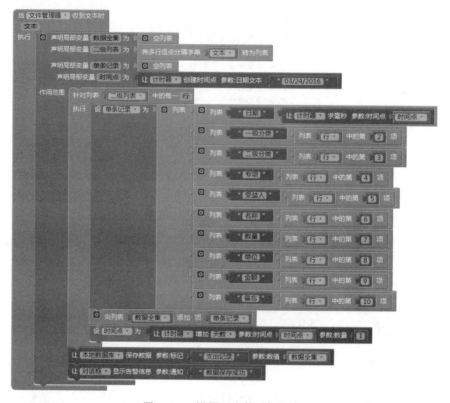

图 12-81　设置固定的时间起点

2. 功能测试——查询全集（日期筛选集）

首先测试数据全集，如图 12-82 所示，我们设置了涵盖全部数据的起止日期，查询结果显示为7页（CSV 文件中共 61 条数据），我们截取了其中奇数页的查询结果。

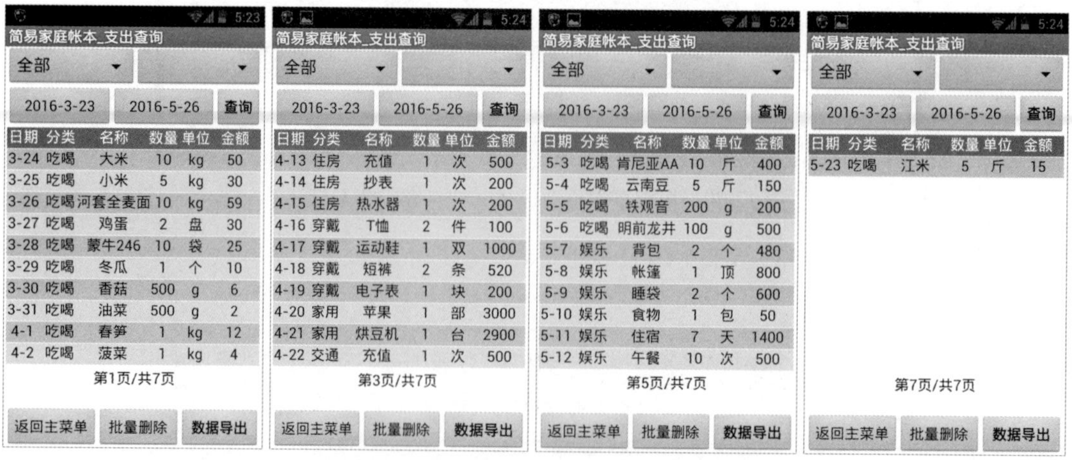

图 12-82　上述代码的测试结果——日期筛选集

3.功能测试——分类查询

下面测试分类查询，当筛选条件分别为"支出分类""支出专项"及"受益人"时，测试结果如图 12-83 所示。

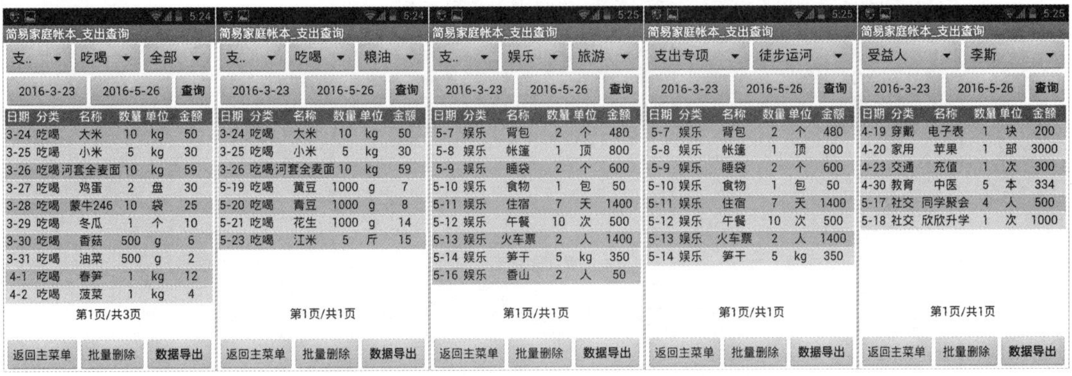

图 12-83　测试结果——分类查询支出信息

左侧的三张图中，筛选条件均为"支出分类"：其中左一图主筛选项为支出一级分类的"吃喝"，次筛选项为"全部"，查询结果共 3 页；左二图将左一图中的次筛选项改为"粮油"，查询结果中包含 7 行；左三图将主筛选项改为"娱乐"，次筛选项改为"旅游"，查询结果为 9 行；右二图筛选条件改为"支出专项"，主筛选项为"徒步运河"，查询结果为 8 行；右一图中筛选条件为"受益人"，主筛选项为"李斯"，查询结果为 6 行。

4.功能测试——数据的删除与导出

首先测试选中单条记录并删除，测试结果如图 12-84 所示。

图 12-84　测试结果——支出记录的单条删除

测试过程中，我们选择左一图中的最后一行删除，从测试结果看，删除之后数据表格自动更新，右一图中的最后一条日期变成了"5-21"。

下面测试批量删除，测试结果如图 12-85 所示。

图 12-85　测试结果——支出记录的批量删除

图 12-85 中左侧两张分别是点击"批量删除"按钮之前以及之后的截图。显然，批量删除后，数据表格没有自动更新，此时点击查询按钮，标签显示"查询结果为空"，说明刚才的批量删除操作是成功的，只是显示结果没有及时更新，这也是我们接下来要改进的部分。

最后来测试数据导出功能。我们将导出"徒步运河"专项的全部记录（图 12-83 的右二图）。点击数据导出按钮后，查看手机中的 AppInventor/data/ 文件夹，发现了刚刚生成的文本文件（第一行），如图 12-86 所示。

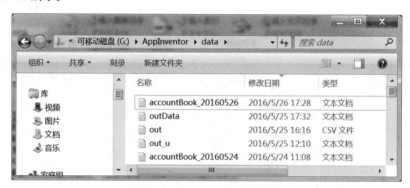

图 12-86　在测试手机的文件夹中找到了刚刚生成的文件

打开文件，查看内容，如图 12-87 所示。

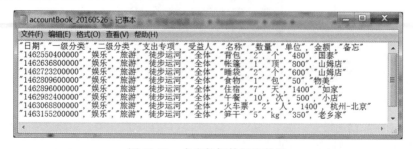

图 12-87　支出数据的导出结果

与收入查询的测试结果类似，当批量删除数据以及导出数据时，应用缺乏必要的反馈，用户面对这样悄无声息的程序会不知所措，因此我们下面给出改进。

12.8.3 功能改进——提供操作反馈

1. 批量删除结果反馈

在对话框的完成输入事件中，为"如果"语句添加"否则"分支，当用户输入的密码错误时，不执行删除操作，并提醒用户"密码错误"；当用户成功删除数据后，清除屏幕上的数据，并提示用户"批量删除成功"。代码如图 12-88 所示。

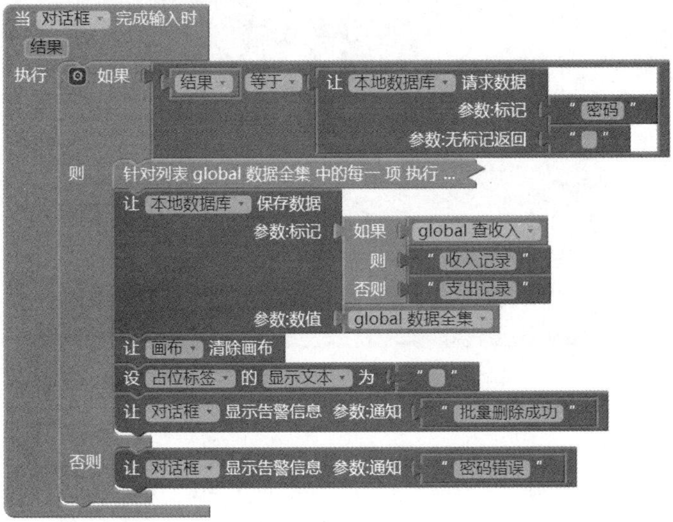

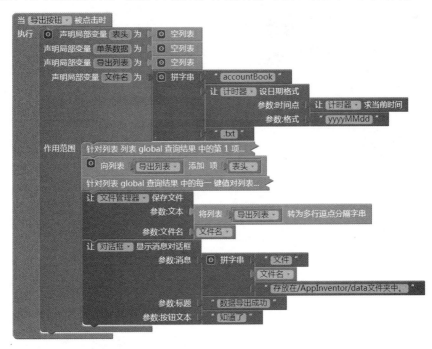

图 12-88　程序改进，为批量删除操作提供反馈

2. 数据导出反馈

如图 12-89 所示，在导出按钮的点击程序中，添加一个局部变量"文件名"，在文件管理器完成保存操作后，用对话框提示用户数据导出成功，并告知用户文件的存放位置及文件名。

图 12-89　程序改进——为数据导出操作提供反馈

下面对改进结果进行测试，如图 12-90 所示，数据导出成功后，显示文件名及文件位置。虽然文字的排列效果不甚理想，不过功能已经具备；数据批量删除后，清空了画布，对话框提示用户"批量删除成功"，不过右一图中的页码信息应该改为"查询结果为空"，留给读者自行改进。

图 12-90 改进后的程序运行效果

3. 设置导出文件的位置

在图 12-59 中，我们将导出的数据保存在文件 accountBook_20160526.txt 中，使用 AI 伴侣测试时，文件将保存在 AppInventor/data 文件夹下；但当应用编译并安装到手机上时，文件将保存在项目的私有文件夹下，使用文件管理器无法找到已经导出的文件。为此，我们需要重新设置导出文件的位置：在文件名前面添加 /AppInventor/data/，即可确保导出的文件保存在 AppInventor/data 文件夹里。修改后的代码如图 12-91 所示，测试结果如图 12-92 及图 12-93 所示。

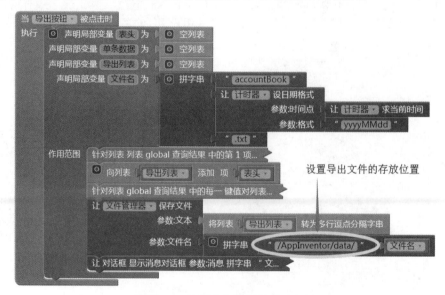

图 12-91 为导出文件设置存放位置

图 12-92　测试——导出数据文件

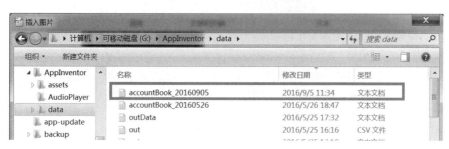

图 12-93　导出文件的位置

　　至此，收入与支出的查询功能已经完成。12.8 节不仅仅是测试与改进：测试之前的生成实验数据环节，在软件开发中占有很重要的地位，尤其是对于信息管理类应用，如果没有足够多样的数据，测试就很难进行。

第13章

简易家庭账本——年度收支汇总

在上一章中，我们利用表格的画线和写字功能，实现了动态数据表格的功能，可以用表格显示动态数据、表格翻页以及选中表格中的数据项等。本章我们仍然利用画布组件的画线及写字功能，实现家庭账本的另一个功能——收支信息的统计汇总。

什么是统计汇总？汇总是一种对数据的宏观描述，是对总量的计算，与统计汇总相关的因素包括时间和分类。与查询功能中的时间因素不同（可以随意设定起止日期），为了使统计结果具有可比性，这里的时间通常为某个固定的时间段。比如，以自然年或自然月为基准，统计收入及支出的总额。账本应用中采用了年度及月度两种时间尺度进行统计汇总。统计汇总中的分类因素包括对数据的各种分类方式，在账本应用中，参与统计汇总的分类包括收入类别、支出一级分类、收入者以及支出专项。将以上时间及分类因素进行排列组合，账本应用将实现以下统计汇总功能，如表13-1所示。本章的目标是实现"年度收支汇总"功能，其余功能将在下一章实现。

表13-1 组合时间与分类因素，定义统计汇总功能

分类＼时间	年　度	月　度	表现方式
全部	年度收支汇总	—	表格＋折线图
收入类别	年度收入分类汇总	月度收入分类汇总	表格＋年度饼状图
收入者	年度个人收入汇总	—	表格＋饼状图
支出一级分类	年度支出分类汇总	月度支出分类汇总	表格＋年度饼状图
支出专项	年度专项支出汇总	—	表格

13.1　功能描述

虽然本章只实现一项功能，但考虑到各项功能之间的相关性，这里依然完整地描述全部7项功能。

(1) 入口：用户在导航菜单页选择"收支汇总"项，进入收支汇总页面，并打开汇总项目列表，其中包含7个选项，如图13-1所示。

(2) 出口：用户点击"返回主菜单"按钮，关闭当前页面，返回导航菜单页。

(3) 选择汇总项目：在汇总项目列表中选择一项。

(4) 年度收支汇总。

- 按月汇总：用户选择汇总年份后，以表格方式逐月汇总并显示该年度的收入、支出及盈余合计，每个月份占一行，共 12 行。
- 显示年度合计：在表格的底部（表脚）汇总并显示年度收入、支出及盈余的合计值。
- 汇总信息的默认显示方式为表格，用户也可以查看汇总信息的图表显示方式，年度汇总信息的图表为两条折线，分别为收入线及支出线。

(5) 年度收入分类汇总。

- 用户选择年份后，默认以表格方式显示该年度各类收入的合计以及年度收入的总和。
- 用户可以选择以图表方式显示汇总结果，分类汇总的图表为饼状图。

(6) 年度个人收入汇总。

- 用户选择年份后，以表格方式显示该年度每个家庭成员的收入合计（收入为 0 的条目不予显示）以及全体成员年度收入的总和。
- 用户可以选择以图表方式显示汇总结果，分类汇总的图表为饼状图。

(7) 年度支出分类汇总。

- 用户选择年份后，以表格方式显示该年度各个一级分类的支出合计以及年度支出的总和。
- 用户可以选择以图表方式显示汇总结果，分类汇总的图表为饼状图。

(8) 年度专项支出汇总：用户选择年份后，以表格方式显示该年度各个专项的支出合计。

(9) 月度收入分类汇总：用户选择年份及月份后，以表格方式显示该月各类收入的合计以及月收入的总和。

(10) 月度支出分类汇总：用户选择年份及月份后，以表格方式显示该月各一级分类支出的合计以及月度支出的总和。

图 13-1　统计汇总项目

13.2　数据模型

与收支查询不同的是，这里的数据不仅要支持数据的表格呈现，还要支持数据的图形呈现，即折线图。

13.2.1　表格数据

如图 13-2 所示，年度收支汇总的绘图数据为二级列表，第一级列表中包含 14 项，第 1 项为表头，中间 12 项为月收入、支出及盈余合计，第 14 项为年度收入、支出及盈余的总计，对应于表格中的"表脚"（或表尾）；第二级列表中包含 4 个列表项，分别为月份、收入合计、支出合计以及盈余合计。

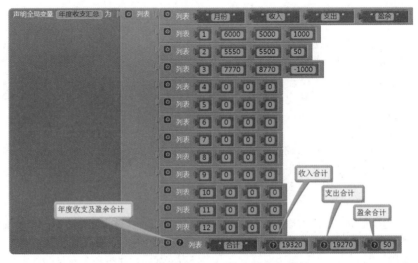

图 13-2 年度收支汇总信息的数据结构

13.2.2 折线图数据

这里先假设绘制折线图的画布高度为 240 像素，宽度为 320 像素。为了绘制年度收支汇总数据的折线图，我们需要对真实的数据按比例进行缩放，并根据数据中的最大值来设置坐标轴的单位。

首先来看一组虚构的数据，如表 13-2 所示，按照表中数据绘制的折线图如图 13-3 所示。

表13-2 一组虚构的年度收支数据

	月份	1	2	3	4	5	6	7	8	9	10	11	12
收入	实际值	3500	3900	6000	5400	7600	4500	5500	4300	2900	9000	9900	6600
	绘图值	—	—	—	—	—	—	—	—	—	—	—	—
支出	实际值	4500	3300	3400	4100	2900	3100	4500	4900	4300	3900	2300	3600
	绘图值	—	—	—	—	—	—	—	—	—	—	—	—

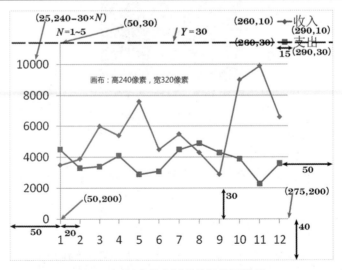

图 13-3 年度收支汇总的折线图样例

首先我们要找到所有数值中的最大值，然后判断最大值的最高位（表示为 N）所在的区间：这个值要么位于 0 ~ 5 区间（$0 < N < 5$），要么位于 5 ~ 10 区间（$5 \leqslant N \leqslant 9$）。表 13-2 中的最大值为 9900，最高位为千位，数值为 9，即 $N = 9$，位于 5 ~ 10 区间。由 N 可以确定 y 坐标的最大标注值，用 Y 表示。如果 N 位于 0 ~ 5 区间，则 $Y = 5 \times 10^{n-1}$，其中 n 为最大值的位数（下同）。例如，当数据中的最大值为 4999 时，$Y = 5000$。如果 N 位于 5 ~ 10 区间，则 $Y = 10^n$。对于例子中的数据来说，$Y = 10\,000$。这样设置的目的是最大限度地利用画布的绘图空间，同时便于数据的缩放处理。

接下来，考虑绘制坐标轴、参考线以及标注数字，如图 13-3 所示。图中给出了坐标轴距离画布边界的距离、原点坐标以及标注文字的坐标计算方法（图中的比例并非严格与数据匹配），这些数据将以列表的方式保存在全局变量中。

最后，我们来确定绘图点的坐标 (x, y)。每个绘图点的 x 坐标与月份有关，$x = 50 +$（月份 -1）$\times$ 20，当月份为 1 时，$x = 50$。y 坐标与表格中的实际值（v）有关，根据实际值可以求出绘图点高度 h（绘图点距离 x 轴的垂直距离），公式为 $h = v \times 200 \div Y$（由 $h/v = 200/Y$ 推导得来）。以表格中 1 月份收入值 3500 为例，绘图点高度 $h = 3500 \times 200 \div 10\,000$，计算结果为 $h = 70$；再将 h 换算成 y 坐标，公式为 $y = $ 画布高度 $-40 - h$，这里假设画布高度为 240，因此 $y = 240 - 40 - 70 = 200 - 70 = 130$（单位为像素）。表 13-2 中的数据经过折算，得到的结果如表 13-3 所示。

表13-3　将实际值折算成坐标值——折线图绘制数据（坐标值单位为像素）

	月份	1	2	3	4	5	6	7	8	9	10	11	12
	x坐标	50	70	90	110	130	150	170	190	210	230	250	270
收入	实际值	3500	3900	6000	5400	7600	4500	5500	4300	2900	9000	9900	6600
	绘图值	70	78	120	108	152	90	110	86	58	180	198	132
	y坐标	130	122	80	92	48	110	90	114	142	20	2	68
支出	实际值	4500	3300	3400	4100	2900	3100	4500	4900	4300	3900	2300	3600
	绘图值	90	66	68	82	58	62	90	98	86	78	46	72
	y坐标	110	134	132	118	142	138	110	102	114	122	154	128

以上关于绘制折线图的说明基于一组虚构的数据。在实际程序运行过程中，数据来自数据库。

13.2.3　全局变量

1. 固定数值类

(1) 行高：绘制表格时每一行的高度，单位为像素。

(2) 文字基准 y：在画布上写字时，文字的基准点，即文字底部距离该行顶边的距离。

(3) 绘图区高度：在画布上绘制折线图时，允许折线到达的最大高度。

2. 动态数值类（无）

3. 静态列表类

(1) x 坐标：绘制数据表格时，每一列文字的中心点坐标，列表长度为 4（对应于 4 列数据）。

(2) 行颜色：键值对列表，长度为 4；绘制数据表格时，表头背景、奇数行背景、偶数行背景及表头文字的颜色。

(3) 图表颜色：键值对列表，长度为 4；绘制折线图时，坐标轴、收入线、支出线及标注文字的颜色。

(4) 折线图参数：键值对列表，长度为 11；包含 4 级列表，是绘制折线图坐标轴及标注文字的坐标或坐标对。

4. 动态列表类

(1) 收入全集：从数据库中读取的全部收入记录。

(2) 支出全集：从数据库中读取的全部支出记录。

(3) 年度收支汇总：绘制年度收支数据表格及折线图的绘图数据，为二级列表，包含 14 个列表项，分别为表头、表脚和 12 个月的收支及盈余数据。

13.3　技术准备——绘制折线图

我们将继续沿用上一节中的虚构数据，来讲解折线图的绘制方法。为了减少正式账本项目中的代码量，我们新建一个项目"折线图"，其中有一个画布组件，宽为充满，高为 240 像素；还有一个按钮组件用于启动绘图操作，如图 13-4 所示。

图 13-4　绘制折线图的临时项目

切换到编程视图，创建一个全局变量"年度收支汇总"，将上一节中的虚构数据用列表的方式组织起来，如图 13-5 所示（注意这组数据没有表头及表脚）。

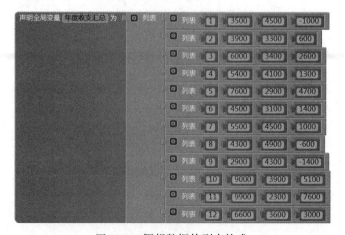

图 13-5　假想数据的列表格式

利用上述组件及数据，我们来绘制折线图，首先绘制坐标轴、参考线以及标注文字，然后再绘制表现数据的折线。

13.3.1 绘制坐标轴

我们将图 13-3 中标注的坐标值保存到全局变量"折线图参数"中，如图 13-6 所示，该变量为键值对列表，其中的键为线的名称（第 1 ～ 9 项）或坐标的说明（最后两项），值为所绘线段的起点及终点坐标（第 1 ～ 9 项）或文字基准点的坐标（最后两项）。对于固定大小的画布来说，这些坐标值是固定不变的。

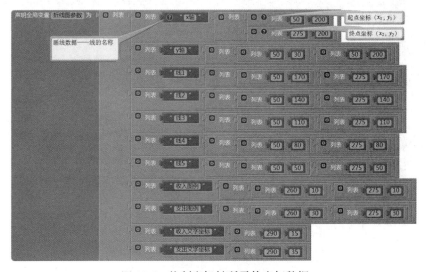

图 13-6 绘制坐标轴所需的坐标数据

在绘制折线图时，需要使用不同的画笔颜色来画线或写字，我们将颜色保存到全局变量"颜色"中，以便在绘图过程中使用，如图 13-7 所示。

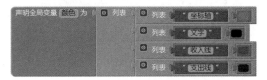

图 13-7 绘制折线图所需的颜色

根据以上数据，创建一个"画线"过程，如图 13-8 所示。该过程有一个"名称"参数，这个名称指的是键值对列表"折线图参数"中的"键"，通过"键"来读取对应线段的起点及终点坐标。

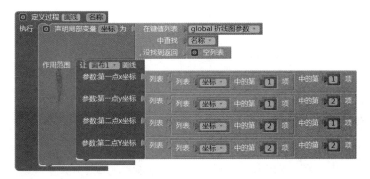

图 13-8 过程——画线

再创建一个"绘制坐标轴"过程，通过调用"画线"过程，来绘制坐标轴以及标记线，包括5条水平标记线以及 x 轴上的 12 个垂直标记线，代码如图 13-9 所示。

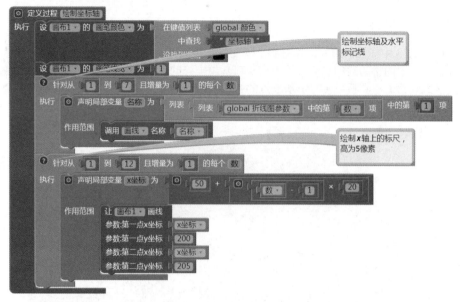

图 13-9　过程——绘制坐标轴

在屏幕初始化程序中调用"绘制坐标轴"，代码如图 13-10 所示，测试结果如图 13-11 所示。

图 13-10　在屏幕初始化时绘制坐标轴

图 13-11　绘制坐标轴的测试结果

13.3.2　绘制图例

图例中包括两个线条及两组文字，线条的颜色与绘制折线图的颜色相一致（如图 13-7 所示），两组文字分别为"收入"及"支出"。我们定义一个"绘制图例"过程来实现画线及写字操作，代码如图 13-12 所示。

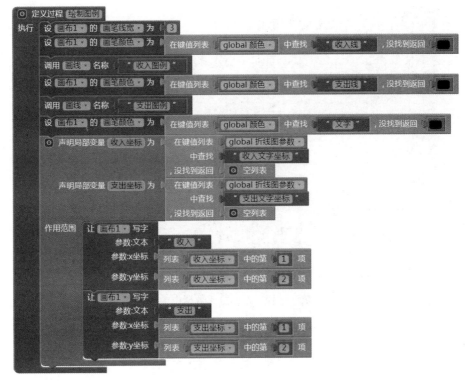

图 13-12　过程——绘制图例

注意，在绘制坐标轴及绘制图例时，使用了不同的画笔线宽：前者线宽为 1 像素，后者为 3 像素。稍后测试时，你将看到这两者的差异。

13.3.3　写标注文字

标注文字指的是 x 轴及 y 轴上单位标记处的文字，其中 x 轴的标注文字很简单，就是代表月份的 12 个数字，而 y 轴的标注文字的内容需要根据实际数据来确定。此处我们着重解决 y 轴标注文字的问题。

y 轴标注文字取决于实际数据中的最大值，其中包含两个因素：

(1) 最大值的位数，用 n 表示，例如 9012 的位数为 4 位，即 $n = 4$；

(2) 最大值的最高位的值，简称"高位值"，用 N 表示，例如 9012 的最高位是千位，千位上的值是 9，即 $N = 9$。

如前所述，高位值 N 要么位于 0 ～ 5 区间，要么位于 5 ～ 10 区间，根据 N 值可以确定 y 轴标注数字中的最大值 max：

(1) 当 N 位于 0 ～ 5 区间时，严格地说，当 $0 < N < 5$ 时，最大标注数 max 的最高位 $Y = 5$；

(2) 当 N 位于 5 ～ 10 区间时，即当 $5 \leqslant N \leqslant 9$ 时，最大标注数 max 的最高位 $Y = 1$。

max 的位数 n 将决定最大标注数的位数，其公式为：

(1) 当 $0 < N < 5$ 时，最大标注数字 $max = 5 \times 10^{n-1}$；

(2) 当 $5 \leqslant N \leqslant 9$ 时，最大标注数字 $max = 1 \times 10^{n}$。

根据以上分析，我们创建一个有返回值的过程"高位与位数"，求收支汇总数据中的最大值，并返回最大值的高位值（N）及位数（n），代码如图 13-13 所示。

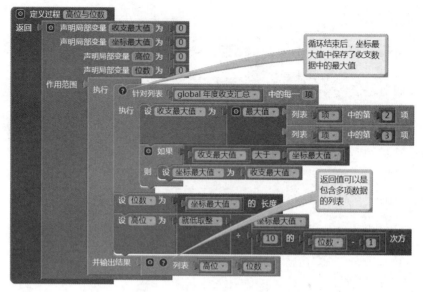

图 13-13 "高位与位数"过程，返回收支数据中最大值的高位值与位数

现在创建"写标注文字"过程来写 x、y 轴的标注文字，代码如图 13-14 所示。

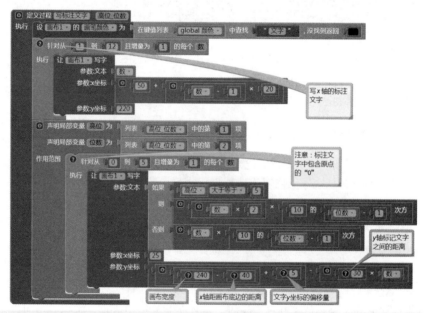

图 13-14 过程——写标注文字

注意图 13-14 中第二个循环语句的循环初值不是 1 而是 0；最后一行代码可以简写为"205－30×数"，但是为了说明这个值的计算方法，代码中保留了完整的运算公式。在屏幕初始化时调用上述过程，来绘制完整的坐标，如图 13-15 所示，测试结果如图 13-16 所示。

图 13-15 屏幕初始化时绘制完整的坐标

图 13-16　测试——绘制完整的坐标

13.3.4　绘制折线图

绘制折线图的第一步就是要将收支数据的实际值（用 v 表示）换算成最终的画布坐标（像素值）。App Inventor 的画布坐标不同于数学中的坐标，在实际值与画布坐标之间还有一个转换的量，即高度（用 h 表示），这是绘图点到 x 轴的垂直距离，也就是数学概念上的 y 坐标。我们首先要将实际值转换为高度，然后再由高度转换为画布坐标，其中涉及两个换算公式：

(1) 高度 h = 实际值 v × （画布中绘图区高度 ÷ y 轴的最大标注值）

(2) y 坐标 = 200 - 高度 h

公式（1）中"绘图区高度"指 x 轴到 y 轴最大标注值之间的像素数。以上两个公式是数值转换的基础，我们先来求 y 轴的最大标注值，创建有返回值的过程"y 轴最大标注"，代码如图 13-17 所示。

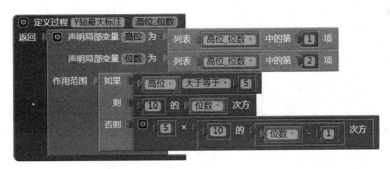

图 13-17　过程——y 轴最大标注

读者可以自己用一个实际的数（例如 4999 或 9999）代入上述过程里，计算一下结果，看看是否正确。

根据上面的公式 (1)，我们创建一个有返回值的过程"数值转高度"，代码如图 13-18 所示。这里我们声明了一个全局变量"绘图区高度"，并设其值为 150（像素）。考虑到在开发过程中我们也许会修改绘图区的高度，因此我们在代码中不直接使用具体数值，而是用变量代替数值，以便于程序的修改。

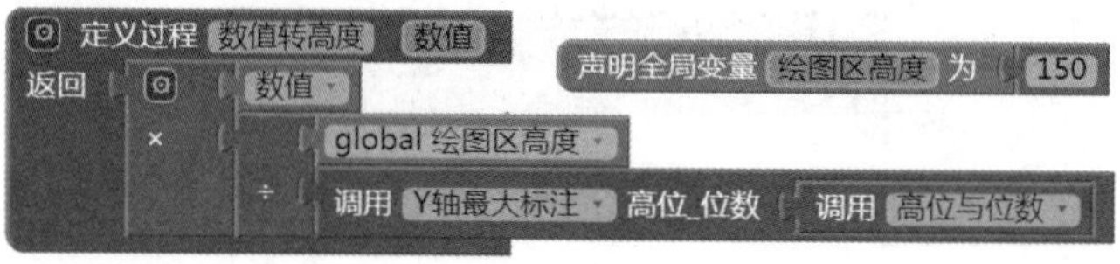

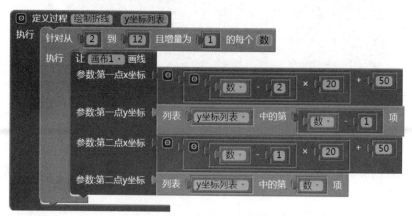

图 13-18　过程——数值转高度

下面将实际值转换为绘图坐标"画布坐标"，创建有返回值的过程"绘图 y 坐标"，该过程返回一个二级列表，其中包含两个列表项，第一项为收入数据对应的 y 坐标，第二项为支出数据对应的 y 坐标。代码如图 13-19 所示。

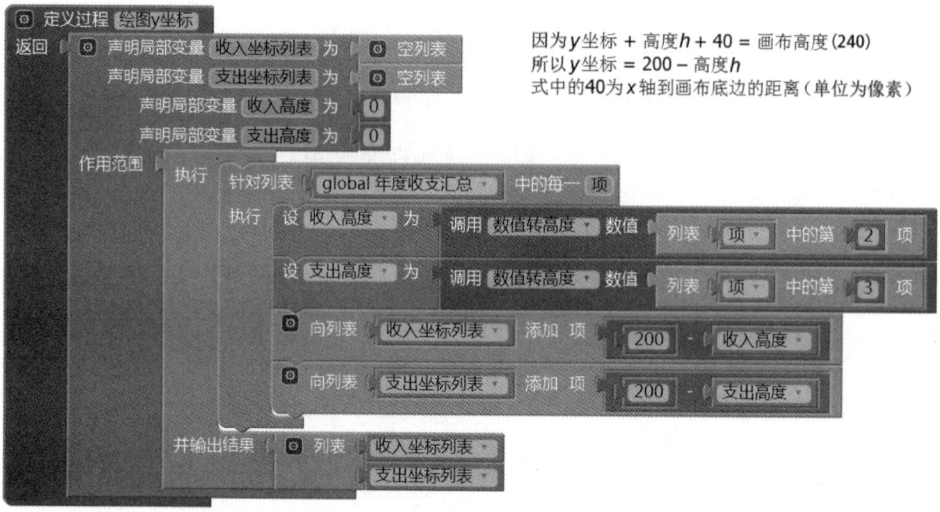

图 13-19　过程——绘图 y 坐标

根据坐标列表，我们可以绘制两条折线。由于两条折线的数据格式及绘图方法相同，我们创建一个过程"绘制折线"，该过程有一个"数据列表"参数，它可以是图 13-19 中的收入坐标列表，也可以是支出坐标列表。代码如图 13-20 所示。

图 13-20　过程——绘制折线

利用上述过程，创建"绘制折线图"过程，实现完整的绘图功能，包括清除画布、绘制坐标轴、写标注文字、绘制图例以及绘制两条折线，代码如图 13-21 所示。然后在绘图按钮的点击事件中调用该过程。代码的测试结果如图 13-22 所示。

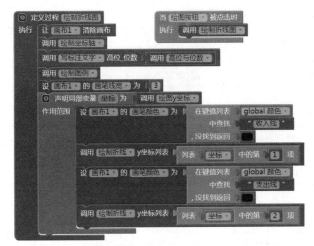

图 13-21　在绘图按钮的点击事件中绘制两条折线图

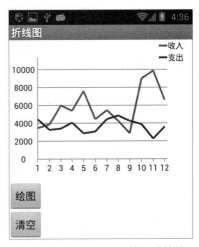

图 13-22　绘制折线图的测试结果

以上是绘制折线图的相关程序。目前绘图功能还并不完备，缺少对最低数值的判断。例如，图 13-22 中 2000 以下没有数据，我们应该让 2000 的标记线与 *x* 轴重合，这样可以增加绘图空间，有助于增加图表的表现力。有兴趣的读者可以自行修改程序，增加对最低数值的判断及处理。

此外，折线图中没有对数据点进行标记，没有像样例图那样用菱形或方形来标明数据点的位置。

13.4　用户界面设计

用户界面设计更准确地说应该是"组件设计"，因为屏幕中还有若干个非可视组件。设计视图中的收支汇总屏幕（SUMMARY）如图 13-23 所示，组件的命名及属性设置如表 13-4 所示。

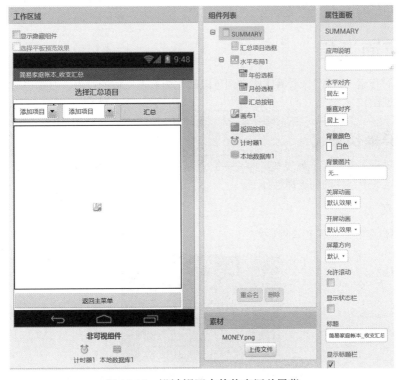

图 13-23　设计视图中的收支汇总屏幕

表13-4　组件的命名及属性设置

组件类型	命　名	属　性	属　性　值
屏幕	SUMMARY	标题	简易家庭账本 _ 收支汇总
		显示状态栏	取消勾选
列表选择框	汇总项目选框	宽度	充满
		字号	16
		显示文本	选择汇总项目
		标题	简易家庭账本——收支汇总项目
水平布局	水平布局1	宽度	充满
下拉框	年份选框	宽度	充满
		提示	选择汇总年份
下拉框	月份选框	允许显示	取消勾选
		提示	选择汇总月份
按钮	汇总按钮	宽度	110 像素
		显示文本	汇总
画布	画布1	宽度、高度	充满
按钮	返回按钮	宽度	充满
		显示文本	返回主菜单
计时器	计时器1	一直计时	取消勾选
		启用计时	取消勾选
本地数据库	本地数据库1	—	默认设置

　　注意表中的月份选框，默认情况下不显示该组件，只有用户选择了月度收入 / 支出分类汇总时，才设置改下拉框为可见。

13.5　页面逻辑

　　注意阅读时搜索"过程"，看看哪些名词可以转化为有返回值的过程，而哪些动宾词组可以转化为无返回值过程。

13.5.1　屏幕初始化

　　收支汇总屏幕中共有 3 个列表类组件——汇总项目选框、年份选框及月份选框。在屏幕初始化时，需要设置这 3 个组件的列表属性如下。

1. 数据绑定

(1) 汇总项目选框：如图 13-24 所示。

图 13-24　收支汇总选框绑定的列表数据

(2) 年份选框：如果当前年度为 2016 年，则列表中包含两项，即 2015 年和 2016 年，否则包含从 2016 年到当前年的选项；即，如果当前年为 2018 年，则列表中包含 2016 年、2017 年及 2018 年 3 项。

(3) 月份选框：包含 1 ～ 12 月的 12 个选项。

2. 加载数据全集

从数据库中读取收入记录与支出记录，分别保存到全局变量"收入全集"与"支出全集"中。

3. 打开汇总项目选框

打开汇总项目选框，用户可以直接从中选择要统计汇总的项目。

13.5.2　选中汇总项目

当用户从汇总项目选框中选择某一项时，设汇总项目选框的显示文本属性为该选框的选中项。根据选框的选中项索引值，设置月份选框的允许显示属性：如果索引值小于等于 5 时，则隐藏月份选框，否则显示月份选框。

13.5.3　数据筛选与汇总

当用户点击汇总按钮时，如果按钮的显示文本为"汇总"，则根据汇总条件，对数据进行筛选及汇总，并将汇总后的数据用表格的方式显示出来，同时设汇总按钮的显示文本为"显示图表"；如果按钮的显示文本为"显示图表"，则根据不同的汇总项目显示对应的折线图或饼状图，并设汇总按钮的显示文本为"显示数据"。

13.5.4　返回主菜单

当用户点击返回按钮时，关闭当前屏幕，应用将返回到导航菜单页。

13.6　编写程序——创建过程

回想一下，上一节你发现了几个过程呢？

13.6.1　可以充当变量的过程——有返回值过程

屏幕初始化时，需要为列表类组件设置列表属性，这些属性值可以从下列过程的返回值中获得，分别是汇总项、年份及月份。

1. 汇总项

如图 13-25 所示，该过程的返回值为列表，其中包含 7 个列表项，这些内容将要显示在汇总项目选框中。

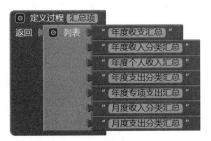

图 13-25　过程——汇总项

2. 年份

如图 13-26 所示，年份过程的返回值为列表。由于应用的创建时间是 2016 年，我们假设用户输入的数据从 2016 年开始，到当前年份为止。

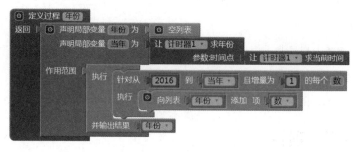

图 13-26　过程——年份

3. 月份

如图 13-27 所示，月份的返回值为列表，其中包含 12 个列表项，分别为 1 ~ 12 的数字，与月份相对应。

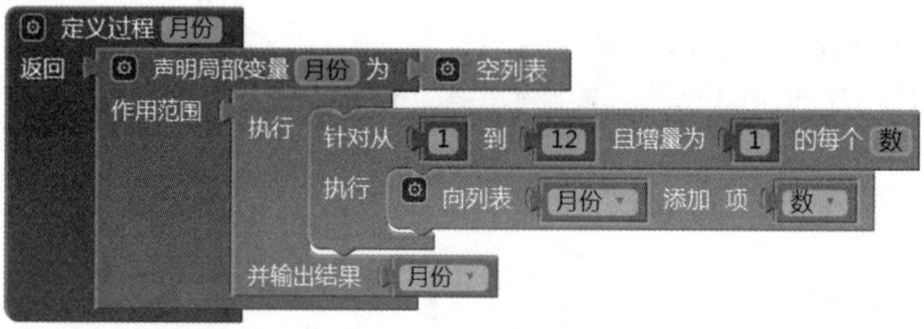

图 13-27　过程——月份

4. 年、月

在收入及支出记录中，日期数据是以毫秒的方式保存的，为了方便对数据的筛选，我们创建两个有返回值的过程"年"和"月"，从日期的毫秒数中提取年、月信息，代码如图 13-28 所示。

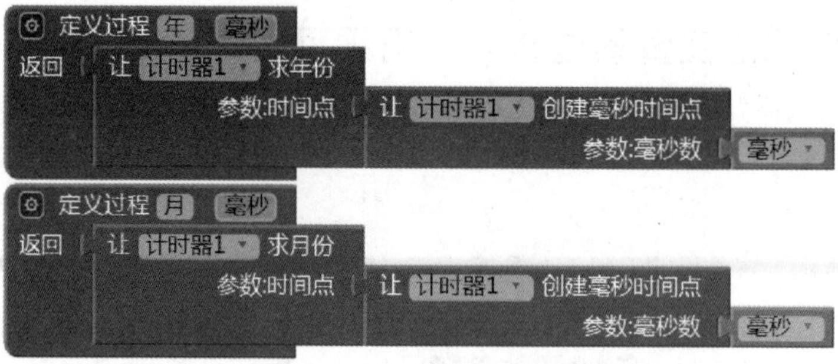

图 13-28　过程——年、月

5. 年度记录

如图 13-29 所示，年度记录过程返回一个二级列表，其中一级列表中包含 12 个列表项，分别为 1 ~ 12 月份的收入记录或支出记录（视参数全集的内容而定）；二级列表中包含选中年中某月的全部收入记录或支出记录。年度记录过程的返回值（列表）是我们计算年度汇总数据的依据。过程中的"选中年"参数等于年份选框的选中项，"全集"参数为收入全集或支出全集。

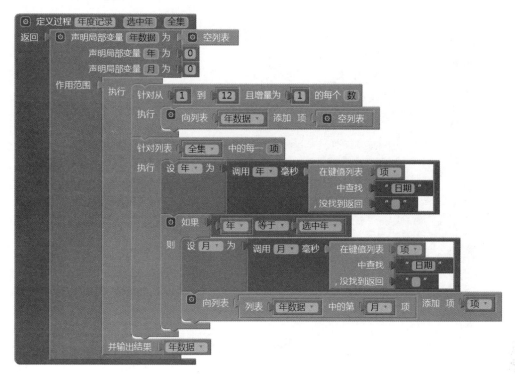

图 13-29　过程——年度记录

6. 月累计

在年度记录中，每个列表项都是某一个月的全部收入或支出记录。我们创建一个"月累计"过程，对月数据中的金额一项进行累计，代码如图 13-30 所示，该过程的返回值为收入或支出的月合计值。

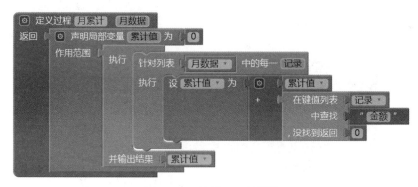

图 13-30　过程——月累计

7. 绘图数据_收支汇总

如图 13-31 所示，用循环语句对年度收入、支出记录进行遍历，通过调用"月累计"过程，对年度数据逐月求和，并按照图 13-2 中的顺序将计算结果按月添加到局部变量"年度汇总"列表中；对月份的遍历完成之后，再将年度的总收入、总支出及总盈余添加到年度汇总列表中，最后返回年度汇总列表。

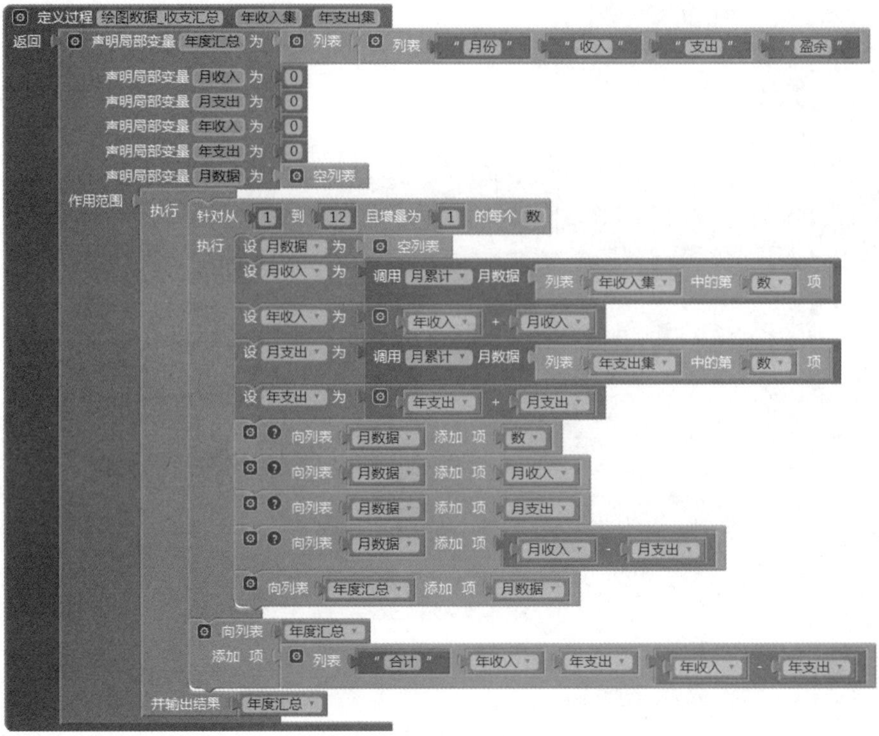

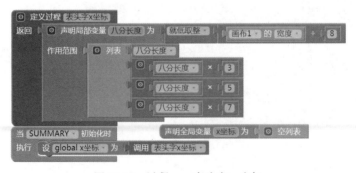

图 13-31　过程——收支汇总

8. 表头字x坐标

统计汇总功能中的表格采用统一的格式，均为4列表格，表格行数依数据项的数量而定，行高26像素，行背景宽25像素，表格充满画布的宽度。我们将屏幕宽度等分为8份，则第1、3、5、7个等分点处就是文字的中心点，将这几个点的x坐标保存在列表中。为了满足下一步编写代码的需要，此处声明了全局变量"x坐标"，初始值为空列表，在屏幕初始化事件中设x坐标为上述过程的返回值。代码如图13-32所示。

图 13-32　过程——表头字 x 坐标

以上是与年度收支汇总相关的有返回值过程，这些过程实现了对数据的整理，下面的过程与表格及图表的绘制有关。

13.6.2　与绘图相关的过程——无返回值过程

我们需要借用上一章中绘制表格的思路，对其中的部分过程进行改造，如绘制单行背景以及写单行文字等，另外还需要添加一些过程，如绘制表脚等。

从收支查询屏幕中复制全局变量——行颜色、行高、文字基准 Y。

1. 绘制表头

绘制表头包括绘制表头背景及写表头文字，表头文字由过程的参数提供，该参数包含 4 个列表项。代码如图 13-33 所示。

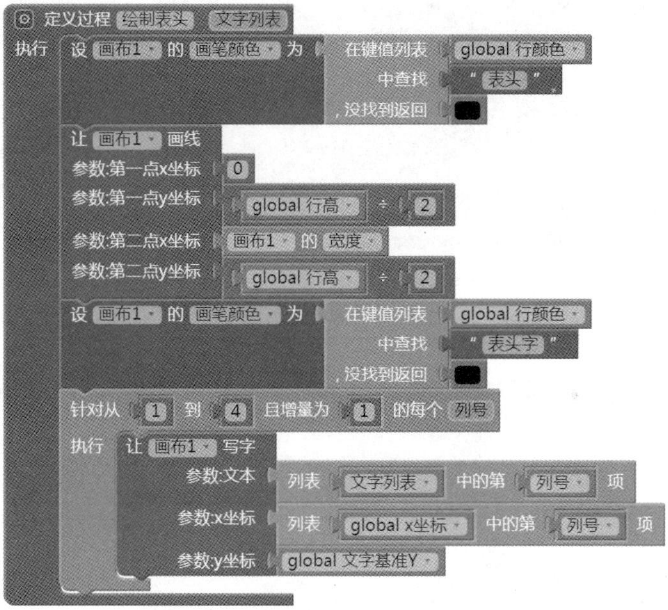

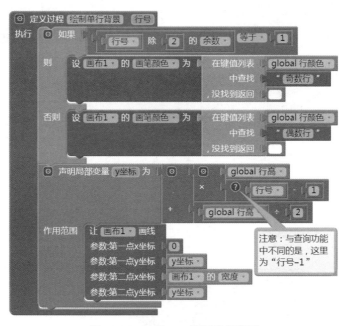

图 13-33　过程——绘制表头

2. 绘制单行背景

与上一章不同的是，本章的绘图数据列表中包含了表头信息，数据行"行号"的起始值为 2，因此 y 坐标的计算公式中，将上一章的"行号"改为"行号 –1"，过程代码如图 13-34 所示。

图 13-34　过程——绘制单行背景

3. 写单行文字

与绘制单行背景过程一样，对 y 坐标的计算需要将上一章的"行号"改为"行号 -1"；同时，表格文字的来源由参数"文字列表"提供，该列表包含 4 个列表项，过程代码如图 13-35 所示。

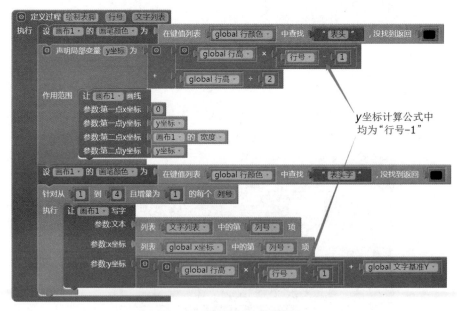

图 13-35　过程——写单行文字

4. 绘制表脚

与绘制表头过程相类似，采用表头的颜色绘制背景，表脚文字由参数"文字列表"提供，过程代码如图 13-36 所示。细心的读者也许会发现，其实绘制表头及绘制表脚这两个过程完全可以合并为一个过程，因为行号 = 1 时的绘制表脚过程与绘制表头过程完全相同。读者可以自行归并这两个过程。

图 13-36　过程——绘制表脚

5. 绘制数据行

如图 13-37 所示，绘制数据行过程只是简单地调用"绘制单行背景"与"写单行文字"两个过程，这样的过程仅仅是出于程序结构的考虑，并不能提高代码的复用性。

图 13-37　过程——绘制数据行

6. 绘制表格

如图 13-38 所示，绘制表格过程是一个集大成者，参数"制表数据"为二级列表，不同的汇总功能对应的列表长度不尽相同，对于年度收支汇总功能来说，第一级列表中包含 14 个列表项；无论哪一种汇总功能，其第二级列表中都包含 4 个列表项。

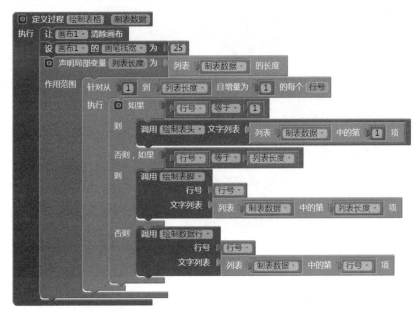

图 13-38　过程——绘制表格

以上为绘制表格的相关过程，下面是绘制折线图的相关过程，由于有些过程已经在 13.3 节中介绍过，这里只显示它们的折叠状态。

7. 绘制图表相关的变量及过程

我们需要打开"折线图"项目，将图 13-39 中的代码放到代码背包中，再回到账本项目中，从代码背包中取出这些代码。下述变量及过程的代码介于图 13-6 至图 13-21 之间（图 13-10、图 13-11、图 13-15 及图 13-16 除外），在此不再显示详细内容。另外将全局变量"年度收支汇总"的初始值设置为空列表。

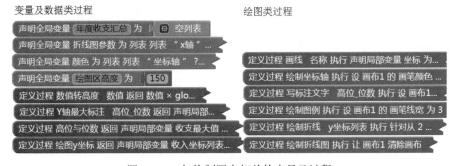

图 13-39　与绘制图表相关的变量及过程

上述代码大部分都可以直接使用，但是需要关注与数据源相关的代码，因为在 13.3 节中，使用的数据源是一组虚构的数据，虽然数据格式是相同的，但应用中的数据添加了表头及表脚，因此这里需要对部分程序进行改写，它们是"高位与位数"及"绘图 y 坐标"两个过程，修改后的代码如图 13-40 及图 13-41 所示。

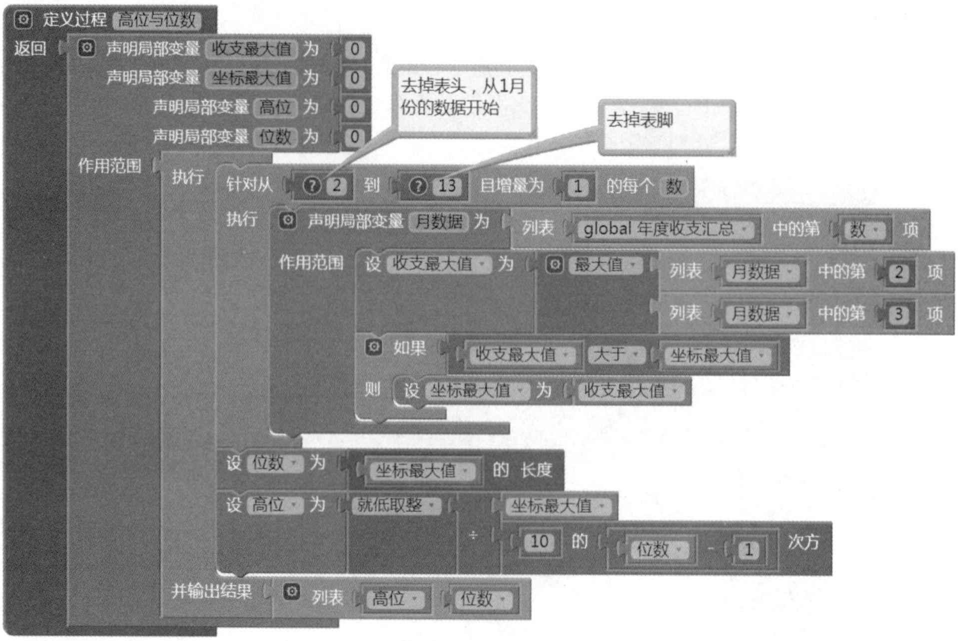

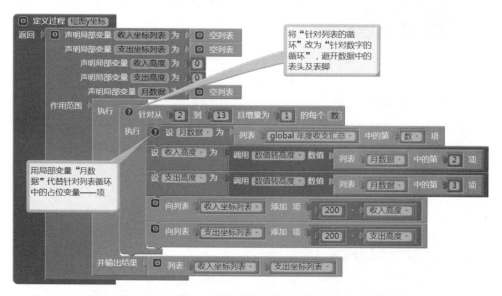

图 13-40　修改过程，避开实际数据中的表头及表脚

图 13-41　修改过程——用针对数字的循环替代针对列表的循环

13.7　编写程序——事件处理程序

将变量和过程组合在一起，来实现我们的任务。

13.7.1　屏幕初始化

如图 13-42 所示，声明全局变量"收入全集与支出全集"，在屏幕初始化程序中，首先为列表类组件设置列表属性，然后设置 x 坐标列表，并从数据库中读取收入及支出记录，最后打开汇总项目选框。

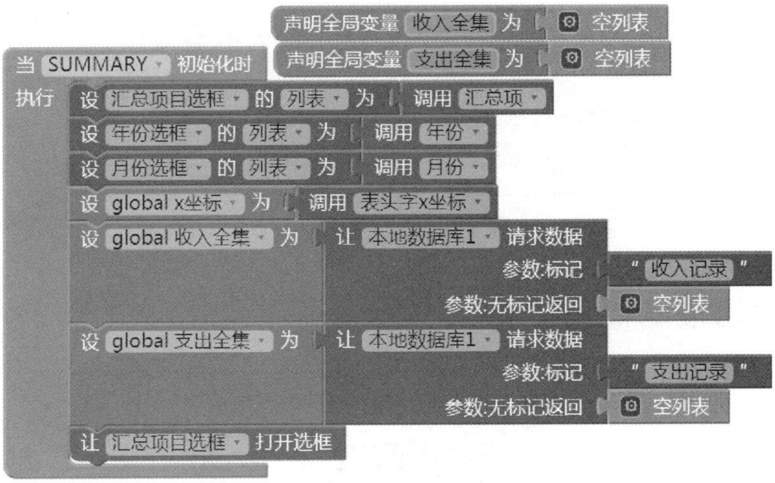

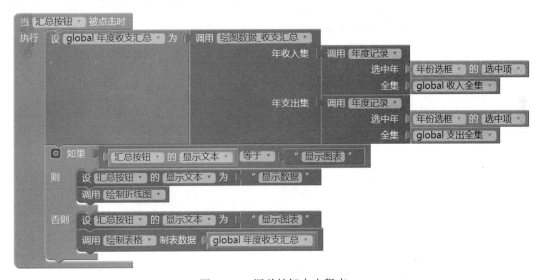

图 13-42　屏幕初始化程序

13.7.2　汇总按钮点击程序

汇总按钮的显示文本属性具有"标记"作用，它的默认值为"汇总"。当用户点击"汇总"按钮时，应用将根据汇总项及汇总时段对数据进行筛选并绘制表格，同时将"汇总"改为"显示图表"；当用户点击"显示图表"时，应用将清空画布上的表格，并绘制根据数据的筛选结果绘制相应的图表（折线图或饼状图），同时将"显示图表"修改为"显示数据"。为此，在汇总按钮的点击程序中，用到了条件语句，代码如图 13-43 所示。

图 13-43　汇总按钮点击程序

13.7.3　汇总项目选择程序

当用户从"汇总项目选框"中选择一项后，设置该列表选择框的显示文本属性为选中项，并根据其选中项索引值，设置月份选框的允许显示属性，代码如图 13-44 所示。这样的设置可以提示用户当前正在执行的统计汇总类型。

图 13-44　设置汇总项目选框的显示文本属性

13.7.4　返回按钮点击程序

与前几章相同，点击返回按钮后，应用将关闭当前屏幕，回到导航菜单页，代码如图 13-45 所示。

图 13-45　返回按钮的点击事件处理程序

13.8　测试与改进

有了实验数据及上面的程序，下面进入测试环节。

13.8.1　测试

首先从汇总项目选框中选择第一项"年度收支汇总"，然后从年份选框中选择"2016"，并点击"汇总"按钮，测试结果如图 13-46 所示。

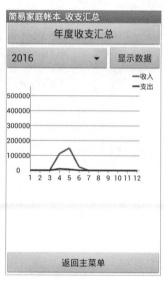

图 13-46　年度收支汇总的测试结果

图 13-46 中的数据来源于我们在收支查询（QUERY）屏幕中用程序生成（收入）或加载（支出）的数据。显然，收入与支出数据的差别太大，收入远远大于支出，这导致图中支出的折线图几乎紧贴坐标轴。这样的图表既不真实，也不美观。我们来修改一下收入数据，将收入发生的频次从每天一次降低到每 6 天一次，代码见图 13-47。重新生成的数据测试结果如图 13-48 所示。

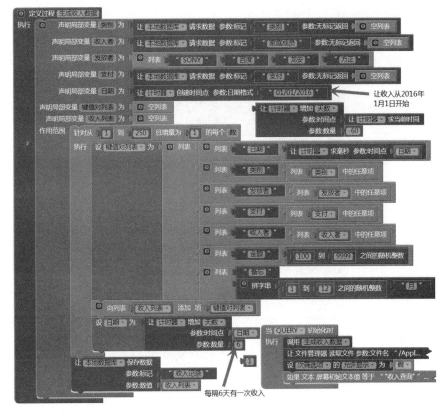

图 13-47　重新生成收入数据——让收入遍及全年

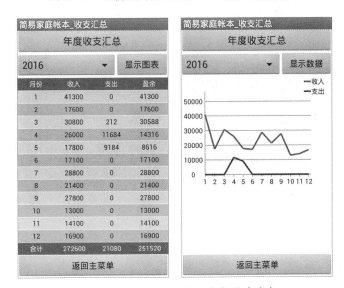

图 13-48　测试——让收入数据遍布全年

我们可以观察一下测试结果中的数据和图表，看它们之间是否一致。

13.8.2　改进

与图 13-3 中的样例相比，我们的折线图似乎少了点什么。是的，在数据点处缺少一个突出的标记。样例图中用菱形和方向来标记数据点，我们试着用圆形和方形来标记，为此需要添加一个"绘制数据标记"过程，代码如图 13-49 所示。

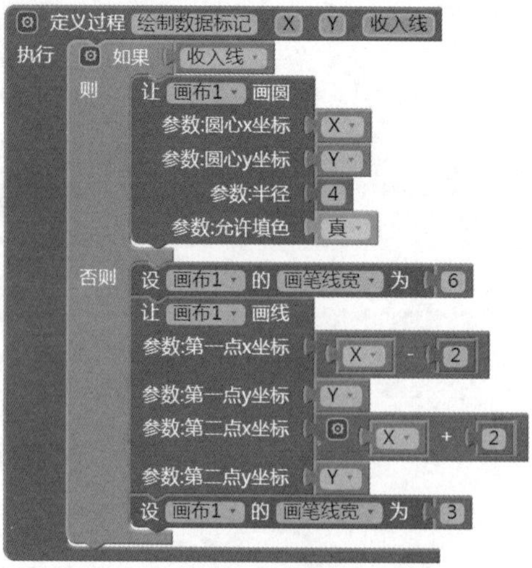

图 13-49　为折线添加数据标记的过程

　　利用画布组件画圆及画线功能，在数据点处分别绘制半径为 4 的实心圆，以及高为 6、宽为 4 的矩形，作为数据点的标记。注意，在画完矩形之后，将画布的画笔线宽恢复到 3，以保持绘制折线时画笔的宽度不变。上述过程的参数"收入线"的值为逻辑类型，绘制收入折线时，其值设为"真"，否则设为"假"。

　　在"绘制折线"过程里添加一个同样的逻辑类型参数"收入线"，并调用"绘制数据标记"过程，代码如图 13-50 所示。注意，折线图中共有 11 条线段，但有 12 个数据点。因此，当占位变量"数"为 12 时，还需为最后一个数据点绘制标记。

图 13-50　在绘制折线的同时，在数据点处绘制圆形或方形标记

最后，在"绘制折线图"过程里，为新增的"收入线"参数提供相应的值（真或假），代码如图 13-51 所示。

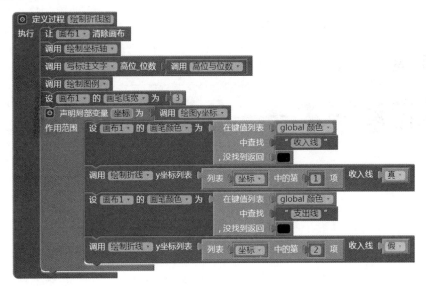

图 13-51 在调用"绘制折线"过程时，为参数"收入线"提供值

上述改进的测试结果如图 13-52 所示。

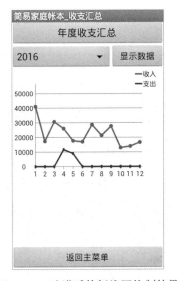

图 13-52 改进后的折线图绘制结果

本章到此结束，下一章讲解收支汇总的其余功能。

第14章

简易家庭账本——分类汇总及其他

在上一章我们实现了账本应用的年度收支汇总功能，并采用表格及图表（折线图）两种方式显示年度收支汇总数据。本章将实现其余 6 项功能——年度及月度收支的分类汇总，包括 4 项年度分类汇总，2 项月度分类汇总，如图 14-1 所示。其中前 3 项的数据显示方式为两种，即表格及图表（饼状图），后 3 项只显示数据表格。此外，本章还将完成应用的最后一项功能，即使用说明，并对开发过程做简短的总结。

图 14-1　本章将实现 6 项分类汇总功能

由于上一章中我们已经完成了统计汇总的功能说明，并完成了用户界面设计等内容，本章将略去这些内容。本章共分 8 节，其中 14.1 节为技术准备，讲解饼状图的绘制方法；14.2 节 ~ 14.6 节分别讲解 6 项分类汇总功能的实现；14.7 节实现使用说明功能；14.8 节对整个账本应用进行总结，并给出改进思路。

14.1 技术准备——绘制饼状图

本节以"个人收入汇总"为例,来讲解饼状图的绘制方法。

14.1.1 数据模型

1. 原始数据

如图 14-2 所示,通过对指定年份的收入数据进行统计汇总,可以得出每位家庭成员某一年度的收入合计。我们将利用图中的虚构数据,讲解与绘图有关的数据模型。

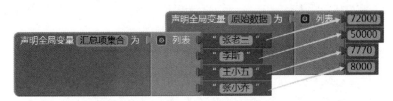

图 14-2　绘制饼状图(年度个人收入汇总)的原始数据(样例数据)

2. 绘图数据

我们要绘制的饼状图如图 14-3 所示,其中包含了下列**数据要素**。

(1) 总量:全体成员的收入总和,用于计算个人收入的百分比。

(2) 分量:每个收入者的年度收入合计占总量的百分比,用 P_i 表示,i 为自然数,最小值为 1,最大值为家庭成员的人数(用 max 表示),下同。

(3) 收入者:家庭成员的姓名。

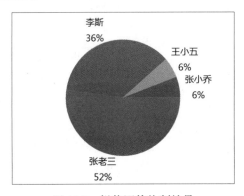

图 14-3　饼状图的绘制效果

从以上数据要素可以推算出**绘图要素**,包含下列内容。

(1) 绘图起点:以 3 点钟方向(把饼状图想象成钟表表盘)为 0°,顺时针为正(角度增加)。

(2) 扇形半径:采用固定值作为扇形半径,用 R 表示,项目中设 $R = 100$ 像素。

(3) 扇形角度:用 D_i 表示,计算公式为:$D_i = P_i \times 360$,单位为角度(°)。

(4) 扇形起始角度:用 A_i 表示,$A_1 = 0$, $A_2 = A_1 + D_1$, $\cdots$, $A_i = A_{i-1} + D_{i-1}$。

(5) 扇形终止角度:分别为 $A_2, A_3, \cdots, A_i, \cdots, A_{max}, A_1$。

(6) 标注半径:用 RS 表示,先假设为 R 的 1.25 倍,即 $RS = 1.25 \times R$。

(7) 标注角度:用 AS_i 表示,为扇形的中央,$AS_i = A_{i-1} + D_i \div 2$。

根据样例数据,可以计算出上述绘图要素,具体计算结果如表 14-1 所示。

表14-1 绘制饼状图的样例数据

收入者	个人收入	百分比P_i	扇形角度D_i	起始角度A_i	终止角度A_{i+1}[①]	标注角度AS_i
张老三	72 000	52.26%	188.14	0	0+188 = 188	188÷2 = 94
李斯	50 000	36.29%	130.65	188	188+131 = 319	188+131÷2 = 254
王小五	7770	5.64%	20.30	319	319+20 = 339	319+20÷2 = 329
张小乔	8000	5.81%	20.90	339	339+21 = 360	339+21÷2 = 350
合计	137 770	100%	360	设$R = 100$，则标注半径$RS = 125$		

　　将表 14-1 中的数据以列表的方式组织起来，以便程序调用，如图 14-4 所示。注意列表的结构，一级列表的长度与家庭成员的人数对应，二级列表为键值对列表，包含 5 个键值对（列表长度为 5），对于不同的统计汇总项目，键值对中的"键"是相同的。

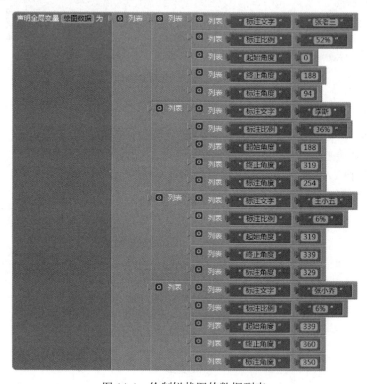

图 14-4 绘制饼状图的数据列表

14.1.2 绘图方法

1. 画线

　　App Inventor 不能直接绘制扇形，我们利用画布组件的画线功能，自圆心向圆周画若干条线段，线段的长度为半径，线段之间的角度差为某个固定值（如 0.5°或 1°）。如图 14-5 所示，设圆心坐标为 (x_0, y_0)，圆的半径为 R，我们试图在 0°～60°之间画一个扇形。假设每隔 1°画一条线，则一共要画 60 条线，每条线的起点为圆心 (x_0, y_0)，终点为圆周上的点 (x, y)，它们之间的关系可以用下列公式描述：

$$x = x_0 + R \times \cos\theta$$
$$y = y_0 + R \times \sin\theta$$

---

① 终止角度 A_{i+1} 中，当 $i = \max$ 时，$A_{i+1} + A_1$。

其中 θ 为角度值，取值范围：$0° \leqslant \theta \leqslant 60°$。

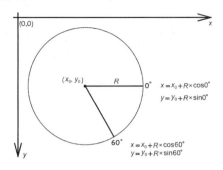

图 14-5　画线的数学依据

在 App Inventor 中，利用上述公式绘制线段的代码如图 14-6 所示，其中 $0° \leqslant$ 角度 $\leqslant 60°$。这段代码是从一个循环语句中拖出来的，其中的"角度"为循环语句的占位变量（简称循环变量）。这段孤立的代码已经超出了循环变量（局部变量）的有效范围，因此图中的"角度"块上有带感叹号的三角形标记，这是 App Inventor 的警告标志，表明该代码块的使用方法是错误的。

图 14-6　画线的代码

2. 画扇形

利用循环语句，让图 14-6 中的代码重复执行，通过设置画笔的线宽以及循环变量"角度"的增量，我们可以改变绘制扇形的效果。分别设画笔线宽为 1 像素、2 像素、3 像素，角度增量为 0.5°与 1°，来测试不同条件下的绘图效果，代码如图 14-7 所示，测试结果如图 14-8 所示。

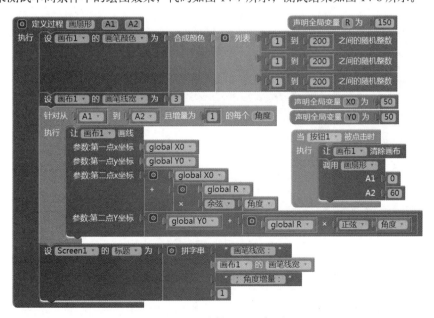

图 14-7　过程——画扇形

利用屏幕的标题属性来显示画笔线宽以及角度增量。对比 6 个测试结果，我们认为当画笔线宽为 3 像素，且角度增量为 0.5° 时，绘制效果最佳。

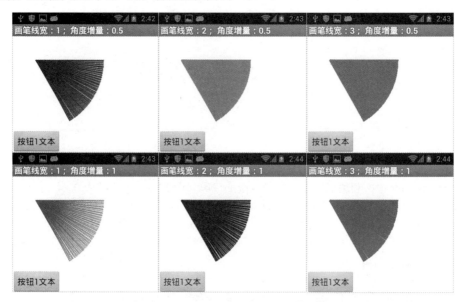

图 14-8　不同条件下扇形的绘制效果

当然，如果令画笔线宽为 1 像素，角度增量为 0.1°，也可以实现很好的绘图效果，但循环次数将增加到 300 次，这会延长程序的运行时间，也就是增加用户的等待时间，因此我们需要在视觉效果与运行效率之间求得平衡。

3. 画饼图

首先我们对"画扇形"进行改进，缩小合成颜色的取值范围（从原来的 1 ~ 200 改为 50 ~ 200），以避免扇形的颜色过深或者过浅；另外，调整圆心的位置为 (150,150)，将半径改为 100 像素，并去掉测试用的代码，修改后的"画扇形"过程如图 14-9 所示。

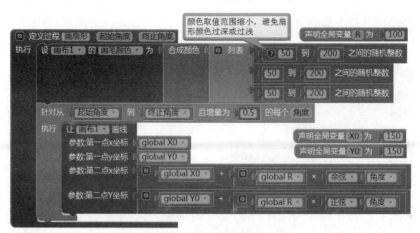

图 14-9　修改后的"画扇形"过程

然后定义一个"数据标注"过程，代码如图 14-10 所示。用黑色文字标注收入者姓名及收入百分比。你可能好奇，为什么不能将"文字""\n"及"比例"拼成一个字串，这样仅需调用一次画布的"写字"过程，而且无须考虑"比例"的 y 坐标的增加值与文字字号的匹配。我尝试过，没有成功，也就是说，画布的写字过程不识别换行符"\n"。

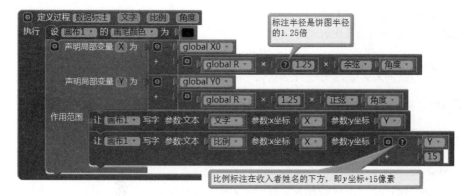

图 14-10　过程——数据标注

接下来定义"画饼图"过程，利用循环语句对图 14-4 中的列表数据进行遍历，通过调用"画扇形"及"数据标注"过程，完成饼状图的绘制，代码如图 14-11 所示。

图 14-11　过程——画饼图

最后在按钮点击事件中调用"画饼图"过程，代码如图 14-12 所示，测试效果如图 14-13 所示。

图 14-12　绘制饼图

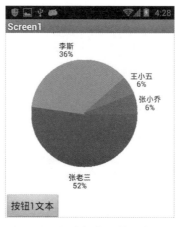

图 14-13　测试饼状图的绘制效果

我们已经利用一组虚构的数据，完成了饼状图的绘制。下面将针对具体的分类数据进行数据整理，并绘制相应的数据表格及图表（饼状图）。

14.2 年度收入分类汇总

本章的数据模型既要支持数据的表格呈现，也要支持数据的图形呈现，即饼状图。

14.2.1 数据模型

1. 原始数据

收入分类汇总的前提是从数据库中读取全部的收入数据，从中筛选出指定年份的收入记录，并按照收入类别进行分类汇总（求合计值），最后求得的结果应该如图14-14所示，这就是我们下一步用来绘制表格及图表的原始数据。图中的全局变量"汇总项"是收入类别列表，用来帮助我们理解原始数据中各个数据项的含义。实际上我们的程序中并不需要"原始数据"及"汇总项"这两个全局变量，我们将创建一个有返回值的过程，来求出"原始数据"列表，这里只是利用全局变量的名称，来说明原始数据的内容及格式。

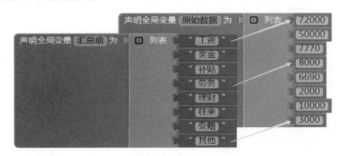

图 14-14 用于绘制表格及图表的原始数据内容及格式

2. 制表数据

"制表数据"来源于上面提到的"汇总项"及"原始数据"，将汇总项与原始数据中的列表项两两配对，每两对合并为"制表数据"列表中的一个列表项，并添加表头及表脚，这就构成了我们需要的制表数据，其内容及格式如图14-15所示。从图中可以看出，制表数据中共有4个数据行，加表头、表脚共6行，每行包含4列。与"原始数据"一样，我们的程序中并不需要全局变量"制表数据"，我们将创建一个有返回值的过程来求得"制表数据"，这里只是利用全局变量的名称，来说明数据的内容及格式。

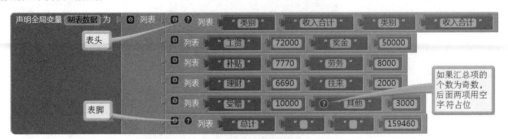

图 14-15 制表数据列表的结构

3. 绘图（饼状图）数据

绘图数据的格式如图14-4所示，不同汇总项的绘图数据结构相同，只是列表长度以及列表项的具体内容不同。我们将创建一个有返回值的过程"绘图数据"，来求得绘图数据列表。

14.2.2　页面逻辑

(1) 当用户在"汇总项目选框"中选择"年度收入分类汇总"时,隐藏月份选框,汇总按钮的显示文本为"汇总",此时用户可以在年份选框中选择汇总年份,并点击汇总按钮。

(2) 当用户点击"汇总"按钮后,默认显示 4 列带有表头及表脚的数据表格,汇总按钮显示文本改为"显示图表",此时用户可以点击"显示图表"按钮,查看数据所对应的饼状图。

(3) 当用户点击"显示图表"后,屏幕上显示汇总数据的饼状图,汇总按钮的显示文本改为"显示数据",此时用户可以点击"显示数据",查看数据的表格形式。

14.2.3　编写代码——过程与事件处理程序

1. 原始数据

创建一个有返回值的过程"原始数据",其返回值为一级列表,每个列表项对应于每个收入类别的全年收入总和。代码如图 14-16 所示。

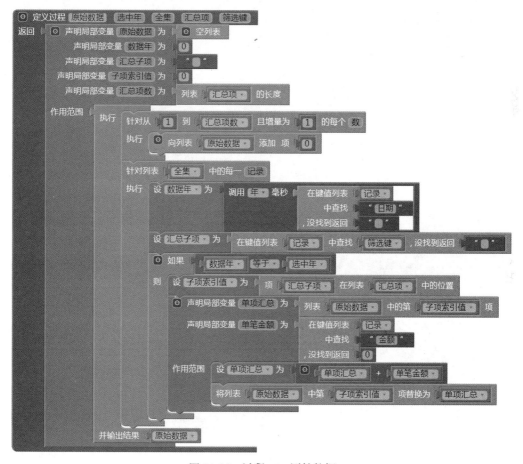

图 14-16　过程——原始数据

为了更好地理解上述过程,这里对各个参数以及局部变量的含义给出解释。

- 选中年:年份选框中的选中项。
- 全集:针对年度收入分类汇总而言,全集即收入全集。
- 汇总项:收入类别列表,包含工资、奖金等 8 个列表项。
- 筛选键:对年度收入分类汇总而言,筛选键为"类别"。

- 原始数据：将要返回的一级列表，其中每个列表项为选定年度某一类收入的合计值。
- 数据年：在遍历收入全集时，每条收入记录（键值对列表）中"日期"键所对应的年份值。
- 汇总子项：与参数"筛选键"所对应的值，是汇总项列表中的某个列表项，对于年度收入分类汇总而言，汇总子项可能是工资、奖金等8项中的任何一项。
- 汇总项数：参数"汇总项"列表的长度，对于年度收入分类汇总而言，该值为8。
- 单项汇总：原始数据列表中某个列表项的当前值。
- 单笔金额：遍历收入全集时，某条记录中的"金额"键所对应的值。

图 14-17 中给出了上述部分参数及局部变量的含义。

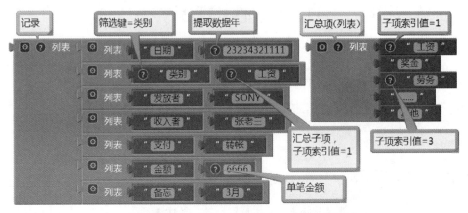

图 14-17　原始数据过程里部分参数及局部变量的含义

该过程同样适用于其他的年度分类汇总功能。为了测试该过程的返回结果，我们在汇总按钮点击程序中添加一个条件语句，根据"汇总项目选框"的选中项索引值来决定所要执行的程序，代码如图 14-18 所示。

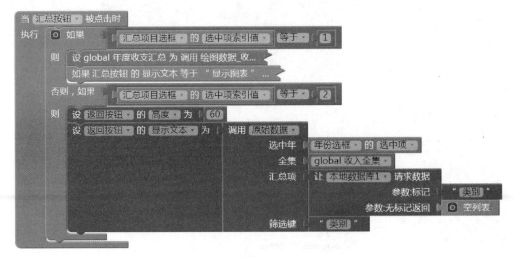

图 14-18　测试原始数据的返回值

上述代码中利用返回按钮的显示文本属性，来显示原始数据的返回值。为了完整地显示全部列表项，暂时设置返回按钮的高度为 60 像素，测试结果如图 14-19 所示。稍后记得将设置高度的代码删除。

图 14-19　对原始数据过程返回值的测试结果

2.制表数据

如图 14-20 所示，"制表数据"过程有 4 个参数，而且与"原始数据"过程的参数完全相同。参照图 14-15 的列表结构，首先为局部变量"制表数据"添加表头，然后同时对"汇总项集合"与"原始数据"两个列表进行遍历（两个列表的长度相等），并先后将两个列表中相对应的列表项添加到局部变量"二级列表"中。当二级列表的长度等于 4 时，将其添加到"制表数据"列表中，并清空二级列表；或者，虽然二级列表长度不等于 4，但是循环语句已经遍历到了列表的最后一项，此时为二级列表添加两个空字符列表项，然后再将其添加到"制表数据"中。在遍历列表过程中，累计"原始数据"中每一项的值，并保存在局部变量"总计"中；最后，为"制表数据"添加表脚"总计值"。

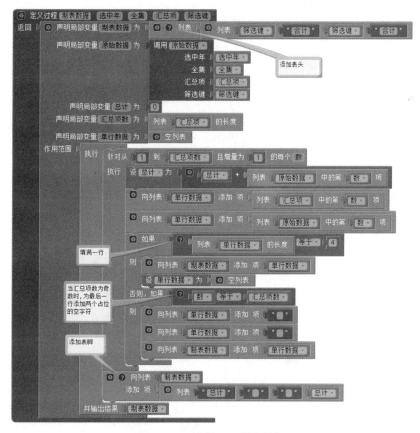

图 14-20　过程——制表数据

将汇总按钮点击程序稍加修改，就可以测试"制表数据"过程的返回值。这一次不必借用返回按钮的显示文本属性，而是直接调用"绘制表格"过程，并将该过程的参数设为"制表数据"过程的返回值，代码如图 14-21 所示，测试结果如图 14-22 所示。

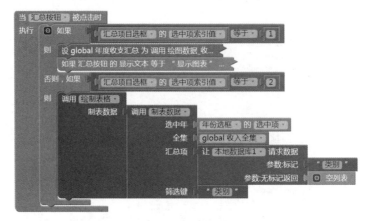

图 14-21　测试制表数据过程的返回值

图 14-22　制表数据过程返回值的测试结果

3. 绘图数据

如图 14-4 所示，绘图数据的结构为三级列表。一级列表的长度等于"汇总项"列表的长度，二级列表为键值对列表，如图 14-23 所示。

图 14-23　绘图数据列表中的列表项——包含 5 个键值对的键值对列表

图中的键值对列表包含 5 个键值对，其中的键是固定不变的，值分别来源于"汇总项"以及对原始数据的计算，"绘图数据"过程的代码如图 14-24 所示。代码中包含两个独立的循环语句，第一个循环语句是针对"原始数据"列表的循环，用来计算收入总计；第二个循环语句同时遍历"汇总项"与"原始数据"两个列表，为绘图数据设定标注文字。利用第一个循环中所得的总计值来求各项绘图数据，包括标注比例、起始角度、终止角度以及标注角度；将所得的各项数据组织成键值对列表，并添加到局部变量"绘图数据"中。注意对"起始角度"的设置——放在第二个循环语句的最后一行。

图 14-24　过程——绘图数据

为了测试"绘图数据"过程的返回值，我们需要将"画饼图"项目中的代码复制到账本项目中。利用 App Inventor 新增的代码背包功能，将"画饼图"项目中的 3 个全局变量（R、x₀、y₀）以及 3 个过程（"画扇形""数据标注""画饼图"）放置到代码背包中，并在账本项目的 SUMMARY 屏幕中将它们提取出来。接下来需要对"画饼图"过程加以改造：首先，为过程添加 4 个参数，包括选中年、全集、汇总项及筛选键；其次，添加清除画布语句，并设画布的画笔线宽为 3 像素；然后添加局部变量"绘图数据"，并设置其值为"绘图数据"过程的返回值；最后，将循环语句中对全局变量"绘图数据"的遍历修改为对局部变量"绘图数据"的遍历，代码如图 14-25 所示。

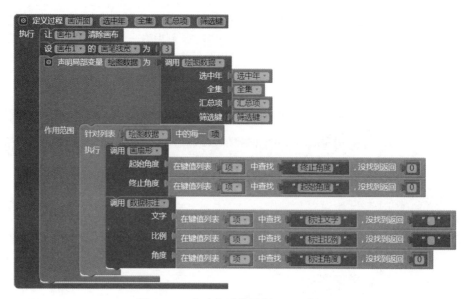

图 14-25　修改之后的过程——画饼图

依然利用汇总按钮的点击程序来测试"绘图数据"过程的返回值，代码如图 14-26 所示。

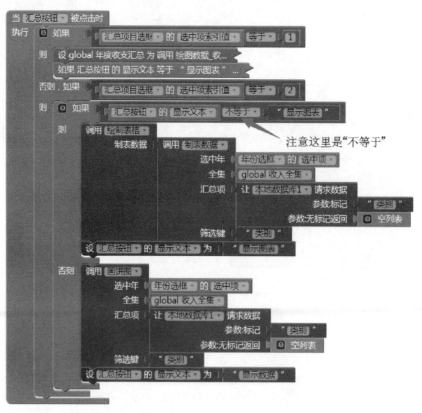

图 14-26　利用汇总按钮的点击程序测试"绘图数据"过程的返回值

上述代码的测试结果如图 14-27 所示。

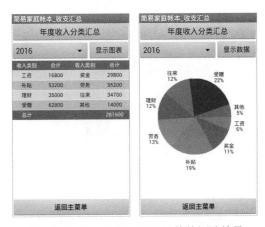

图 14-27　绘图数据过程返回值的测试结果

以上实现了年度收入分类汇总功能。测试过程中发现了两个问题，一是绘制饼状图时需要等待的时间较长，二是饼图中各个扇形的圆心并没有汇聚在同一个点。前者的原因在于绘图过程本身就涉及大量运算，同时又要完成在屏幕上输出图形的任务；后者的原因在于画笔的线宽，如果画笔线宽为 1 像素，那么各个扇形的圆心将重合在同一点。

14.3　年度个人收入汇总

上一节中的 3 个过程，即原始数据、制表数据以及绘图数据，同样适用于本节的功能，只是在调用过程时提供的参数有所不同，因此只需修改汇总按钮点击程序，即可实现本节功能，代码如图 14-28 所示，代码的测试结果如图 14-29 所示。

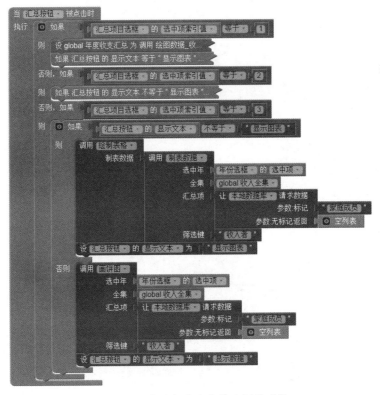

图 14-28　实现年度个人收入汇总功能

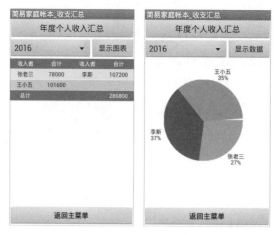

图 14-29　年度个人收入汇总的测试结果

测试发现饼状图存在一个 1% 的空白，因为 3 个家庭成员收入比例的总和为 99%。究其原因，可能是计算比例时四舍五入运算的结果——当两个百分比的小数位均小于 0.5，但其小数位之和大于 0.5 时，就会导致最终的百分比之和不足 100%。

解决问题的思路有两种。如果软件本身注重数据的精确性，则可以保留 1 位小数，不过即使这样，最终还是有可能比例之和不足 100%（可能是 99.9%）。因此，还有另外一个思路，让最后一项百分比等于 100% 减去此前各项百分比之和，这样可以确保百分比的总和为 100%。在这样的前提下，再考虑数据的精确性，来确定保留小数的位数。

我们来修改绘图数据过程，添加一个局部变量"比例之和"，让最后一项百分比等于 100% 与前面各项百分比之和，代码如图 14-30 所示，测试结果如图 14-31 所示。

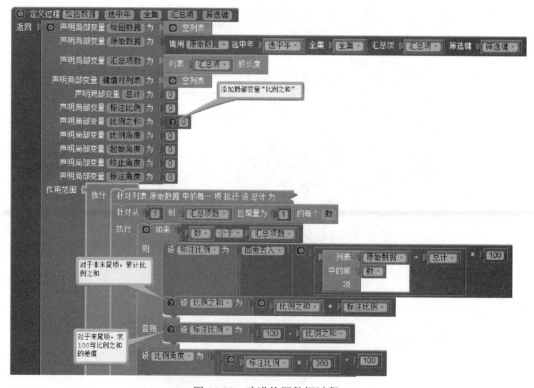

图 14-30　改进绘图数据过程

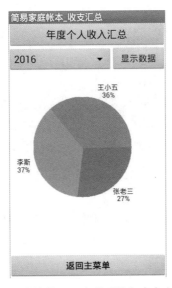

图 14-31　测试结果——改进后的年度个人收入汇总

14.4　年度支出分类汇总

你可能已经发现，要实现各个年度分类汇总功能，只要在汇总按钮点击程序中添加新的分支就可以了，并不需要修改此程序之外的任何代码。不过，随着汇总项目的增多，汇总按钮点击程序中的分支越来越多，程序显得冗长而混乱，为了让程序简洁清晰，我们需要对程序进行改造。

首先改造"汇总项目选框"的完成选择程序，如图 14-32 所示，将"设 global 年度收支汇总"的语句从汇总按钮点击程序中转移到完成选择程序中。图中方框内的代码为新增部分。

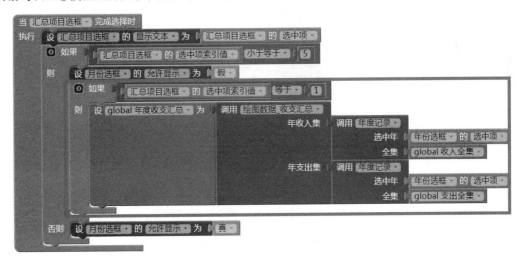

图 14-32　修改汇总项目选框的完成选择程序

然后添加两个过程"显示分类汇总数据"与"显示分类汇总图表"，把汇总按钮点击程序中的部分代码转移到这两个过程中，并设置两个参数"全集"与"筛选键"，替换原有代码中的具体值，过程代码如图 14-33 所示。

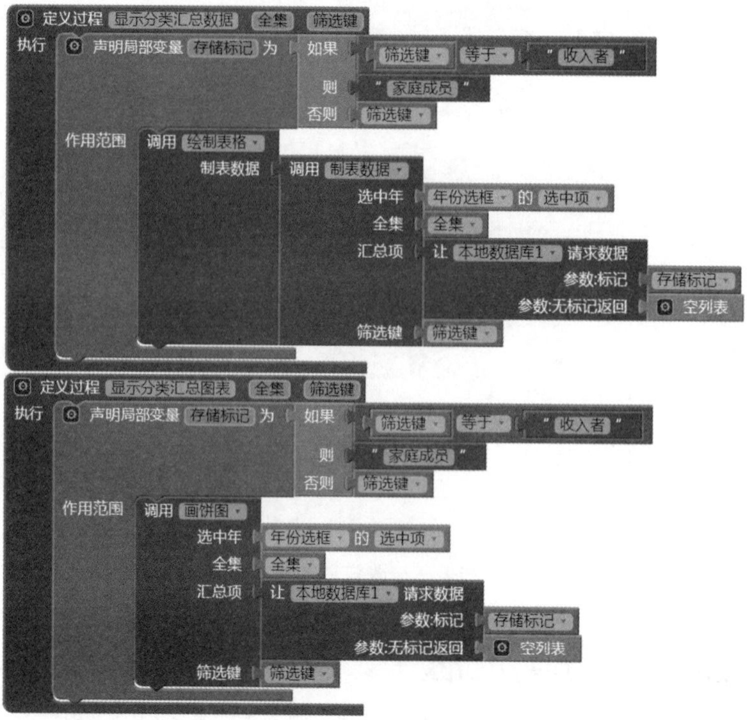

图 14-33　过程——显示分类汇总数据及绘制分类汇总图表

　　然后再创建两个过程"显示数据"与"显示图表"，来调用上面两个过程，代码如图 14-34 及图 14-35 所示。

图 14-34　过程——显示数据

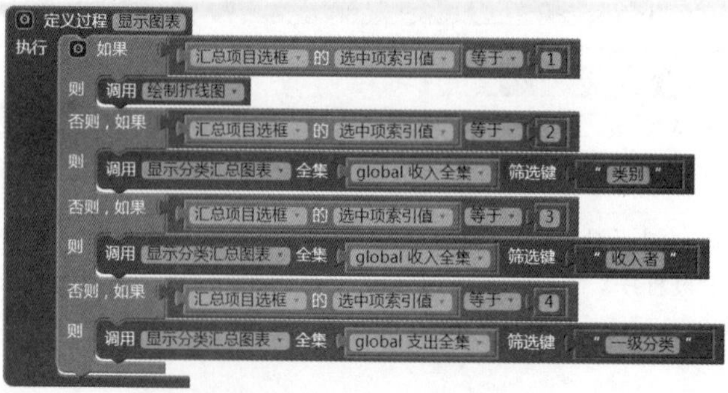

图 14-35　过程——显示图表

最后改造汇总按钮点击程序，外层条件语句中包含两个分支，即显示数据分支与显示图表分支：在显示数据分支中（当汇总按钮的显示文本不等于"显示图表"时），调用显示数据过程，实现了前四个汇总项目的表格绘制功能；在显示图表分支中，调用显示图表过程，实现了前 4 个汇总项目的图表绘制功能。改造后的汇总按钮点击程序如图 14-36 所示。

图 14-36　实现了年度收支汇总及年度分类汇总功能的汇总按钮点击程序

注意，在显示数据分支中包含了一个条件语句：仅当选中前 4 个汇总项时，应用才具有绘制图表功能。上述代码的测试结果如图 14-37 所示。

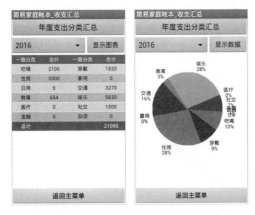

图 14-37　年度支出分类汇总的测试结果

图 14-37 中表格数据的绘制结果还算令人满意，但饼状图的效果有点差，问题出在那些比例为 0% 或接近于 0% 的成分上，这些成分的标注文字挤作一团，难于分辨。解决这一问题的思路是对"标注比例"进行筛选，比例为 0% 的成分不予标注，比例小于 3% 时，只标注文字，不标注比例。在"绘图数据"过程中实现我们的改进，代码如图 14-38 所示，测试结果如图 14-39 所示。

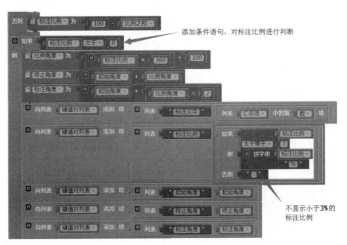

图 14-38　在绘图数据过程中，添加对标注比例的判断

图 14-39　改进后的测试结果——去除了标注比例为 0% 的成分

14.5　年度专项支出汇总

专项支出汇总功能与前面几项分类汇总功能略有差异。首先，该功能不需要绘制饼状图，因为各个专项的支出合计与专项支出总和之间不存在可供参考的总量与分量之间的比例关系；其次，专项支出中与参数"汇总项"对应的数据无法直接从数据库中读出，需要一个提取"专项名称列表"的过程，这是一个有返回值的过程，代码如图 14-40 所示，也可以利用代码背包功能，将该过程从 QUERY 屏幕复制到 SUMMARY 屏幕。

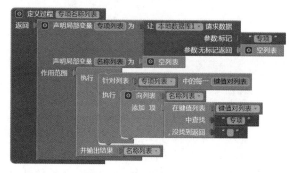

图 14-40　从 QUERY 屏幕复制过来的专项名称列表过程

下面修改"显示分类汇总数据"过程，为参数"汇总项"添加一个"如果……则……否则……"语句，代码如图 14-41 所示。

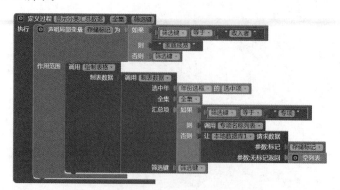

图 14-41　为参数"汇总项集合"设置不同的值

最后，修改"显示数据"过程，增加一个"否则，如果"分支，代码如图 14-42 所示。注意代码的改动——添加了局部变量"选中项索引值"，将条件语句中的"汇总项目选择的选中项索引值"全部替换为局部变量。这样做的好处是提高程序的运行效率，因为读取组件属性值所消耗的 CPU 时间要大于读取变量的时间。

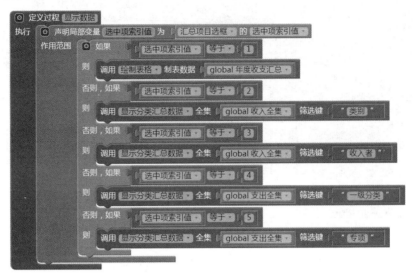

图 14-42　在显示数据过程里添加一个"否则，如果"分支，实现专项汇总功能

测试时发生错误，如图 14-43 所示，错误的原因是从列表中选取了第 0 项。

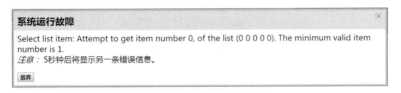

图 14-43　在测试年度专项支出汇总时，设计视图中显示错误信息

沿着过程的调用顺序追溯（显示数据→显示分类汇总数据→绘制表格→制表数据→原始数据），发现问题出在"原始数据"过程里，如图 14-44 所示。

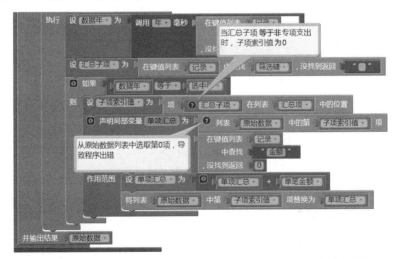

图 14-44　当支出记录中的专项值等于非专项支出时，程序发生错误

修改的方法是添加对子项索引值的判断，仅当该值大于 0 时，才执行后面的语句。修改后的代码如图 14-45 所示。

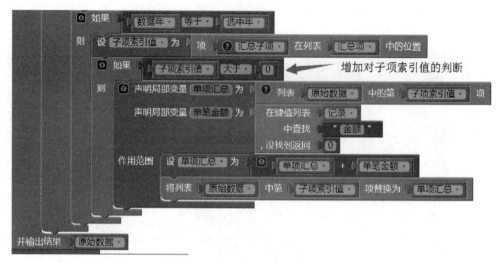

图 14-45　增加对子项索引值的判断

经过测试，修改后的程序运行正常，测试结果如图 14-46 所示。

图 14-46　年度专项支出汇总功能的测试结果

注意测试结果中汇总按钮的显示文本没有改变，再次点击该按钮时，依然执行显示数据功能。

14.6　月度收入、支出分类汇总

对月度数据的分类汇总只涉及绘制表格，不需要绘制图表。我们来回顾一下年度收入以及支出分类汇总的相关代码，看看哪些代码是与年份相关的，并对这部分代码进行改造，以适应对月份的汇总需求。从汇总按钮点击程序开始，如图 14-47 所示，我们只关心与显示数据相关的代码。

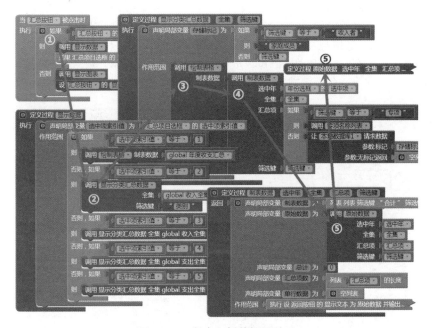

图 14-47　程序之间的调用关系

图 14-47 中程序调用的终点是"原始数据"过程，如图 14-16 所示，它完成了对数据的汇总运算，并返回一个一级列表。原始数据的格式如图 14-2 所示，它是我们后续绘制表格及图表的依据。我们对原始数据过程进行修改，通过判断"月份选框"是否可见，来决定是否对数据进行月份的筛选。修改过的代码如图 14-48 所示。

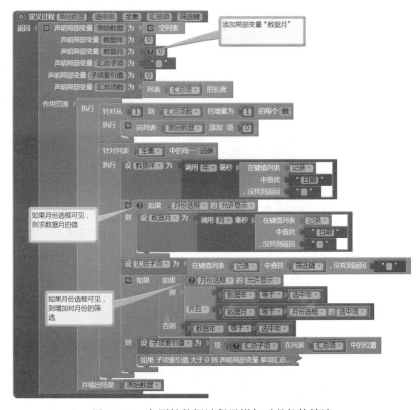

图 14-48　在原始数据过程里增加对月份的筛选

图 14-48 中共有 3 处修改：

(1) 添加局部变量"数据月"，并设置其初始值为 0；

(2) 在求得数据年之后，添加条件语句，如果月份选框可见，则求"数据月"的值；

(3) 将原有对年份的筛选扩展到对月份的筛选：当月份选框可见时，同时对年份及月份进行筛选。

下面修改"显示数据"过程，以实现月度收支分类汇总功能，代码如图 14-49 所示。

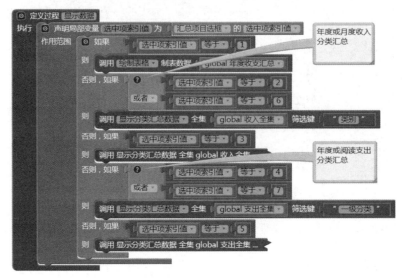

图 14-49　最终的显示数据过程

从图 14-49 中可见，我们并没有增加新的条件分支，只是在选中项索引值 = 2（年度收入分类汇总）及选中项索引值 = 4（年度支出分类汇总）的分支中，增加了一个"或者"块，将分支条件分别扩展到汇总项索引值 = 5（月度收入分类汇总）及汇总项索引值 = 7（月度支出分类汇总）。上述代码的测试结果如图 14-50 所示。

简易家庭帐本_收支汇总			
月度收入分类汇总			
2016 ▼	4 ▼		汇总
收入类别	合计	收入类别	合计
工资	4000	奖金	7800
补贴	0	劳务	7100
理财	0	往来	6900
受赠	400	其他	0
总计			26200
返回主菜单			

简易家庭帐本_收支汇总			
月度收入分类汇总			
2016 ▼	5 ▼		汇总
收入类别	合计	收入类别	合计
工资	6300	奖金	0
补贴	0	劳务	6600
理财	0	往来	11000
受赠	2500	其他	0
总计			26400
返回主菜单			

简易家庭帐本_收支汇总			
月度支出分类汇总			
2016 ▼	4 ▼		汇总
一级分类	合计	一级分类	合计
吃喝	130	穿戴	1820
住房	5900	家用	5900
日用	0	交通	3270
教育	654	娱乐	0
医疗	0	社交	0
金融	0	杂项	0
总计			17674
返回主菜单			

简易家庭帐本_收支汇总			
月度支出分类汇总			
2016 ▼	5 ▼		汇总
一级分类	合计	一级分类	合计
吃喝	1869	穿戴	0
住房	0	家用	0
日用	0	交通	0
教育	0	娱乐	5830
医疗	0	社交	1500
金融	0	杂项	0
总计			9199
返回主菜单			

图 14-50　月度收入分类汇总的测试结果

以上我们完成了全部的统计汇总功能，这个部分占用了两章的篇幅，难点在于利用画布组件绘制数据图表，不过这也是整个应用中最有趣的部分。现在距离整个应用的完成还差一步——实现使用说明功能。

14.7 使用手册

可以说到目前为止，我们已经实现了家庭账本的全部功能：登录、导航、收支录入、查询、汇总以及系统设置等。有了这些功能，用户可以实现对收支信息的管理，我们的目标已经实现了。但是，作为一款将要正式发布的软件产品，还需要提供一份详细的用户手册，也就是导航菜单中的"使用说明"，来指导用户充分地利用软件的各项功能，减少使用过程中的误操作。如果可能，还要给出软件出现故障时的处理方法。

使用说明的内容全部是文字，在 App Inventor 中，用于显示文字的组件有标签和文本输入框等，但这些组件用于显示有结构的文本（多级标题）时，存在许多问题。首先，在一个组件中，无法设置不同类型文本的属性。举例来说，我们希望文本标题采用大字号的粗体字，而内容采用普通文字，这样的需求无法在一个标签中实现。[①] 其次，使用说明的内容篇幅较长，如果对内容不加以分割，势必给用户的阅读造成不便。我们希望在屏幕顶端设置一个文档目录，点击目录项可以直接跳转到具体内容；同时，在每个小节文字末尾设置"返回目录"链接，点击链接即可返回目录区。类似功能用标签或输入框组件无法完成。鉴于上述原因，我们决定用 Web 浏览框组件实现使用说明功能。

14.7.1 用户界面设计

打开 HELP 屏幕，设置其标题属性为"简易家庭账本 _ 使用说明"；向用户界面中添加一个 Web 浏览框组件，并设置其首页地址属性为 file:///mnt/sdcard/AppInventor/Assets/helpPage.html（稍后解释这项设置），宽度、高度属性为"充满"，勾选"允许显示"属性，如图 14-51 所示。

图 14-51　使用说明功能的用户界面

---

① 在 2017 版的 App Inventor 中，标签组件增加了一个新的属性——启用 HTML 格式。在选中该属性后，标签中的文字可以显示成不同的样式，可以单独设置某些文字的大小、粗体等属性。

14.7.2 编辑并上传HTML文档

剩下的工作就是编辑一个文档,即 Web 浏览框组件首页地址属性所对应的文档。文档的格式如图 14-52 所示。这是一个 HTML 文档,关于 HTML 及其与之相关的内容,可以访问 W3School (http://www.w3school.com.cn/),进行更深入的学习,这里不做详细介绍。

图 14-52 编辑一个 HTML 文档,用于设置 Web 浏览框的首页地址属性

在 App Inventor 中上传该文件,图 14-51 中我们已经完成了文件的上传。

14.7.3 测试

使用说明功能的实现,不需要编写任何代码,主要工作集中在编写 HTML 文档上。现在我们可以直接进入测试环节,测试结果如图 14-53 所示。

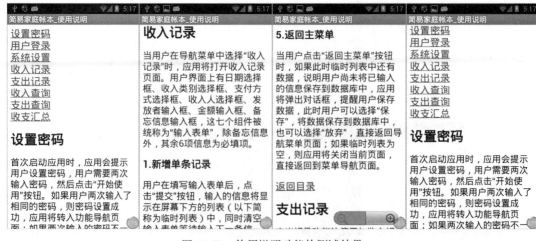

图 14-53 使用说明功能的测试结果

图 14-53 中自左向右的顺序，也是我们测试操作的顺序，列举如下。

(1) 屏幕初始化后，Web 浏览框组件显示使用说明文档的目录，以及第一项说明（设置密码）的标题及部分内容。此时用户可以向上划动屏幕，按顺序浏览相关内容，也可以点击目录中的任何一项链接，直接到达相关内容。

(2) 点击目录中的"收入记录"项，直接到达"收入记录"的标题。

(3) 用户向上划动屏幕，可以浏览"收入记录"的具体内容。在收入记录内容的结尾处，有"返回目录"链接，用户可以继续向上或向下划动屏幕，查看其他内容，也可以点击"返回目录"链接。

(4) 返回目录区后，发现刚刚点击过的"收入记录"文字颜色有变化，说明已经被点击过了。

提示　我们现在设置的 Web 浏览框首页地址属性，只能用于在 AI 伴侣中进行测试。当整个应用开发完成之后，需要将项目编译成 APK 文件，安装到安卓设备上。在开始编译之前，需要将 Web 浏览框的首页地址属性修改为 file:///android_asset/helpPage.html，应用才能访问到该文件。也可以在屏幕初始化事件中设置好 Web 浏览框的首页地址属性，测试阶段禁用该事件处理程序，项目编译之前再启用该程序，代码如图 14-54 所示。

图 14-54　在项目开始编译之前，启用该事件处理程序

14.8　开发心得及改进思路

我们用 7 章的篇幅完成了账本应用的开发过程讲解。此时此刻，真希望就此罢手，给自己好好放个假。不过俗话说，"编筐织篓，全在收口"，即便是对于我本人来说，将开发过程中的点滴体会记录下来，也是一件非常重要的事情。

14.8.1　开发心得

1. 关于命名

在应用开发过程中，我们无时无刻不在与命名打交道。首先是为应用命名——"家庭账本"还是"简易家庭账本"，这是一个问题（听起来有点儿像是莎士比亚戏剧中的台词）！其次，为屏幕命名——那些至高无上的、一旦生成便不可更改的大写字母（简直就是宿命）！接下来是为组件命名——就像给自己的孩子起名一样，对它们的未来充满期待！然后是为变量命名——由于每次引用变量都要捎带上那个蹩脚的"global"，不得不尽量缩短名称的长度。最后是为过程命名——名词还是动宾词组，这又是一个问题！至于应用中加载的那些文件，它们的名字也是命名，不过暂且忽略不计。

《道德经》中说："无名，万物之始；有名，万物之母。"名字太过司空见惯了，我们几乎从未留心过它们存在的意义；然而，当你走上编程之路后，它开始时时困扰你，尤其是那些学习过代数和解析几何的同学，习惯了用 x、y 进行思维，而且对 A、B、C 情有独钟，当你带着这些偏好开始编写程序时，噩梦就开始了，你残存的一点精彩的思路被这些看似毫无意义的符号淹没了！

对于编程而言，我们学习和使用的是一种语言，语言的作用是表达和交流，因此它的每一个元素都要有意义，我们要用有意义的符号来显式地表达思想的痕迹，让思维建立在稳固的、清晰的概念之上，而命名正是构造这些概念的开始。如果最终你的代码读起来像诗歌，或者像一段缜密的推理，那一定是你的命名恰如其分！

其实，编程中的命名远不止我们在第一段中举的例子。在我们的账本应用中，有很多键值对列表，其中的"键"是一种命名；此外，我们向数据库中保存数据时，那些"标记"同样也是一种命名。

在整个账本的开发过程中，实际经历过一次命名的失误。在收入记录中有"收入类别"一项，最初用"收入类别"为标记向数据库保存或提取收入类别预选项，而用"类别"作为收入记录键值对列表中的"键"。这样的命名给汇总阶段的编程带来了巨大的麻烦。在本书的校稿过程中，不得不将二者命名统一为"类别"，以简化程序的逻辑。命名的修改带来了巨大的代码修改工作量，而且有可能为程序埋下隐患。

上面的失误让我们有所醒悟，即命名的一致性是命名的一个重要原则：同一个事物，同一个名称！

2. 关于过程的命名

收支汇总功能（SUMMARY）是包含过程最多的一个屏幕，让我们回顾图 14-47，即程序之间的调用关系：汇总按钮点击程序→①显示数据→②显示分类汇总数据→③绘制表格→④制表数据→⑤原始数据。这是一段典型的包含多重调用关系的例子，共有 5 层调用。从过程的名称上，大致可以推断出某个过程是否有返回值。这些名称可以分为两类：名词及动宾词组。以名词为名称的过程是有返回值的，而以动宾词组为名称的过程是没有返回值的。读者不妨将 SUMMARY 屏幕中的过程检查一遍，看看上述归纳是否存在例外。如果有例外，那是我的失误！

此外，在这些逐层调用的过程之间，第 4 层的"制表数据"过程是一个分水岭：从过程的名称上看，从①显示数据到②显示分类汇总数据，体现了一般与特殊的关系，或者说抽象与具体的关系；同样，从②显示分类汇总数据到③绘制表格，实现了从抽象到具体的过渡；而从③绘制表格到④制表数据，可以说是成品与原料的关系；而从④制表数据到⑤原始数据，是具体与抽象之间的关系。

于是我们斗胆给出以下结论：

(1) 对多重调用的过程来说，无返回值过程间调用的顺序，是抽象过程调用具体过程；
(2) 对于有返回值的过程来说，它们之间的调用顺序，是具体过程调用抽象过程；
(3) 无返回值过程对有返回值过程的调用，是加工与被加工之间的关系。

这里的"具体"与"抽象"指的是过程名称之间的相对关系。

我们不必为自己的结论可能以偏概全而感到羞愧，因为这是我们进步的阶梯，是迈向真知的第一步。有了这样的结论，我们可以从两个方向来验证它，一是寻找肯定的例子，二是寻找否定的例子，而最有效的验证方式是寻找反例！让我们以此为起点，留心那些多重调用的例子，并为上述结论寻找反例。

在我们发现反例之前，不妨以上述结论为指导，构造我们的复杂程序。无论是从抽象到具体，还是从具体到抽象，只要我们有自觉，就会有收获。

关于过程的命名，有两点心得：

(1) 用名词或名词性词组为有返回值的过程命名，用动宾词组为无返回值过程命名；
(2) 在多重调用的过程之间，无返回值过程间的调用顺序为从抽象到具体，有返回值过程间的调用顺序为从具体到抽象。

3. 变量还是过程

细心的读者会发现，所有变量的名称都是名词，或名词性的词组；如前文所述，有返回值过程的名称也是如此。那么这两者有哪些同异点，它们之间的关系又如何呢？

它们的共同之处是都包含了数据，或者说，我们可以从中读取需要的数据。而变量名称或过程名称就是这个数据的代号。

它们之间的差别是，变量的值保存在设备的内存中，可供其他程序多次调用；过程的返回值是在调用过程时才生成，使用一次后，返回值被销毁，不占据内存空间。

从原则上讲，它们之间可以相互转化，关系表述如下：

有返回值过程 = 全局变量 + 无返回值过程

在编写程序过程中，究竟应该采用哪种策略，要视具体问题而定。本章中有 3 个新创建的有返回值过程——原始数据（见图 14-16）、制表数据（见图 14-20）及绘图数据（见图 14-24）。在涉及绘制饼状图的功能中，需要调用这 3 个过程，它们之间的调用关系如图 14-55 所示，其中"原始数据"过程被其他两个过程各调用一次；也就是说，在实现同一个汇总功能时，"原始数据"过程被调用了两次，这两次调用的返回值是完全相同的。

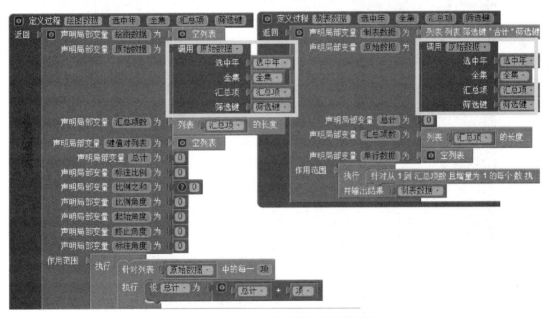

图 14-55　3 个有返回值过程之间的调用关系

从程序运行效率的角度考虑，像"原始数据"这样的有返回值过程，应该采用"全局变量 + 无返回值过程"的策略，这样只需执行一次"原始数据"过程，节省了程序运行时间。这两种策略的得失如下。

- 有返回值过程：不占用内存，但计算次数多（时间换空间）。
- 全局变量 + 无返回值过程：占用内存，但计算次数少（空间换时间）。

究竟如何取舍，是节省内存更重要，还是计算效率更重要，这同样是一个莎翁问题。不过，就一般的简单应用而言，也许两者都不重要。大体的原则是，当一个运算结果需要被多次调用时，建议使用全局变量策略，这样有利于节省计算资源（减少 CPU 的处理量）；相反，如果一个计算结果仅需要在一处被用到，则建议使用有返回值过程，这样不仅可以节省内存资源，还可以使代码更加简洁。

14.8.2 改进方法及思路

1.用"全局变量+无返回值过程"替代"有返回值过程"

如上所述，"原始数据"过程更适合"全局变量 + 无返回值过程"策略，这一改进需要以下 5 个步骤。

(1) 声明一个全局变量"原始数据"

将原来的有返回值过程改造成无返回值过程，修改后的代码如图 14-56 所示。注意过程的名称由名词变为动宾词组。

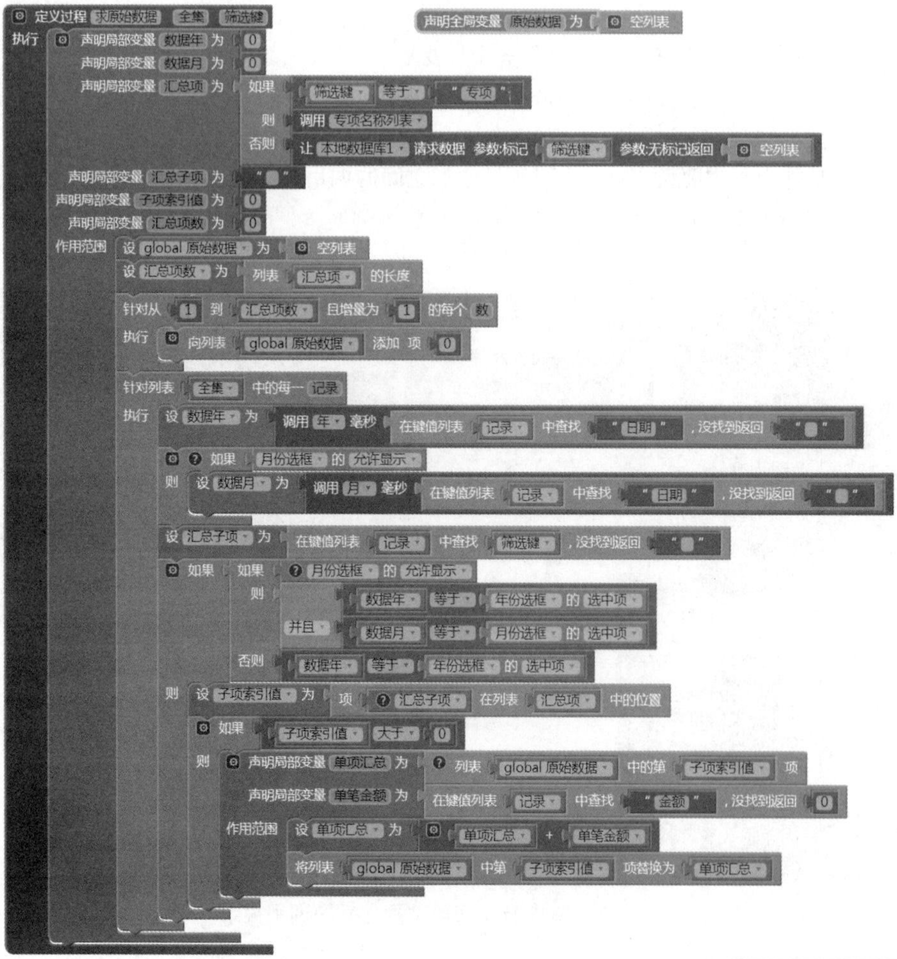

图 14-56　用全局变量"原始数据"+ 无返回值过程"求全局变量"，替代有返回值过程"全局变量"

(2) 改造"汇总项目选框"的完成选择程序

如图 14-57 所示，将部分代码转移到汇总按钮点击程序中。

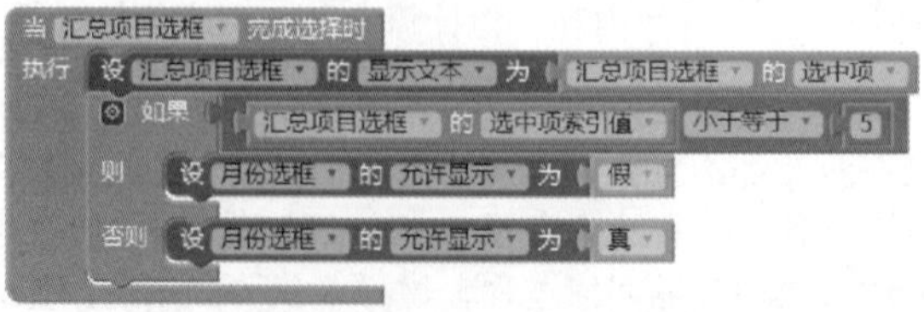

图 14-57　改造汇总项目选框的完成选择程序

(3)改造汇总按钮点击程序

　　一旦用户点击了汇总按钮，就调用"求原始数据"过程，以便设置全局变量"原始数据"的值。代码如图 14-58 所示。

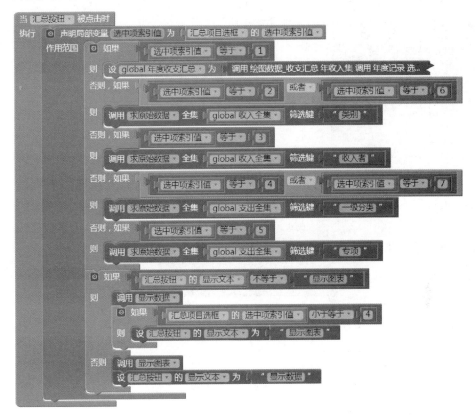

图 14-58　改造之后的汇总按钮点击程序，其中调用了求原始数据过程

(4)改造"制表数据"过程

　　如图 14-59 所示，删除原有的局部变量"原始数据"，并替换为全局变量"global 原始数据"。

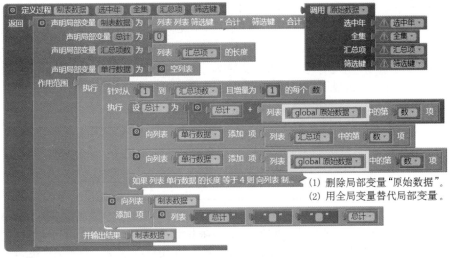

图 14-59　改造"制表数据"过程

(5) 改造"绘图数据"过程

如图 14-60 所示，删除原有的局部变量"原始数据"，并替换为全局变量"global 原始数据"。

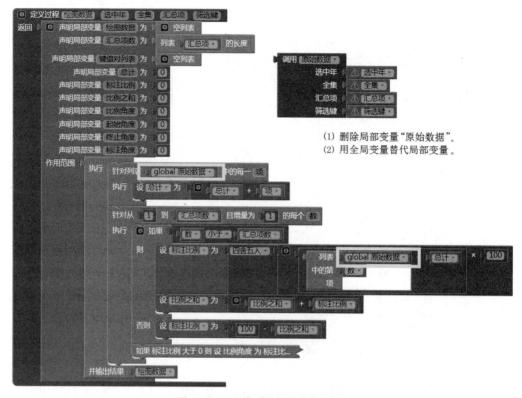

(1) 删除局部变量"原始数据"。
(2) 用全局变量替代局部变量。

图 14-60　改造"绘图数据"过程

2. 预设项信息与收支记录信息之间的关联

目前的收入及支出记录中，预设项信息的引用直接使用预设选项列表中的值。例如，收入记录中的"收入者"信息来自数据库中保存的"家庭成员"列表，当用户在系统设置功能中修改了某个家庭成员的姓名时，已经输入的收入信息中"收入者"一项的内容却并没有改变。这会导致这部分信息成为僵尸信息，查询全集信息时（按起止日期进行筛选）可以找到它们，但是以收入者为筛选条件时，这些信息永远都无法被查询出来，而且在统计汇总功能中，这部分收入信息也会被忽略掉。

这或许是 NoSQL 数据库本身的局限。在 SQL 数据库中，这些预设项信息以表格形式保存，如表 14-2 所示。数据表中包含 2 个字段以及 3 条记录。其中的字段 ID 通常是自动递增的整数，具有唯一性，即便某一条记录被删除，新增的记录也不会覆盖已经删除的 ID。

表14-2　SQL数据库中家庭成员信息的保存方式

ID	家庭成员
1	张老三
2	李斯
3	王小五

另一方面，SQL 数据库收入记录中的"收入者"一项保存的数据是家庭成员的 ID，而非具体的文字（家庭成员的姓名），如表 14-3 所示。表格中所有的预设选项字段，引用的都是对应的 ID 值而非具体名称。这样，即便用户修改了家庭成员的姓名，比如将"张老三"改为"张三"，收入记录中的收入者仍然指向同一个人（ID 不变）。

表14-3　SQL数据库中收入记录的保存方式

ID	收入日期	收入类别ID	发放者	支付方式ID	收入者ID	金额	备忘
1234	121213232	1	Sony	2	1	2000	3 月
1235	121213232	2	Baidu	3	3	3000	4 月

SQL 数据库的这种数据存储方式给了我们一些提示，NoSQL 数据库虽然不能直接实现 ID 的自动递增，但这种思路是可以借鉴的。

3. 用户可以修改收入类别及支出一级分类

账本应用现有的系统设置功能中，还没有设置收入类别及支出一级分类功能，但是对于用户而言，他们可能对分类方式有自己的见解或偏好，眼下这种固定的分类很难满足用户个性化的需求。不过有一点需要提醒开发者，正如我们在第二个改进思路中所说的，修改分类信息可能导致部分已经输入的收支信息成为"僵尸信息"，这正是第二个改进思路中要解决的问题。

第15章

数学实验室（一）：鸡兔同笼

"数学实验室"听起来有些奇怪，学校里有物理、化学及生物等课程的实验室，但从来没听说过有数学实验室。它在哪里？里面有什么？如何去做一个数学实验？这正是在接下来的3章想要展示给读者的内容：如何利用编程来解决数学问题，或学习数学知识。

本章中的几个例子只需要读者具备小学数学基础。其实，这里主要解决的不是数学问题，而是如何把数学问题转变为程序问题，并使用程序语言来解决问题。

数学这门课程贯穿了我们的整个学生时代，从小学、初中、高中直到大学，没有哪门课程与我们相伴如此之久，因此，数学的烙印深深地铭刻在我们心里。还记得班里那些数学成绩拔尖的同学吗？你还没读懂题目的时候，他们已经把题解出来了，让你的自信心备受打击！在数学这门课中，解题思路之独特（或者说怪异）、解题速度之迅捷，一直备受推崇。然而，凡事都有两面，当我们试图将数学问题转化为程序问题时，这种独特和迅捷却成为一种障碍。我们需要让自己的思路慢下来、再慢下来，同时，还要让自己"笨"一点、再"笨"一点。

慢下来，从另一种角度理解，就是把时间"放大"，好像把时间放在一台显微镜下。假设我们平时以1秒钟为时间间隔来衡量事物的变化，又假设显微镜的放大倍数是1000倍，那么我们将观察到1毫秒的时间间隔内事物发生的变化。这是人类探索"微观"世界的方法，也恰恰是利用计算机解决问题时所应采用的方法。

所谓"笨"一点，就是让我们回到学龄前的单纯状态，忘掉自己学过的数学知识、解题方法与技巧，以最本初的心去寻找问题的答案。

下面将以"鸡兔同笼"问题为例，说明如何将数学问题转化为程序问题，并理解"慢"与"笨"对于我们解决类似问题的意义。

15.1 鸡兔同笼解法之一——手动枚举法

鸡兔同笼问题是一个尽人皆知的经典数学题，出自南北朝时期的数学著作《孙子算经》，内容如下：

今有雉兔同笼，

上有三十五头，

下有九十四足，

问雉兔各几何？

"雉"读作 zhì，是一种野生的鸟，长着漂亮的羽毛和长长的尾羽，能短距离飞行，俗称野鸡。在北方的冬天，雉是人们捕猎的目标之一。不过对于我们来说，它最重要的特征是长着两只脚！你可以列出算式或方程来解决这一问题，这些方法要么属于算术方法，要么属于代数方法，不过我们这里要给出的是实验的方法。为了完成这一实验，需要创建一个 App Inventor 项目，名称为"鸡兔同笼"，下面介绍项目的开发过程。

15.1.1 功能说明

- 手机屏幕上显示鸡兔同笼的题目，初始状态下兔数为 35，鸡数为 0，头数之和为 35，足数之和为 140，如图 15-1 所示。
- 屏幕中部左侧的按钮显示兔子图片，点击该按钮可以增加兔数；右侧的按钮显示鸡的图片，点击该按钮可以增加鸡数；鸡数与兔数之和始终为 35。
- 每次点击按钮改变鸡数或兔数时，在屏幕下方显示鸡兔的足数之和。
- 如果足数之和恰好等于题目中给定的数量（94），则播放一段声音，提示用户实验成功。

图 15-1　鸡兔同笼项目的用户界面

15.1.2 用户界面设计

1. 组件设置

如图 15-2 所示，用户界面的上方用一个图片组件来显示题目内容（图片制作在 Photoshop 中完成）。屏幕中部是操作区，用户点击鸡或兔的图片（设置了背景图片的按钮组件），可以增加鸡或兔的数量；用数字滑动条的滑块位置来表示鸡、兔之间数量的比例，同时用标签来显示鸡兔的数量以及鸡兔的足数之和。界面组件的详细设置见表 15-1。

图 15-2　解决鸡兔同笼问题的数学实验室——用户界面设计

表15-1　鸡兔同笼项目中组件的命名及属性设置

组件类型	命　名	属性：属性值	
Screen	Screen1	水平对齐：居中	应用名称：鸡兔同笼
		标题：鸡兔同笼＿枚举法	
图片	图片 1	宽度：充满	图片：question.png
水平布局	水平布局＿实验室	宽度：充满	垂直对齐：居中
按钮	兔增加按钮	图片：rabbit.png	
按钮	鸡增加按钮	图片：chicken.png	
垂直布局	垂直布局 1	水平对齐：居中	宽度：充满
水平布局	水平布局＿头之和	垂直对齐：居中	宽度：充满
标签	兔数	粗体：勾选	字号：22
		宽度：充满	文本颜色：蓝色
		显示文本：0	文本对齐：居右
标签	加号＿头	粗体：勾选	字号：20
		显示文本：+	
标签	鸡数	粗体：勾选	字号：22
		宽度：充满	文本颜色：红色
		显示文本：35	
数字滑动条	数字滑动条 1	左侧颜色：蓝色	右侧颜色：红色
		宽度：充满	最大值：35
		最小值：0	滑块位置：35
		启用滑块：取消勾选	

组件类型	命　名	属性：属性值	
水平布局	水平布局_足之和	垂直对齐：居中	宽度：充满
标签	兔足	粗体：勾选	字号：22
		宽度：充满	显示文本：0
		文本颜色：蓝色	文本对齐：居右
标签	加号_足	粗体：勾选	字号：20
		显示文本：+	
标签	鸡足	粗体：勾选	字号：22
		宽度：充满	显示文本：0
		文本颜色：红色	
标签	足数和	粗体：勾选	字号：48
		显示文本：0	
标签	说明	字号：18	宽度：90%
音效播放器	音效播放器1	源文件：OK.wav	

2. 素材规格

如图 15-3 所示，准备好素材文件（注意：文件名必须由英文字母、数字及下划线组成，且以英文字母开头），将文件上传到项目中，并设置相关组件的属性（见表 15-1）。

图 15-3　项目中素材文件的规格

15.1.3　页面逻辑

(1) 屏幕初始化时，设兔数为 35，鸡数为 0，并计算该数量比例下鸡兔的足数之和。

(2) 数字滑动条的滑块两侧颜色不同，颜色条的长度表示数量的多少。左侧为蓝色，表示兔的数量；右侧为红色，表示鸡的数量。屏幕初始化时，滑块位于最右方，整个滑动条均为蓝色（兔数 = 35）。

(3) 点击兔增加按钮时，兔的数量加 1，鸡的数量减 1；点击鸡增加按钮时，鸡的数量加 1，兔的数量减 1。当兔数 = 35 时，兔增加按钮不可用；当鸡数 = 35 时，鸡增加按钮不可用；除此之外，两个按钮同时可用。

(4) 每次点击兔增加按钮或鸡增加按钮时，都要计算当前鸡兔的足数之和，并用标签显示出来。

(5) 当足数之和 = 94 时，音效播放器播放音效。

15.1.4　编写代码

1. 创建过程——有返回值过程

如图 15-4 所示，根据标签上显示的兔数及鸡数，计算兔与鸡的足数之和。

图 15-4　过程——足数之和

2. 创建过程——无返回值过程

如图 15-5 所示，显示足数过程分别显示了足数的计算方法以及计算结果。

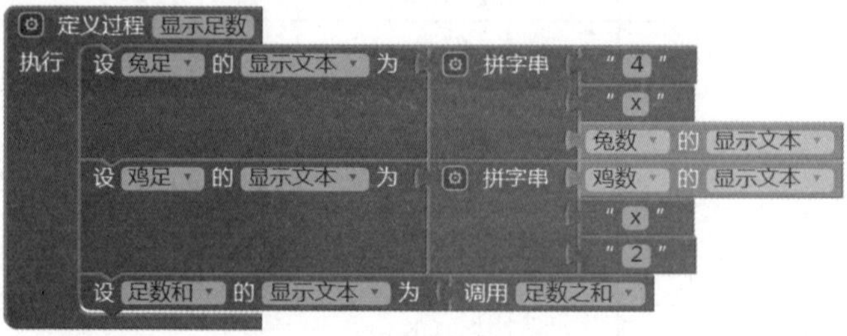

图 15-5　过程——显示足数

3. 屏幕初始化程序

根据页面逻辑的描述，屏幕初始化时，设兔数 = 35，由此计算出鸡数，进而求出鸡兔的足数之和，并显示在屏幕上，代码如图 15-6 所示。

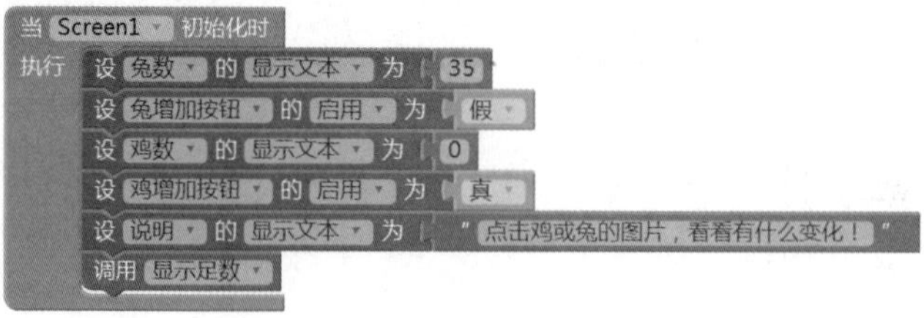

图 15-6　屏幕初始化程序

4. 鸡、兔增加程序

当点击"鸡增加按钮"时，鸡数加 1，兔数减 1。首先更新鸡数、兔数标签，再更新数字滑动条的滑块位置（向左移动以增加红色条的长度），并显示鸡兔的足数之和，然后对足数之和进行判断。当足数之和 = 94 时，音效播放器播放声音，通知用户问题的答案已经找到（也可以用文字的方式通知用户）。最后判断鸡数是否为 35 来决定是否禁用鸡增加按钮，代码如图 15-7 所示。

图 15-7　鸡增加按钮的点击程序

用同样的思路编写兔增加按钮的点击程序，代码如图 15-8 所示。

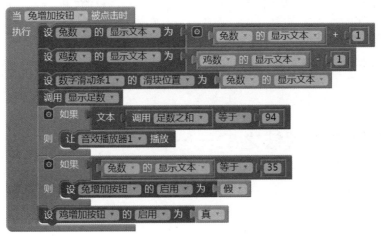

图 15-8　兔增加按钮的点击程序

15.1.5　测试

如图 15-9 所示，左一图是屏幕初始化时的鸡兔数量及足数之和，此时兔增加按钮不可用；左二图是点击鸡增加按钮，兔数减 1，鸡数加 1，足数之和也随之改变；右二图是当鸡数 = 23 时，听到音效声，此时足数之和为 94，正是题目中给出的数字；右一图是继续点击鸡增加按钮，直到鸡数 = 35，此时鸡增加按钮不可用。

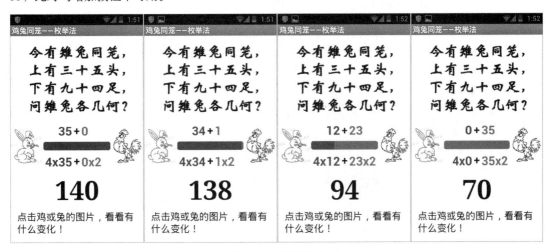

图 15-9　测试结果

15.1.6　讨论

所谓手动枚举法，就是手动增加鸡或兔的数量，遍历所有可能的鸡数与兔数，并求出每一种数量下鸡兔的足数之和，从而找到足数之和为 94 时鸡兔的数量。这是不是一种很“笨”而且很“慢”的方法呢？坦白地讲，这是我第一次遇到这个问题时的想法，但我羞于在课堂上把这个想法讲出来，因为它不够机智，我担心遭到同学或老师的嘲笑，被贴上“笨”的标签。多年之后，当我试图在讲台上用鸡兔同笼这个例子讲解编程方法时，当初这个“笨”的想法却帮助我顺利找到了答案。

这种"笨"办法之所以能够奏效，是因为计算机本身恰好也足够"笨"。计算机的优势在于做简单的事情，并不断重复。计算机的运算速度非常快，对于 1GHz 的 CPU 来说，每秒钟的运算次数为 10^9 次。对于像鸡兔同笼这样的问题，每改变一次鸡或兔的数量就要计算一次足数之和，最多只有 35 次运算，相对于计算机强大的运算能力来说，这点小小的运算量简直不值一提。

在手动枚举法中，我们通过点击按钮逐步增加鸡或兔的数量，每次的增量为 1，同时计算鸡兔足数之和，这恰好是编程语言中循环语句的功能，因此不妨将这个单调重复的任务交给机器去完成。这正是我们下一节的目标。

15.2 鸡兔同笼解法之二——程序枚举法

我们在上一节的基础上，对程序稍加修改，就可以很容易地获得问题的答案。在项目中添加一个加速度传感器，利用传感器的摇晃事件来触发求解运算。为了提示用户操作方法，先修改屏幕初始化程序，代码如图 15-10 所示。

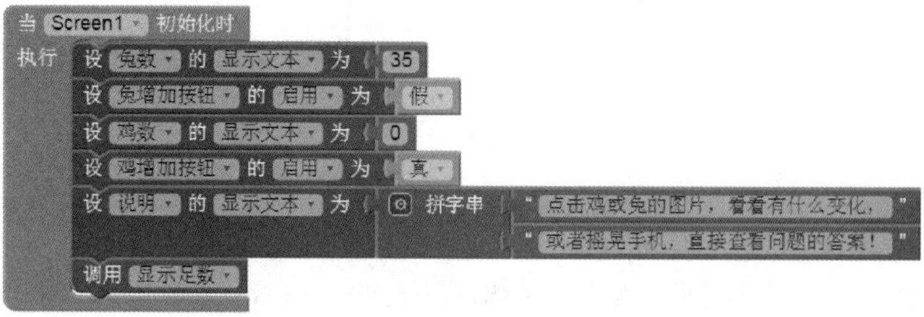

图 15-10　修改屏幕初始化程序，提示用户应用的操作方法

然后，在加速度传感器的摇晃事件处理程序中，利用循环语句为问题求解，代码如图 15-11 所示。当足数之和 = 94 时，利用"说明"标签来显示求解的结果，并播放音效提示用户，测试结果如图 15-12 所示。

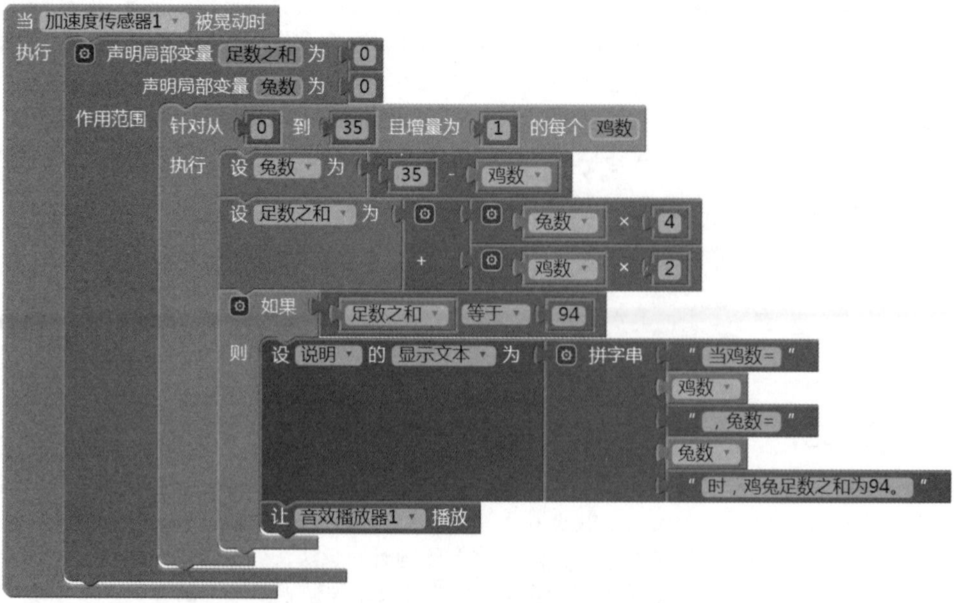

图 15-11　用循环语句替代手动改变鸡的数量

图 15-12　测试结果——用循环语句求解

　　鸡兔同笼问题还可以设计为一个出题的应用。例如，提供两个文本输入框，分别输入鸡数与兔数，程序将自动算出头数与足数之和。出题人可以隐藏鸡兔的数量，只给出头数及足数之和。此外，也可以任意给定头数及足数之和，来判断问题是否可解。这样可以生成任意多道不同的题目。

　　这个例子可以帮助我们理解计算机的工作方式，以及用程序来解决实际问题的思路，并熟悉循环语句的运行过程及使用方法。读者不妨找来其他类型的应用题，尝试用程序来解答。

第16章

数学实验室（二）：素数问题

素数也称为质数，是只能被 1 及其自身整除的自然数。素数是小学数学（算术）中的概念。

16.1　N是否为素数

对于一个给定的自然数 N，如何判断它是不是素数呢？之前解答鸡兔同笼问题的"笨"办法，对这个问题是否有所启发呢？

16.1.1　最"笨"的算法

"笨"办法似乎与循环语句有关。是的，利用循环语句对数字进行遍历，循环变量 n 的取值从 2 到 N–1，如果 N 能够被其中的任何一个 n 整除，那么 N 就不是素数。如何判断是否"整除"呢？这同样是一个小学数学问题。所谓"整除"，就两个数相除的余数为零，在 App Inventor 中有一个求余数的块可供使用。

创建一个新项目"素数求解"，用户界面很简单，如图 16-1 所示，包含一个文本输入框（命名为"任意自然数"）、一个按钮（命名为"是否为素数"）和一个标签（命名为"结论"）。设 Screen1 的标题为"素数求解"，勾选任意自然数输入框的"仅限数字"属性，并设其提示属性为"请输入一个自然数"。

图 16-1　新建一个项目——素数求解

用户在"任意自然数"中输入一个数字，并点击"是否为素数"按钮；在该按钮的点击事件中，对问题进行求解，并将结果显示在标签中。代码如图 16-2 所示，测试结果如图 16-3 所示。

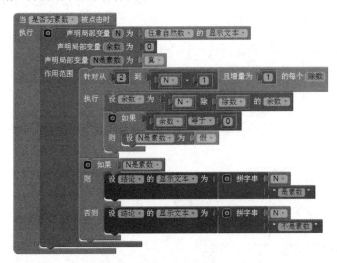

图 16-2　判断一个数是否为素数

素数求解	素数求解	素数求解	素数求解
97	331	3313	33133
是否为素数	是否为素数	是否为素数	是否为素数
97是素数	331是素数	3313是素数	33133不是素数

图 16-3　测试——对于输入的任意自然数，判断其是否为素数

当数字变得越来越大时，你能感觉到程序运行时间也在增加。在测试 33 133 是否为素数时，"是否为素数"按钮呈现出橘红色的外观，表明程序正在执行中，或者说手机的CPU正在进行计算。

16.1.2　算法的改进

随着数字变大，图 16-2 中的程序的运行时间增加，运行时间长度与循环次数有关。循环语句内部包含了两条指令，一个是求余数的运算，另一个是判断余数是否为零。因此，对于数字 33 133 来说，需要执行 66 262-4 次运算，其运算耗时已经达到了我们可以感知的长度。

是否可以通过改进算法来减少运算量呢？答案是肯定的。我们来体会一下人类的智慧是如何起到"四两拨千斤"之效果的。

与素数相对应的是合数，合数可以被分解为若干个素数的乘积，这些素数被称为这个合数的质因数（素因数）。我们来观察一下 60 以内的合数，看看它们的质因数有什么特点，如表 16-1 所示。

表16-1　60以内的合数及其质因数

合数	质因数	合数	质因数	合数	质因数	合数	质因数	合数	质因数	合数	质因数
4	2^2	15	3、5	25	5^2	34	2、17	44	2^2、11	52	2、26
6	2、3	16	2^4	26	2、13	35	5、7	45	3^2、5	54	2、3^3
8	2^3	18	2、3^2	27	3^3	36	2^2、3^3	46	2、23	55	5、11
9	3^2	20	2^2、5	28	2^2、7	38	2、19	48	2^4、3	56	2^3、7
10	2、5	21	3、7	30	2、3、5	39	3、13	49	7^2	57	3、19
12	2^2、3	22	2、11	32	2^4	40	2^2、5	50	2、5^2	58	2、29
14	2、7	24	2^3、3	33	3、11	42	2、3、7	51	3、17	60	2^2、3、5

我们来比较某个合数 N 的**最小质因数**与 N 的平方根（$\sqrt{N}$）之间的关系。我们发现所有合数的最小质因数均小于或等于它的平方根，也可以换一种说法：**对于任意给定的合数 N，设 $P = \sqrt{N}$，一定存在一个质数 M_1，它是 N 的质因数，且 $M_1 \leqslant P$。**[①]

如果这个结论成立，那么我们在判断一个数是否为素数的程序中，循环变量的上限就可以用 $\sqrt{N}$ 来代替 $N{-}1$，这样就可以减少循环次数。以 33 133 为例，$\sqrt{33133} = 182$（就低取整），按照上述结论，循环变量的上限为 182，循环次数将减少 33 133{-}182 = 32 951 次，这将大大缩短程序的运行时间。我们将直接使用这一结论，并在附录中给出该结论的简短证明。下面改造图 16-2 中的按钮点击程序，创建一个有返回值的过程"N 是素数"，并在按钮点击程序中调用该过程。修改后的代码如图 16-4 所示。

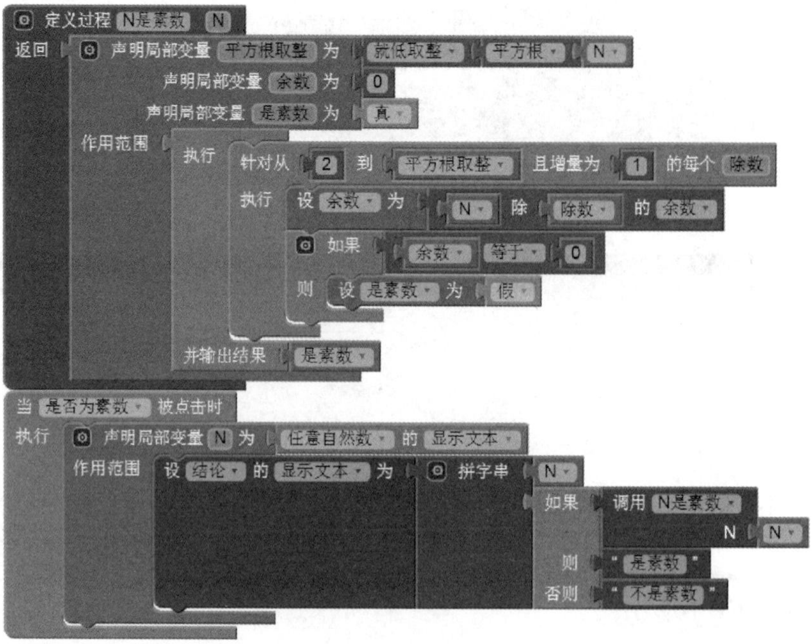

图 16-4　将循环变量上限替换为 N 的平方根取整

前面提到过"四两拨千斤"，如果用比例表示千斤与四两之间的关系，这个比例等于 10 000/4 = 2500；而 33 133/182 ≈ 182，显然这个比例还不够大，不过当 N = 6 250 000 时，你算一算这个比例是多少？有兴趣的读者也可以利用计时器组件，粗略地测量出这两种算法的运算耗时，并进行比较。

16.2　N 以内的素数

利用"N 是素数"过程，可以求 N 以内的所有素数。

16.2.1　求 N 以内的素数

创建一个有返回值的过程"N 以内素数"，在设计视图中添加一个按钮组件（命名为"N 以内素数"），并在该按钮的点击事件中调用"N 是素数"过程，代码如图 16-5 所示，测试结果如图 16-6 所示（750 以内的全部素数）。

---

① 小学阶段尚未学习到平方根（$\sqrt{N}$）的概念，你可以这样理解平方根：$N = \sqrt{N} \times \sqrt{N}$，例如 25 的平方根为 5。

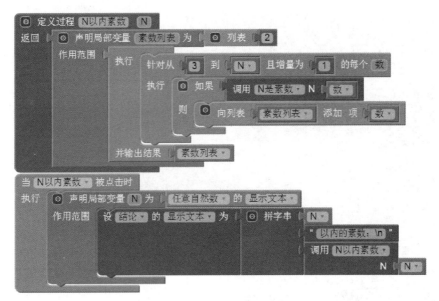

图 16-5　求 N 以内的全部素数

图 16-6　求 N 以内素数的测试结果

16.2.2　改造 "N是素数" 过程

假设我们事先知道了 N 的上限, 例如 N 小于等于 40 000, 则 N 的平方根为 200。此时如果能够求出 200 以内的所有素数, 那么 N 是否为素数的判断效率还可以进一步提高。首先声明一个全局变量 "小于 200 的素数", 这是一个列表变量, 在屏幕初始化程序中, 设该变量为 "N 以内素数" 过程的返回值, 于是获得了 200 以内所有素数的列表。这个列表就是我们提高素数判断效率的法宝, 代码如图 16-7 所示, 测试结果如图 16-8 所示。

在屏幕初始化程序中, 利用 Screen1 的标题属性显示出 200 以内素数的个数 (列表的长度为 46)。在 "N 是素数 _ 简化" 过程中, 利用针对列表的循环, 对全局变量 "小于 200 的素数" 列表进行遍历。对于我们的测试数据 36 789 来说, 循环次数虽然是 46 次, 但是求余数并判断余数为零的次数要小于 46, 这个数大约是 182 的 1/4。"是否为素数" 按钮不再显示出橘红色的外观。

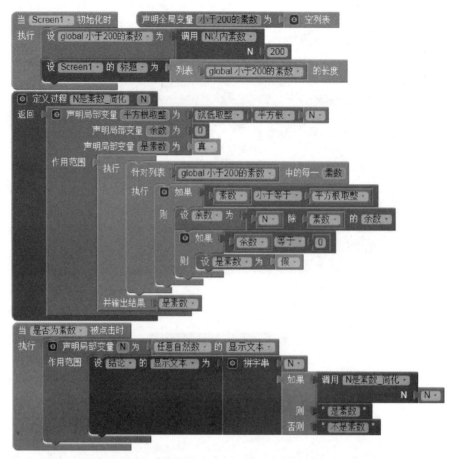

图 16-7　利用已经获得的 200 以内的素数列表，改进素数的判断程序（假设 N 小于等于 40 000）

图 16-8　判断效率提高

上述程序还有进一步改进的空间，例如，如果将针对列表的循环改为"满足条件循环"，则可以进一步减少循环的次数。

以上例子中讨论了对素数的判断，以及如何求 N 以内的素数，下一章我们将在此基础上讨论素数的应用——如何求两个自然数的最大公约数及最小公倍数。

第 17 章

数学实验室（三）：公约数与公倍数

本章在前两章的基础上继续讨论与素数相关的问题，即两个或多个整数的公约数与公倍数的问题。

17.1　求 M 与 N 的最大公约数

下面先来了解与公约数相关的概念，以及这些概念的数学表示方法，进而找到这些概念的程序表示方法，最后再给出解决问题的编程方法。

17.1.1　概念陈述

- 约数：有整数 P、N，如果 N 能被 P 整除，则称 P 是 N 的约数。例如，100 能被 25 整除，则 25 是 100 的约数；100 的约数包括 2、4、5、10、20、25 及 50，共 7 个。
- 公约数：有整数 P、M、N，如果 M、N 都能被 P 整除，则称 P 是 M、N 的公约数。例如，75 的约数为 3、5 及 25，则 100 与 75 的公约数为 5 及 25。
- 最大公约数：整数 M、N 的所有公约数中，数值最大的数称为最大公约数。例如，75 与 100 的最大公约数为 25。

17.1.2　概念的数学表示

- 约数：整数 N 如果仅能被 1 及其自身整除，则 N 为素数；否则，N 为合数。合数 N 可以分解为若干个质因数的乘积。例如 $100 = 2 \times 2 * 5 \times 5$、$150 = 2 * 3 * 5 \times 5$、$300 = 2 \times 2 * 3 * 5 \times 5$，等等。注意，上面式子中有两个表示乘法的符号"$\times$"与"$*$"，其中"$\times$"表示相同质因数之间的乘法，"$*$"表示不同质因数之间的乘法，这两种表示方法只是符号不同，它们的作用完全相同，本章下文也采用这种记法。
- 公约数：整数 M、N 的约数中共同的部分。例如 100 与 150 的公约数为 2、5 及 5×5，100 与 300 的公约数为 2、2×2、5 及 5×5，150 与 300 的公约数为 2、3、5 及 5×5。
- 最大公约数：整数 M、N 的公约数中的最大值。例如 100 与 150 的最大公约数是 50（$2 * 5 \times 5$），100 与 300 的最大公约数为 100（$2 \times 2 * 5 \times 5$），150 与 300 的最大公约数为 150（$2 * 3 * 5 \times 5$）。

从上述最大公约数的表示方法中不难发现，M、N 的最大公约数等于它们质因数乘积中共有的部分。为了更清楚地表达这一结果，我们需要借用乘方的概念（小学生读者可以寻求家长的帮助）：一个合数 M 可以分解为若干个质因数乘方的乘积，其中乘方的底数为质因数，乘方的指数为该质因数在分解结果中的个数。例如 $100 = 2^2*5^2$、$150 = 2*3*5^2$、$300 = 2^2*3*5^2$。如果想求得两个数的最大公约数，首先需要找到两者的分解结果中的共同质因数，作为乘方的底数，设其为 $P_1, P_2, \cdots, P_n$；然后查看分解结果中 $P_1, P_2, \cdots, P_n$ 的个数，并找到各自的最小个数 $m_1, m_2, \cdots, m_n$，作为乘方的指数；最后，最大公约数可以表示为 $P = P_1^{m_1}*P_2^{m_2}*\cdots*P_n^{m_n}$（读作 P_1 的 m_1 次方乘以 P_2 的 m_2 次方乘以……乘以 P_n 的 m_n 次方）。

下面举例说明上述表示法，仍以 150 与 300 为例：

$$150 = 2^1*3^1*5^2$$
$$300 = 2^2*3^1*5^2$$

它们的分解结果中均包含质因数 2、3、5，其中在 150 中包含一个 2（2 的一次方），在 300 中包含两个 2（2 的二次方），则最大公约数中保留一个 2（2 的一次方），因此它们的最大公约数为 $2^1*3^1*5^2$。

有了上述结论，我们可以用代码来表示两个整数的质因数，并求得它们的最大公约数。

17.1.3　概念的程序表示

1. 求约数

将整数 N 分解为质因数乘方的乘积，并将乘方的底数与指数保存到列表中。以 150 与 300 为例，将它们的分解结果保存在列表中，如图 17-1 所示。

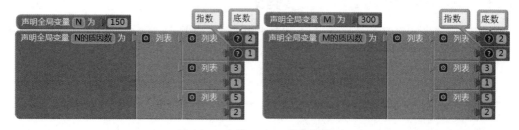

图 17-1　合数 M 与 N 的列表表示

图中的列表为二级列表，第一级列表的长度等于质因数的个数，第二级列表的长度为 2，其中第一项为质因数，即乘方的底数，第二项为该质因数的个数，即乘方的指数。注意，可以把第二级列表看作键值对（底数为键，指数为值），而且这里的每一个"键"都是独一无二的，那么由这些键值对构成的第一级列表就是键值对列表。我们在第 4 章中讲解过键值对列表的查询方式——在键值对列表中查找键（key）所对应的值（value），稍后就会用到这个查询代码块。

2. 求最大公约数

先来编写一个有返回值的过程"最大公约数"，暂时不考虑过程的通用性，就以图 17-1 中的数据为例，求得 150 与 300 的最大公约数，代码如图 17-2 所示。

代码中包含两个针对列表的循环语句。第一个循环语句对"N 的质因数"列表进行遍历，其中的循环变量"项"为列表（键值对），包含两个列表项，分别为质因数（底数、键）及质因数的个数（指数、值）。在循环开始时，首先求得底数及指数值，并以底数作为"键"，在键值对列表"M 的质因数"中进行查找。如果"M 的质因数"中包含被查找的"键"，则返回值为该底数的指数，否则返回 −1；无论返回值是否为 −1，都将返回结果保存到局部变量"比较指数"中；如果"比较指数"不等于 −1，则将"指数"与"比较指数"中较小的设定为最终的"指数"，并将这一组"底数"与"指数"添加到局部变量"最大公约数列表"中。

图 17-2　求最大公约数的过程

当完成对"N 的质因数"列表的遍历后，执行第二个针对列表的循环语句，计算最大公约数的值，最后将最大公约数的值返回给过程的调用者。

为了测试上述代码的执行结果，我们在屏幕初始化程序中，调用"最大公约数"过程，并利用屏幕的标题属性来显示程序的执行结果，代码如图 17-3 所示，测试结果如图 17-4 所示。

图 17-3　利用屏幕的标题来显示程序的运行结果　　　图 17-4　求最大公约数的测试结果

以上仅以 150 及 300 两个整数为例，演示了求两个整数最大公约数的方法。首先找到了解决问题的数学方法：将两个整数分解为若干个质因数乘方的乘积，并从分解结果中提取两者共有的部分，作为两个整数的最大公约数；其次，在 App Inventor 中，利用列表数据保存两个整数的分解结果，并利用针对列表的循环语句，查找分解结果中共有的部分；最终计算出两个整数的最大公约数，并显示在屏幕的标题中。

上述程序只是针对两个具体的数字，而且已经手动将它们分解为质因数乘方的乘积，讨论的内容并没有涉及如何将整数分解为质因数乘方之积，以及如何将它们保存到列表中。下面创建一个项目"公约数与公倍数"，并添加简单的组件，来实现完整的功能——求两个任意整数的最大公约数。

17.1.4　求任意两个整数的最大公约数

1. 用户界面设计

对于数学类的应用，我们强调的是解决问题的思路，以及将数学问题转化为程序问题的方法，因此用户界面设计只求能够显示运算结果即可。如图 17-5 所示，在新建的项目中，添加两个文本输入框，分别命名为 M 及 N，勾选其"仅限数字"属性，设置其提示属性分别为"M"和"N"；添加一个水平布局组件，将两个按钮添加到水平布局组件中，分别命名为"公约数按钮"及"公倍数按钮"，两个按钮的显示文本如图17-5所示；再添加一个标签，命名为"结果"，用于显示程序的运行结果。

图17-5　求最大公约数与最小公倍数的用户界面

2.编写过程——分解整数

在上一章我们创建了两个有返回值的过程——"N是素数"及"N以内素数"。本节将利用这些结果来分解整数，将任意整数分解为若干质因数乘方的乘积。

在上一章中，求素数是我们的目标，而本章中素数只是用来分解整数的工具。因此，我们将在屏幕初始化时，一次性求得"N以内素数"列表，并在后续的程序中直接使用这一列表，避免重复执行求素数运算，步骤如下。

(1) 打开"素数求解"项目，将上述两个过程及全局变量"小于200的素数"放置到代码块背包中，回到"公约数与公倍数"项目中，将上述代码块从背包中提取出来。

(2) 将全局变量"小于200的素数"改名为"N以内素数"，在屏幕初始化程序中，调用"N以内素数"过程（设N为500），将过程返回值保存到全局变量"N以内素数"中，并显示在结果标签中，代码如图17-6所示，测试结果如图17-7所示。

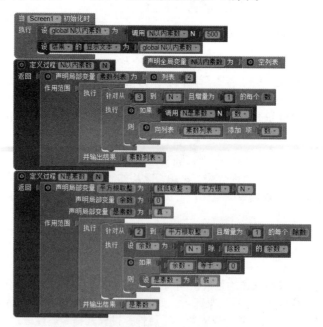

图17-6　在屏幕初始化时，求500以内的素数

图 17-7　测试结果——在屏幕初始化时求 500 以内的素数

(3) 创建一个有返回值过程"素数实用集"。对于任意整数 N，它的最大质因数不可能大于 N，因此，当我们将 N 分解为若干质因数乘方之积时，只需要针对那些小于等于 N 的素数进行筛选。为此，我们对全局变量"N 以内素数"进行遍历，以便获得满足需要的最小素数集合，具体代码如图 17-8 所示。

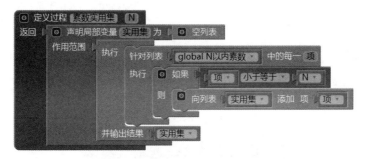

图 17-8　过程——素数实用集

有兴趣的读者可以做一个试验，针对"N 以内素数"及"素数实用集"这两个过程，当 N 相同时，测量一下执行这两个过程所耗费的时间（毫秒数），再计算一下测量结果的比值，看看会发现些什么。

(4) 创建一个有返回值的过程"质因数"。对于任意给定的整数 N（被除数），判断某个素数 P（除数）是否为它的质因数（P 能整除 N）。如果是，则求出整数 N 中包含的 P 的个数（N 能够被 P 整除的次数）。该过程的返回值为列表，包含两个列表项，第一个列表项为素数 P（除数），第二个列表项为 N 被 P 整除的次数，具体代码如图 17-9 所示。

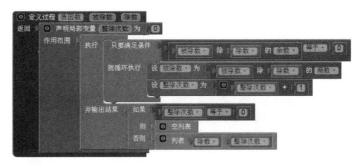

图 17-9　过程——质因数

(5) 创建一个有返回值的过程"质因数列表"。对于任意给定的整数 N，遍历它的素数实用集列表，通过调用"质因数"过程，可以筛选出它的全部质因数（包括质因数本身以及被整除的次数）。该过程的返回值为二级列表，列表结构与图 17-1 中"N 的质因数"相同，具体代码如图 17-10 所示。

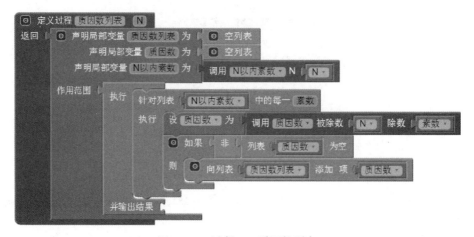

图 17-10　过程——质因数列表

利用公约数按钮的点击程序对上述过程进行测试，代码如图 17-11 所示，测试结果如图 17-12 所示。测试结果中，$1920 = 2^7*3^1*5^1$，有兴趣的读者不妨验算一下这个结果是否正确。

图 17-11　在结果标签中显示质因数列表

图 17-12　测试——求整数 1920 的质因数列表

(6) 改造过程"最大公约数"。在图 17-2 的"求最大公约数"过程里，我们利用两个全局变量"M 的质因数"与"N 的质因数"，求得了 150 与 300 的最大公约数。现在我们要对该过程进行改造，将全局变量替换为过程的参数"M 质因数列表"与"N 质因数列表"，以便该过程可以求取任意两个质因数列表的最大公约数。修改后的代码如图 17-13 所示。

(7) 在公约数按钮的点击程序中，用"结果"标签显示"最大公约数"过程的返回值。在"最大公约数"过程里两次调用"质因数列表"过程，分别将用户输入的两个整数作为参数，求取两个整数的质因数列表，并最终求得两个整数的最大公约数，代码如图 17-14 所示。

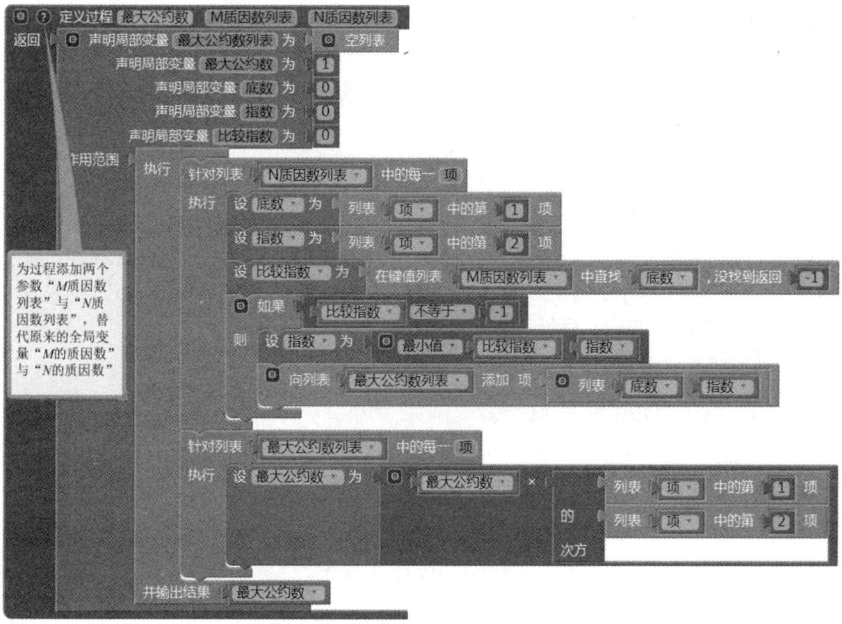

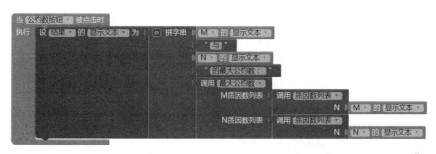

图 17-13 改造之后的"最大公约数"过程

图 17-14 在公约数按钮的点击程序中调用"最大公约数"过程

(8) 测试——在用户界面上输入不同的整数，求取它们的最大公约数，测试结果如图 17-15 所示。建议读者自己验算一下图中的题目，看程序给出的结果是否正确。

最大公约数与最小公倍数	最大公约数与最小公倍数	最大公约数与最小公倍数
375	512	1000
1920	1920	1920
求最大公约数　求最小公倍数	求最大公约数　求最小公倍数	求最大公约数　求最小公倍数
375与1920的最大公约数：15	512与1920的最大公约数：128	1000与1920的最大公约数：40

图 17-15 测试——求任意两个整数的最大公约数

以上我们实现了求取两个整数最大公约数的目标，在这个过程中，有两个关键步骤。

- 将实际问题转化为数学问题——用数学语言描述问题的本质，将整数分解为质因数乘方之积，并明确两个整数的最大公约数就是其分解结果中共有的部分。
- 将数学问题转化为程序问题——用列表表示整数的分解结果，利用循环语句筛选出分解结果中共有的部分，并计算出最终的结果。

下面我们来解决本章的第二个问题——求两个整数的最小公倍数。

17.2 求M与N的最小公倍数

与最大公约数相对应的另一个问题，是整数之间的最小公倍数问题。沿着解决公约数问题的思路，我们先来寻找这一问题的数学表示方法。

17.2.1 问题的数学表示

有了前面求最大公约数的经验，求最小公倍数的问题就变得简单了。解决问题的起点是对两个整数进行质因数分解的结果。仍然以 100 及 150 为例，$100 = 2^2*5^2$，$150 = 2*3*5^2$，最大公约数是这两个结果中共有的部分（$2*5^2 = 50$），而最小公倍数则是包含了两个分解结果的最小集（$2^2*3*5^2 = 300$），我们把这个最小集称为"结果集"。这里面有两重含义：

(1) 结果集中包含两个整数的全部质因数，例如，100 与 150 的结果集中包含 2、3、5 这 3 个质因数；

(2) 每个质因数乘方的指数取两个分解结果中的最大值，例如，100 与 150 中都包含质因数 2，100 中包含 2 的二次方，150 中包含 2 的一次方，则结果集中保留较大者，即 2 的二次方。

有了上述结论，接下来我们把数学问题转换为程序问题。

17.2.2 问题的程序表示

1. 合并两个整数的质因数列表

解决问题的起点是两个整数的质因数列表——"质因数列表"过程的返回值。我们创建一个过程"最小公倍数列表"，对两个质因数列表进行合并，代码如图 17-16 所示。

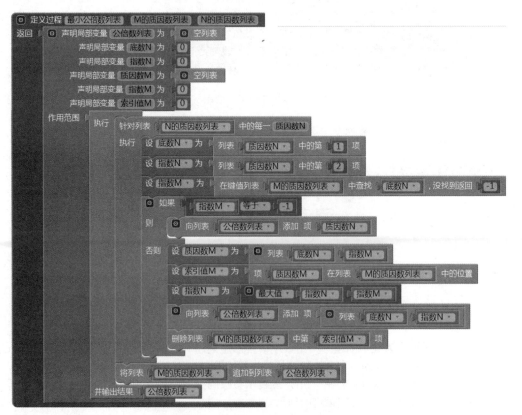

图 17-16　过程——最小公倍数列表

仍然沿用求最大公约数列表的思路，对 N 的质因数列表进行遍历。对于每一个循环变量"质因数 N"（键值对：键为底数，值为指数），在 M 的质因数列表中查找是否存在相同的质因数（底数）。如果不存在（指数 $M = -1$），则将正在接受遍历的"质因数 N"添加到公倍数列表中；如果存在，则首先取得"质因数 M"在"M 的质因数列表"中的索引值，并设指数 N 为两个指数中的最大值，将底数 N 与指数 N 组成的列表添加到公倍数列表中，并将"质因数 M"从"M 的质因数列表"中删除。当对"N 的质因数列表"的遍历完成时，该列表中的全部列表项已经被添加到公倍数列表中，其中有些质因数的指数可能被改写为更大的值（M 的质因数列表中对应底数的指数值），而 M 的质因数列表中的同底数的重复项已经被删除干净，剩下的列表项被一次性地追加到公倍数列表之后。最后，将公倍数列表返回给调用者。

2. 求最小公倍数

对最小公倍数列表进行遍历，求得所有质因数乘方的乘积，代码如图 17-17 所示。

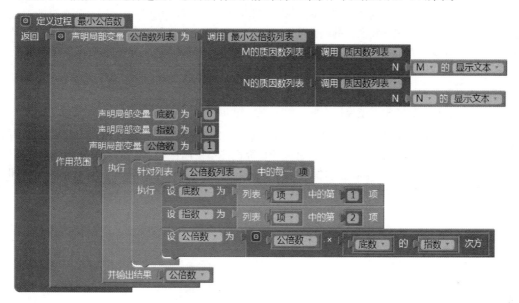

图 17-17　过程——最小公倍数

3. 显示运算结果

在公倍数按钮的点击程序中，调用最小公倍数过程，并将运算结果显示在"结果"标签中，代码如图 17-18 所示。

图 17-18　显示最小公倍数的运算结果

4. 测试

如图 17-19所示，在文本输入框 M 及 N 中分别输入不同的数字，"结果"标签中显示了最小公倍数的运算结果。

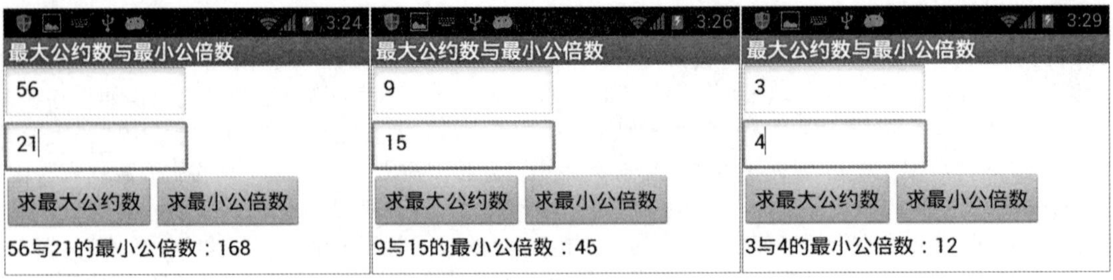

图 17-19　测试——显示最小公倍数的运算结果

17.3　小结

作为"数学实验室"的小学数学部分，我们对几个常见的问题进行了讨论，从简单的鸡兔同笼，到素数求解，再到稍微复杂一些的公约数、公倍数问题，这些内容基本上属于小学数学的范围（乘方除外）。大多数人都会用数学方法解决这些问题，但是，如何将简单的数学问题转化为程序问题，却是需要我们从惯性思维中摆脱出来，让自己的思维"慢"一点，并且"笨"一点。

所谓"慢"一点，就是将时间放大、再放大，捕捉自己思考过程中留下的每一丝线索，将它们记录下来。这些思考的线索，就像风中的一丝花香，稍纵即逝，需要安静与专注，才能有所收获。

所谓"笨"一点，就是回归我们的天真状态，忘记那些高级的技巧，以最质朴的方法去面对问题，并解决问题。之所以要"笨"一点，是因为计算机并不像你想象的那样无所不能；相反，它其实比人类"笨"太多太多。因此，用计算机解决问题，你就要向它"靠拢"，习惯于它的逻辑和方法，只有这样才能找到解决问题的钥匙。

第18章

数学实验室（四）：绘制函数曲线

前3章通过编写程序解决了几个算术问题，并借此展示了将实际问题转化为数学问题，再将数学问题转化为程序问题的思路。本章将继续讨论有关数学问题——通过编程来绘制函数曲线。由于内容涉及中学数学中的函数及平面直角坐标系等相关知识，对于尚未学习这项内容的读者来说，建议首先了解相关知识。

18.1　坐标变换

什么是坐标变换？坐标变换发生在两个坐标系之间，我们这里只讨论两个**坐标轴平行**的平面直角坐标系。假设这两个坐标系分别为甲坐标系、乙坐标系，观察者从乙坐标系中，看到了甲坐标系中的一点，这一点在甲坐标系中的坐标是 (x, y)，那么他如何在乙坐标系中描述这一点的坐标呢？这就是坐标变换要解决的问题。

18.1.1　画布坐标系统

在 App Inventor 中创建一个新项目"画布坐标"，在设计视图中，设置 Screen1 的标题属性为"画布坐标"，水平对齐属性为居中；拖入一个画布组件，设置其宽、高均为 300 像素，画笔线宽为1 像素，并添加标签、文本输入框及按钮组件，如图 18-1 所示。

图 18-1　创建一个名为"画布坐标"的项目，并添加画布、输入框、按钮及标签等组件

　　为了对画布的长度单位"像素"有一个感性的认识，我们在画布上分别沿水平及垂直方向，每隔一定距离画一条线，线与线之间的距离由用户在文本输入框"画线间隔"中输入。绘制直线的代码如图 18-2 所示。

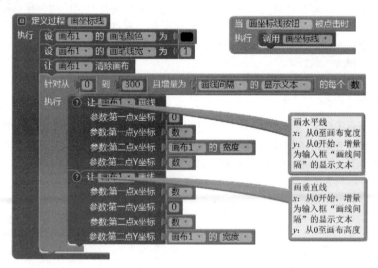

图 18-2　在画布上每隔一定距离绘制水平线及垂直线

　　程序的执行结果如图 18-3 所示。用户在画线间隔输入框中输入不同的数值，然后点击画坐标线按钮。注意观察平行线之间距离随画线间隔的变化。图中特别保留了手机的状态栏，这些现实世界中的真实参照物，可以帮助读者建立起关于像素尺寸的空间感。另外，画布上方的标签显示了画布的宽度和高度，其中文字的字号为 14，不妨对比一下，看哪一张图中的方格大小更接近 14 号字的大小，以便在头脑中形成对像素大小的认识。在左上角的图中，我们用文字标注了几个关键点的坐

标，值得注意的是，画布坐标系统的原点在画布的左上角；也就是说，y 轴的正方向指向下方，这是与数学中的平面直角坐标最大的不同。

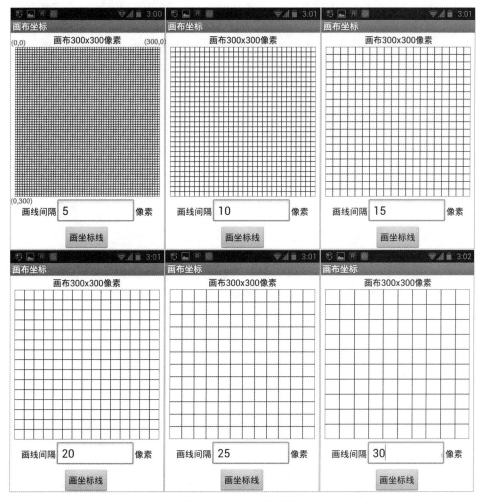

图 18-3　画布坐标系统

18.1.2　平面直角坐标系

绘制上述图形的另一个目的，是为了最终绘制我们需要的平面直角坐标。在数学中，一个坐标系统包含坐标轴（带有正方向箭头的直线）、单位标记以及标注数字，而且 y 轴的正方向指向上方。我们以图 18-3 中右下角的图（画线间隔为 30 像素）为背景，在 Photoshop 中绘制了 4 个典型的平面直角坐标系，如图 18-4 所示。图中的黑色文字用于描述画布坐标系统，浅灰色文字用于描述平面直角坐标系统，深灰色文字用于描述两个坐标系之间的关系。

我们以左上角的图 18-4a 为例，解释图中标注的文字。首先确定两个最重要的名词。

- 画布坐标系统：图中黑色线条及文字描述的坐标系统，原点位于画布左上角；水平方向为 x 轴，正方向指向右方；垂直方向为 y 轴，正方向指向下方；x 及 y 轴最大标注值为 300，单位为像素，标注间隔为 30 像素。
- 平面直角坐标系统：图中浅灰色线条及文字描述的坐标系统，原点位于画布的左下角，距画布的左边界及下边界均为 30 像素；x 轴正方向指向右方，y 轴正方向指向上方，1 个单位为 15 像素，x 轴及 y 轴的最大标注值均为 18，标注间隔为 2（2 个单位 = 30 像素）。

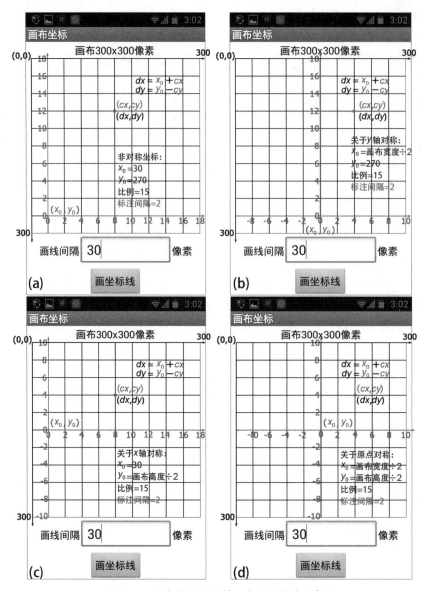

图 18-4　原点位置不同的 4 个平面直角坐标

下面解释图中标注文字的含义。

- (x_0, y_0)：平面直角坐标的原点在画布坐标系统中的坐标，图 18-4a 中原点坐标为 $(30, 270)$。
- P：图中的灰圆点，平面上的任意一点。
- (cx, cy)：P 点在平面直角坐标系中的 x、y 坐标，也称作**计算坐标**，图 18-4a 中 P 点的计算坐标为 $(8, 12)$。
- (dx, dy)：P 点在画布坐标系中的 x、y 坐标，也称作**绘图坐标**，图 18-4a 中 P 点的绘图坐标为 $(150, 90)$。
- 比例：平面直角坐标系中的 1 个单位与画布坐标系中 1 个单位之间绝对长度的比值，即 1 个平面直角坐标单位所包含的像素数；x 轴与 y 轴的比例可以相同，也可以不同，4 幅图中 x 轴及 y 轴的比例均为 15。
- 标注间隔：平面直角坐标系中，两个标注数字之间的间隔，以平面直角坐标系中的单位为计量单位，4 幅图中 x 轴及 y 轴的标注间隔均为 2。

图 18-4 中绘制了 4 个平面直角坐标，它们的区别在于对称性。这里所说的对称性，是指在画布的可视范围内，坐标轴的对称性。下面分别加以解释。

(1) 非对称坐标：如图 18-4a 所示，只保留了平面直角坐标系的第一象限，用于绘制 x、y 值均大于等于 0 的图形，例如 $y = \sqrt{x}$。

(2) 关于 y 轴对称：如图 18-4b 所示，保留了平面直角坐标系中的第一、二象限，用于绘制 $y \geq 0$ 的图形，例如 $y = x^2$。

(3) 关于 x 轴对称：如图 18-4c 所示，保留了平面直角坐标系中的第一、四象限，用于绘制 $x \geq 0$ 的图形，例如 $y = \sin x$，当 x 取值范围在 $[0, 2\pi]$ 时。

(4) 关于原点对称：如图 18-4d 所示，完整地保留了平面直角坐标系的 4 个象限，可以绘制任意类型的函数曲线。

18.1.3　两个坐标系之间的坐标变换

在图 18-4 的 4 个平面直角坐标中，有一个相同的部分，就是坐标转换公式：

$$dx = x_0 + cx$$
$$dy = y_0 - cy$$

我们已经在上一节中解释了公式中各项的含义，现在来说明这些数据的来源。计算坐标 (cx, cy) 来自于对曲线方程的计算，以 $y = x^2$ 为例，cx 值由绘图程序自动生成（循环语句中的循环变量），可以是 0、1、2 等间隔相等的整数，也可以是 0、0.5、1、1.5 这样间隔相等的小数；cy 值通过对函数的计算求得，对于二次函数 $y = x^2$，0、1、2 这样的 cx 值，对应的 cy 值为 0、1、4 等；又比如，对于三角函数 $y = \sin x$，cx 值可以设为 0、1、2（单位为角度）等，cy 值可以用 App Inventor 中的正弦函数求得（$\sin 1°$、$\sin 2°$、$\sin 3°$ 等）。

有了计算坐标，就可以利用坐标变换公式求出绘图坐标，从而实现在画布上绘图的目标。关于坐标变换公式，读者如果有兴趣，可以在不同的坐标系中，在平面上随便找一个点，来验证公式的正确性。

18.2　绘制坐标轴

在上一节中，图 18-4 中的 4 个平面直角坐标并不是在 App Inventor 中用程序绘制出来的，而是在 Photoshop 中画出来的。在正式开始绘制函数曲线之前，我们要亲手绘制坐标轴、确定坐标轴长度单位的比例以及标记数字的间隔，而这些因素与我们要绘制的曲线有关。

以二次曲线 $y = x^2$ 为例，假设 x 的取值范围为 $[-10, 10]$（20 个单位），则 y 的取值范围为 $[0, 100]$（100 个单位）。为了充分利用画布有限的绘图空间（300 像素 × 300 像素），选择图 18-4b 作为绘图坐标，并设 x 轴的比例为 15（1 个单位 = 15 像素，300 像素被均分为 20 个单位），y 轴的比例为 2.5（1 个单位 = 2.5 像素，300 像素被均分为 120 个单位）。同时，坐标轴上标注的数字也要加以考虑：对于 x 轴，比较适宜的标注间隔是 2 个单位（30 像素）；对于 y 轴，适宜的标注间隔为 10 个单位（25 像素）。

上面的分析为绘制坐标轴提供了足够的依据，其中包含下列要素：

- 原点坐标 (x_0, y_0)
- 坐标轴的单位比例——比例 x、比例 y
- 坐标轴标注间隔——标注间隔 x、标注间隔 y

有了这些要素，我们就可以绘制出满足绘图要求的坐标轴，继而绘制对应的曲线。下面我们回到 App Inventor 中，用程序来绘制坐标轴。

18.2.1 界面设计

在 App Inventor 中创建新项目"绘制函数曲线",用户界面如图 18-5 所示,其中组件的命名及属性设置如表 18-1 所示。

图 18-5 新建项目"绘制函数曲线"的用户界面

图 18-5 中的 6 个文本输入框均设置了显示文本属性,读者可以自行设置这些值的大小,但必须保证 x_0、y_0 的值在 0 与画布宽度之间,稍后我们会在屏幕初始化时,利用这两个值绘制坐标轴。

表18-1 项目"绘制函数曲线"中组件的命名及属性设置

组件类型	命　　名	属　　　性	取　　值
Screen1	Screen1	标题	绘制函数曲线
		水平对齐	居中
标签	描述画布宽高	显示文本	画布 300 像素 ×300 像素
		粗体	勾选
画布	画布 1	宽、高	300 像素
		画笔线宽	1
表格布局	表格布局 1	行数	2
		列数	4
		宽度	充满
标签	x 轴	宽度	50 像素
		水平对齐	居中
		显示文本	x 轴
	y 轴	宽度	50 像素
		水平对齐	居中
		显示文本	y 轴

组件类型	命　名	属　性	取　值
文本输入框	x_0	宽度	60 像素
		仅限数字	勾选
		提示	x_0
	y_0	宽度	60 像素
		仅限数字	勾选
		提示	y_0
	比例 x	宽度	80 像素
		仅限数字	勾选
		提示	比例 x
	比例 y	宽度	80 像素
		仅限数字	勾选
		提示	比例 y
	标注间隔 x	宽度	110 像素
		仅限数字	勾选
		提示	标注间隔 x
	标注间隔 y	宽度	110 像素
		仅限数字	勾选
		提示	标注间隔 y
按钮	绘图按钮	显示文本	绘图

18.2.2　编写代码

1. 绘制坐标轴

在用户界面中有 6 个文本输入框，用来设定平面直角坐标系的原点坐标（x_0、y_0）、坐标轴单位的比例以及数字的标注间隔，其中 x_0、y_0 用来绘制坐标轴，代码如图 18-6 所示。

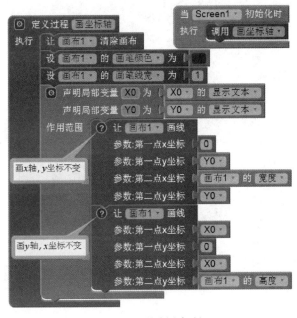

图 18-6　绘制坐标轴

在用户界面上输入不同的 x_0、y_0 值，将得到不同的坐标轴，测试结果图 18-7 所示。如果此前没有在 x_0、y_0 中输入数字，你会看到测试设备及编程视图中弹出错误信息。

图 18-7　测试——在画布的不同位置用程序绘制坐标轴

2. 坐标轴的标注

首先对 x 轴进行标注，以原点为 0 点，向左标注负数，向右标注正数，代码如图 18-8 所示。

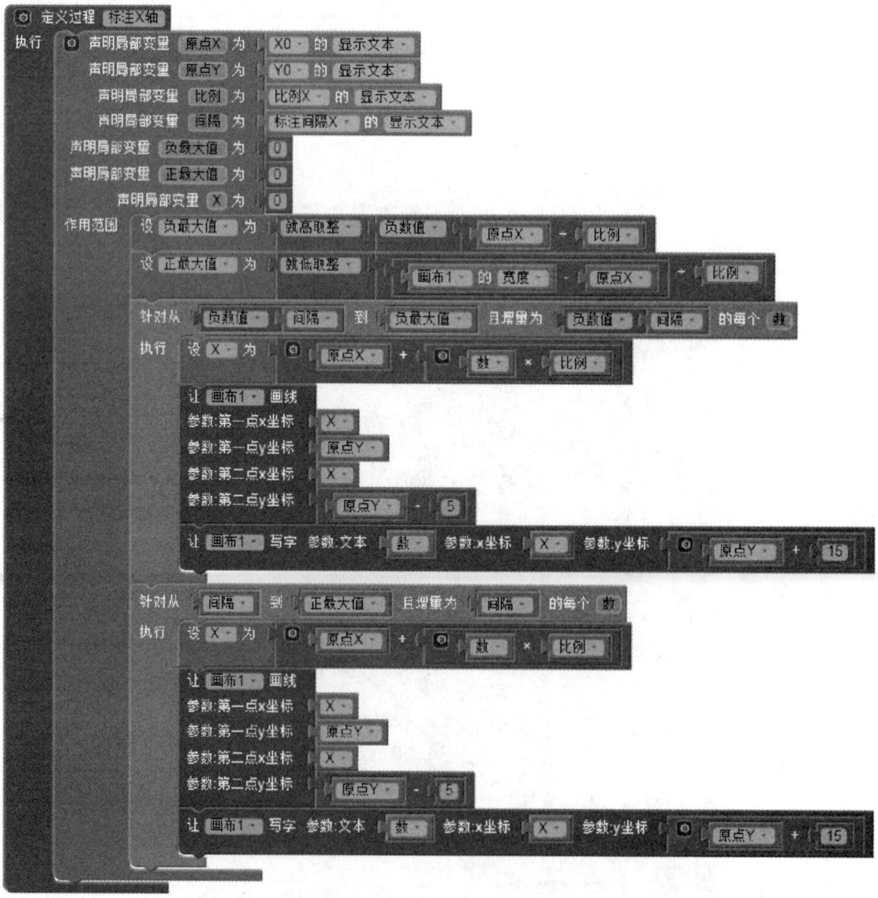

图 18-8　过程——标注 x 轴

注意图中两个循环语句的起始值，标注负数时，以"负间隔"为起点；标注正数时，以"间隔"为起点。这里省略了对 0 点的标注，稍后将解释这样标注的原因。

图 18-8 中两个循环语句内部的代码完全相同，为了提高代码的复用性及可维护性，我们将这部分相同的代码封装成过程，改造后的代码如图 18-9 所示。

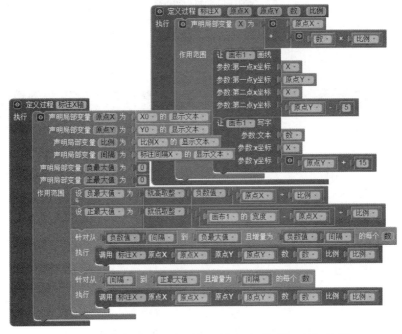

图 18-9　创建"标注 x"过程，并改造"标注 x 轴"过程

接下来用同样的方式对 y 轴进行标注，代码如图 18-10 所示。

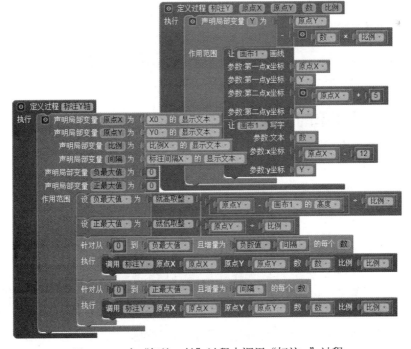

图 18-10　在"标注 y 轴"过程中调用"标注 y"过程

注意，图中两个循环语句的循环变量初始值均为零（其实只要有一个为零即可），这个零既是 x 轴的零点，也是 y 轴的零点，这就是"标注 x 轴"过程里循环语句起始值不为零的原因。下面在绘图按钮的点击程序中调用上述过程，如图 18-11 所示，测试结果如图 18-12 所示。

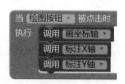

图 18-11 调用两个"标注"过程

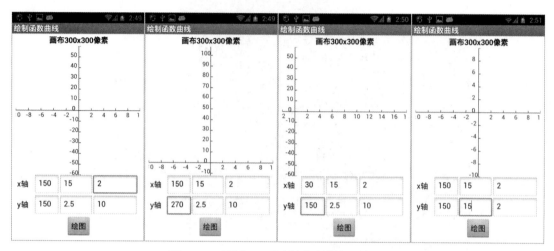

图 18-12 测试——绘制坐标轴并标注数字

通过设置不同的原点坐标、单位比例及标注间隔，我们获得了不同的坐标轴。下面我们将选择合适的坐标轴来绘制不同类型的函数曲线——二次函数曲线及三角函数曲线。

18.3 绘制二次函数曲线

标准的二次函数可以写为 $y = ax^2+bx+c$，我们将从最简单的 $y = x^2$ 开始，通过设置不同的 a、b、c 值来观察曲线随系数的变化。

18.3.1 绘制最简单的二次曲线

App Inventor 并不具备直接绘制曲线的功能。所谓曲线，实际上是由一系列的微小线段拼接而成。我们选择图 18-12 中的左二图为绘图坐标，来绘制 $y = x^2$ 曲线。

在图 18-4 中我们引入了计算坐标及绘图坐标的概念，并给出了它们之间的换算关系：

$$dx = x_0 + cx$$
$$dy = y_0 - cy$$

关于计算坐标的来源，首先需要确定 cx 的取值范围（即数学中所说的函数的定义域），然后设定 cx 的增量。这两个因素确定后，利用循环语句，就可以获得 cx 的具体值，然后根据 $y = x^2$ 来求 cy 值，这样就有了计算坐标 (cx,cy)。再根据上述换算公式，求得对应的绘图坐标，并利用两个这样的绘图坐标来绘制微小线段，组成一条完整的曲线。

首先创建两个有返回值的过程"绘图坐标 x"及"绘图坐标 y"，将计算坐标换算为绘图坐标，代码如图 18-13 所示。

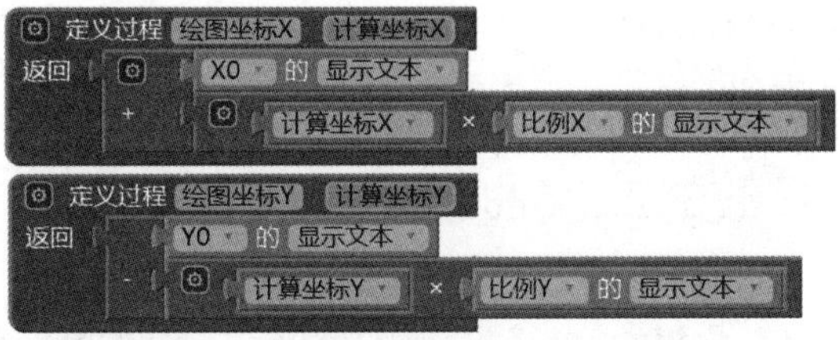

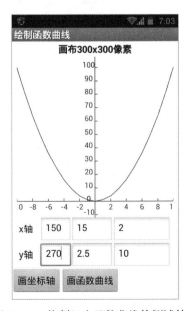

图 18-13   将计算坐标换算为绘图坐标的过程

然后，创建一个过程"绘制二次函数曲线"，并在绘图按钮点击程序中调用该过程，来实现曲线的绘制，代码如图 18-14 所示，测试结果如图 18-15 所示，注意 6 个文本输入框的数值。

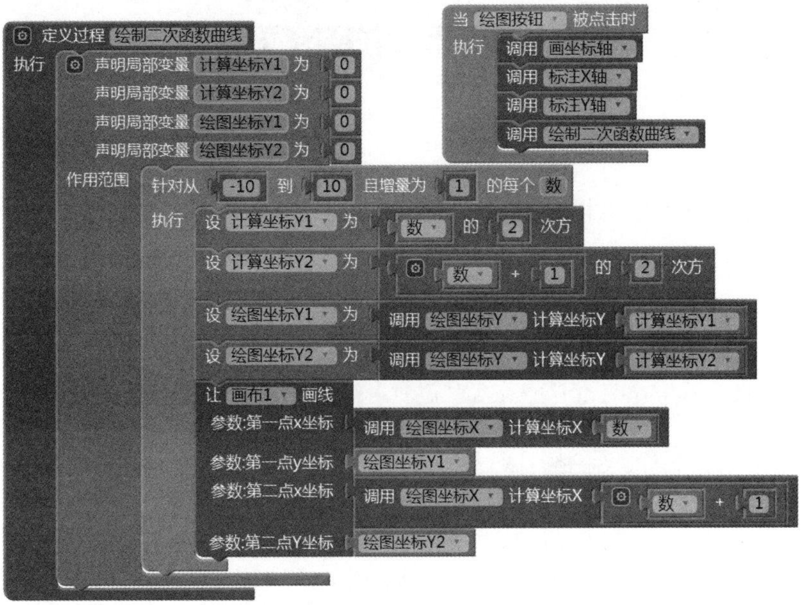

图 18-14   在按钮点击程序中调用"绘制二次函数曲线"过程

图 18-15   绘制二次函数曲线的测试结果

如果仔细观察，会发现这条曲线不够平滑，尤其在 $x = \pm 2$ 时，能看到折线的痕迹。可以通过缩小 x 的增量，即循环语句中的增量值，来增加曲线的平滑度，如设增量为 0.5 或更小。

18.3.2　绘制任意系数的二次曲线

图 18-15 中是一条最简单的二次曲线，曲线方程中的系数 a 为 1，b、c 均为 0。下面回到 App Inventor 的设计视图，将表格布局组件的行数由 2 改为 3，向新增的第三行中添加一个标签及 3 个文本输入框，标签的显示文本设为"系数"，文本输入框分别命名为"系数 a""系数 b"及"系数 c"，宽度均设为 60 像素，并勾选"仅限数字"选框。通过在输入框中输入不同的 a、b、c 值，来改变曲线的位置及形状。修改后的用户界面如图 18-16 所示。为了能够显示新增的输入框及按钮组件，这里隐藏了屏幕顶端的"描述画布宽高"标签。

图 18-16　添加 3 个文本输入框，用来输入二次方程的系数

绘制带有系数的二次曲线，最困难的是坐标轴的确定，也就是原点位置的确定。为了简化程序，我们将坐标原点设在画布的中心，即点 (150,150)，以固定的坐标轴来绘制不同的曲线。

首先创建一个有返回值的过程"y"，对给定的参数 x，求 ax^2+bx+c 的值，代码如图 18-17 所示。

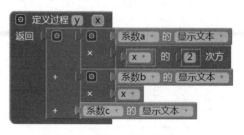

图 18-17　有返回值的过程——y

然后改造"绘制二次函数曲线"过程，如图 18-18 所示。

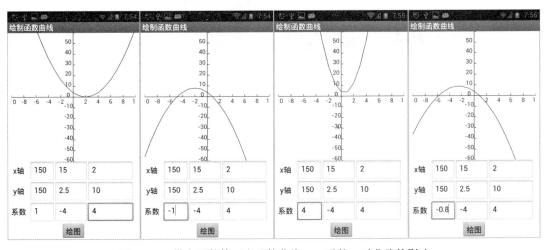

图 18-18　可以绘制任意二次函数曲线的过程

　　为了测试上述程序，我们需要制定一个测试策略，即每次只改变一个系数，另外两个系数保持不变，这样才能确定每个系数对曲线位置及形状的影响；此外，为了测试方便，在 App Inventor 设计视图中，预先设置好 x 轴及 y 轴的原点、比例及标注间隔值，测试过程中仅改变系数值即可。测试结果如图 18-19、图 18-20 及图 18-21 所示。

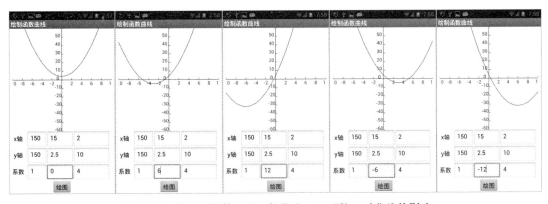

图 18-19　带有系数的二次函数曲线——系数 a 对曲线的影响

图 18-20　带有系数的二次函数曲线——系数 b 对曲线的影响

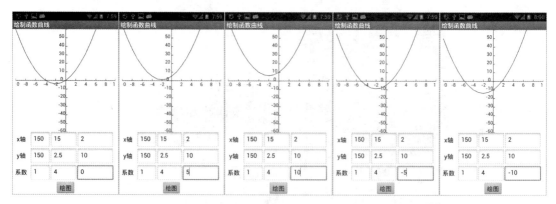

图 18-21　带有系数的二次函数曲线——系数 c 对曲线的影响

18.3.3　连续改变系数值

1. 使用数字滑动条

　　回到 App Inventor 设计视图，从用户界面组件中，将数字滑动条拖入到用户界面中，置于画布下方，设滑动条宽度为 280 像素，最小值为 −20，最大值为 20，滑块位置为 0，如图 18-22 所示。

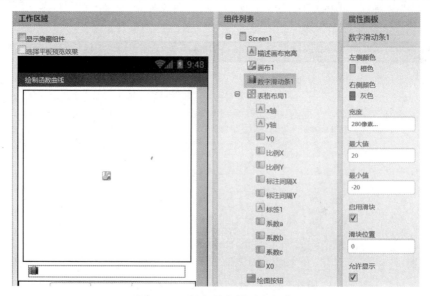

图 18-22　添加数字滑动条组件

　　在编程视图中改造过程"y"，并在滑动条的位置改变事件中调用相关过程，代码如图 18-23 所示。当滑块位置改变时，让文本输入框"系数 a"显示滑块位置，将过程"y"中"系数 a 的显示文本"替换为"数字滑动条 1 的滑块位置"。这样，随着滑块位置的改变，应用将绘制不同的二次曲线。测试结果如图 18-24 所示。

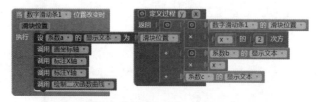

图 18-23　利用滑块位置确定二次方程的系数 a

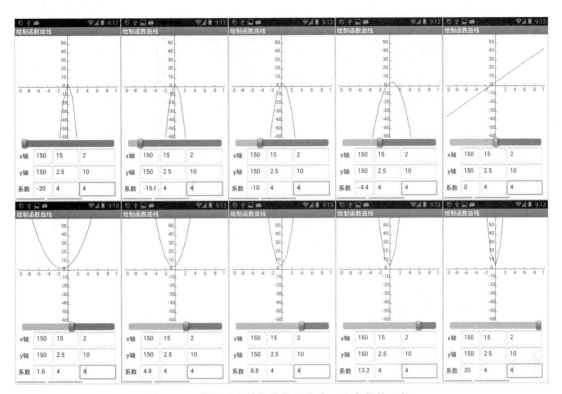

图 18-24　用滑动条的滑块位置作为二次方程的系数 a

在测试过程中，由于笔者的手机性能原因，无法实现滑块位置的平滑改变，只能取几个点的值来获得对应的曲线。这个程序如果是在主流型号的计算机中运行，效果会更加理想，这里只是抛砖引玉，希望读者能够理解"数学实验室"的概念——利用程序实现函数曲线的绘制，通过连续改变函数的某个系数，来理解该系数对曲线形状及位置的影响。下面我们继续开拓思路，利用计时器组件的计时事件，来修改系数 a 的值，并触发绘图程序。

2. 用计时器控制绘图速度

在设计视图中向项目中添加一个计时器组件，并设其计时间隔为 2000 毫秒（为了有足够的时间完成截图），如图 18-25 所示。

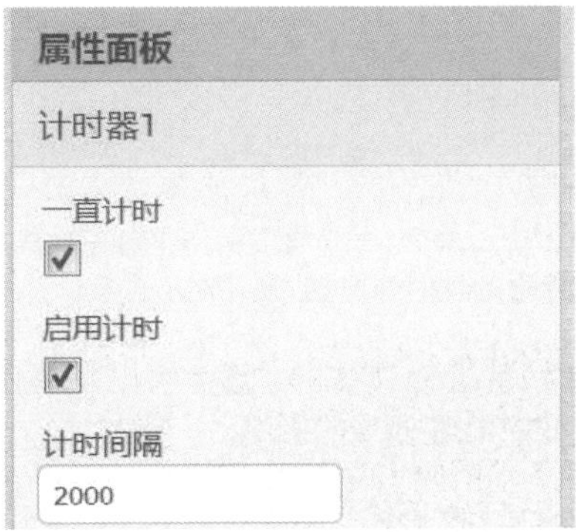

图 18-25　为项目添加计时器组件，并设置其计时间隔为 2000 毫秒（2 秒）

在编程视图中，声明一个全局变量 a，并设其初始值为 –10，利用计时器的计时事件实现系数 a 的递增，并调用相关的绘图程序实现曲线的绘制，具体代码如图 18-26 所示。

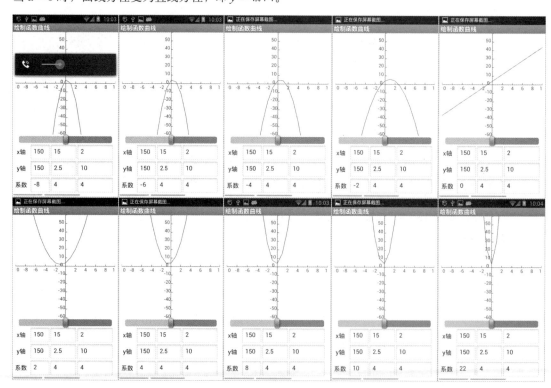

图 18-26　利用计时器的计时事件来设置系数 a 的值，并调用相关的绘图过程

　　由于计时器组件在程序开始运行时就已经启动计时，这样我们就来不及输入绘制坐标轴的参数以及二次方程的另外两个系数 b、c。因此，我们在项目的设计视图中设置好这些文本输入框的显示文本属性，以便计时事件触发时，程序可以获取到必要的绘图数据。测试结果如图 18-27 所示，没有来得及捕获第一张图（$a = -10$），第二张图中还残留了不小心碰到的音量调节指示条。从一系列连续取值的曲线图中，很容易发现系数 a 对曲线开口方向、顶点位置以及开口大小的影响，尤其是当 $a = 0$ 时，曲线方程变为直线方程，即 $y = 4x+4$。

图 18-27　用计时器的计时事件改变系数 a 的值，并绘制相应的曲线

　　关于二次函数曲线的实验我们就进行到这里，读者可以发挥自己的想象力，分别对系数 b、c进行类似的实验，研究系数的改变对曲线外观的影响。

18.4　绘制三角函数曲线

　　假设我们要在 $0 \sim 2\pi$ 范围内绘制正弦曲线 $y = a \times \sin\omega x + \theta$，其中 a 的最大值为 5，ω 的取值范围为 $[1,3]$，则应采用图 18-4c 的坐标轴来绘制曲线。需要说明的是，在 App Inventor 中，三角函数自变量的单位是角度，因此 x 的取值范围应该是 $[0,360]$。

18.4.1 坐标轴的位置

首先确定绘制坐标轴的参数。

- (x_0, y_0)：(10,150)。
- 比例 x：0.8（在 x 轴正方向 290 像素的长度上，有 290÷0.8 = 362 个单位）。
- 比例 y：30（在原点上下 150 像素的长度上，各有 5 个单位）。
- 标注间隔 x：30，即每隔 30°（24 个像素）设置一个标注数字。
- 标注间隔 y：1，即每隔 30 像素设置一个标注数字。

此外，还须设置 a、ω 及 θ 的值，利用 3 个文本输入框"系数 a""系数 b"及"系数 c"来设置这 3 个值。

18.4.2 编写过程——绘制正弦函数

为了测试方便，我们在设计视图中设置好上述绘制坐标轴的参数以及三角函数曲线的参数，如图 18-28 所示。

x 轴	10	0.8	30
y 轴	150	30	1
系数	1	1	0

图 18-28 事先设置好绘制坐标轴及曲线图的参数

创建一个有返回值的过程"正弦 y"，对于任意给定的参数 x，返回值 $y = a \times \sin\omega x + \theta$；然后创建"绘制正弦曲线"过程，其中循环变量的值为 0～360，且增量为 1；最后在绘图按钮点击程序中调用"绘制正弦曲线"过程，代码如图 18-29 所示。

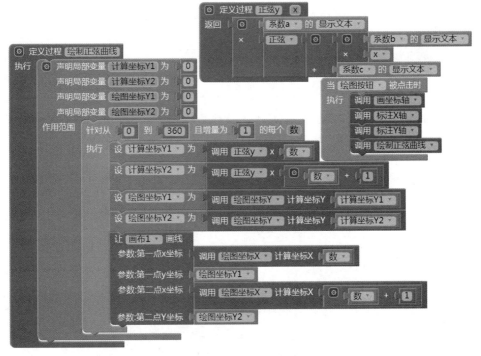

图 18-29 绘制正弦曲线的相关代码

在开始测试之前，除了要在文本输入框中设置相关参数外，还要记得取消勾选计时器的"启用计时"属性，免得计时器的计时事件触发运行绘制二次曲线程序。此外，勾选 Screen1 的"允许滚动"属性，以便屏幕底部的按钮可以显示出来，测试结果如图 18-30 所示。

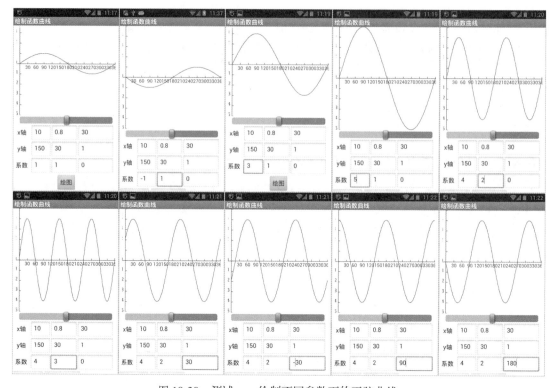

图 18-30　测试——绘制不同参数下的正弦曲线

测试过程中分别测试了 3 个参数对曲线位置、方向以及形状的影响：a 的取值为 1、-1、3、5 及 4；ω 的取值为 1、2 及 3；θ 的取值为 0、30、-30、90 及 180。

学习过三角函数及其曲线性质的读者，可以根据自己已经掌握的知识，验证一下程序绘制的图形是否正确；尚未学过相关知识的读者，可以尝试自己归纳一下曲线的形状与各个参数之间的关系。这恰好是在"实验室"中做完实验后应该完成的任务——写一份实验报告。

项目中的数字滑动条在绘制三角函数曲线时没有起到任何作用，为了节省屏幕空间，可以取消勾选它的"允许显示"属性。不过滑动条的存在倒是为我们的测试画面添加了一抹亮色，不妨将它保留下来。

测试过程中，点击按钮后，曲线要隔几秒钟才能显示出来。排除手机性能的因素，程序本身的计算量也比较大：360 次循环，每次循环要计算两次正弦函数的值，外加一次加法运算及两次乘法运算；因此，手机的运算能力显得有些捉襟见肘。改进的思路是增加循环语句中增量的值，例如将 1 改为 2，这样可以将运算次数减半；或者改为 5，则运算次数降为原来的 1/5，而且并不会明显影响曲线的平滑程度（5 个单位 = 4 像素）。

此外，由于 y 轴过于靠近画布左侧边缘，导致坐标轴的标注数字无法完整显示。原点下方的标注数字丢掉了负号（-），而原点上方的数字完全没有显示出来。为了解决这个问题，可以将原点向右移动 10 个像素，为此 x 轴的比例要做相应调整，即比例 $x = 280 \div 360 = 0.777$，取整后可以设为 0.7。

另外，目前我们只绘制了单一颜色的一条曲线，不妨尝试用黑色画笔绘制一条基准曲线（例如 $y = \sin x$），然后再改变画笔颜色，绘制参数改变后的曲线，这样便于查看曲线特性的变化。总之，利用程序这一实验工具，你可以随心所欲地变换花样，实现各种用纸笔难于完成的实验，来满足自己对知识的好奇心。

18.5 小结

利用画布组件的画线功能，通过编写程序来绘制函数的曲线，这是一件极有趣的事情，不仅可以锻炼编写程序的能力，也可以加深对数学知识的理解，从而提高自己的抽象思维能力。绘制曲线过程中，涉及许多数量关系，特归纳如下，以供参考。

(1) 画布尺寸——决定了可用的绘图范围。

(2) 函数曲线的范围（x 及 y 的取值范围）——决定了坐标轴的原点位置、缩放比例及标注间隔。

(3) 影响曲线特性的参数——包括参数的个数及取值范围，需要为这些参数提供输入方法。本章中提供了 3 种参数输入的方式：

    a. 文本输入框

    b. 数字滑动条

    c. 计时器 + 全局变量

App Inventor 的内置数学块中，提供了多种函数块，如三角函数、反三角函数、指数函数、对数函数及开方等，可以利用这些函数来绘制各种类型的曲线，也可以将这些函数进行各种组合运算，绘制复合函数的图形。需要提醒读者的是，由于手机的运算能力有限，需要考虑在不影响曲线平滑度的前提下，尽量减少运算次数。

第19章

寻找加油站

这是一款基于网络的应用，利用互联网的地图服务，搜索 10 公里范围内的所有加油站，并显示在一张静态地图上。

19.1 概述

本节对应用的具体功能加以描述，并解释与地图应用相关的基本知识、术语以及数据来源。

19.1.1 功能描述

搜索距离中心点（圆心）10 公里（半径）以内的所有加油站，并在地图上显示中心点及加油站的位置。

(1) 中心点的定位。

    a. GPS 定位：在户外可以接收卫星信号的地方，利用 GPS 卫星提供的经纬度信息，确定中心点的位置。

    b. 地址定位：在室内或无法接收卫星信号的地方，通过输入结构化的地址信息，来获取中心点的经纬度信息。

(2) 搜索加油站：当中心点确定后，搜索附近的加油站，搜索半径为 10 公里。

(3) 显示加油站：搜索结果（加油站清单）显示在列表中，用户可以选择其中的某个加油站查看其在地图上的位置，或查看前 20 个加油站的位置。

应用的用户界面如图 19-1 所示。

图 19-1　在地图上显示"我"及"油"的位置

19.1.2　数据来源

本应用采用 3 种高德地图的 Web API。

(1)地理编码 API：将详细的结构化地址转换为经纬度坐标，格式为"116.480724,39.989584"，用于确定地图上中心点的位置。

(2)周边搜索 API：在中心点附近特定距离内，按照关键字或 POI（兴趣点）类型来搜索目标。

(3)静态地图 API：按照设定的条件返回一张地图图片，可以添加标注点。

19.1.3　术语

1. 与Web API相关的术语

(1)服务器：网络上的一台或若干台计算机，是数据或服务的提供者。

(2)客户端：网络上的一台计算机，或智能终端（手机、平板电脑、单片机等），是数据或服务的使用者。

(3)API：应用编程接口是服务器接受访问的一系列指令规范，也是客户端获取服务器中特定资源的敲门砖，想象一下"芝麻开门"的作用。

(4)URL：统一资源定位符，俗称网址，是客户端向服务器发出的请求指令，由字符串组成。

(5)Web 请求（request）：客户端向服务器发出的数据或服务请求的动作。

(6)请求提交方式（method）：get（获取）、post（递交）、put（推送）。

(7)Web 响应（response）：服务器对客户端请求的回应——返回特定格式的数据。

(8)URL encode（编码）：对 URL 中不适合传输的字符进行编码[①]。

(9)JSON 数据：英文全称 JavaScript object notation（JSON），译为 JavaScript 对象标记法，一种用于数据交换的信息记录方式，如一个加油站可以表示为 {name:中石化宣武门加油站，location:116.480724,39.989584, distance:1600, tel:01088888888 }。

(10)Web API key：密钥，Web 服务提供商提供给应用开发者的身份识别码[②]——一个长长的字符串。开发者需要将密钥编写到请求数据的 URL 中，才能获准访问服务内容。

更多内容参见本书第 4 章。

2. 与电子地图相关的术语

(1)覆盖物：叠加到电子地图上的内容，称为地图的覆盖物，如标注、标签、路径、窗口等。

(2)标注：通常所见的地图表面水滴样的标记，可以设置水滴的颜色（color）、水滴中间包含的文字（label）以及水滴的大小（size）等。

(3)兴趣点：POI，电子地图上的标记点，如酒店、商场、加油站、旅游景点等。

(4)中心点：以此点为圆心来搜索一定范围（半径）内的兴趣点。

(5)兴趣点分类编码（POI 编码）：6 位数字的编码，如汽车服务的编码为 010000、加油站的编码为 010100、中石化加油站的编码为 010101、中石油加油站的编码为 010102，等等；编码尾部的 0 可以省去，应用中使用 1010 代表所有加油站。

(6)结构化地址信息：省 + 市 + 区 + 街道 + 门牌号。

19.1.4　开发步骤

(1)注册成为高德地图网站的会员（http://lbs.amap.com/api/webservice/summary/）；

(2)在高德网站的控制台中创建一个应用；

(3)为新建的应用申请一个密钥；

---

① 扩展阅读"Web 开发须知：URL 编码与解码"，http://www.nowamagic.net/librarys/veda/detail/1477。

② 参见 http://lbs.amap.com/api/webservice/guide/create-project/get-key/。

(4) 研读 API 文档；

(5) 拼接请求网址（URL）；

(6) 接收请求返回的数据（JSON），并解析数据（转化为列表）。

19.2　用户界面

应用在设计视图中的样子如图 19-2 所示，其中组件的命名及属性设置如表 19-1 所示。

图 19-2　应用中的可视组件及非可视组件

表19-1　组件的命名及属性设置

组件类型	命　名	属　性	属　性　值
Screen1	Screen1	水平对齐	居中
		标题	10 公里内的加油站
水平布局	搜索布局	宽度	充满
水平布局	地址布局	宽度	充满
		允许显示	假
文本输入框	城市	宽度	60 像素
		提示	城市
文本输入框	地址	宽度	充满
		提示	当前位置（地址）
按钮	搜索	宽度	充满
		显示文本	搜索

(续)

组件类型	命　名	属　性	属　性　值
列表选择框	加油站选择框	标题	选择加油站
		允许显示	假
画布	画布	—	取默认值
精灵	地图	—	取默认值
Web 客户端	Web 客户端	—	取默认值
位置传感器	位置传感器	—	取默认值
计时器	计时器	一直计时	假
		启用计时	假
对话框	—	—	取默认值
本地数据库	—	—	取默认值

关于用户界面设计，有以下两个方面的考虑。

(1) 由于地图应用中最关键的信息是地图，在界面设计上要尽可能地将有限的屏幕空间留给地图，而其他组件采用隐藏的方式，只有必要的时候才予以显示。

(2) 我们向地图 API 请求的是一张正方形的地图图片，为了有效地利用屏幕空间，让地图在垂直方向上充满画布，在水平方向上可以左右移动，具体实现方法见 19.4 节。

19.3　应用逻辑设计

按照设想中用户对应用的使用方法，我们对程序的运行顺序做如下假设。

(1) 定位：获得中心点的位置，即获得中心点的经纬度信息，有两种可能的定位方式。

 a. 假设用户在户外开阔地带使用本软件，用户可以通过 GPS 卫星信号获得当前所在位置的经纬度信息，并以此为中心点信息，搜索加油站信息。

 b. 假设用户在室内，或有高大建筑物遮蔽的地方，无法接受 GPS 卫星信号。此时用户可以输入当前位置的结构化地址信息，通过高德地图的地理编码 API 获得当前位置的经纬度信息。

(2) 搜索：一旦用户取得了中心点的经纬度信息，便可以凭借该信息搜索附近一定范围内的加油站（应用中设搜索半径为 10 公里），高德地图的搜索 API 将返回符合条件的所有加油站信息，其中包括加油站名称、其母公司名称（中石油、中石化等）、到中心点的距离（米）、电话、经纬度等。

(3) 选择加油站：搜索结果的部分信息（名称、距离）将显示在一个列表中，用户可以查看列表，并选择需要定位的加油站。

(4) 加载地图：用户选中某个加油站后，应用根据该加油站以及中心点的经纬度信息，向高德地图 API 发送请求，API 将返回一张静态的地图图片，程序用精灵组件来显示该图片。

(5) 查看地图：用户可以在水平方向上划动屏幕，来查看完整的地图。

(6) 查看全部加油站：用户可以再次打开加油站列表，选择查看其他的加油站信息，也可以选择查看全部的加油站信息。

(7) 保存最后一次输入的结构化地址信息。

19.4　编写程序：设置地图尺寸

应用中用来显示地图的组件是精灵，但精灵要依托于画布。如前所述，地图是正方形图片，而手机屏幕是长方形的，为了显示完整的地图，精灵必须在画布中能够左右移动，因此我们要精心设计画布与精灵的尺寸，以便有效地利用屏幕的显示空间。

19.4.1　画布宽度的计算公式

如图 19-3 所示，为了有效地利用屏幕的空间，仅在屏幕上方保留了搜索布局组件，画布在垂直方向上占据了剩余的屏幕高度；在水平方向上，画布的宽度为 2 倍的画布高度减去屏幕的宽度（$W = 2H-w$）；由于精灵只能在画布内部移动，因此，画布宽度的设计保证了地图图片的完整显示，即，当用户左右划动屏幕时，精灵的左右边界恰好可以移动到屏幕的边界之内。

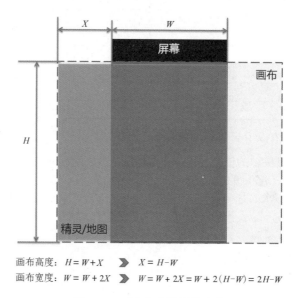

画布高度：$H = W + X$ ▶ $X = H-W$

画布宽度：$W = W + 2X$ ▶ $W = W + 2X = W + 2(H-W) = 2H-W$

图 19-3　画布宽度的计算公式

图中虚线矩形为画布，灰色（深灰 + 浅灰）的部分为精灵（正方形地图图片），深灰色部分的背后是屏幕。

19.4.2　用代码实现对画布宽度的设定

1. 获取屏幕的尺寸

声明两个全局变量"屏幕宽度"及"屏幕高度"，并在屏幕初始化过程中为这两个变量赋值，代码如图 19-4 所示。

图 19-4　在屏幕初始化程序中获得屏幕的高度和宽度

注意到屏幕初始化程序的最后一行代码——设计时器的启用计时属性为真。稍后我们会解释这行代码的意义。

2. 设置画布及精灵的尺寸

创建一个过程"设画布尺寸"，代码如图 19-5 所示。

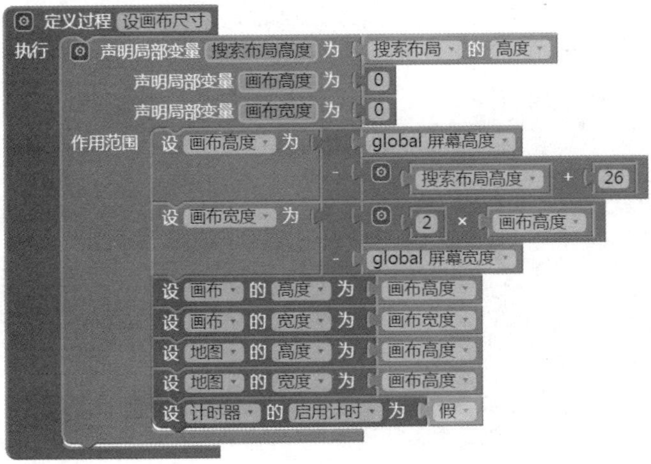

图 19-5　定义过程——设画布尺寸

代码中画布高度计算公式中的 26 是屏幕标题栏的高度（取值为 35 更合适）。

3. 完成画布及精灵的尺寸设置

在计时器的计时程序中，调用设画布尺寸过程，最终完成对画布及精灵尺寸的设置，代码如图 19-6 所示。

图 19-6　在计时程序中完成对画布及精灵尺寸的设置

19.4.3　对代码的解释

你可能会问以下问题。

(1) 为什么要声明全局变量来保存屏幕的高度和宽度？难道不能直接获取它们的值吗？
(2) 同样的问题在"设画布尺寸"过程中也存在，在设置画布组件的高度及宽度属性时，为什么不能直接利用布局组件的高度属性，来计算出结果呢？为什么要声明局部变量"画布高度"及"画布宽度"，先求出局部变量的值，再将画布组件的属性设为局部变量的值呢？为何不能直接将精灵组件的高度设置为画布组件的高度属性呢？
(3) 为什么不能在屏幕初始化事件中一次性完成这些设置，却要延迟 1 秒来设置画布的属性呢？

上述问题的答案与应用启动过程中程序的执行顺序有关。

首先回答最后一个问题。在屏幕初始化时，Screen1 组件是最先被创建的，而此时其他组件尚未创建完成，因此无法获取到搜索布局组件的高度。这里利用计时器的延时功能，待全部用户界面组件创建完成之后，再来读取布局组件的高度，继而设置画布的高度。

其次再来解释第二个问题。如图 19-7 所示，我们对图 19-5 中的程序做一些改变，取消对局部变量的引用，直接引用画布组件的高度属性来计算并设置画布的宽度属性。程序的测试结果是失败的，如图 19-8 所示。为什么会出现这样的情况呢？我们把程序中的指令划分为两类，一类是计算类（通过计算为变量赋值），另一类是渲染类（设置组件的属性值，如宽度及高度等）。计算机（以及安卓手机）处理这两类指令的优先级不同，计算类的优先级要高于渲染类。虽然画布的高度属性 (H) 已经设置完成，但这并不意味着画布组件的尺寸立即得到更新，如果利用画布的高度属性 H 来计算画布的宽度属性 W，由于 H 的值无法确定，会导致程序出错。如果不考虑组件属性的更新速度，仅从逻辑上来说，图 19-7 中的程序是没有错误的，然而事实上 CPU 要等到计算类指令处理完成之后，才能开始处理渲染类指令，这就是程序出错的原因。

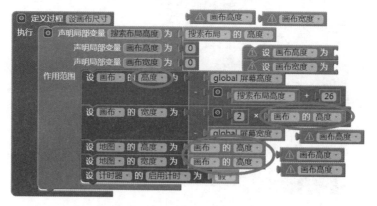

图 19-7　简化的设画布尺寸过程——测试结果是失败的

图 19-8　上述代码的测试结果

最后再来解释第一个问题。正如最后一个问题的答案，屏幕初始化时，除了 Screen1 之外，其他组件的属性值尚未确定，因此无法一次性完成对画布尺寸的设置。有兴趣的读者可以自己尝试多种解决方案，来体会程序的执行顺序。

19.5　获取一张地图

我们采用"倒叙"的方式来实现应用的功能，即假设已经获得了中心点及加油站的经纬度信息，以此来请求一张标有两点位置的地图。

19.5.1　理解静态地图API

以下内容摘自高德地图 API 的技术文档。

　　产品介绍：静态地图服务通过返回一张地图图片响应 HTTP 请求，使用户能够将高德地图以图片形式嵌入自己的网页中。用户可以指定请求的地图位置、图片大小、以及在地图上添加覆盖物，如标签、标注、折线、多边形。

技术文档中提到的 HTTP 请求，正是我们关注的核心内容，请看技术文档中给出的范例，如图 19-9 所示。

图 19-9　HTTP 请求的书写格式

在天气预报一章中，我们已经介绍过类似的内容，这里我们重点介绍以下 3 个参数。

1. 标记（markers）

标记的书写格式如图 19-10 所示。

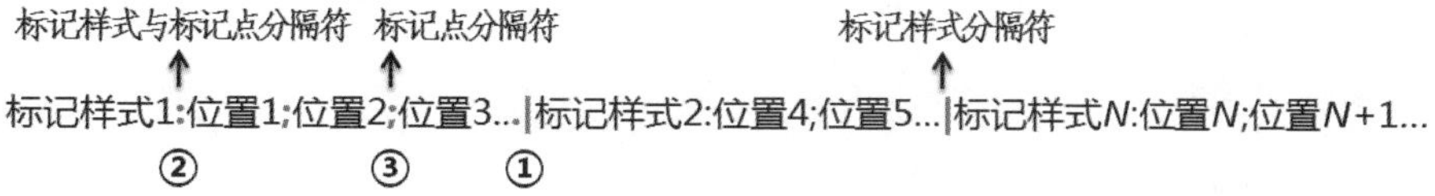

图 19-10　标记的书写格式

注意图中的标注①、②、③，它们表示分隔符的等级。如果只有一种标记样式，就不会出现①级分隔符，但是至少会有一个②级分隔符；如果只有一个标记点，那么③级分隔符也不会出现。

下面再举例来看如何具体书写标记的样式及位置信息，如图 19-11 所示。

图 19-11　举例说明标记的书写格式：样式及经纬度

标记有 3 项设置。

(1) 标记的大小：大（large）、中（mid）、小（small）。
(2) 标记填充色：用十六进制数来表示颜色，例子中的颜色为红色。
(3) 标记内容：可以接受大写字母、数字 0 ～ 9 以及单个汉字；当标记大小设为 small 时，不显示标记文字。
(4) 经纬度信息：用逗号分隔经纬度，前面为经度，后面为纬度。

2. 地图尺寸（size）

地图尺寸的单位为像素，如 400×400，前者为宽度，后者为高度。

3. 开发者识别码（key）

开发者向高德地图服务商申请的身份识别码，也称为密钥。这里提示尚未申请密钥的读者，现在就去申请[1]，否则将会影响后面内容的跟进。

---

[1] 请访问 http://id.amap.com/?ref=http%3A%2F%2Flbs.amap.com%2Fdev%2F。

19.5.2 编写代码

为了编写代码，我们需要两个点的经纬度信息，即中心点及兴趣点。本应用就以天安门为中心点，经纬度为"116.397573,39.908743"；兴趣点为距离天安门最近的加油站，即中国石化宣武门加油站，经纬度为"116.378656,39.899756"。看我们如何用这两个位置信息来获取地图。

1. 编写URL

我们即将发送的请求书写成以下格式，其中的 key 是笔者个人申请的开发者密钥，这个密钥不会长期有效，因此建议开发者使用自己申请的密钥。另外，地图尺寸暂时用 400 像素 ×400 像素来代替，编写代码时替换为精灵的宽度 / 高度。

```
http://restapi.amap.com/v3/staticmap?markers=
large,0xFF0000,我:116.397573,39.908743|large,0x00FF00,油: 116.378656,39.899756&
size= 400*400&key= 207746c99ae76d9569c12d6ea9f0e527
```

2. 为URL编写代码

创建一个有返回值的过程"静态地图 URL"，代码如图 19-12 所示。

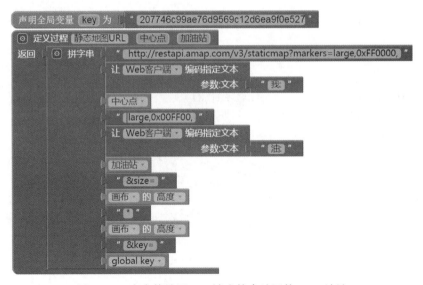

图 19-12　向高德地图 API 请求静态地图的 URL 地址

注意　URL 中的汉字必须经过编码才能被服务器识别并接收。

---

3. 请求地图

在搜索按钮的点击事件中，设精灵的图片属性为上述 URL，代码如图 19-13 所示。

图 19-13　点击搜索按钮加载地图

19.6 搜索加油站

上一节我们假设已经获得了中心点及加油站的经纬度信息，并在地图上标出了这两点的位置，下面我们要解决这两点之中的一个点，获取真实的加油站信息。

19.6.1 理解搜索API

以下文字摘自高德地图 API 的技术文档。

> 产品介绍：搜索服务 API 是一类简单的 HTTP 接口，提供多种查询 POI 信息的能力，其中包括关键字搜索、周边搜索、多边形搜索、ID 查询四种筛选机制。
>
> 周边搜索：在用户传入经纬度坐标点附近，在设定的范围内，按照关键字或 POI 类型搜索。

我们采用的是周边搜索，按照 POI（兴趣点）类型搜索，加油站的 POI 编码为 0101。技术文档中还提供了 POI 类型编码文件，可以下载查询。有关搜索的技术文档链接为：

http://lbs.amap.com/api/webservice/guide/api/search/

19.6.2 编写搜索URL

我们依然以天安门为中心点，搜索附近 10 公里范围内的加油站，URL 的书写格式如图 19-14 所示。

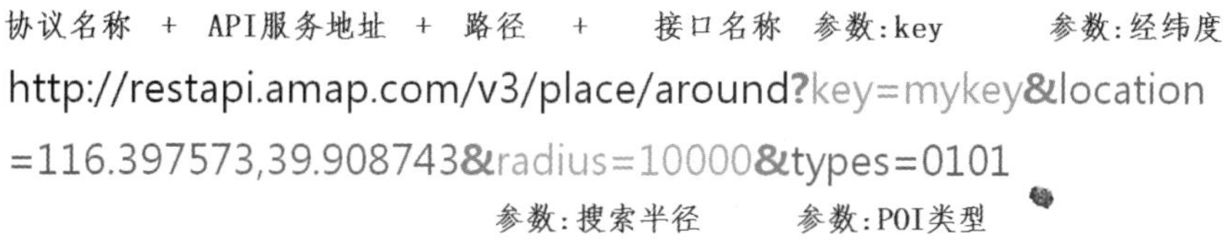

协议名称 + API服务地址 + 路径 + 接口名称 参数:key 参数:经纬度
http://restapi.amap.com/v3/place/around?key=mykey&location
=116.397573,39.908743&radius=10000&types=0101
参数:搜索半径 参数:POI类型

图 19-14 周边搜索的 URL 书写格式

19.6.3 为搜索URL编写代码

创建一个有返回值的过程“周边搜索 URL”，代码如图 19-15 所示。

定义过程 周边搜索URL 中心点 半径
返回 拼字串 " http://restapi.amap.com/v3/place/around?key= "
global key
" &location= "
中心点
" &types=0101 "
" &radius= "
半径
这里可以换成其他类型，例如酒店、餐馆、电影院等

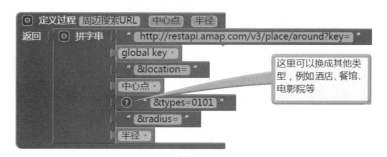

图 19-15 有返回值的过程——周边搜索 URL

19.6.4 执行搜索操作

在搜索按钮的点击事件中，利用 Web 客户端组件向地图服务器发送请求，代码如图 19-16 所示。

图 19-16　向地图服务器发送搜索请求

图 19-17 中我们暂时禁用请求静态地图的代码，稍后再做统一处理。

19.6.5　接收服务器返回的信息

为了便于查看服务器返回的信息，我们将拼好的 URL 地址直接输入到浏览器的地址栏中。此时浏览器中收到了服务器返回的信息，如图 19-17 所示。

图 19-17　地图服务器对搜索请求的响应

图中第一项信息为 (status,1)，表明数据请求成功；第二项为 (count,118)，表明共搜索到 118 个加油站；我们关注的加油站信息在 "pois":[{…},…,{…}] 中。

在 Web 客户端组件的收到文本事件中，同样可以接收到上述信息。服务器返回的信息为 JSON 格式的文本，利用 Web 客户端组件的解析 JSON 文本功能，可以将收到的数据转化为列表，用全局变量"加油站列表"来保存数据列表，并借用按钮来显示列表信息。代码如图 19-18 所示。

图 19-18　在按钮上显示解析之后的列表数据

测试结果如图 19-19 所示。

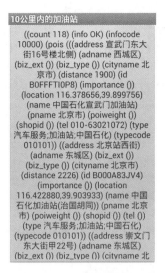

图 19-19　测试结果

这是一个多级列表，其中第一级列表为键值对列表，键分别为 count、info、infocode 及 pois。如前所述，我们关心的信息保存在 pois 的值中，因此将这部分信息提取出来，保存为真正的加油站列表，并利用屏幕的标题来显示加油站列表的长度，代码如图 19-20 所示。

图 19-20　从键值对列表中提取出来的加油站列表

上述代码的测试结果如图 19-21 所示。

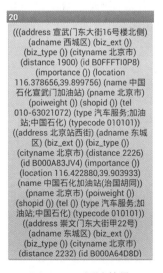

图 19-21　测试结果

你一定会对测试结果表示怀疑，不是共查询到 118 个加油站吗，为什么列表长度却只有 20？这是因为服务器并非将全部查询结果一次性地返回给请求者，而是分页返回。在 URL 中我们没有提及 offset 及 page 参数。offset 参数用来设定返回数据时每页的记录数，默认值为 20；page 用来设定返回哪一页的数据，默认为第 1 页。不过，这些加油站是按照距离的远近排序的，距离近的排在前面。因此，我们已经获得了距离中心点最近的 20 个加油站。关于这些参数的详细信息都写在高德地图的 API 技术文档中，有兴趣的读者可以做更加深入的研究。

仔细察看加油站列表中的数据，发现这又是一个键值对列表，其中我们关心的键如下。

- name：加油站名称
- address：加油站地址
- distance：到中心点的距离（米）
- location：经纬度信息
- tel：电话

程序中需要使用的是其中的 3 项信息——名称、距离及经纬度信息。

19.6.6　为列表选择框设置可选项

我们已经接收到了前 20 个加油站的信息，需要将这些加油站的名称显示在列表选择框中，供用户选择。为此再声明一个全局变量"名称列表"，并创建一个过程"绑定名称列表"。从加油站列表中提取名称及距离信息，添加到名称列表中，并将名称列表设置为加油站选择框的列表属性。代码如图 19-22 所示。

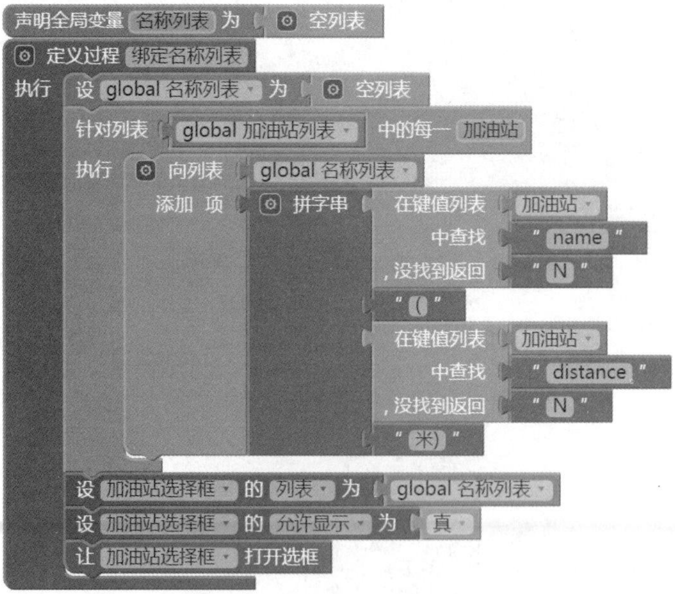

图 19-22　将名称列表设置为加油站选择框的列表属性

数据绑定成功后，设加油站选择框的"允许显示"属性为真，并打开列表选择框。然后，在 Web 客户端组件的收到文本事件中，调用"绑定名称列表"过程，代码及测试结果如图 19-23 及图 19-24 所示。

图 19-23　在收到文本事件中调用绑定名称列表过程

注意，删除原来用于测试的两行代码。

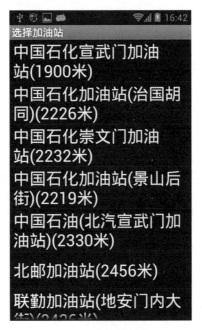

图 19-24　测试结果

19.6.7　在地图上显示选中的加油站

在以上的代码中，多处都使用了硬编码，例如图 19-13 中心点及兴趣点的经纬度信息，这是编写程序的大忌。之前我们触犯这个禁忌，是考虑到技术实现的难易程度，希望能够由浅入深地展开对案例的讲解。下面将逐个地用变量或过程替代这些硬编码，首先要处理的就是图 19-13 兴趣点的经纬度信息。

当用户从图 19-25 中选择了一个加油站后，我们会从加油站列表中提取该加油站的经纬度信息，并加载标注中心点及选中加油站位置的地图。

先来创建一个有返回值的过程"加油站位置"，根据加油站选择框的选中项索引值属性，从加油站列表中获取完整的加油站信息；再从加油站信息（也是键值对列表）中提取键为 location 的值，即加油站的经纬度信息。然后在加油站选择框的完成选择事件中调用该过程，同时隐藏选择框。代码如图 19-25 所示。

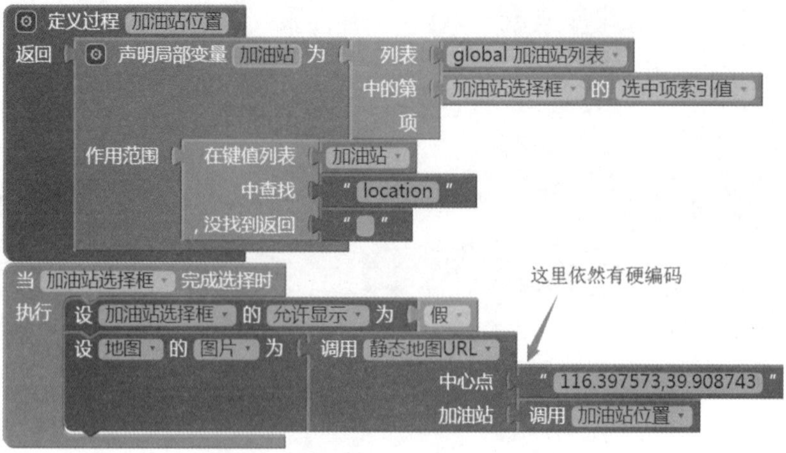

图 19-25 在地图上显示选中的加油站

19.7 中心点的定位

19.5 节中我们假设已知中心点与加油站的位置，并获取了包含这两点的静态地图，在上一节中我们又找到了真实的加油站，这一节来寻找真实的"中心点"。

19.7.1 GPS定位

图 19-13 中的另一个硬编码是中心点的经纬度信息，这是我们要攻克的最后一个堡垒。所谓定位，就是获得某一点的经纬度信息。我们的手机具有 GPS 定位功能，在户外开阔地带，按照项目中的设置，应用中的位置传感器每分钟读取一次位置信息（位置传感器的时间间隔为 60 000 毫秒），我们可以直接使用这个位置信息。

声明一个全局变量"中心点位置"，在位置传感器的位置信息改变事件中，将读取到的经纬度信息保存在全局变量中，代码如图 19-26 所示。

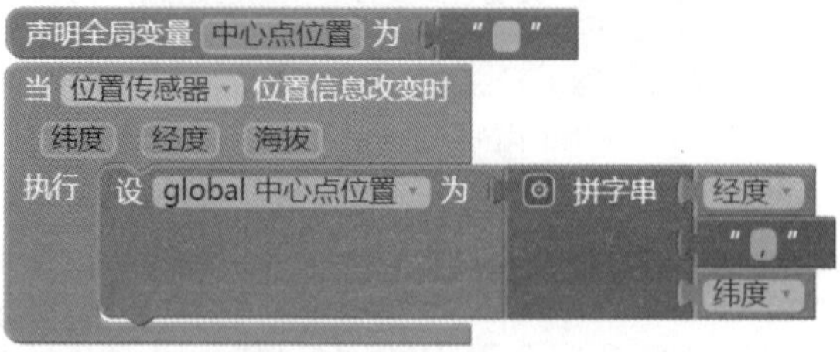

图 19-26 从位置传感器中读取中心点的经纬度信息

在搜索按钮的点击事件中，将天安门的经纬度信息替换为全局变量中心点位置，并以此为中心点搜索附近的加油站信息，代码如图 19-27 所示。

图 19-27 用全局变量取代硬编码

在测试之前，需要打开手机的 GPS 定位功能，如图 19-28 所示。

图 19-28　测试之前打开手机的 GPS 定位功能

测试发现，在打开的加油站选择框中，列表是空的，如图 19-29 所示，其中没有任何加油站信息。

图 19-29　测试结果——没有任何加油站信息

这是因为此时此刻，我正在室内，手机无法接收到卫星信号，全局变量中心点位置的内容为空。我们可以单独执行一块代码，来查看中心点位置的值，如图 19-30 所示。

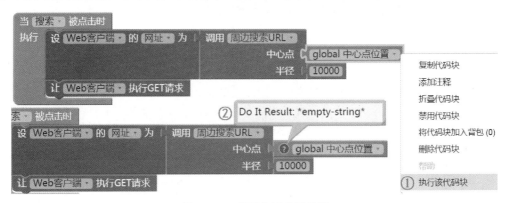

图 19-30　查看全局变量的值

这种情况可能经常会发生，不仅在室内，有时在高楼林立的街区，卫星信号也会被遮蔽，因此我们有另一个替代方案——利用街区地址获得中心点的位置信息。这就要用到高德地图的地理编码API，我们先来了解一下这个API的相关知识。

19.7.2 地址定位

1. 地理编码API

以下文字摘自高德地图API的技术文档。

> 产品介绍：地理编码API是一类简单的HTTP接口，将详细的结构化地址转换为高德经纬度坐标，且支持名胜景区、标志性建筑物名称的位置解析。

2. URL的书写格式

如图19-31所示，地理编码API的URL中包含3个参数——key、address及city。其中address为结构化的地址信息，完整格式应该包括省、市、区县、街道名称及门牌号码；同时，也支持像"天安门"及"故宫"这样的景点名称，或"地铁5号线东单站"这样的地址。

协议名称 + API服务地址 + 路径 + 接口名称 参数：key 参数：地址 参数：城市

http://restapi.amap.com/v3/geocode/geo?key=mykey&address=长安街2号&city=北京

图 19-31 地理编码 API 的 URL 书写格式

3. 为URL编写代码

定义一个有返回值的过程"地址转经纬度URL"，如图19-32所示，其中的地址及城市信息必须经过编码才能被地理编码API接受。

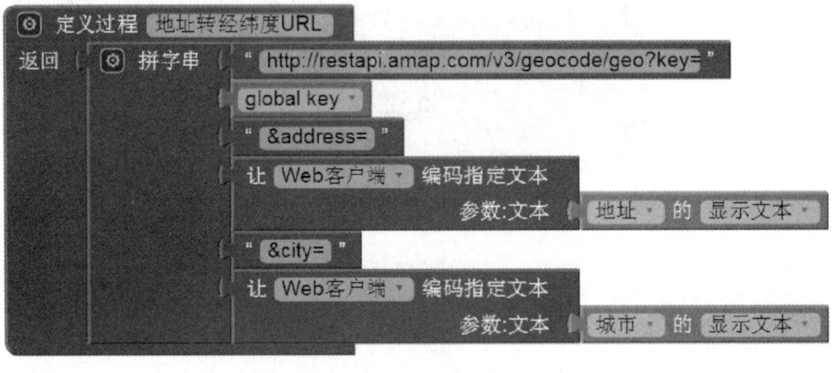

图 19-32 定义有返回值的过程——地址转经纬度 URL

4. 获取经纬度信息

我们需要重复利用搜索按钮的点击事件，因此需要考虑用户的使用场景：在无法获得GPS定位的情况下，采用地址定位。而无法获得GPS定位的标志，是全局变量"中心点位置"为空，因此我们以此为判断条件，决定程序的走向。为了捋清思路，这里绘制了按钮点击程序的流程图，如图19-33所示。

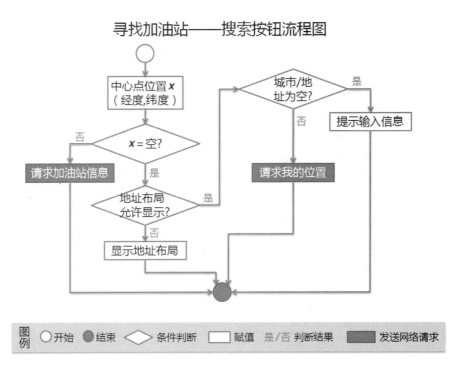

图 19-33　搜索按钮点击事件中程序的流程

按照上述流程，我们来改写搜索按钮点击程序，代码如图 19-34 所示。

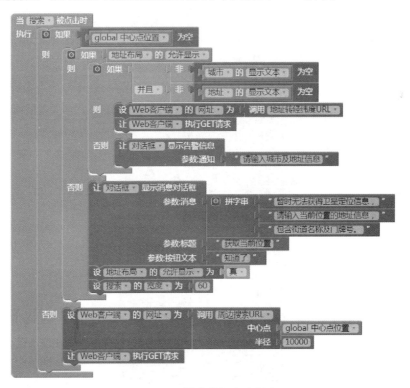

图 19-34　搜索按钮点击程序

程序中使用了对话框组件，向用户提示相关信息。

注意，上述代码中两次调用 Web 客户端的发送请求指令，因此我们必须改造 Web 客户端组件的收到文本程序。在收到文本事件块中，有一个"网址"参数，其中包含了发出请求的 URL 字串，我们就以此为判断条件，来决定对返回信息的处理方式。从图 19-13 及图 19-14 中可知，搜索加油站的 URL 中包含字串"around"，而这个字串并没有出现在请求定位的 URL 中；因此，判断条件具体确定为"网址中是否包含 around 字串"。代码如图 19-35 所示。

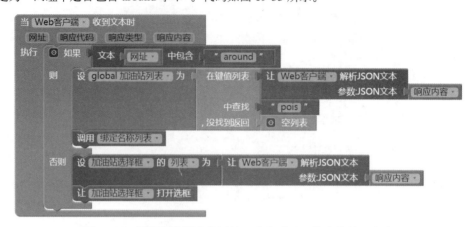

图 19-35　根据发出请求的网址，决定对返回信息的处理方式

在上述代码的"否则"分支中，我们将返回值（响应内容）解析成列表，并将其设置为加油站选择框的列表属性，然后打开列表选择框。这是一个暂时的行为，目的是查看返回值的具体内容。测试结果如图 19-36 所示。

图 19-36　解析成列表之后的地理编码 API 返回值

为了显示完整的列表项，图 19-36 经过了拼接处理。这是一个键值对列表，其中包含 5 个列表项，键分别为 count、geocodes、info、infocode 及 status，我们关心的内容在键 geocodes 所对应的值中；注意观察 geocodes 的值，它其中只包含一个列表项（从成对的括号来判断），而这个列表项本身又是另一个键值对列表，我们关心的经纬度信息保存在以 location 为键的值中。了解到这些信息，我们就可以从返回值中提取需要的信息了。创建一个有返回值的过程"地址经纬度"来提取我们需要的结果。代码如图 19-37 所示。

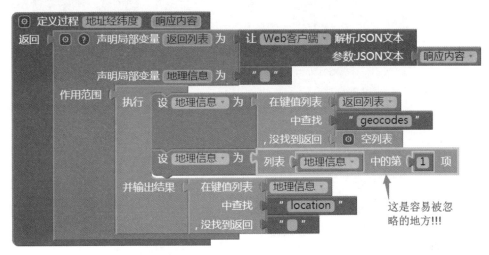

图 19-37　从返回的信息中提取经纬度的值

下面再来改造 Web 客户端组件的收到文本事件，来实现完整的查询功能，代码如图 19-38 所示。

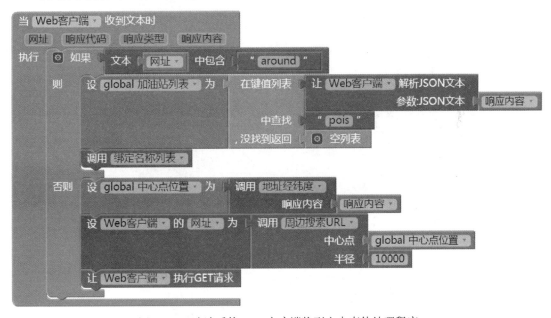

图 19-38　改造后的 Web 客户端收到文本事件处理程序

上述代码中，将提取出来的经纬度信息保存到全局变量"中心点位置"中，然后设置 Web 客户端的网址（URL）属性，并向地图服务器发送请求。当这个请求成功后，返回的数据同样在这段程序的"则"分支中加以处理。综合测试的结果如图 19-39 所示。

图 19-39 综合测试的结果（选择了右一图中的第三项）

19.8 显示全部加油站

上面解决了真实的中心点与加油站，现在该让它们全部登场了！

19.8.1 为名称列表添加选项

首先考虑用户会如何选择显示全部加油站。在现有程序中，用户可以从加油站选择框中选择一个需要显示的加油站，但这种选择只能显示单一的点，于是我们希望在选择框中添加一个"全部"列表项，当用户选中这一项时，将在地图上标注全部 20 个加油站。考虑到名称列表与加油站列表之间索引值的对应关系，决定在列表的末尾添加"全部"项。代码如图 19-40 所示。

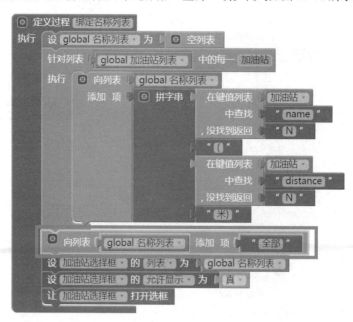

图 19-40 在名称列表的末尾添加"全部"项

19.8.2 拼接全部加油站的经纬度字串

如图 19-11 所示，当一种标注样式有多个标注点时，标注点的经纬度之间以分号分隔。因此，要显示全部的加油站位置，关键在于拼接加油站经纬度字串。

1. 改造加油站位置过程

如图 19-12 所示，加载静态地图的 URL 中，参数"加油站"只是单个加油站的经纬度信息，不过这个参数也可以是全部加油站的经纬度信息（分号分隔的），为此要生成一个符合要求的字串。在拼接字串过程中，从加油站列表中逐项提取经纬度信息，这要用到一个有返回值的过程"加油站位置"，于是我们的工作从改造这个过程开始，改造结果如图 19-41 所示。

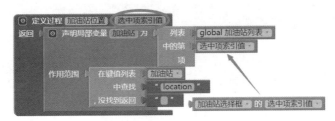

图 19-41　改造过程——加油站位置

在上述代码中，我们为过程添加了一个参数"选中项索引值"，来代替原来的组件属性值，这样就可以在循环语句中提取每一个加油站的经纬度信息了。

2. 拼接经纬度字串

创建一个有返回值的过程"全部加油站经纬度"，代码如图 19-42 所示。

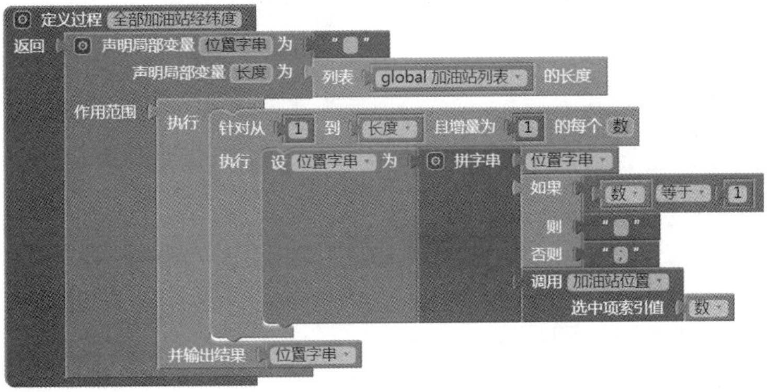

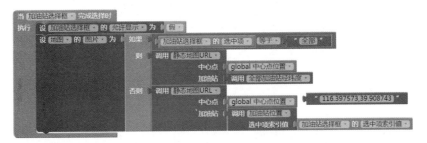

图 19-42　创建有返回值的过程——全部加油站经纬度

3. 显示全部加油站

在加油站选择框的完成选择事件中，判断用户是否选中了"全部"，并根据用户的选择显示不同的结果，代码如图 19-43 所示。

图 19-43　如果用户选择了"全部"，则在地图上标注全部加油站

这里我们还发现了一个硬编码，参数中心点的值仍然是天安门的经纬度，于是将其替换为全局变量中心点位置；另外，还要为加油站位置过程提供参数（改造之前的过程没有参数）。

19.9　地图的左右移动

回顾一下，我们的精灵是一个正方形，也就是说我们获得的地图也是正方形，不过现在你只能看到屏幕宽度的地图，还有一部分地图被隐藏了。我们利用精灵的拖动事件，来实现地图的移动。代码如图 19-44 所示。

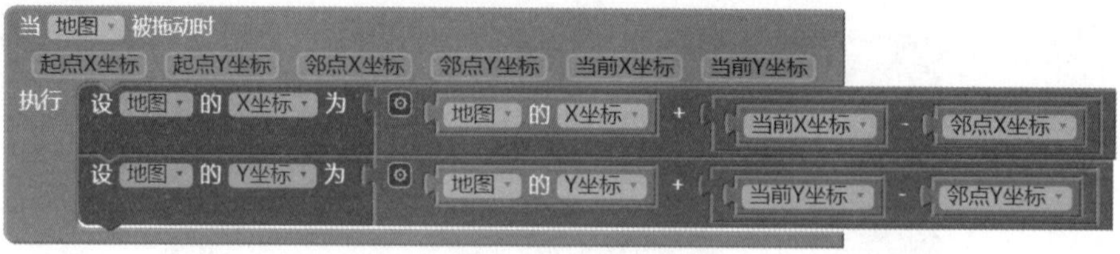

图 19-44　左右移动地图

特别提醒读者，在画布中移动精灵的方法，可以应用在 RPG（角色扮演）类的游戏中。当游戏中的场景大小超过了手机屏幕的尺寸时，让画布的尺寸大于屏幕的尺寸，用精灵来充当游戏的背景，这样背景就变成可移动的了。

在最后一次校订书稿时，App Inventor 的版本已经更新为 2017 版，增加了水平滚动布局组件，可以用水平滚动布局组件＋图片组件，替代现有案例中的画布＋精灵，具体方法是在项目中添加水平滚动布局，设其宽高为充满；将图片组件放在该滚动布局中，设图片的高度为充满，宽度与高度相等。利用图片组件来显示本章中的地图，当用户在屏幕上滑动手指时，地图可以自动左右移动，无须编写代码。有兴趣的读者不妨自己试试看。

19.10　功能完善及代码整理

应该说这个应用只是开发者的习作，距离商业应用还有一段距离，以下的两点改进是基于个人对用户需求的假设，仅供读者参考。

19.10.1　隐藏地址布局

当位置传感器接收到位置信息时，将全局变量中心点位置设置为传感器获得的经纬度信息，并隐藏地址布局（包含了城市及地址输入框），代码如图 19-45 所示。

图 19-45　隐藏地址布局

19.10.2　保存当前地址信息

当用户输入了城市信息及结构化地址信息，并点击搜索按钮时，将两项信息保存到本地数据库中；在屏幕初始化事件中，从数据库中读取该信息，并将读取到的内容填写到对应的文本输入框中。这部分程序非常简单，请读者自行完成。

19.10.3 代码清单

图 19-46 中是项目的代码清单。

图 19-46　项目的代码清单

下面附上 3 个地图 API 的 URL 地址样例。

1. 静态地图API

http://restapi.amap.com/v3/staticmap?markers= large,0xFF0000

我：116.397573,39.908743|large,0x00FF00

油：116.378656,39.899756&size= 600*600&key= 207746c99ae76d9569c12d6ea9f0e527

2. 周边搜索API

http://restapi.amap.com/v3/place/around?key= 207746c99ae76d9569c12d6ea9f0e527&location= 116.397573,39.908743&types= 0101&radius= 10000

3. 地理编码API

http://restapi.amap.com/v3/geocode/geo?key= 207746c99ae76d9569c12d6ea9f0e527&address= 长安街 2 号 &city= 北京

提示　URL 地址中的 key 已经过期，请开发者自行申请密钥。

第20章

贪吃蛇

　　此前网上有学习者询问贪吃蛇游戏的做法。一想到那条长长的、蠕动的家伙，心中不免生出许多的疑问来。如何实现蛇的爬行呢？如何判断蛇是否吃到了自己呢？蛇吃到果子之后如何变长呢？种种困惑令人望而却步。

　　2017年寒假开始时，家里来了一个大学生和一个初中生，他们一起兴致盎然地学习 App Inventor。其中的大学生了解到了我对贪吃蛇的困惑，于是开始动手挑战这一难题。在他的鼓励下，我也开始了尝试。假期快结束时，我们开了一次讨论会，讨论这个游戏的开发思路，以及技术难题的处理方法。虽然还有遗留的难题没有解决（随着得分的增加，蛇的行进速度加快），但游戏已经具备基本的功能，于是记录下开发过程，与大家分享。游戏在手机上的界面如图20-1所示。

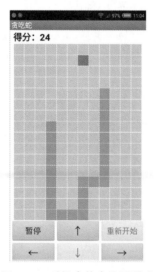

图 20-1　手机中的贪吃蛇游戏

20.1　功能说明

　　(1)游戏的主角是蛇，初始状态下，蛇的长度为1个单位，位于场地的中央。

(2) 蛇在地面（屏幕）上爬行，初始方向为右，玩家可以通过按键改变蛇的运动方向；如果玩家不加干预，蛇会沿着既定的方向一直前行，直到碰壁（碰到屏幕边缘）。

(3) 地面的随机位置上会长出果子，果子被蛇吃掉（蛇碰到果子）后，会立即在别处再长出果子。

(4) 蛇在爬行过程中，可能发生如下事件。

- 吃到果子：如果蛇头碰到果子，则蛇身变长 1 个单位。
- 碰壁：当蛇头爬出场地时，游戏结束。
- 自吃：当蛇头碰到蛇身时，游戏结束。

(5) 长大之后的蛇由多个环节组成，从头至尾，每个环节都将在蛇的前进方向上，覆盖上一个环节的位置，上一个环节指的是靠近蛇头方向上相邻的环节。

(6) 得分：蛇每吃掉一个果子得 1 分，得分显示在屏幕上方。

(7) 暂停：游戏过程中，玩家可以点击暂停键，让游戏中止运行；再次点击此键时，游戏继续。

(8) 重新开始：游戏结束后，玩家可以点击重新开始键，开始新一轮游戏。

20.2 用户界面

如图 20-2 所示，组件列表中显示了项目中的全部组件，注意布局组件与按钮之间的包含关系（见图 20-1），组件的命名及属性设置见表 20-1。

图 20-2 开发环境中的用户界面

表20-1 组件命名及属性设置

组件类型	组件名称	属 性	属 性 值
Screen1	Screen1	水平对齐	居中
		标题	贪吃蛇
水平布局	得分布局	宽度	95%
标签	得分	显示文本	得分：0

组件类型	组件名称	属 性	属 性 值
画布	画布 1	高度	400 像素
		宽度	300 像素
		画笔线宽	24 像素
水平布局	按钮布局	宽度	98%
垂直布局	垂直布局 1 垂直布局 2 垂直布局 3	宽度、高度	充满
按钮	暂停 左 上 下 重新开始 右	显示文本	暂停 ← ↑ ↓ 重新开始 →
		宽度、高度	充满
对话框	对话框 1	取默认值	
计时器	计时器 1	取默认值	

20.3 绘制背景

如图 20-1 所示，蛇的活动场地是一个绘制了灰色方格的矩形，项目中使用画布组件作为场地。画布的宽为 300 像素，高为 400 像素，如果按照每个方格边长 25 像素计算，则画布可容纳 16 行、12 列方格。我们利用画布组件的画线功能来绘制这些方格，如图 20-3 所示。

图 20-3　画布的画线功能块

20.3.1 画线与画方块

如何利用画布的画线功能绘制方块呢？所谓画线，用数学语言来描述，是绘制一个线段（有两个端点，即起点及终点），而画线功能块的 4 个参数，刚好对应于线段起点的 x、y 坐标及线段终点的 x、y 坐标。从表 20-1 中得知，画布的画笔线宽为 24 像素，这意味着画笔将绘制出宽度为 24 像素的线。假设画笔沿水平方向画线，即线段起点与终点的 y 坐标相同，这时如果绘制一条长度为 24 像素的线，即线段起点与终点的 x 坐标相差 24 像素，想想看，我们将画出一个怎样的图形？是的，我们画出了一个 24×24（像素）的方形。之所以是 24 而非 25，是为了在方形之间保留 1 个像素的空隙，以使背景呈现出网格模样。

20.3.2 行列与坐标之间的转换

我们习惯用行和列来思考程序中的问题，而不是用 x 和 y。例如，在画布的左上角绘制一个方形时，我们对于方形位置的描述是第一行、第一列，而不是具体的 x 和 y。不过，画布的画线块需要的参数是具体的 x、y，因此要将行与列的值转换为坐标值。

还有一点需要说明的是，画笔在画线时，起点与终点的 y 坐标位于画笔宽度的中点，如图 20-4 所示。因此，要想在第一行、第一列绘制一个方形，y 坐标应该设为 12（中图），起点的 x 坐标为 0，终点的 x 坐标为 24，画线块的参数分别为：

第 1 点 x 坐标 = 0   第 2 点 x 坐标 = 24
第 1 点 y 坐标 = 12   第 2 点 y 坐标 = 12

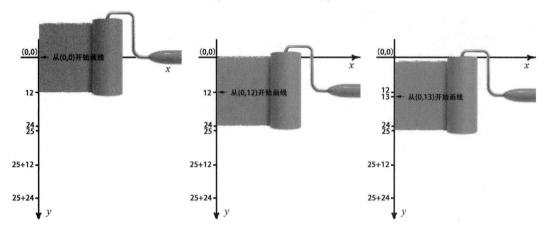

图 20-4   画布组件画线时 y 坐标的确定

为了绘制任意行、列的方格，我们需要一个简单的计算公式，将行、列的值换算为像素。假设方格位于第 m 行、第 n 列，则方格起点与终点的坐标计算公式如下：

起点 $x = (n-1) \times 25$ 终点 $x = n \times 25 - 1$
起点 $y = (m-1) \times 25 + 12$ 终点 $y = (m-1) \times 25 + 12$（与起点 y 相同）

这些公式在程序中会多次使用，为了提高代码的复用性，我们把起点坐标的计算公式封装成有返回值的过程，代码如图 20-5 所示。

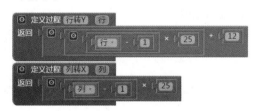

图 20-5   将绘制方块的行、列转换为起点的坐标

20.3.3   绘制方块

有了上面的过程，我们先来绘制一个方块。创建一个过程"画块"，代码如图 20-6 所示。

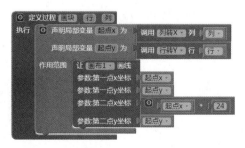

图 20-6   在任意行、列绘制方块的过程

20.3.4 绘制背景

创建一个过程"绘制背景"，利用双层循环语句来绘制 192（12×16）个方格，并在屏幕初始化时调用该过程。代码及测试结果如图 20-7 所示。

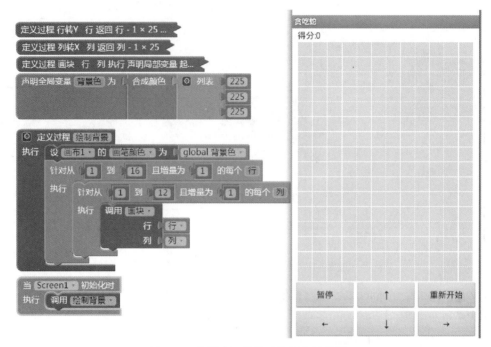

图 20-7　在屏幕初始化时绘制方格背景

图中的全局变量背景色是一种合成颜色，列表中的 3 个数字，自上而下分别代表红、绿、蓝 3 种颜色。当这 3 个数值相等时，合成颜色为灰色，数值越大，颜色越浅，有兴趣的读者不妨自己试试看。注意，数值的最小值为 0，最大值为 255。

20.4　蛇头的受控移动

我们用一个绿色的方块代表蛇的一个环节，蛇头也是蛇的一个环节，将随时间而改变位置。

20.4.1 描述蛇头的位置

游戏初始化时，蛇头位于场地的中央，即行 = 8、列 = 6，将这两个值保存在全局变量中，如图 20-8 所示。随着时间的推移，这两个值会不断改变。

图 20-8　蛇头位置的初始值

20.4.2 描述蛇头的方向

蛇头可能移动的方向有 4 个，即上、下、左、右，如何把这 4 个方向表述为可计算的量，是解决蛇头移动问题的关键。屏幕初始化时，假设蛇头方向为右，想象一下，下一时刻它的位置是什么？应该是行不变，列 +1。同样，这个方法也可以描述其他几个方向，如表 20-2 所示。

表20-2　描述蛇头的运动方向

当前时刻	行：m	移动方向			
	列：n	上	下	左	右
下一时刻	行	$m-1$	$m+1$	$n+0$（不变）	$n+0$（不变）
	列	$m+0$（不变）	$m+0$（不变）	$n-1$	$n+1$

把以上描述中的 m、n 去掉，剩下的值可以表示如下。

- 上（–1, 0）
- 下（1, 0）
- 左（0, –1）
- 右（0, 1）

括号中的第一个数表示行的变化，第二个数表示列的变化。有了这样的分析结果，我们用列表来表示这 4 个方向，代码如图 20-9 所示。

图 20-9　用列表表示蛇头移动的方向

20.4.3　蛇头的移动

计时器要派上用场了！在计时事件中，根据蛇头的当前位置（行、列）及蛇头方向（行、列的变化值），算出下一时刻蛇头的位置。移动效果的实现要分两步走，首先要擦除当前位置的蛇头，方法是在当前位置用背景色绘制方块，然后再绘制下一时刻的蛇头。代码及测试结果如图 20-10 所示。

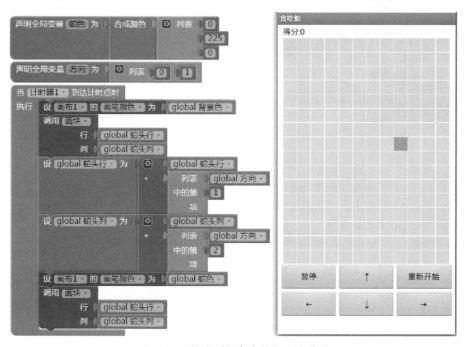

图 20-10　蛇头（绿色方块）向右移动

20.4.4　蛇头的转向

玩家用上下左右键来改变蛇头移动的方向，代码如图 20-11 所示。

图 20-11　用按键控制蛇头的移动方向

静态图片无法显示蛇头的运行效果，因此请读者自行测试程序的运行结果。

20.5　果子的生成

游戏过程中，要始终保持场地上有一个果子供蛇来吃，一旦蛇吃下果子，就会在蛇头及蛇身以外的某个地方再生成一个果子，由随机数来决定果子出现的位置。代码及测试结果如图 20-12 所示。

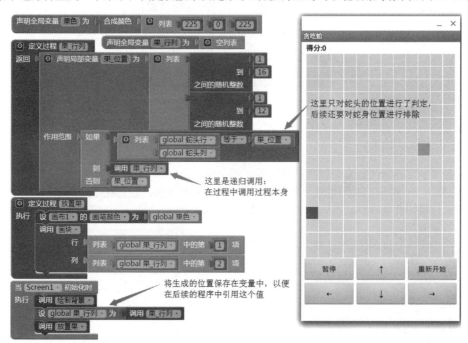

图 20-12　生成果子

在图 20-12 的代码中，一个新的技术手段是"递归调用"：当果子的位置与蛇头位置重叠时，重新生成果子的位置，直到这两个位置不重叠。另外，之所以要将果子的位置保存到全局变量中，是因为后面的程序要使用这个位置，来判断蛇是否吃到了果子。最后，还要提醒读者，由于我们的讲解还没有涉及蛇吃果后身体的加长，也就是说现在蛇还没有身体，因此这里仅对蛇头的位置进行了判断，后面我们还要修改这段代码，增加对蛇身的判断。

20.6　蛇吃果子

在蛇爬行过程中，如果蛇头位置与果子的位置重叠，就会发生蛇吃果子的事件。当蛇吃到果子后，会发生两件事：蛇身加长 1 个单位；游戏得分增加 1 分。其中前者的处理比较复杂，我们先来解决掉这个难题。

20.6.1 记录蛇身位置

想象一下，描述蛇身的数据应该是什么样子的呢？从空间上看，蛇身由多个相邻的方块组成，其中每个方块的位置可以用行和列两个值来描述，那么我们很自然会想到，蛇身的数据就是一个列表，其中的每个列表项本身又是一个子列表，子列表中包含两个列表项，代表一个方块的行和列。基于这样的认识，我们需要一个全局变量"蛇身列表"，来保存蛇身的数据，它的初始值是一个空列表。

20.6.2 蛇身加长

有了蛇身列表，就可以处理蛇吃果子后蛇身加长的问题了。我们需要改造计时器的计时程序。在开始动手改写计时程序之前，先来创建几个过程，代码如图 20-13 所示。

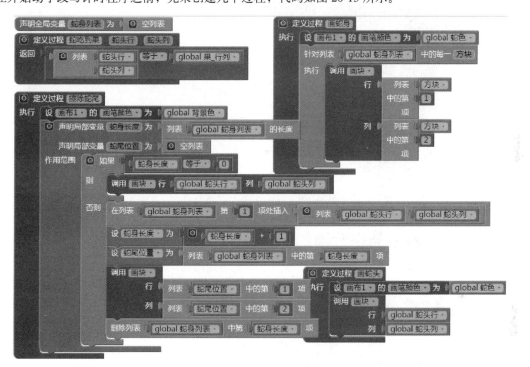

图 20-13　创建 4 个过程

图 20-13 中，左上角的"蛇吃到果"是一个有返回值的过程。需要注意的是，过程的两个参数"蛇头行"与"蛇头列"，是当前这个计时周期中蛇头的位置，而非上个计时周期中蛇头的位置。因此在调用该过程时，要注意提供正确的参数。

右下角的"画蛇头"过程没有参数，它画块时引用的是全局变量"蛇头行"与"蛇头列"，因此要留心调用该过程的时机，要在蛇头位置完成更新之后再来调用该过程。

同样，右上角的"画蛇身"过程也要留心调用的时机，要在蛇身列表更新完成之后再来调用该过程。

左下角的"擦除蛇尾"过程最为复杂。蛇吃到果子时，不执行这项操作，蛇身自然就变长了。蛇没吃到果子时，首先判断是否有蛇身（蛇身列表长度是否为零）：如果没有蛇身，则擦去上一时刻的蛇头；如果有蛇身，则先将上一时刻的蛇头位置插入到蛇身列表的最前面，并让局部变量蛇身长度 +1，然后求出蛇尾的位置，并且在擦除蛇尾后，别忘记把上一时刻的蛇尾从蛇身列表中删除，否则蛇身将会无限延长。

有了以上 4 个过程，对计时程序的改造就变得简单了，要注意的是调用每个过程的时机，关键点在于蛇头位置的更新。具体代码如图 20-14 所示。

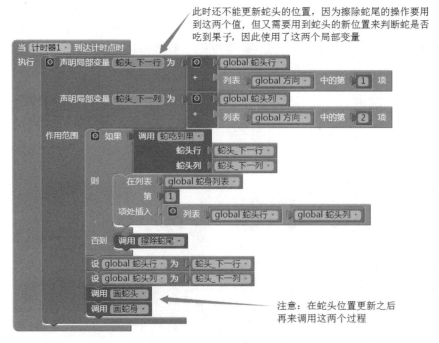

图 20-14　改造之后的计时程序

20.6.3　果子再生与得分增加

在蛇吃到果子的那一刻，重新生成一个果子，同时更新得分，代码如图 20-15 所示。

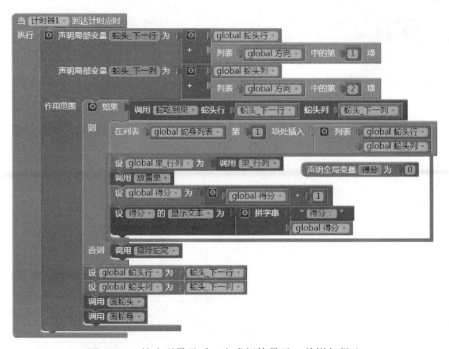

图 20-15　蛇吃到果子后，生成新的果子，并增加得分

上述代码在手机中的测试结果如图 20-16 所示。

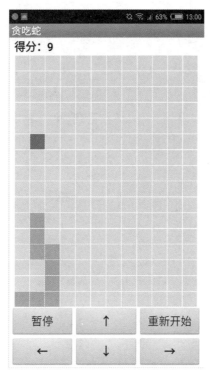

图 20-16　蛇吃果得分程序的测试结果

20.7　碰壁与自吃

有两种情况会导致游戏结束——碰壁与自吃。碰壁指的是蛇头超出了画布范围，即下述 4 种情况之一：行 <0；行 >16；列 <0；列 >12。自吃指的是蛇头碰到了蛇身，即蛇头位置与蛇身的某个环节重叠。我们先来创建两个有返回值的过程"碰壁"与"自吃"，来判断是否出现了上述情况，代码如图 20-17 所示。

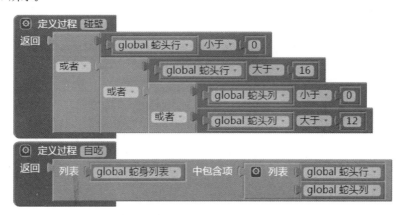

图 20-17　判断蛇是否碰壁与自吃的过程

图中的过程虽然代码量不大，即便写在计时程序中，也不会令代码过于臃肿，但考虑到代码的可读性，我们还是将其封装为过程。下面在计时程序中调用这两个过程，依然要留心调用的时机，代码如图 20-18 所示。

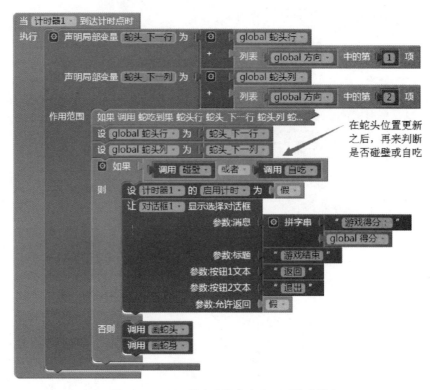

图 20-18　一旦蛇头碰壁或自吃，则游戏结束

20.8　附属功能

以上实现了游戏的核心功能，本节将补充完整游戏的附属功能。

20.8.1　暂停与继续

在画布的下方有一个暂停按钮，点击它可以让正在进行的游戏暂停，或让暂停的游戏继续运行，具体代码如图 20-19 所示。

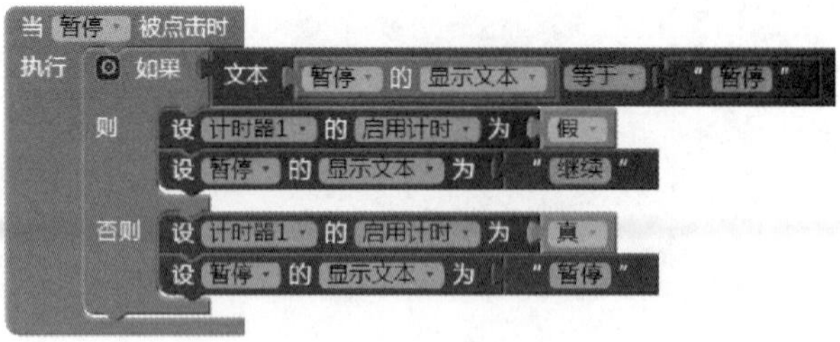

图 20-19　控制游戏的暂停与继续

20.8.2　重新开始

当蛇头碰壁或自吃时，游戏结束，并弹出对话框；用户点击对话框中的返回按钮后，又重新回到之前的游戏画面，但游戏（计时器）已经停止运行。此时，点击"重新开始"按钮，可以开始新一轮游戏。在游戏运行过程中，"重新开始"按钮应该禁用，否则一不小心碰到它，就会导致游戏意外地重新开始。具体代码如图 20-20 所示。

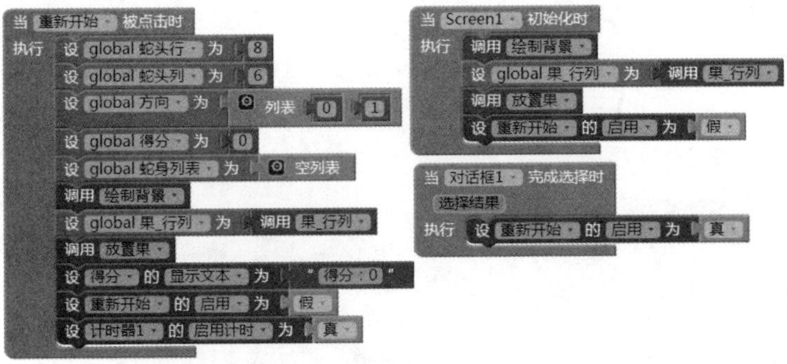

图 20-20　对"重新开始"按钮的功能设置

为了提高代码的可读性及复用性,可以将"重新开始"按钮点击程序中的代码封装为过程"游戏初始化",并在屏幕初始化程序及重新开始按钮点击程序中分别调用该过程,修改后的代码如图 20-21 所示。

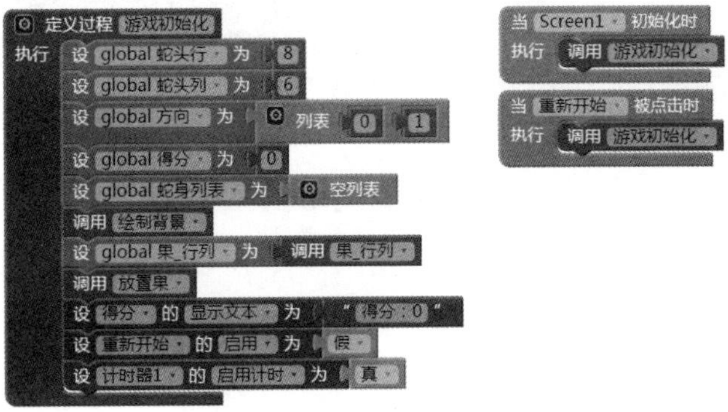

图 20-21　创建及调用游戏初始化过程

20.8.3　防止自毁

假设某一时刻蛇头的方向向右,此时,如果玩家点击向左按钮,那么蛇头势必要碰到蛇身,从而导致游戏结束。为了防止游戏中出现这种自毁现象,我们要对几个方向按钮的启用属性进行设置,代码如图 20-22 所示。

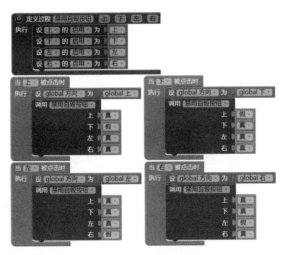

图 20-22　禁用自毁按钮

20.8.4　出果位置避开蛇身

在图 20-12 中，我们定义了一个"果_行列"过程，来随机生成出果的位置，当时还没有定义蛇身列表，因此只对蛇头的位置进行了排除。现在我们需要修改这部分代码，对蛇身的位置进行排除，修改后的代码如图 20-23 所示。

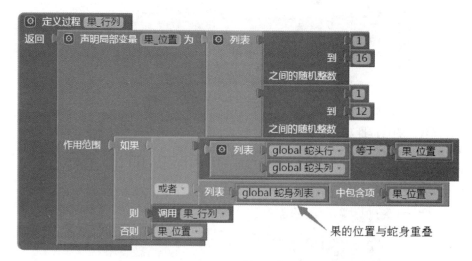

图 20-23　让出果的位置与蛇头及蛇身均不重叠

20.8.5　退出游戏

游戏结束时，弹出选择对话框，如果用户选择"退出"，则退出游戏，代码如图 20-24 所示。

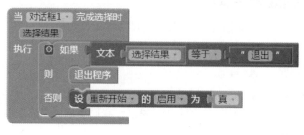

图 20-24　退出游戏

不过退出游戏的测试无法在 AI 伴侣中进行，需要将项目编译、下载并安装到手机上，才能进行测试。

20.9　代码整理

又到了整理代码的环节，将代码折叠起来，并按类型排列整齐，这会帮助我们梳理整个开发过程，并发现其中暗藏的道理。

20.9.1　常量

如图 20-25 所示，项目中的这些全局变量，在整个程序运行过程中，其值始终保持不变。虽然它们的类型是变量，但从作用上讲是常量。常量的存在可以增加程序的稳定性。一方面，当程序中需要用到某些固定的值或列表时，将它们保存在"变量"中，在需要的时候直接引用变量，而非引用具体的值，这样可以避免因输入错误而导致的程序失败。另一方面，当程序中需要多次引用某个值时，一旦需要对这个值进行调整（如改变本游戏中的背景色、蛇色等），只需在变量的声明中进行一次修改，而不必在引用处逐一修改，这大大降低了程序的出错风险。

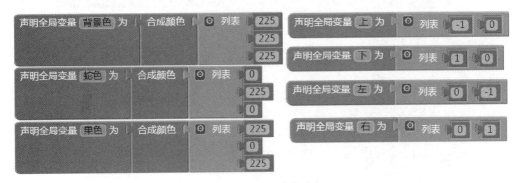

图 20-25　项目中的常量

20.9.2　变量

图 20-26 中的变量才是真正意义上的变量。这些变量有些不是必需的，例如得分，可以利用得分标签的显示文本来获取当前的得分。我们曾经说明过，组件的属性也是全局变量。

图 20-26　项目中真正的变量

20.9.3　有返回值的过程

如图 20-27 所示，在这些过程中，后面 3 个过程的返回值均为逻辑值（真或假）。如图 20-28 所示，将它们直接放在条件语句中，作为判断的依据，使得代码变得易于阅读。计时程序中包含两个条件语句，它们都直接调用了返回值为逻辑值的过程，这样的代码阅读起来无异于读一篇小短文，言简而意赅，令人惬意。

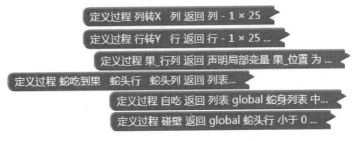

图 20-27　项目中有返回值的过程

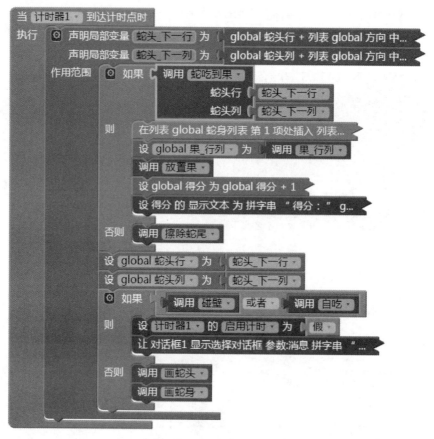

图 20-28　在条件语句中直接调用返回值为逻辑值的过程

20.9.4　无返回值的过程

图 20-29 是项目中的无返回值过程，它们的存在或者是为了复用，或者是为了优化代码的结构，同时它们也提高了代码的易读性。还是以图 20-28 为例，在第二个条件语句中，"如果碰壁或自吃，则计时器停；否则，先画蛇头，再画蛇身"。提高代码易读性的关键在于变量与过程的命名，读者不妨观察一下这些变量及过程的命名，找出它们的特征，以便在自己的编程实践中，让代码变得简洁优雅。

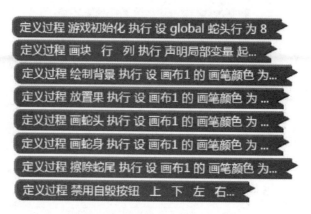

图 20-29　项目中的无返回值过程

20.9.5　事件处理程序

项目中共包含 9 个事件处理程序，如图 20-30 所示，它们是程序的点火器、方向盘与发动机。猜猜看，哪一个程序是发动机？

图 20-30　项目中的事件处理程序

第21章

因式分解之十字相乘

将 $6x^2+5x+1$ 因式分解，对于一个刚刚学过因式分解的初中生来说，并不算一道难题。因此，当我可爱的侄子——陶陶——对此表现出手足无措时，我的信心彻底崩塌了，并直接导致了生理上的反应——头晕头痛。好在他喜欢编程，于是 Roadlabs（他的姑父）给他出了一道题，让他做一个应用——一个自动出题机，专门出十字相乘法的因式分解题。经过讨论，他理解了十字相乘法的解题思路，并最终完成了这个应用。本想让陶陶来参与编写这一章的内容，但由于种种原因，我还是决定自己独立完成，不过其中很多地方借鉴了他的思路。

21.1 功能说明

所谓"名不正，言不顺"，在具体描述应用的功能之前，先来解释几个概念。

21.1.1 名词解释

- 形式题目：是题目的一般表达式，这里指 Ax^2+Bx+C，其中 A、B、C 称为系数。
- 实际题目：将形式题目中的系数替换成数值，如：$6x^2+5x+1$。
- 形式答案：是答案的一般表达式，这里指 $(mx+p)\times(nx+q)$，其中 m、n、p、q 称为系数。
- 实际答案：将形式答案中的系数替换成数值，如：$(2x+1)\times(3x+1)$。
- 系数关系：$A = m \times n$；$B = m \times q + n \times p$；$C = p \times q$，如图 21-1 所示。

21.1.2 功能描述

(1) 屏幕设置：应用划分为两个屏幕，即首页（Screen1）及答题页（TEST）。

(2) 首页功能。

- 选择题目难度，默认难度为初级。
- 选择题目数量，默认题量为 10 道题。
- 查看以往答题的最高成绩，即各个难度题目的百分比成绩。
- 选择开始答题，进入答题页面。
- 退出应用。

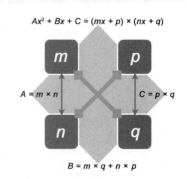

图 21-1 十字相乘法的数学依据

(3) 答题页的核心功能——出题与答题。

- 根据用户选择的难度及题量自动出题——随机设置 m、n、p、q 的值，并求得 A、B、C 的值。
- 应用自动显示实际题目及形式答案。
- 用户输入（选择）数值答案，将形式答案转变为实际答案。
- 用户提交答案，应用判断对错。
- 用户请求出下一题，循环往复，直至完成全部题目。

(4) 答题页附属功能——状态提示。

- 答题状态：在页面上显示题目的总量、已答题量及正确答案的数量。
- 显示试卷：完成全部题目后，应用弹出列表，显示全部题目、答案及对错情况。
- 查看正确答案：用户在试卷（题目列表）中选中某一题后，显示该题的正确答案。

(5) 答题页其他附属功能。

- 保存最高成绩：将不同难度试卷的最高得分保存到数据库中，用户可以在首页进行查看。
- 草纸功能：应用中提供了一张可擦写的草纸，方便用户做计算。

21.2 用户界面

本应用包含两个屏幕，即首页及答题页，下面将分别予以说明。

21.2.1 首页

创建一个新项目，命名为"因式分解之十字相乘法"，向 Screen1 即首页中添加组件，如图 21-2 所示，组件的命名及属性设置见表 21-1。

图 21-2　首页在开发环境中的样子

表21-1　首页组件的命名及属性设置

组件类型	命　　名	属　　性	属　性　值
Screen1	Screen1	水平及垂直对齐	居中
		显示标题栏	取消勾选

组件类型	命　　名	属　　性	属　性　值
垂直布局	八成垂直布局	宽度及高度	80%
		水平对齐	居中
标签	标题	显示文本	因式分解 \n 之十字相乘法
		高度	120 像素
		文本对齐	居中
列表选择框	—	字号	18
		高度、宽度	充满
	难度	逗号分隔字串	初级 , 中级 , 高级
		显示文本	选择题目难度
		标题	题目难度
	题量	逗号分隔字串	10,20,30
		显示文本	选择题目数量
		标题	题目数量
	历史记录	显示文本	查看历史记录
		标题	历史最高分
按钮		字号	18
		高度、宽度	充满
	开始	显示文本	开始
	退出	显示文本	退出
本地数据库	本地数据库 1	—	—

21.2.2 答题页

新建一个屏幕，命名为 TEST，并向屏幕中添加组件，如图 21-3 所示。由于页面中的组件太多，组件列表无法显示全部组件，为了说明布局组件与可视组件之间的包含关系，特意在图的右侧附加了组件列表的下半部分。组件的属性设置见表 21-2。表中组件按照屏幕从上到下、从左到右的顺序排列。

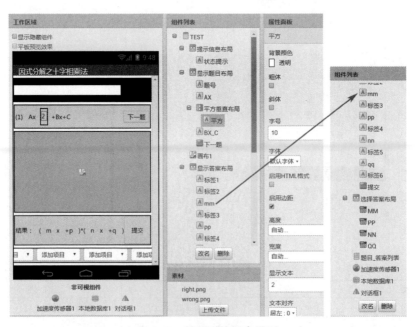

图 21-3　答题页的用户界面

注意　在素材列表中有两个图片文件，分别是 ✔ 及 ✘，用来提示用户提交的答案是否正确。

表21-2　答题页（屏幕TEST）组件的命名及属性设置

组件类型	命　名	属　性	属　性　值
屏幕	TEST	水平对齐	居中
		标题	因式分解之十字相乘法
水平布局	提示信息布局	高度	50 像素
		宽度	充满
		垂直对齐	居中
		背景颜色	黑色
标签	状态提示	文本颜色	白色
		显示文本（临时）	初级：共 30 题，已答 29 题，答对 28 题
水平布局	显示题目布局	高度	50 像素
		宽度	98%
		垂直对齐	居中
标签	题号	显示文本（临时）	(1)
标签	AX	显示文本（临时）	Ax
垂直布局	平方垂直布局	高度	35 像素（仅包含"平方"一个标签）
标签	平方	字号	10
		显示文本	2
标签	BX_C	宽度	充满
		显示文本（临时）	+BX+C
按钮	下一题	显示文本	下一题
画布	画布 1（放在屏幕中）	背景颜色	浅灰
		高度	充满
		宽度	98%
水平布局	显示答案布局	宽度	98%
		垂直对齐	居中
标签	标签 1	显示文本	结果
	标签 2	显示文本	(
	mm	显示文本（临时）	m
	标签 3	显示文本	x
	pp	显示文本（临时）	+p
	标签 4	显示文本	)*(
	nn	显示文本（临时）	n
	标签 5	显示文本	x
	qq	显示文本（临时）	+q
	标签 6	显示文本	)
		宽度	充满
按钮	提交	高度、宽度	60 像素
		显示文本	提交
水平布局	选择答案布局	—	默认值
下拉框	MM	选中项（临时）	m
	PP	选中项（临时）	p
	NN	选中项（临时）	n
	QQ	选中项（临时）	q

(续)

组件类型	命　名	属　性	属　性　值
列表选择框	题目_答案列表	标题	全部题目：点击查看正确答案
		允许显示	假
对话框	对话框1	—	默认值
加速度传感器	加速度传感器1	—	默认值
本地数据库	本地数据库1	—	默认值

这个项目虽然算不上复杂，但是琐碎的事情比较多，让我们先从首页开始编写程序。

21.3　为首页编写程序

首页的功能是选择难度与题量、查看历史记录及退出程序。

21.3.1　屏幕初始化

屏幕初始化时，需要进行数据的准备，包括为3个列表选择框提供数据源。

(1) 为难度选择框提供难度选项：初级、中级、高级。
(2) 为题量选择框提供数量选项：10、20、30。
(3) 为历史记录选框提供数据：从本地数据库中读取历史记录。

具体代码如图21-4所示。

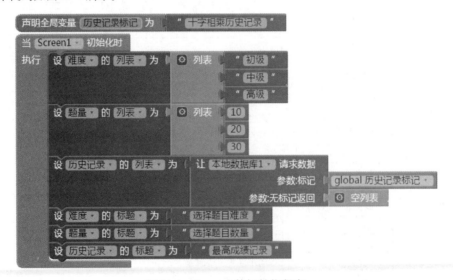

图21-4　Screen1的初始化程序

图中为3个列表选择框设置了标题属性，以便提醒用户当前正在进行的操作。

21.3.2　选择难度与题量

当用户打开难度或题量选择框并选中某一项后，将用户的选择结果保存在变量中，以便用户点击开始答题按钮时，将选择结果传递给答题页。代码如图21-5所示。图中为全局变量"选择结果"设置了初始值，作为用户的默认选项，这样即便用户没有做任何选择，也可以顺利进入答题页。

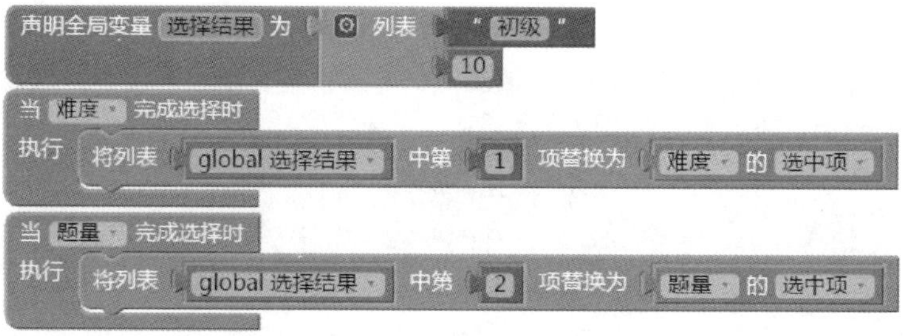

图 21-5　用户选择难度与题量

21.3.3　查看历史记录

用户首次使用本应用时，本地数据库中没有历史记录，当用户打开历史记录选择框时，其中内容为空。为了避免让用户无所适从，我们需要添加一个可选项，让用户点击该项之后可以关闭选择框。代码如图 21-6 所示。

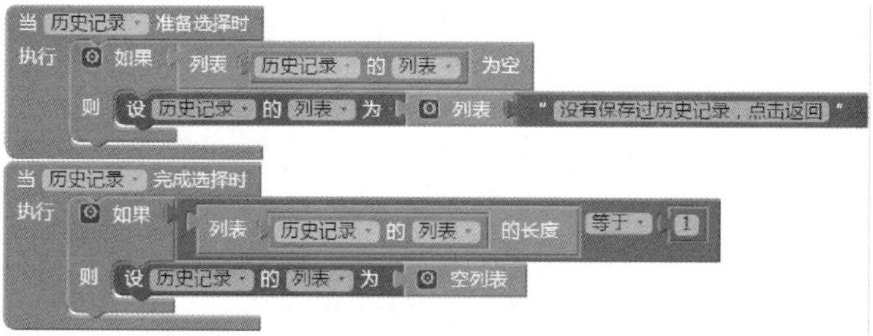

图 21-6　处理历史记录为空的情况

用户完成选择后，再将列表内容设为空。

21.3.4　开始答题及退出

用户点击开始答题按钮，就可以进入答题页，不过记得要将用户的选择结果传递给答题页。退出功能非常简单，不过需要安装到手机上才能测试。代码如图 21-7 所示。

图 21-7　进入答题页或退出

21.4　答题页页面逻辑

答题页的功能较为复杂，主要体现在用户与应用之间的交互较为频繁。因此，我们要对页面中各个参与交互的要素单独予以说明，以免开发过程中有所遗漏。

1. 状态信息提示

在屏幕的最上方，提示信息布局中有一个状态提示标签，用来提示用户目前的答题状态，显示的内容包括：用户选中的题目难度、题量、已经完成的题数、回答正确的题数。前两项信息来自 Screen1 传递过来的初始值，后两项信息来源于两个全局变量"已答题数"及"正确题数"。

2. 出题

这是本应用最核心的内容，我们采用"倒叙"的方式来解释出题的过程。假设 Ax^2+Bx+C 可以分解为 $(mx+p) \times (nx+q)$，那么可以得出以下公式：

$$A = m \times n$$
$$B = m \times q + n \times p$$
$$C = p \times q$$

根据上述公式，在应用中，首先随机生成 4 个整数 m、n、p、q，范围 $-9 \sim 9$（不包含 0 在内），然后再计算出系数 A、B、C，最后拼接字串，将实际题目显示在屏幕上。

屏幕初始化时，应用自动给出第一题，此时"下一题"按钮被禁用；每答完一道题，下一题按钮将被启用，用户点击该按钮后，屏幕上将显示新的题目，同时下一题按钮再次被禁用。

3. 显示答案

在显示答案布局中有许多标签，用来显示用户给出的答案。由于受到设备输入手段的限制，我们先将答案表示为形式答案，即：$(mx+p) \times (nx+q)$，当用户在屏幕底部的 4 个下拉框中选择了某个数值时，形式答案中的系数（m、n、p、q）将被替换成选中的数值。当用户完成 4 个系数的选择时，形式答案将转变为实际答案。例如，当实际题目为 $6x^2+5x+1$ 时，假设用户给出的实际答案为 $(2x+1) \times (3x+1)$。

4. 选择答案

上面已经提到了用户选择答案的操作，在屏幕的底部有 4 个下拉框，每个下拉框都包含了 19 个可选项，它们分别是数字 $-9 \sim -1$、数字 $1 \sim 9$，以及一个小写字母。对于下拉框 MM 来说，字母项为 m，且 m 是默认的选中项。因此，当用户尚未选择 m 值时，下拉框将显示字母 m，借此来提示用户这个下拉框所对应的系数。同样，其他几个下拉框的字母项分别是 n、p、q，分别用来选择对应的系数值。当下拉框完成选择后，形式答案中的对应系数将被替换为选中的数值。

5. 提交答案

在屏幕初始化时，或题目刚刚出来时，提交按钮处于禁用状态；只有当 4 个系数下拉框全部完成选择（选中项全部为数字）时，提交按钮才被启用；点击该按钮，程序将对答案的对错进行判定，并显示判定结果。此时，下一题按钮被启用，用户点击该按钮，将生成并显示新题目，同时提交按钮与下一题按钮再次被禁用。

6. 完成全部题目——交卷

当用户做完全部题目时，触发交卷操作：应用将弹出题目列表，其中包含了题目、用户给出的答案以及答案的判定（对错），用户在列表中选择某一道题目后，将弹出对话框，显示该题目的正确答案。对话框中提供了两个选择按钮"再来一次"及"返回首页"。

7. 可擦写的草稿纸

项目中的画布组件用来充当草稿纸，用户可以在上面进行演算；轻轻晃动手机，就可以清除草稿纸上的字迹，继续演算。

8. 对难度的定义

初级：$A = 1$；$C < 10$；$m = 1$，$n = 1$，$p \times q < 10$。

中级：$A < 10$；$C < 10$；$m \times n < 10$，$p \times q < 10$。

高级：不加限制（m、n、p、q 的取值范围为 $-9 \sim 9$，不包含 0）。

9. 对题目的限定

(1) $B \neq 0$；

(2) A、B、C 不能全部为负数；

(3) A、B、C 的最大公约数必须为 1。

21.5 答题页初始化

这个应用的核心功能是出题、答题与判断对错。在 TEST 屏幕的初始化程序中，我们要实现其中的出题功能，使得用户一旦进入答题页，就可以看到第一题。出题功能又包括题目的生成与题目的显示。除此之外，在初始化程序中，要接收来自 Screen1 的初始值，要为列表类型的组件（4 个下拉框）绑定数据源，即设定它们的列表属性，还要显示必要的提示信息。因此，TEST 屏幕的初始化任务相当繁重。

21.5.1 显示状态信息

利用屏幕顶端的状态提示标签，显示答题状态信息。首先声明 3 个全局变量。

- 选择结果：列表变量，其中包含两个列表项，用来保存从 Screen1 传递过来的初始值，即难度及题量。
- 已答题数：用来保存用户本次答题已经完成的题目数。
- 正确题数：用来保存本次答题中回答正确的题目数。

然后创建一个过程"提示信息"，按照事先设定的提示内容拼写字串，如"中级：共 20 题，已答 15 题，答对 12 题"。

最后，在屏幕初始化程序中，接收来自 Screen1 的初始值，并显示状态提示信息。代码如图 21-8 所示。

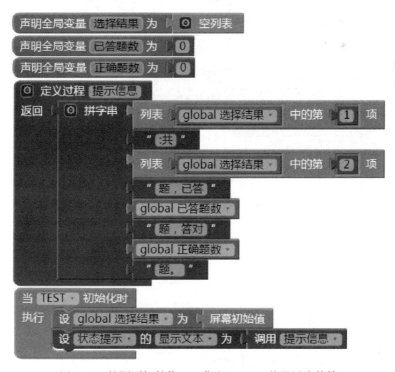

图 21-8 答题页初始化——获取 Screen1 传递过来的值

21.5.2　下拉框数据绑定

如前所述，需要为屏幕底部的 4 个下拉框设置列表属性，属性值范围为 –9 ~ 9，在 0 的位置分别用小写字母 m、n、p、q 来代替，并将 m、n、p、q 作为默认的选中项，起到提示用户的作用。首先创建一个有返回值的过程"备选系数"，代码如图 21-9 所示。

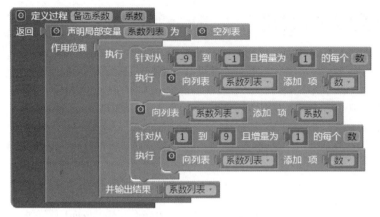

图 21-9　生成 m、n、p、q 4 个系数的备选值

再创建一个无返回值过程"下拉框数据绑定"，来设置 4 个下拉框的列表及选中项属性，最后在屏幕初始化程序中调用该过程，代码如图 21-10 所示。

图 21-10　在屏幕初始化时设置下拉框的列表及选中项属性

21.5.3　草纸提示文字

位于屏幕中央的画布组件用来充当草稿纸，这是陶陶同学了不起的发明。为了让用户看得见草纸的范围，需要为画布设置背景颜色，并在屏幕初始化时提示用户草纸的使用方法。考虑到初始化程序中需要实现很多功能，我们创建一个草纸提示的无返回值过程来实现上述功能，并在初始化程序中调用该过程，代码及测试结果如图 21-11 所示。

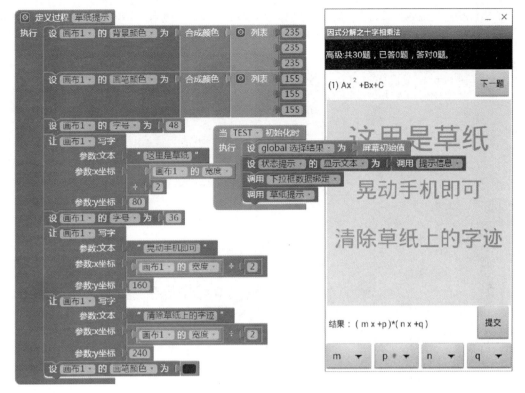

图 21-11　设置草纸的背景色及提示文字

至于草纸的使用及清除功能，我们在后面再来实现。

21.5.4　题目的生成

所谓生成题目，就是随机取得 m、n、p、q 的值，并检查这些值的计算结果（A、B、C）是否符合 21.4 节第 8 条对题目难度的要求，同时还要符合 21.4 节第 9 条对题目的限制条件。

为了取得 m、n、p、q 值，我们需要改造此前的备选系数过程，让它的返回值中只包含数字，修改后的代码如图 21-12 所示。

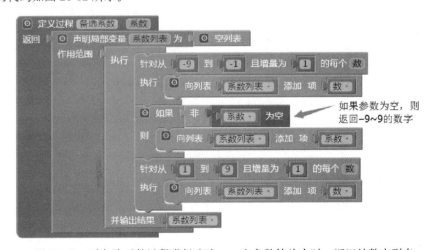

图 21-12　对备选系数过程进行改造——当参数值为空时，返回纯数字列表

下面创建一个有返回值过程"题目系数"，该过程将返回一个列表，其中包含 3 个列表项，分别对应于题目中的系数 A、B、C，代码如图 21-13 所示。

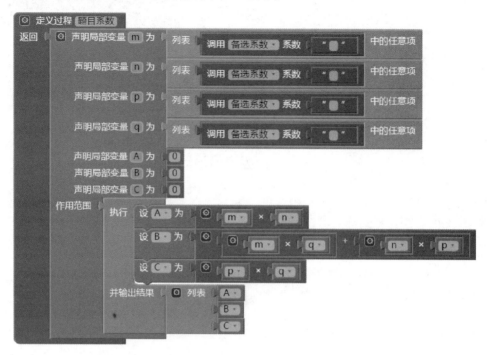

图 21-13　取得题目的系数列表

不过这样的处理过于简单，我们还必须考虑到题目的难度以及对题目的限定：

(1) $B \neq 0$；

(2) A、B、C 不能全部为负数；

(3) A、B、C 的最大公约数必须为 1。

首先考虑限定条件，第 1 条很简单，可以直接判断，后面两条需要创建两个有返回值的过程"均为负"及"最大公约数"，并以此作为判断的依据。代码如图 21-14 所示。

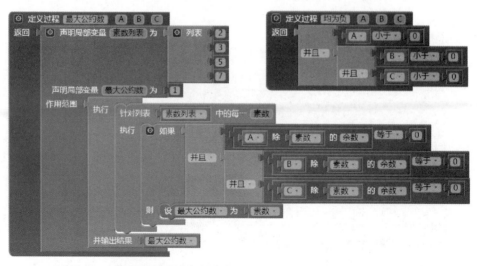

图 21-14　两个过程，用来检查系数是否均为负，以及它们的最大公约数

有了上述过程，再来改造"题目系数"过程，改造结果如图 21-15 所示。

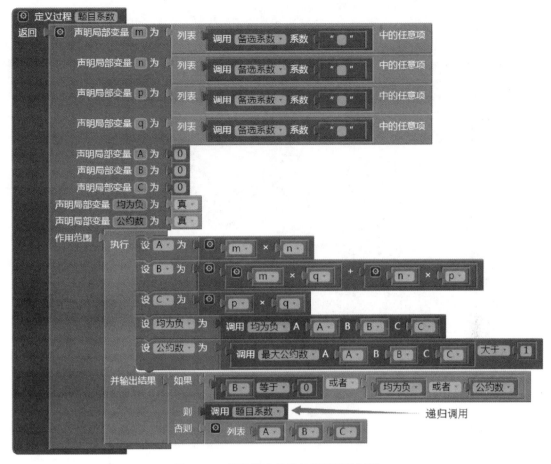

图 21-15　满足限定条件的题目系数过程

上面过程中使用了递归调用，即在一个过程里调用这个过程本身，这样做将得到一个符合限定条件的系数列表。

我们暂时不对题目的难度进行限定，即按照高级难度的标准出题。后面我们会创建不同的题目系数过程，来满足不同的难度要求。

21.5.5　题目系数——由数值转化为文本

在题目系数过程返回的列表中，包含了 3 个数值，这些数值如果直接用于题目的显示，会让题目显得不符合常识。例如 $-1x^2-5x+6$，我们都知道，当未知数的系数绝对值为 1 时，1 是不需要显示的。下面我们就来解决系数的显示问题，重点要考虑以下问题。

(1) 对于 A：系数为 1 时，不显示系数，如 $1x^2$ 直接显示为 x^2。
(2) 对于 A：系数为 -1 时，只显示负号，不显示 1，如 $-1x^2$ 直接显示为 $-x^2$。
(3) 对于 B：系数为 1 时，显示加号"+"；系数为 -1 时，显示减号"−"。
(4) 对于 B：系数大于 1 时，数字前添加"+"；系数小于 -1 时，直接显示负数。
(5) 对于 C：系数大于 0 时，数字前添加"+"；否则直接显示数字。

根据以上考虑，创建 3 个有返回值过程"系数文本 A""系数文本 B"及"系数文本 C"，来获取系数的显示文本，代码如图 21-16 所示。

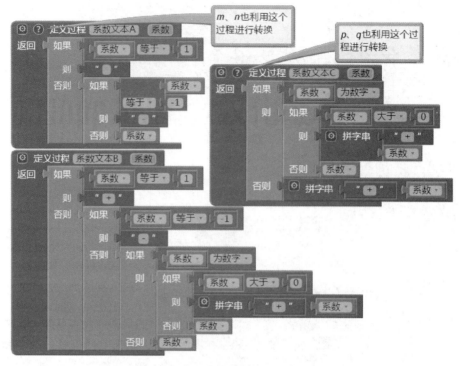

图 21-16　将系数的数值转换成显示文本

注意图 21-16 中的注释，系数 A 和系数 C 的文本转换过程同样适用于形式答案中的 m、n 与 p、q，因此在过程里添加了"是否为数字"的判断，稍后我们会看到它们的用处。

21.5.6　形式答案的显示

在屏幕初始化时，或用户完成一道题并点击下一题按钮后，在草纸下方将显示题目的形式答案：$(mx+p) \times (nx+q)$。为此，我们需要创建一个过程，将 4 个标签（mm、nn、pp、qq）的显示文本分别设置为 m、n、+p 及 +q，代码如图 21-17 所示。

图 21-17　显示形式答案过程

在显示题目过程里调用上述过程，以便每次出题后，恢复显示形式答案。

21.5.7　题目的显示

利用上述过程，拼接题目字串，并显示形式答案，代码如图 21-18 所示。

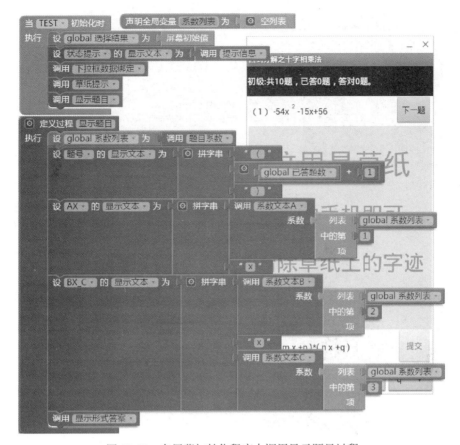

图 21-18   在屏幕初始化程序中调用显示题目过程

图 21-18 中的全局变量"系数列表"用来保存"题目系数"过程的返回值。之所以要用全局变量来保存，是因为后面还要利用它来判断用户的回答是否正确。

提示   测试过程中可能会出现如图 21-19 所示的错误提示，这是因为测试直接从 TEST 页开始，没有取得 Screen1 传来的初始值，因此初始值列表为空，从而导致程序运行错误。将应用切换回 Screen1，并点击开始答题按钮，重新进入 TEST 页，即可避免上述错误。

图 21-19   测试过程中的错误提示

21.6   答题

在开始处理答题程序之前，需要声明 3 个全局变量——"题目列表"（系数 A、B、C）、"答案列表"（用户选中的 m、n、p、q）及"正确答案列表"（生成题目的 m、n、p、q）。题目生成之后，标准答案也就生成了，此时将它们添加到对应的列表中，等到用户提交答案之后，再将答案保存到答案列表中。为此，要修改此前的题目系数过程，在其中为列表变量赋值。修改结果如图 21-20 所示。

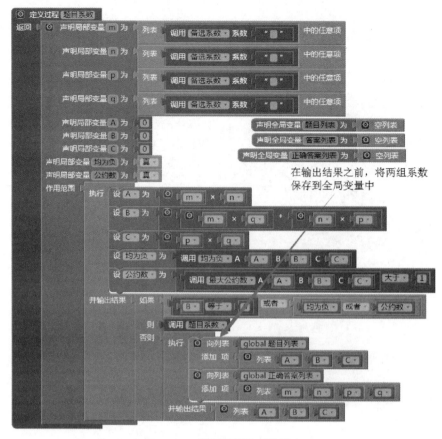

图 21-20 保存题目及正确答案

下面开始处理答题环节。

21.6.1 选择答案

如图 21-21 所示，当用户在某个系数下拉框中选中一个值时，用选中的数值替换形式答案中的系数。注意系数本身（数字）与显示文本之间的转换，其中用到了此前创建的系数转文本过程。

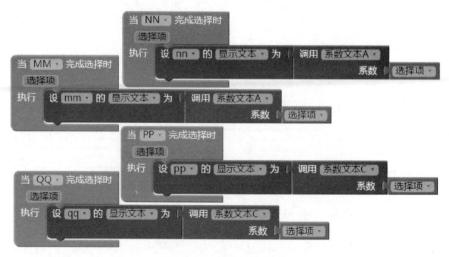

图 21-21 用户选择答案

上述代码的测试结果如图 21-22 所示。

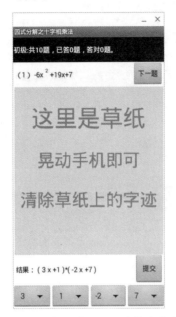

图 21-22　测试：选择答案后，形式答案变为真实答案

21.6.2　提交答案

提交答案的程序通过点击提交按钮触发。在屏幕初始化时，或用户尚未选择全部 4 个系数时，提交按钮应该是禁用的，仅当 4 个系数下拉框中的选中项全部为数字时，提交按钮才被启用。我们先来设置按钮的状态。

首先，在屏幕初始化程序中设置提交按钮的启用属性为假（顺便禁用下一题按钮）。当且仅当用户完成 m、n、p、q 这 4 个系数的选择时，提交按钮才被启用。为此，创建一个有返回值过程"四项选择完成"，当 4 个下拉框的选中项均为数字时，返回真，否则返回假，代码如图 21-23 所示。

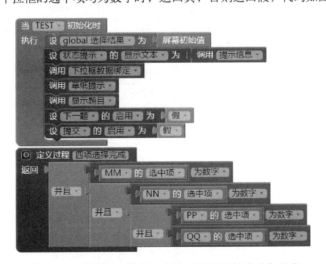

图 21-23　禁用提交按钮，创建"四项选择完成"过程

然后修改 4 个下拉框的完成选择程序，在其中设置提交按钮的启用属性为上述过程的返回值，代码如图 21-24 所示。

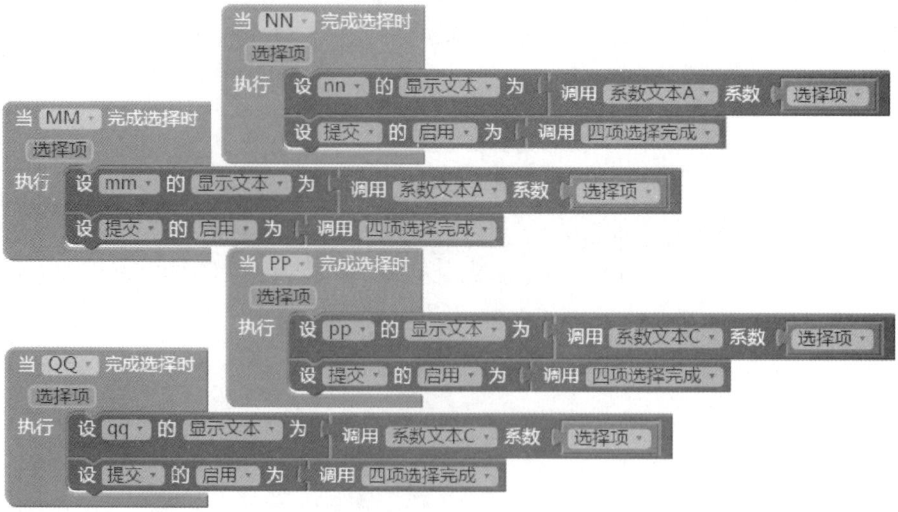

图 21-24　在下拉框的完成选择事件中设置提交按钮的启用属性

这样，我们就完成了对提交按钮状态的设置，下面来实现提交答案的操作，具体包含以下 4 项内容。

(1) 判断对错：判断用户提交的答案是否正确。

(2) 记录答案：将答案及答案的对错添加到相应的列表（全局变量）中。

(3) 更新变量：更新全局变量已答题数及正确题数。

(4) 设置组件状态：利用提交按钮的图片属性来显示对号或叉号，提示用户答案是否正确；禁用提交按钮，启用下一题按钮，并更新状态信息。

先来创建一个有返回值的过程"回答正确"，根据下拉框中的选中项求出答案所对应的 A、B、C，再与系数列表中的 A、B、C 进行对比，给出判断结果。代码如图 21-25 所示。

图 21-25　判断用户提交的答案是否正确

然后在提交按钮的点击事件中调用上述过程，实现数据的记录与更新，并完成组件的属性设置。代码如图 21-26 所示，测试结果如图 21-27 所示。在提交按钮的点击程序中，最后一行代码设置下一题按钮的启用属性为真，确保在提交答案后可以点击下一题按钮，生成新的题目。

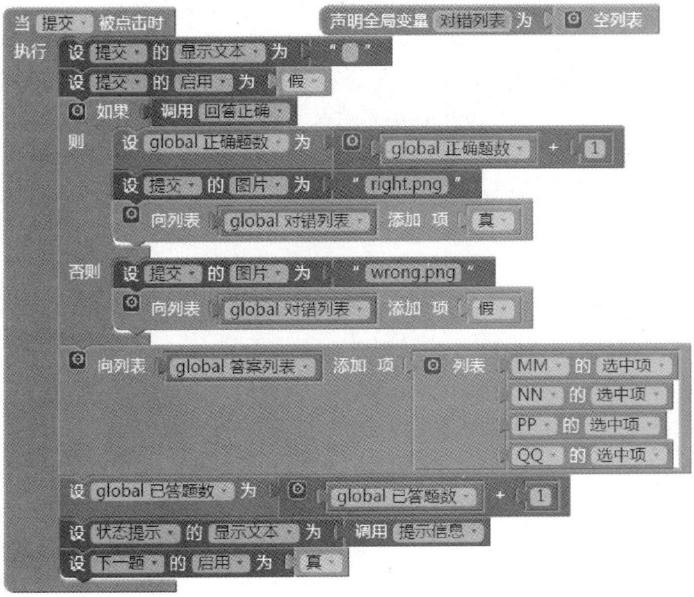

图 21-26　提交按钮的点击事件处理程序　　　　图 21-27　提交答案的测试结果

至此答题环节的功能已经实现，下面考虑出下一题功能，让出题与答题能够连续运行，直到完成全部题目。

21.6.3　出下一题

当用户点击下一题按钮时，需要完成以下操作。

(1) 提交按钮属性设置：设其启用属性为假，显示文本为"提交"，图片属性为空。
(2) 设下一题按钮的启用属性为假。
(3) 设置 4 个下拉框的选中项分别为 m、n、p、q。
(4) 生成并显示下一题——调用显示题目过程。

为了实现上述的第三条，我们需要改造下拉框数据绑定过程，将其中设置选中项的后 4 行代码分离出来，组成一个新的过程"设置默认选中项"，并分别在下拉框数据绑定过程及下一题按钮点击程序中调用这一过程。这样的改变除了可以提高代码的复用性，也可以让这两个过程的功能与名称相符，可谓"名副其实"了。最终的代码如图 21-28 所示。

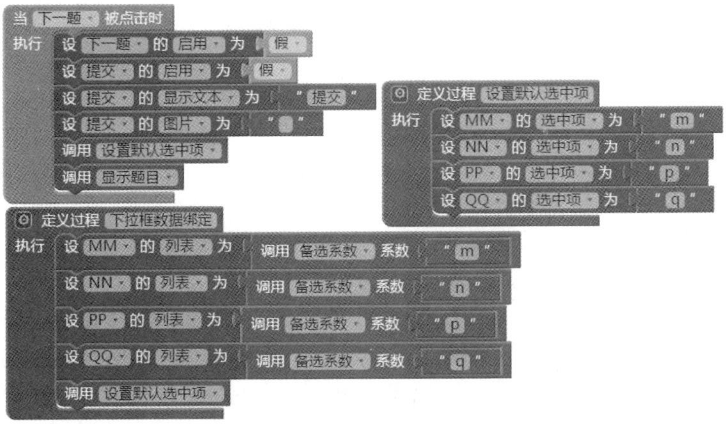

图 21-28　点击下一题按钮，重新设置组件属性，并显示下一题

这是容易犯错的环节。在图 21-24 中，即下拉框的完成选择事件中，要完成两项操作：(1) 设置形式答案的系数值；(2) 判断是否启用提交按钮。问题将出现在第二个操作。下拉框完成选择事件不仅发生在用户选中某个数值时，也发生在"设置默认选中项"过程被执行时，因为此时选中项由原来的数值变成了 m、n、p、q。还记得我们在图 21-16 中设定系数文本时，在判断系数是否大于 0 之前，要先判断系数是否为数字；如果没有这项判断，那么程序将进行"m 是否大于 0"这样的判断，这会导致应用弹出错误信息。这是我犯过的错误，特此提醒读者。

21.6.4 可擦写草纸

写到这里让我再次想起陶陶同学，年轻人充满了想象力。实现这个功能的程序非常简单，但是能够想到这个点子却是不易。代码及测试结果分别如图 21-29 及图 21-30 所示。

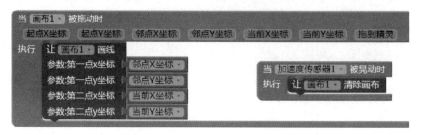

图 21-29　在草纸上演算及擦除字迹

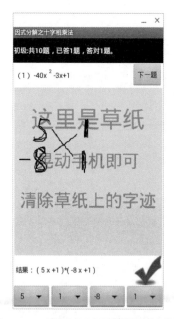

图 21-30　用草纸进行演算的测试结果

21.7　交卷

这一功能的实现，发生在提交按钮的点击事件中。如图 21-26 所示，每次提交答案，程序都会累计答题数量，当这个数量等于用户选中的题量时，就会触发交卷程序。如前所述，程序将打开一个列表选择框，显示全部题目及用户的答案，以及答案的对错，用户可以点击任意题目（无论对错）来查看正确答案。利用对话框组件来显示正确答案，对话框同时提供了两个选项——"再做一次"或"返回首页"。

21.7.1 显示答题结果

我们需要对列表将要显示的内容进行整理，其中包括题号、题目、用户答案及答案对错。首先创建 4 个功能单一的有返回值的过程——"题号字串""题目字串""答案字串"以及"对错字串"。顾名思义，上述过程的返回值均为字串。代码如图 21-31 所示。

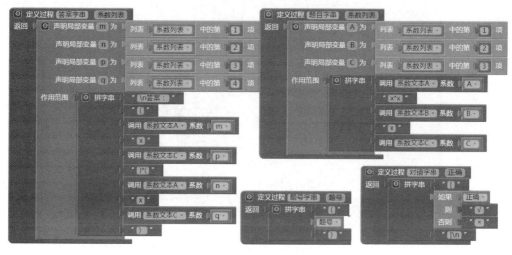

图 21-31　4 个拼接字串的过程

接下来再创建一个有返回值的过程"试卷"，利用上面的 4 个过程，对题目相关的列表进行循环，拼出每一道题的字串，即题号、题目、答案及答案对错，再用这些字串组成一个列表，返回给过程的调用者。代码如图 21-32 所示。

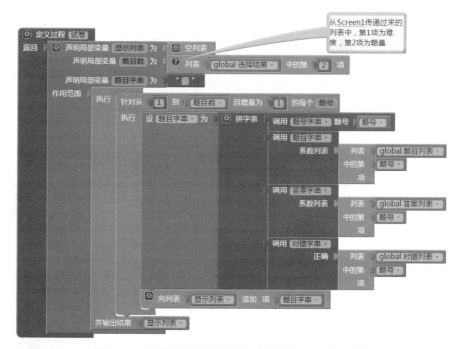

图 21-32　试卷过程的返回值为全部题目、回答及对错

最后，在提交按钮的点击事件中调用上述过程，并打开列表选择框，供用户查看与选择，代码如图 21-33 所示。

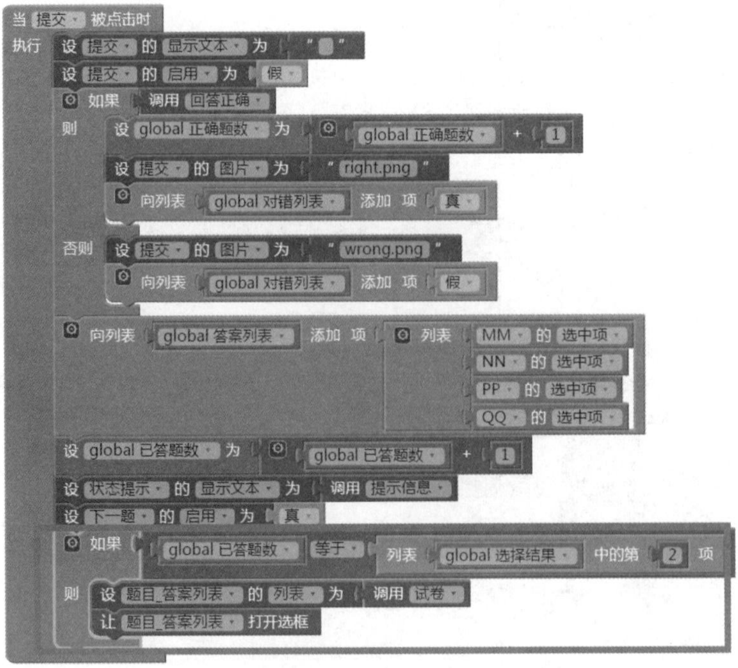

图 21-33 改造之后的提交按钮点击程序

为了测试方便，我们回到 Screen1 中，将默认的题目数量改为 3，代码如图 21-34 所示。

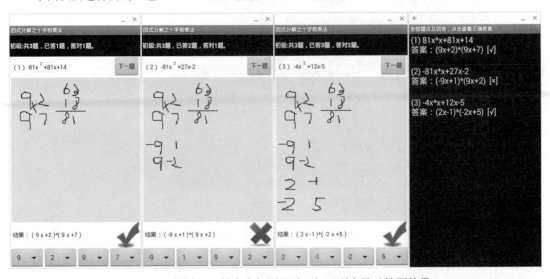

图 21-34 将题量改为 3

下面我们进行测试：进入 Screen1 后，直接点击"开始答题"，测试结果如图 21-35 所示。

图 21-35 测试——答完全部题目后，打开列表显示答题结果

21.7.2　显示正确答案

在"题目_答案列表"的完成选择事件中，打开对话框，显示正确答案，并提供两个选择按钮。代码如图 21-36 所示，测试结果如图 21-37 所示。

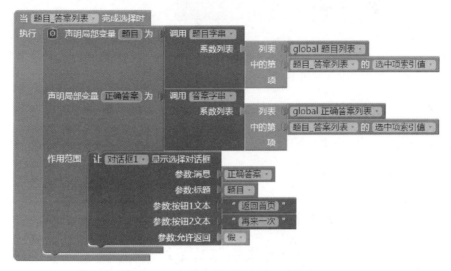

图 21-36　打开对话框查看正确答案

图 21-37　测试结果：查看正确答案

这里需要特别说明的是，因式分解的答案并不唯一，如图 21-37 中的题目 $-36x^2+24x+5$，它的答案既可以是 $(-6x+5)\times(6x+1)$，也可以是 $(6x-5)\times(-6x-1)$，因此我们对结果的判断以 $A = m\times n$、$B = m\times q+n\times p$、$C = p\times q$ 为准，并非要求 m、n、p、q 绝对相等。

21.7.3　保存成绩

按照初、中、高 3 个等级分别记录成绩，并以列表的方式将成绩保存在本地数据库中，数据格式及保存方法如图 21-38 所示。

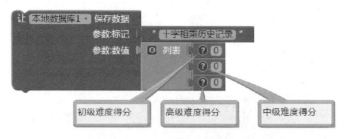

图 21-38　以列表的方式保存成绩

　　以百分制来计算每个等级的得分，即每道题的分数为"100÷题量"，则得分为"正确题数×100÷题量"。记录成绩的操作发生在提交按钮点击事件中，当"已答题数=题量"时，计算得分，并与历史记录对比，确定是否保存本次得分。创建一个有返回值的过程"最高得分与本次得分"，在该过程里读取历史记录，计算本次得分，比较并保存成绩，最后以列表的方式返回历史最高分及本次得分，代码如图 21-39 所示。

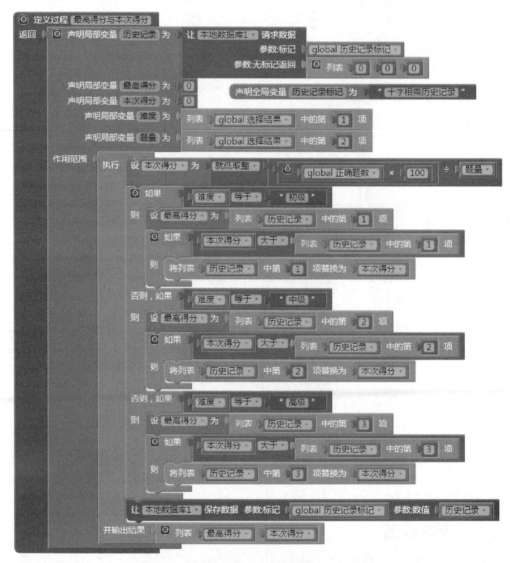

图 21-39　保存成绩并返回最高得分及本次得分

然后在提交按钮的点击事件中调用该过程，我们利用"题目_答案列表"的标题属性来显示历史记录及本次得分，代码如图 21-40 所示，测试结果如图 21-41 所示。

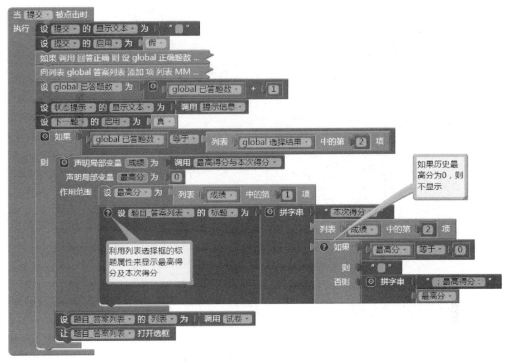

图 21-40　调用最高得分与本次得分过程（比较并保存成绩），并显示得分

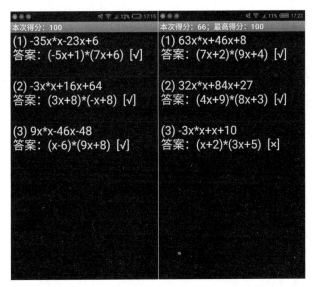

图 21-41　测试——保存并显示成绩

21.7.4　返回首页或再来一次

在对话框的完成选择事件中，处理用户的两种选择。当用户选择"返回首页"时，直接关闭当前屏幕即可；当用户选择"再来一次"时，需要对 TEST 屏幕中的部分全局变量及界面组件进行初始化，并参照 TEST 屏幕初始化程序以及下一题按钮点击程序，来创建两个过程——"全局变量初

始化"及"组件初始化"。最后在对话框的完成选择事件中，调用上述过程，注意过程的调用顺序。代码如图 21-42 所示。

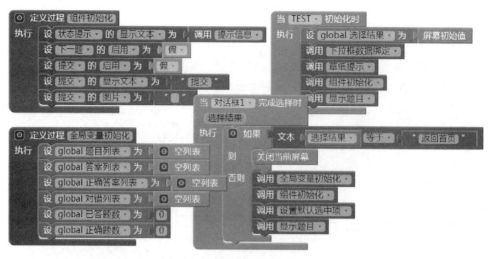

图 21-42　对话框的完成选择事件——返回首页或再来一次

21.8　区分题目难度

此前的程序没有区分题目的难度，虽然从 Screen1 传递过来的难度参数是"初级"，但是实际出题的难度是高级。我们需要将现有的"题目系数"过程改名为"高级题目系数"，并创建另外两个过程——"初级题目系数"（见图 21-43）及"中级题目系数"（见图 21-44）。

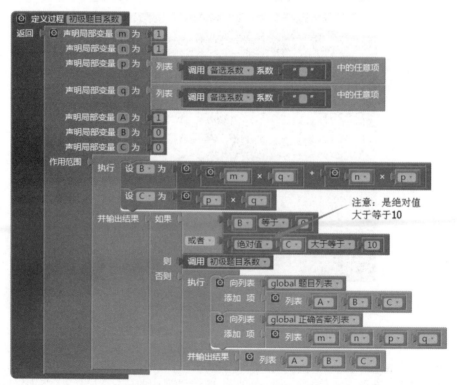

图 21-43　定义过程——初级题目系数

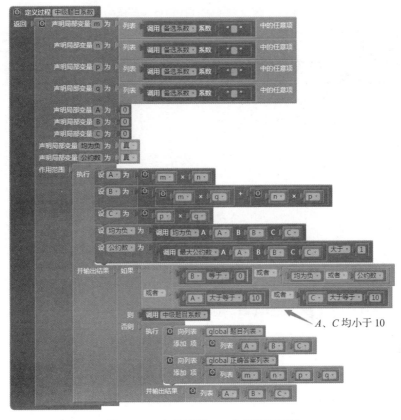

图 21-44　定义过程——中级题目系数

然后在"显示题目"过程里，根据难度等级，调用不同的题目系数过程，代码如图 21-45 所示。

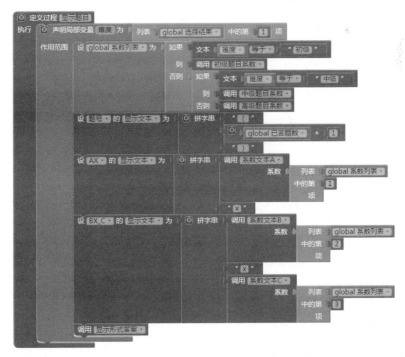

图 21-45　根据难度等级调用题目系数过程

在 Screen1 中分别选择不同难度及题量后再进入答题页，测试结果如图 21-46 所示。

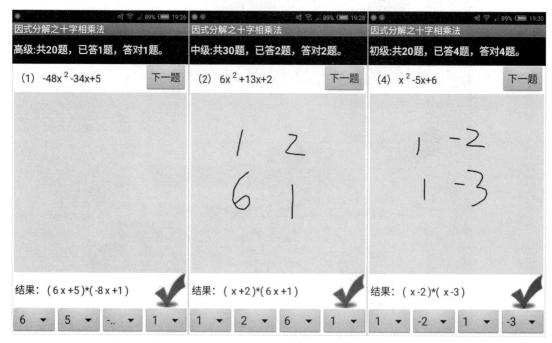

图 21-46　对不同的难度及题量进行测试

至此我们已经实现了应用的全部预设功能，不过我还希望利用后面的一点篇幅，对应用的功能做出评价，并对代码进行整理，看看我们还能再收获些什么。

21.9　应用功能评估

在测试过程中，发现应用中还存在一些问题，如果可能，我会继续改进它。这些问题可以从两个方面来考虑：一方面是应用的实用性，要考虑的主要问题是，应用中题目的难度及题量的设置是否合理；另一方面是应用的易用性，即用户的操作是否存在障碍。

该应用在实用性方面还有待改进，一个突出的问题是初级题目难度的设定。由于 $A = 1$，$C < 10$，对于 $C = p \times q$ 来说，在大多数情况下，p、q 之中有一个为 1，而另一个直接等于 C，这导致题型过于单一，使得难度降低，影响了做题的效果。改进思路之一是，设 $C \leq 12$，且 p、q 均不为 1。或者不设定 C 的范围，而是限定 p、q 随机数的取值范围，如 $-5 \sim 5$ 且不为零。再或者，设 A 与 C 中任意一个为 1，而限制另一个的取值范围，等等。这里建议读者进行多种尝试，以使用户获得理想的训练效果。

在易用性方面，该应用的答题页面中缺少直接返回首页的设置，用户必须回答完全部选中的题目，才能在查看标准答案时选择回到首页，这样的设置对使用者来说非常不友好，也是必须改进的地方。由于答题页中可以利用的空间有限，建议利用画布组件的长按事件来触发返回首页的操作。但是，这样也会存在误操作的可能性，因此要在长按事件中弹出对话框，提示用户是否要返回首页，以免意外终止答题过程。

另一个需要改进的是 Screen1 页中历史记录列表的显示内容，现在只有 3 个数字列表项，缺少对难度的标记，显得过于简陋。

随着应用使用次数的增加，还会发现更多的问题，正如俗话所说，"罗马不是一日建成的"，应用功能的完善也需要一个过程。希望这里抛出的粗鄙的砖块，能够引来更多的美玉。

21.10 代码整理

比起 TEST 页中的代码，Screen1 中的代码可以说非常简单，这里只列出代码的条目，以便读者核对，如图 21-47 所示。

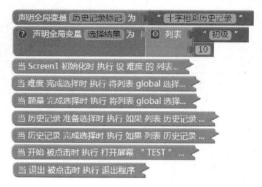

图 21-47　Screen1 中的代码清单

让我们花些时间来看 TEST 页的代码。

21.10.1　全局变量

代码如图 21-48 所示，图中标出了变量被赋值的时机。有些变量一旦被赋值，在 TEST 屏幕的程序运行过程中始终保持不变，如历史记录标记与选择结果；有些变量则随着出题与答题的交替而持续更新，而且，当用户在正确答案的对话框中选择"再来一次"时，这些变量的值重新归零或重置为空列表。

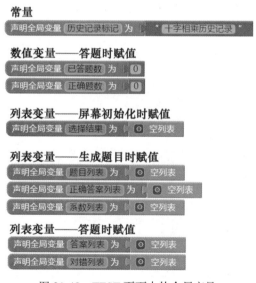

图 21-48　TEST 页面中的全局变量

21.10.2　过程

如图 21-49 所示，将 TEST 页面中包含的过程分为 6 组。第 1 组过程仅在屏幕初始化时调用一次；第 2～4 组过程在出题、答题环节被反复调用；第 5 组过程在交卷环节被调用；如果用户在查看正确答案时，选择了"再来一次"，则将调用第 6 组过程。

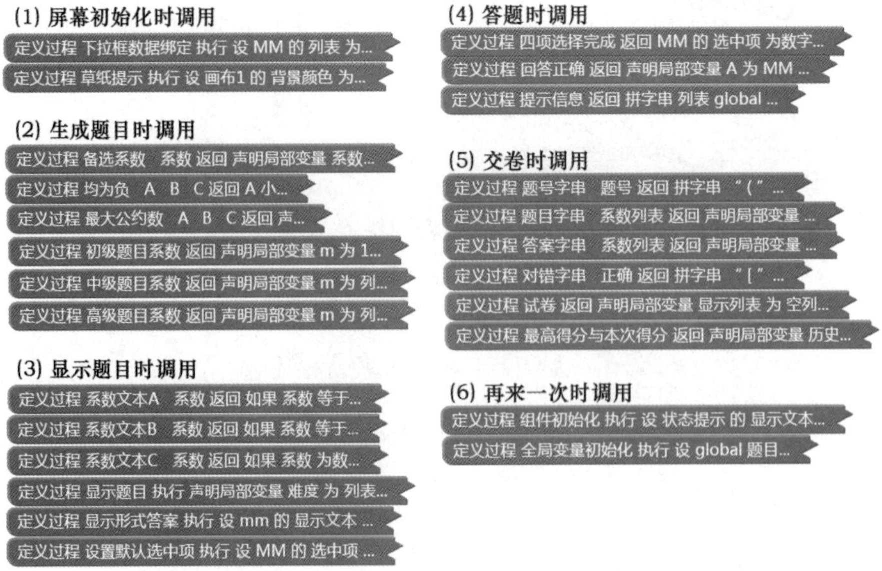

(1) 屏幕初始化时调用

定义过程 下拉框数据绑定 执行 设 MM 的 列表 为...

定义过程 草纸提示 执行 设 画布1 的 背景颜色 为...

(2) 生成题目时调用

定义过程 备选系数 系数 返回 声明局部变量 系数...

定义过程 均为负 A B C 返回 A 小...

定义过程 最大公约数 A B C 返回 声...

定义过程 初级题目系数 返回 声明局部变量 m 为 1...

定义过程 中级题目系数 返回 声明局部变量 m 为 列...

定义过程 高级题目系数 返回 声明局部变量 m 为 列...

(3) 显示题目时调用

定义过程 系数文本A 系数 返回 如果 系数 等于...

定义过程 系数文本B 系数 返回 如果 系数 等于...

定义过程 系数文本C 系数 返回 如果 系数 为数...

定义过程 显示题目 执行 声明局部变量 难度 为 列表...

定义过程 显示形式答案 执行 设 mm 的 显示文本 ...

定义过程 设置默认选中项 执行 设 MM 的 选中项 ...

(4) 答题时调用

定义过程 四项选择完成 返回 MM 的 选中项 为 数字...

定义过程 回答正确 返回 声明局部变量 A 为 MM ...

定义过程 提示信息 返回 拼字串 列表 global ...

(5) 交卷时调用

定义过程 题号字串 题号 返回 拼字串 "("

定义过程 题目字串 系数列表 返回 声明局部变量 ...

定义过程 答案字串 系数列表 返回 声明局部变量 ...

定义过程 对错字串 正确 返回 拼字串 "["

定义过程 试卷 返回 声明局部变量 显示列表 为 空列...

定义过程 最高得分与本次得分 返回 声明局部变量 历史...

(6) 再来一次时调用

定义过程 组件初始化 执行 设 状态提示 的 显示文本 ...

定义过程 全局变量初始化 执行 设 global 题目...

图 21-49　TEST 页面中的全部过程

看到这些过程的名字，如果你能"顾名思义"，回想起整个应用的开发过程，那么说明我对过程的命名是恰当的，否则这些名称仍有改进的空间。不妨沿着图中过程的顺序，回顾一下我们曾有过的种种考虑，然后合上书本，看看能否完整地描述出应用的开发过程。

21.10.3　事件处理程序

如图 21-50 所示，将 TEST 页中的事件分为 4 组，这些事件处理程序与上述过程的分组有相似之处，而组件的命名就体现了这些事件处理程序。评价一下现有的命名，有助于我们回顾开发过程，并思考应用是否还有改进之处。

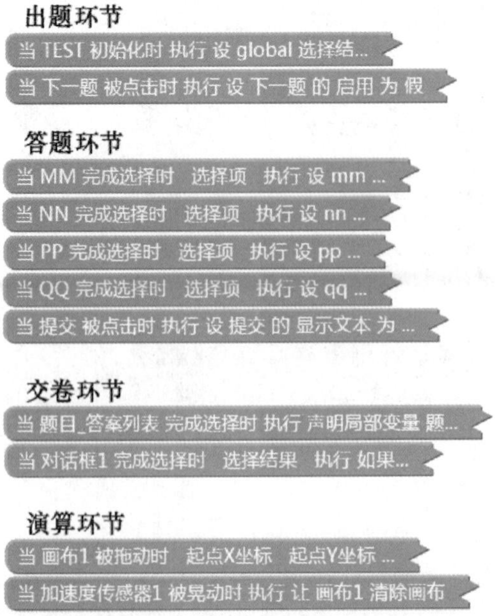

出题环节

当 TEST 初始化时 执行 设 global 选择结...

当 下一题 被点击时 执行 设 下一题 的 启用 为 假

答题环节

当 MM 完成选择时 选择项 执行 设 mm ...

当 NN 完成选择时 选择项 执行 设 nn ...

当 PP 完成选择时 选择项 执行 设 pp ...

当 QQ 完成选择时 选择项 执行 设 qq ...

当 提交 被点击时 执行 设 提交 的 显示文本 为 ...

交卷环节

当 题目_答案列表 完成选择时 执行 声明局部变量 题...

当 对话框1 完成选择时 选择结果 执行 如果...

演算环节

当 画布1 被拖动时 起点X坐标 起点Y坐标 ...

当 加速度传感器1 被晃动时 执行 让 画布1 清除画布

图 21-50　TEST 页面中的事件处理程序

后记

    本书的写作开始于 2015 年 4 月，完成于 2017 年 4 月，历时两年，期间 App Inventor 的汉化版本经历了 3 次变更，以至于前面几章的代码截图需要重新制作，文字的部分也需要改写。到今天（2017 年 6 月 23 日）为止，终于检查完全部的章节，可以为本书划上一个句号了。

    就我个人的读书体验而言，尤其是技术类的书籍，能够让我爱不释手并通篇读完的书是非常有限的。因此我常常怀疑，自己写的书是否也会被束之高阁，蒙受岁月的尘封呢？这种忐忑时不时地来袭扰我，引得我自问：我为什么而写呢？我必须为自己的行为找到一个理由。

    当然，就像前言中所说，我自己曾经渴望找到一本以案例为主的书；我准备用 App Inventor 实现"教普通人编程"的梦想，我要为计划中的课程积累素材；我怀疑这个开发工具的能力，我需要对此进行充分验证，等等。不过，当我单独面对上述的任何一条理由时，我都会否认那是我行为的动机，而真正的、藏于我内心深处的理由是我不够自信。

    作为一个老师，教别人编程，我有的只是实践的经验，缺乏的是理论的高度，我需要自我学习与修炼，而写书是我能够找到的路径之一。在我不断地书写文字的过程中，我发现了那些隐藏在经验背后的"秘密"，也检验了某些似是而非的理论；与此同时，原有的经验也得以扩充。因此，我自己是这本书的最大受益者，这是我的"秘密"。我曾经在给中小学的信息技术教师做培训时，透露过这一秘密，现在又有机会将秘密透露给更多的人，希望有人能够拾得这个秘密，发现其中的奥妙！

附录 A

开发工具、测试方案与学习资源

App Inventor 是一款基于浏览器的安卓应用开发工具，诞生于谷歌公司，后移交给麻省理工学院媒体实验室（MIT Media Labs），并由该实验室进行后续的开发与维护。

App Inventor 的开发工具由 3 部分组成：开发服务器、编译服务器以及测试工具（AI 伴侣）。开发服务器用于创建项目、设计用户界面以及编写程序。编译服务器用于将完成后的应用打包成 APK 文件，APK 文件可以复制安装到安卓手机或安卓平板电脑上，供用户使用。这两个服务器通常是合二为一的。AI 伴侣用于在开发过程中对程序进行实时测试。

A.1 服务器的选择

开发者可以根据自己的需要选择在线开发环境，也可以自行搭建开发及编译服务器。通常初学者为了降低入门的难度，倾向于选择在线开发环境，等到熟练掌握工具的使用后，就可以搭建自己的开发及编译服务器。中小学若开设 App Inventor 课程但不方便访问互联网，可以在局域网环境中搭建服务器。

A.1.1 在线开发环境

目前国内有两个长期提供在线开发环境的服务器，下面分别予以介绍。

(1) http://ai2.17coding.net：这是国内最早上线运行的 App Inventor 服务器，隶属于人人编程网。该服务器不设用户登录环节，因此某位开发者创建的项目对所有开发者可见。这是人人编程网为配合《App Inventor 中文教程》[1] 而搭建的开发体验环境，适合初学者使用。开发者需要注意随时导出自己的项目，否则其他开发者可能会删除你的项目。

(2) http://app.gzjkw.net：该服务器由广州市电教馆提供，是 MIT 在国内设置的官方服务器，设有用户登录环节，开发者可以凭借自己的 QQ 账户登录该服务器。有些开设 App Inventor 课程的中小学会把它作为教学服务器。

---

① 该书由笔者翻译，电子版于 2014 年 6 月发布于人人编程网，纸质版于 2016 年 6 月由人民邮电出版社图灵公司正式出版，书名为《写给大家看的安卓应用开发书：App Inventor 2 快速入门与实战》。

A.1.2　搭建自有服务器

　　App Inventor 的官方服务器由 MIT 维护，部署在谷歌的云服务上，由于访问受限，Roadlabs[①] 为了配合《App Inventor 中文教程》的发布，特别搭建了国内最早的英文版 App Inventor 服务器，并于 2014 年 8 月发布了国内的首个汉化版服务器。汉化版发布不久，就有一位中学的信息技术课老师向 Roadlabs 请求技术援助，希望在学校的局域网内搭建 App Inventor 教学环境，于是就有了最早的 App Inventor 离线版。此后，每逢 ai2.17coding.net 版本更新时，都会同步发布离线版，以满足不同学习者的需求。

　　最新离线版的发布信息以及下载链接在笔者的新浪博客置顶帖中，同时发布的还有版本匹配的 AI 伴侣、AIStarter 等，博客文章中附有搭建服务器的相关说明，在此不再赘述。博客地址见本附录的 A.3 节。

A.2　测试方案的选择

　　测试方案有多种选择，可以在手机上测试，也可以在电脑上测试。无论采用哪一种方案，都要用到 AI 伴侣。

A.2.1　AI伴侣简介

　　AI 伴侣是由 App Inventor 开发团队提供的一款安卓应用，专门与 App Inventor 开发工具配合使用，用于对正在开发中的应用进行实时测试。

(1) AI 伴侣的版本：App Inventor 的版本一直处于更新中，AI 伴侣也会同步更新，因此不同版本的 App Inventor 要与相应版本的 AI 伴侣配合使用。如图 A-1 所示，在开发工具中可以查看与匹配的 AI 伴侣版本，并下载或升级 AI 伴侣。

图 A-1　在开发工具中查看 AI 伴侣的版本信息

(2) 常见问题提示如下。
  - a. 使用手机自带的条码扫描软件，或手机浏览器地址栏右侧的扫描功能。切记，不要在微信中扫描二维码，否则后续的安装步骤会失败。
  - b. 如果手机中已经安装过 AI 伴侣，则须先卸载已有版本，再安装需要的版本。
  - c. 有些手机中安装的安全软件（卫士、杀毒一类的）会将 AI 伴侣识别为恶意软件，导致无法顺利安装，这时需暂停运行安全软件，再安装 AI 伴侣。

---

　　① 即张路先生，人人编程网的创始人，笔者的丈夫。

A.2.2　测试方案1：手机+AI伴侣

操作步骤如下。

(1) 打开手机 WiFi，并确保手机与开发用的电脑连接到同一个 WiFi 中。

(2) 在手机中运行 AI 伴侣，如图 A-2 右图所示，有两种方式可以完成连接：

　　a. 点击扫描二维码，扫描成功后自动填写 6 位编码，并完成 AI 伴侣与开发工具的连接；

　　b. 手动填写 6 位编码，并点击"用编码进行连接"，实现 AI 伴侣与开发工具的连接。

(3) 开始测试：连接成功之后，手机端显示应用的用户界面，就可以开始测试了。

测试方案评价：安装简单，启动运行顺畅，测试效率高，测试功能完整（可以测试与传感器及多媒体有关的功能）。

图 A-2　在开发工具中连接 AI 伴侣

A.2.3　测试方案2：桌面版AI伴侣

桌面版 AI 伴侣最早发布于 2017 年初，是为 App Inventor 课堂教学而制作的一款桌面应用（由 Roadlabs 制作），运行环境为 Windows 及 macOS。桌面版 AI 伴侣安装简单，使用便捷，因此受到了许多个人开发者的青睐，目前该应用采用的 AI 伴侣版本为 2.40，与 ai2.17coding.net 的开发体验环境相匹配，后续会随着开发工具版本的更新而更新（见笔者新浪博客置顶帖）。具体的实现方法如下。

(1) 下载链接：

　　a. Win7 32 位版，https://pan.baidu.com/s/1pKIjlJt

　　b. Win7 64 位版，https://pan.baidu.com/s/1jH4gqPK

　　c. Mac 版，https://pan.baidu.com/s/1i4CpNEl

(2) 软件安装：双击已下载的文件，将运行桌面版伴侣的安装程序；需要注意的是，软件安装的路径中不能有空格或中文字符，因此不能选用默认的安装目录，需要手动修改安装目录，如图 A-3 中的左上图所示；继续选择下一步，直到完成安装，在电脑桌面上生成 AI 伴侣图标。

(3) 运行桌面版伴侣：双击桌面的 AI 伴侣图标，将打开一个命令行窗口，稍后出现 AI 伴侣的运行界面，如图 A-3 中的右图所示。

(4) 连接 AI 伴侣：在开发工具中点击连接菜单中的 AI 伴侣，会生成一个 6 位编码；将该编码输入到 AI 伴侣的编码输入框中，点击"用编码进行连接"，完成开发工具与桌面版 AI 伴侣之间的连接。

测试方案评价：安装稍显复杂，启动运行顺畅；测试效率高；无法测试与传感器及多媒体有关的功能。

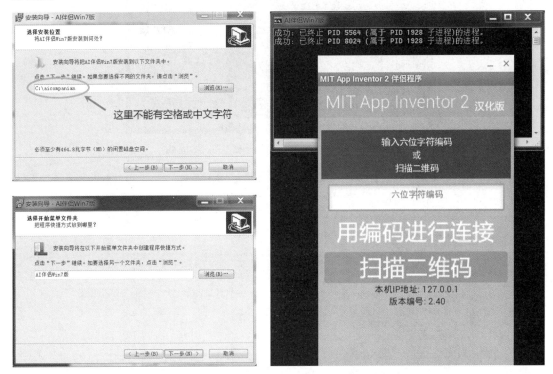

图 A-3　安装并运行桌面版 AI 伴侣

A.2.4　测试方案3：官方模拟器+AI伴侣

MIT App Inventor 提供了一款官方的安卓模拟器，其中内置了 AI 伴侣，可以用于开发测试，软件的名称为 aistarter（中文译作"AppInventor 调试工具"），下载地址为 https://pan.baidu.com/s/1qYaNGvE（注意，版本更新时该地址会改变，新地址见笔者博客置顶帖）。

具体的使用方法如下。

(1) 安装调试工具：双击解压缩后的文件，启动安装程序，如图 A-4 所示，点击运行按钮，然后一路选择"下一步"即可完成安装，并在桌面上生成调试工具图标。

图 A-4　安装运行官方的模拟器程序

(2) 运行测试工具：双击桌面上的调试工具图标，将打开命令行窗口，如图 A-5 所示，在开发过程中必须保持该窗口处于打开状态（可以最小化，但不能关闭）。

图 A-5　在 windows 中运行测试工具 aiStarter

(3) 连接模拟器：在开发工具菜单中选择连接→模拟器，此时 Windows 中打开另一个命令行串口，同时打开模拟器窗口，在开发过程中，要保持这两个窗口处于打开状态（可以最小化，但不能关闭）；在连接过程中，开发工具会显示如下信息（如图 A-6 所示），同时模拟器的屏幕上会显示 AI 伴侣的启动过程（如图 A-7 所示）。

图 A-6　连接模拟器过程中开发工具中显示的信息

图 A-7　连接模拟器过程中，模拟器窗口中屏幕的变化

上述过程大约需要 2 分钟，第一次启动的时间可能更长。这期间有两次中断需要人为干预，一次是开发工具会提醒"伴侣程序已过期"（图 A-6 右下图），这时可以选择"现在不"继续启动模拟

器中的 AI 伴侣，也可以选择"确定"升级 AI 伴侣。另一次中断发生在模拟器中，如图 A-7 右二图，提示伴侣应用无响应，此时选择"等待"，稍后就会打开应用画面，如图 A-7 右一图所示。

测试方案评价：安装稍显复杂，启动运行不够顺畅；测试效率较低，对项目改动的反应滞后；无法测试与传感器及多媒体有关的功能。

除了官方提供的模拟器外，网上还可以搜到很多第三方的安卓模拟器，可以利用其中内置的浏览器访问 AI 伴侣文件，下载并安装 AI 伴侣，也可以实现测试功能。

A.2.5 测试方案的衡量

如上所述，我们有 3 个指标来衡量一个测试方案。

  a. 易于实现：安装简单，启动运行顺畅。
  b. 测试效率高：满足实时测试的要求；即一旦项目有所改动，测试结果就会发生改变。
  c. 测试功能完整：可以对传感器、多媒体等功能进行测试。

在以上 3 种测试方案中，手机 +AI 伴侣的方案最容易实现，测试效率高，并且测试功能完整。因此，建议个人开发者采用这一方案。

A.3 学习资源介绍

(1) 块语言编程游戏：https://playground.17coding.net，通过游戏了解编程的基本概念及方法，可以作为 App Inventor 学习的先导课程。
(2) 电子书籍及参考手册：https://www.17coding.net。
(3) 老巫婆的博客：http://blog.sina.com.cn/jcjzhl，笔者的个人技术博客。
(4) 微信公众号"老巫婆的程序世界"：已经发送了 100 期视频课程——"App Inventor 趣味编程"，今后会继续发送与编程有关的文章及课程，欢迎关注。

附录B

不同的App Inventor汉化版本

2014 年春天，我和 Roadlabs 决定用此生的剩余时间做一件力所能及的事，那就是教普通人编程。选定 App Inventor 的原因是它的作品可以在安卓设备上分享。我们分工协作，他负责教学环境的搭建，我负责制作课程。当时的 App Inventor 还是英文版，而且 MIT 的服务器在国内访问受限，因此，Roadlabs 开始着手搭建国内的服务器，与此同时我开始翻译 Hal Abelson[①] 教授参与编写的教程：*App Inventor 2—Create Your Own Android Apps*[②]。就在 2014 年的六一儿童节的前一天，App Inventor 国内服务器搭建完成，同时我的译稿也编辑完成，拥有这两项功能的人人编程网（www.17coding.net）正式上线运行。同年 8 月，第一个汉化版 App Inventor 上线，汉化离线版稍晚发布。此后，每年都会在春节前后发布新的汉化版及离线版。

App Inventor 是一个开源项目，我们受惠于这样的成果，也希望能够对它有所贡献。恰好这时收到 App Inventor 团队的消息，希望我们能够分享汉化成果，于是我们有幸成为了 App Inventor 项目的贡献者。此时，17coding 上的汉化版与 MIT 的官方汉化版是完全相同的。

作为一名教编程的教师，我有一个看似不切实际、甚至有些偏执的理想，那就是让代码读起来像短文，无须解释，其意自明。有了汉化版的 App Inventor，我的理想变得不再遥远。在制作课程的过程中，我开始实践我的理想，对最初的那些蹩脚的汉化代码块实施"整形手术"。我把修改意见提交给 Roadlabs，他会在下一个汉化版本中实现这些修改。于是经过几年的反复磨合，现在的17coding 汉化版已经趋近于我的理想。这就是目前国内的两个汉化版本的来由。

在笔者制作的 App Inventor 书籍及视频课程中，采用的全部是 17coding 汉化版，有些使用 MIT官方服务器的读者在阅读时可能会对此感到困惑，因为在开发环境的编程视图中可能找不到书或视频中对应的代码块。为此，特编辑此附录，将两个版本中汉化存在差异的代码块加以对照，以解除读者的困惑（见表 B-1 ~ 表 B-4）。

[①] Abelson 教授是 App Inventor 的创始人，MIT 计算机教育的领导者，执教已超过 30 年。他参与编写的教科书《计算机程序的构造和解释》在世界范围内被广泛采用。他主张在交互中学习，并推动了 MIT 的课程开放。

[②] 该书中文版《写给大家看的安卓应用开发书：App Inventor 2 快速入门与实战》已经由人民邮电出版社图灵公司出版，书号 9787115423887。——编者注

表B-1　内置块——控制类及逻辑类代码块对照表

17coding汉化版	MIT官方汉化版
针对从 1 到 5 且增量为 1 的每个 数 执行	对于任意 变量名 范围从 1 到 5 每次增加 1 执行
针对列表 中的每一 项 执行	对于任意 列表项目名 于列表 执行
只要满足条件 就循环执行	当 满足条件 执行
执行 并输出结果	执行模块 返回结果
求值但不返回结果	求值但忽略结果
打开屏幕	打开另一屏幕 屏幕名称
打开屏幕 并传递初始值	打开另一屏幕并传值 屏幕名称 初始值
屏幕初始值	获取初始值
关闭当前屏幕	关闭屏幕
关闭屏幕并返回值	关闭屏幕并返回值 返回值
屏幕初始文本值	获取初始文本值
关闭屏幕并返回文本值	关闭屏幕并返回文本 文本值
等于	=
并且	与
或者	或

表B-2　内置块——数学类代码块对照表

17coding汉化版	MIT官方汉化版
等于	=
÷	/
的 次方	^
1 到 100 之间的随机整数	随机整数从 1 到 100
就高取整　就低取整	上取整　下取整

17coding汉化版	MIT官方汉化版
除 的 模数▾ ✓ 模数 余数 商数	求模▾ ÷ ✓ 求模 求余数 求商
余弦▾ 正弦▾ 正切▾	sin▾ cos▾ tan▾
y x 的反正切值	atan2 y x
将 由弧度转角度▾	角度<——>弧度 弧度——>角度▾
将 转为 位小数	将数字 转变为小数形式 位数
为数字▾	是否为数字?
将 十进制转十六进制▾	convert number base 10 to hex▾

表B-3　内置块——文本类代码块对照表

17coding汉化版	MIT官方汉化版
拼字串	合并字符串
的 长度	求长度
为空	是否为空
文本 小于▾	字符串比较 <▾
删除 首尾空格	删除空格
将 转为大写▾	大写▾
在文本 中的位置	求子串 在文本 中的起始位置
文本 中包含	检查文本 中是否包含子串
用分隔符 对文本 进行 分解▾	分解▾ 文本 分隔符
从文本 的 处截取长度为 的子串	从文本 第 位置提取长度为 的子串
将文本 中所有 替换为	将文本 中所有 全部替换为
加密 " ■ "	模糊文本 " ■ "

17coding汉化版	MIT官方汉化版
空列表	创建空列表
列表	创建列表
向列表 添加 项	追加列表项 列表 列表项
列表 中包含项	检查列表 中是否含对象
列表 的长度	求列表长度 列表
列表 为空	列表是否为空？列表
列表 中的任意项	随机选取列表项 列表
项 在列表 中的位置	求对象 在列表 中的位置
列表 中的第 项	选择列表 中索引值为 的列表项
在列表 第 项处插入	在列表 的第 项处插入列表项
将列表 中第 项替换为	将列表 中索引值为 的列表项替换为
删除列表 中第 项	删除列表 中第 项
将列表 追加到列表	将列表 中所有项追加到列表 中
复制列表	复制列表 列表
是列表	对象是否为列表？对象
将列表 转为单行逗点分隔字串 将列表 转为多行逗点分隔字串 将单行逗点分隔字串 转为列表 将多行逗点分隔字串 转为列表	列表转换为CSV行 列表 列表转换为CSV表 列表 CSV行转换为列表 文本 CSV表转换为列表 文本
在键值列表 中查找 ，没找到返回 "没找到"	在键值对 中查找关键字 ，如未找到则返回 " not found"
合成颜色 列表 255 0 0	合成颜色 创建列表 255 0 0

以上表格中的代码块，同一行中的块虽然汉化的文字不同，但功能完全相同，例如图 B-1 中的两段代码，它们都是在屏幕初始化时求 1 ~ 100 的整数之和，并将计算结果显示在屏幕的标题栏中。

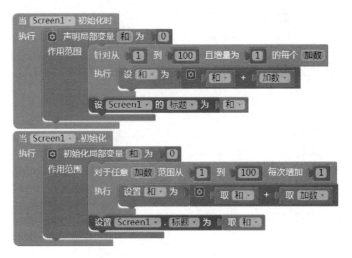

图 B-1　比较两个汉化版本的求和运算

从上图中还可以看出，除了代码块的汉化有差异，官方版本还使用了"."表示对象及其属性之间的归属关系，而 17coding 汉化版则使用自然语言表示。

技术改变世界 · 阅读塑造人生

写给大家看的安卓应用开发书：App Inventor 2 快速入门与实战

◆ 编程大众化时代已经到来
◆ App Inventor——无需编程的可视化App开发工具，让人人都会开发应用变为现实
◆ 13款非专业程序员搭建的App示例，给所有人亲身参与IT技术变革的机会
◆ App Inventor主力开发人员打造，权威、实用

书号： 978-7-115-42388-7
定价： 79.00 元

和孩子一起玩编程

◆ 美团点评高级技术总监王栋博士、20年工龄的程序员李锟作序推荐
◆ 陈世欣（Python中国开发者社区负责人、少儿编程教育先行者，Ahaschool联合创始人）、金从军（网名老巫婆，"人人学会编程"的倡导者，开源教育的实践者）、刘斌（软件工程师）、花卷（技术图书译者，二宝爸）、陶旭（《Scratch少儿趣味编程》系列书的译者）联合推荐
◆ 书后附带卡片，方便小朋友敲代码
◆ 防止孩子"沉迷电子游戏"的最佳方法，适合小朋友入门的Python编程书

书号： 978-7-115-46977-9
定价： 69.00 元

父与子的编程之旅：与小卡特一起学 Python

◆ 本书上一版荣获Jolt生产效率大奖
◆ 麻省理工学院公益计划"每个孩子一台笔记本"发起人尼古拉斯·尼葛洛庞蒂倾力推荐
◆ 全国青少年信息学奥林匹克竞赛金牌教练曹文作序推荐

书号： 978-7-115-36717-4
定价： 69.00 元

我的世界少儿趣味编程

◆ 使用超人气游戏《我的世界》，边玩边学编程
◆ 培养逻辑思考能力，提升独立解决问题的能力
◆ 精选编程学校课堂上超受欢迎的内容，让孩子爱不释手
◆ 各章节末尾都设置有编程任务，资源可下载

书号: 978-7-115-48506-9
定价: 59.00 元

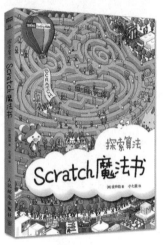

Scratch 魔法书：探索算法

◆ 顺应"编程教育入课堂"趋势，从小培养孩子的编程能力，赢在当下
◆ 从编程本质——算法入手，掌握核心编程能力，形成更加具备逻辑性的数学思维和解题思维
◆ 运行程序—边学边做—思考应用，讲解由浅入深，配合大量彩图，初步培养计算机科学素养

书号: 978-7-115-48402-4
定价: 69.00 元

Scratch 少儿趣味编程 2

◆ 超受欢迎的Scratch图书系列第2弹，全面支持Scratch 2.0及中文界面
◆ STEAM教育理念实践之作，结合数学、科学、音乐、实践等科目，通过编程实践来探索现实中的知识
◆ 激发创造力，提升逻辑思考能力，增强与他人的协作能力

书号: 978-7-115-44963-4
定价: 59.00 元

站在巨人的肩上
Standing on Shoulders of Giants

iTuring.cn

站在巨人的肩上
Standing on Shoulders of Giants

TURING
图灵教育

iTuring.cn